北大社 "十三五"职业教育规划教材

高职高专土建专业"互联网+"创新规划教材

U0195002

第二版

建筑工程质量与安全管理

主　编　郑　伟　许　博

副主编　朱思静　王勇龙

主　审　尹检务

北京大学出版社

PEKING UNIVERSITY PRESS

内 容 简 介

本书为高职高专土建专业"互联网＋"创新规划教材。本书主要内容包括：施工质量管理概述、质量管理体系、工程项目质量控制、施工质量控制要点、施工质量验收、施工质量事故处理、建筑工程安全管理相关知识、施工过程安全技术与控制、施工现场临时用电与机械安全技术、施工现场防火与文明施工、施工安全事故处理及应急救援。

本书可作为高职高专土建类专业教材，同时也可供从事工程建设的工程技术人员、管理人员参考。

图书在版编目(CIP)数据

建筑工程质量与安全管理/郑伟，许博主编. —2 版. —北京：北京大学出版社，2016.8

（高职高专土建专业"互联网＋"创新规划教材）

ISBN 978-7-301-27219-0

Ⅰ. ①建…　Ⅱ. ①郑…　②许…　Ⅲ. ①建筑工程—工程质量—质量管理—高等职业教育—教材②建筑工程—安全管理—高等职业教育—教材　Ⅳ. ①TU71

中国版本图书馆 CIP 数据核字（2016）第 136737 号

书　　　名	建筑工程质量与安全管理（第二版）
	JIANZHU GONGCHENG ZHILIANG YU ANQUAN GUANLI
著作责任者	郑 伟 许 博 主编
策 划 编 辑	杨星璐
责 任 编 辑	伍大维
数 字 编 辑	孟 雅
标 准 书 号	ISBN 978-7-301-27219-0
出 版 发 行	北京大学出版社
地　　　址	北京市海淀区成府路 205 号　100871
网　　　址	http://www.pup.cn　新浪微博：@北京大学出版社
电 子 邮 箱	编辑部：pup6@pup.cn　总编室：zpup@pup.cn
电　　　话	邮购部 62752015　发行部 62750672　编辑部 62750667
印 刷 者	河北滦县鑫华书刊印刷厂
经 销 者	新华书店
	787 毫米×1092 毫米　16 开本　23.75 印张　548 千字
	2010 年 7 月第 1 版　2016 年 8 月第 2 版
	2023 年 11 月修订　2023 年 11 月第 9 次印刷（总第 18 次印刷）
定　　　价	55.00 元

第二版前言

　　《建筑工程质量与安全管理》自 2010 年出版以来，受到了广大读者的一致好评，认为教材紧贴建筑工程施工现场对质量、安全管理的实际需要，从章节编排到内容取舍等方面都非常适合培养土建类高素质技术技能型紧缺人才。

　　目前，《建筑工程质量与安全管理》的使用已历时 6 年。在这 6 年时间里，我国的建筑工程市场环境发生了巨大变化：国家对建筑工程质量与安全管理又提出了新的、更高的要求，先后颁布了一批新的行政法规和技术标准。加之第一版教材之中也存在一些不足，出版社委托我们进行了本次修订工作。

　　本次修订的主要内容包括：

　　(1) 依据近年来建设行政主管部门颁布的法规、政策文件，对第一版教材中不适应的相关表述进行了更正。

　　(2) 对第一版教材中不符合 2010 年后颁布的一系列建筑工程质量与安全相关技术标准、规范的内容进行了修订。

　　(3) 按照建设行政主管部门对建筑工程施工安全及文明施工标准化的要求，对全书相关章节进行了配图说明。

　　(4) 本教材紧跟信息时代的步伐，以"互联网＋"思维在书中增加了拓展阅读。读者可通过"扫一扫"功能，扫描书中的二维码，阅读更丰富、更直观的拓展知识内容，使学习不再枯燥。

　　此外，本书在修订时增加了党的二十大报告内容，突出职业素养的培养，全面贯彻党的二十大精神。

　　本教材由郑伟、许博担任主编，由朱思静、王勇龙担任副主编，由尹检务担任主审，许博、朱思静负责修订，许博负责统稿，王勇龙对书稿进行了校对。

　　由于编者水平有限，书中疏漏之处在所难免，恳请读者批评指正。

【资源索引】

编　者

2023 年 10 月

第一版前言

　　"建筑工程质量与安全管理"是高等职业教育建筑工程技术专业的一门重要专业课，同时也适用于建筑工程项目管理、工程造价等专业的专业课。通过本课程的学习，使学生了解我国建设工程施工质量管理与安全生产管理方面的法律、法规，掌握建筑工程质量管理与安全管理的基本知识，牢固树立"质量第一""安全第一"的意识，并大力培养在工程项目管理中以质量和安全管理为核心的自觉性。同时，根据现行建筑工程施工验收标准和规范对工程建设实体各阶段质量进行控制检查和验收；能够在施工现场检查和实施安全生产的各项技术措施；掌握处理质量事故和安全事故的程序和方法。

　　针对技能型紧缺人才培养培训目标，本书主要从土建工长、质量员、安全员的岗位技能要求编写，力求避免面面俱到，知识以"够用"为度，"实用"为准，力求加强可操作性。

　　本书由周连起、刘学应任主编并负责统稿，杨一兴、张加庆任副主编。本书共分 12 章，其中第 1、第 2、第 3 章由周连起编写；第 4 章由杨一兴编写；第 5 章由李海岩编写；第 6、第 7 章由谭爽编写；第 8 章由李莹、仝慧禅编写；第 9 章由张加庆编写；第 10、第 11、第 12 章由刘学应编写。

　　本书在编写过程中得到了天津城市建设管理职业技术学院、浙江水利专科学校、杭州市城市建设监理有限公司的大力支持和关心，在此表示感谢。本书在编写过程中参阅了大量资料，谨向参考文献著者深表谢意。

　　由于编者水平有限，书中疏漏之处在所难免，恳请读者不吝指正。

编　者

2010 年 6 月

CONTENTS ....
目录

第1章

施工质量管理概述

学习目标

通过本章的学习，学生应掌握质量与质量管理有关术语的概念和定义，了解质量管理的发展过程，认识到建筑工程质量管理的重要性，树立"质量第一"的思想，掌握建筑工程质量管理的原则、方法和手段。

学习要求

知识要点	能力目标	相关知识	权重
质量及质量管理	1. 熟悉质量及质量管理的基本概念和定义 2. 掌握产品质量的定义和内涵 3. 掌握工程项目质量的定义、内容以及工程建设各阶段对质量形成的影响	1. 质量的概念和特征 2. 质量管理的概念和特征 3. 工程项目质量的概念和特征 4. 工程建设各阶段对质量形成的影响	40%
质量管理的形成与发展过程	1. 质量管理发展各阶段的划分 2. 质量管理发展各阶段的特征 3. 质量管理发展各阶段的联系及必然关系	1. 质量检验阶段的特点 2. 统计质量管理阶段的特点 3. 全面质量管理阶段的特点 4. 全面质量管理的核心，基本观点、基本方法 5. 质量保证标准形成的特点	30%
建筑工程质量管理的重要性及我国现行工程质量管理的法规	1. 建筑工程质量管理的特点 2. 建筑工程质量的优劣与人民生命财产的关系 3. 建筑工程质量的优劣在我国经济发展中的作用和地位 4. 我国现行工程质量管理的法规内容	1. 建筑工程质量的优劣对国家的发展、民族的未来、企业的命运具有哪些影响 2. 如何概括和形容建筑工程质量的重要性 3. 我国现行的工程质量管理的法规有哪些	30%

引 例

每当路过建筑工程施工工地时，经常能看见"百年大计，质量第一"的大型标语，这是我国建筑业多年来一贯奉行的质量方针。建筑工程作为建筑业的产品，其质量特征不同于其他产品：它不能像其他产品那样，实行"三包"(包退、包换、包修)，质量检验时也不能像其他产品那样，可以拆卸或解体。那么，建筑工程的质量是怎样保证的呢？建筑工程的质量管理与其他产品质量管理有什么区别和联系呢？通过本章的学习，同学们会找到满意的答案。

1961 年美国通用电气公司菲根鲍姆博士在总结世界各国质量管理工作经验的基础上，出版了《全面质量管理》一书，第一次提出了全面质量管理的思想。经过不断补充、完善，形成了一套质量管理的理论体系，使质量管理工作开创了一个新的发展阶段。1970 年年末国际标准化组织(ISO)为了解决国际之间的质量争端，消除和减少技术壁垒，促进国际贸易的发展，加强国际间的技术合作，统一国际质量工作语言，着手研究制定国际上共同遵守的国际规范。1987 年 3 月颁布了 ISO 9000 系列质量管理和质量保证的国际标准。标准一颁布就受到世界相当多国家和地区的欢迎，同时也极大地丰富和规范了质量管理理论，统一了质量和质量管理的术语，推动了质量管理工作的开展。

1.1 有关质量及质量管理的术语

1.1.1 有关质量的术语

1. 质量

质量是指一组固有特性满足要求的程度。

质量不仅指产品，质量也可以是某项活动或过程的工作质量，还可以是质量管理体系运行的质量。

质量的关注点是一组固有的特性，而不是赋予的特性。对产品来说，如水泥的化学成分、细度、凝结时间、强度是固有特性，而价格和交货期是赋予特性；对过程来说，固有特性是过程将输入转化为输出的能力；对质量管理体系来说，固有特性是实现质量方针和质量目标的能力。

特性也可是定性的或定量的；特性有各种类别，如物理的(机械、力学性能等)特性、感观的(嗅觉、触觉、视觉、听觉等)特性、时间的(可靠性、准时性、可用性等)特性、人体工效的(生理的或有人身安全的)特性，以及功能的(如房屋采光、通风、隔热、隔声等)特性。

与旧定义相比，新定义有两点明显的改进：一是质量反映的是"满足要求的程度"，而不是"特性总和"，特性是固有的，与要求相比较，满足要求的程度才反映为质量的好坏，因而，新定义更科学；二是明确提出"固有特性"的概念，说明固有特性是产品、过程或体系的一部分，而赋予的特性不是固有特性，不反映在产品的质量范畴中，使质量的概念更为明确。

2. 要求

要求包括明示的、隐含的和必须履行的需求或期望。

"明示要求"一般是指在合同环境中，用户明确提出的需要或要求，通常是通过合同、标准、规范、图纸、技术文件等所做出的明文规定，由供方保证实现。

"隐含要求"一般是指非合同环境(即市场环境)中，用户未提出或未提出明确要求，而由生产企业通过市场调研进行识别或探明的要求或需要。这是用户或社会对产品服务的"期望"，也就是人们公认的、不言而喻的那些"需要"。如住宅的平面布置要方便生活，要能满足人们最起码的居住功能，就属于隐含要求。

3. 顾客满意

顾客满意是指顾客对其要求已被满足的程度的感受。

理解术语"顾客满意"要注意：顾客抱怨是一种满意程度低的最常见的表达方式，但没有抱怨并不一定代表顾客很满意，即使规定的顾客要求符合顾客的愿望并得到满足，也不一定能确保顾客很满意。

1.1.2　有关质量管理的术语

(1) 体系。它是相互关联或相互作用的一组要素。

(2) 管理。它是指挥和控制组织的协调的活动。

(3) 管理体系。它是指建立方针和目标，并实现这些目标的体系。一个组织的管理体系可包括若干个不同的管理体系，如质量管理体系、财务管理体系或环境管理体系。

(4) 质量管理。质量管理是指在质量方面指挥和控制组织的协调的活动。质量管理的首要任务是确定质量方针、目标和职责，核心是建立有效的质量管理体系，通过具体的 4 项活动，即质量策划、质量控制、质量保证和质量改进，确保质量方针、目标的实施和实现。

(5) 质量管理体系。质量管理体系是在质量方面指挥和控制组织的管理体系。严格地讲，质量管理体系是指为实施质量管理所需的组织结构、程序、过程和资源。

(6) 质量方针。质量方针是指组织的最高管理者正式发布的该组织总的宗旨和方向。通常质量方针与组织的总方针一致，并为制定质量目标提供框架。

(7) 质量目标。质量目标是指在质量方面所追求的目的。质量目标通常依据组织的质量方针制定，通常对组织的相关职能和层次分别规定质量目标。

(8) 质量策划。质量策划是质量管理的一部分，致力于制定质量目标并规定必要的运行过程和相关资源，以实现质量目标。编制质量计划可以是质量策划的一部分。质量策划强调的是一系列活动，而质量计划是质量策划的结果之一，通常是一种书面文件。

(9) 质量控制。质量控制是质量管理的一部分，致力于满足质量要求。质量控制的目标就是确保产品的质量满足顾客、法律法规等方面所提出的质量要求。质量控制要贯穿项目施工的全过程，包括施工准备阶段、施工阶段和交工验收阶段等。

(10) 质量保证。质量保证是质量管理的一部分，致力于提供质量要求会得到满足的信任。质量保证的内涵已经不是单纯地为了保证质量，保证质量是质量控制的任务，而"质量保证"是以保证质量为基础，进一步引申到提供"信任"这一基本目的。

质量保证可分为内部质量保证和外部质量保证。内部质量保证是为使项目经理确信本工程项目质量或服务质量满足规定要求所进行的活动，它是项目质量管理职能的一个组成部分，其目的是使项目经理对工程项目的质量放心；外部质量保证是向顾客或第三方认证机构提供信任，这种信任表明企业(或项目)能够按规定的要求，保证持续稳定地向顾客提供合格产品，同时也向认证机构表明企业的质量管理体系符合 GB/T 19000 标准要求，并且能有效运行。

(11) 质量改进。质量改进是质量管理的一部分，致力于增强满足质量要求的能力。要求可以是有关任何方面的，如有效性、效率或可追溯性。

(12) 持续改进。持续改进是增强满足要求能力的循环活动。制定改进目标和寻求改进机会的过程是一个持续过程，该过程使用审核发现和审核结论、数据分析、管理评审或其他方法，其结果通常导致纠正措施或预防措施的产生。

(13) 最高管理者。最高管理者是指在最高层指挥和控制组织的个人或一组人。

(14) 有效性。有效性是指完成策划活动和达到策划结果的程度。

(15) 效率。效率是指达到的结果与所使用的资源之间的关系。

1.1.3 产品及产品质量的定义

1. 产品

产品被定义为"过程的结果"，而过程又被定义为"一组将输入转化为输出的相互关联或相互作用的活动"。所以，产品即是"一组将输入转化为输出的相互关联或相互作用的活动的结果"。

产品包括服务、软件、硬件、流程性材料和它们的组合。产品分为有形产品和无形产品。有形产品是经过加工的成品、半成品、零部件，如设备、预制构件、施工机械、各种原材料等；无形产品包括服务、回访、维修、信息等。

2. 产品质量

产品质量是指产品固有特性满足人们在生产及生活中所需的使用价值及要求的属性，它们体现为产品的内在和外观的各种质量指标。根据质量的定义，可以从两方面理解产品的质量。第一，产品质量的好坏和优劣，是根据产品所具备的质量特性能否满足人们需要及满足程度来衡量的。一般有形产品的质量特性主要包括性能、质量标准、寿命、可靠性、安全性、经济性等；无形产品特性强调服务及时、准确、圆满与友好等。第二，产品质量具有相对性。即一方面，对有关产品所规定的标准、性能及要求等因时而异，会随时间、条件而变化；另一方面，满足期望的程度也会由于用户要求的程度不同而不同，因人而异。

建筑产品质量的内涵分为施工质量及服务质量两方面，后者包括项目的施工期限、费用、安全及环境保护。

(1) 施工质量——包括工程物资质量、分部分项工程质量、单位工程质量及整个项目质量等。

(2) 项目施工期限——在施工承包合同中规定，施工期间由于特殊原因，与建设单位、监理单位、施工单位协商后方可修订。

(3) 工程项目费用——在施工承包合同中规定，按时间阶段、已完工程量及其他原则的约定方式支付。

(4) 施工安全及环境保护——必须符合相关法律、法规、标准的规定，包括施工期间对周围环境要防止违规污染。

1.1.4　工程项目质量

工程项目质量是国家现行的有关法律、法规、技术标准、设计文件及工程合同中对工程的安全、适用、经济、美观等特性的综合要求。工程项目一般都是按照合同条件承包建设的，因此，工程项目质量是在"合同环境"下形成的。合同条件中对工程项目的功能、使用价值，以及设计和施工质量等的明确规定都是业主的"需要"，因而都是质量保证的内容。

从功能和使用价值来看，工程项目质量特性主要表现在以下六个方面。

(1) 适用性。适用性即功能，是指工程满足使用目的的各种性能，可从内在的和外观两个方面来区别。内在质量多表现在：如耐酸、耐碱、防火等材料的化学性能，尺寸、规格、保温、隔热、隔声等物理性能，结构的强度、刚度、稳定性等力学性能，满足生活或生产需要的使用功能；外观性能，指建筑物的造型、布置、室内装饰效果、色彩等。

(2) 耐久性。耐久性即寿命，是指工程在规定的条件下，满足规定功能要求使用的年限，也就是工程竣工后的合理使用寿命周期。由于结构物本身结构类型不同、施工方法不同、使用性质不同的个性特点，设计使用年限也有所不同。如民用建筑主体结构的耐用年限分为四级(15～30 年，30～50 年，50～100 年，100 年以上)。

(3) 安全性。安全性是指工程建成后在使用过程中保证结构安全、保证人身和环境免受危害的程度，工程产品的结构安全度、抗震、耐火及防火能力，是否达到特定的要求，都是安全性的重要标志。工程交付使用后，必须保证人身财产、工程整体都能免遭工程结构破坏及外来危害的伤害。工程组成部件(如阳台栏杆、楼梯扶手、电气产品漏电保护、电梯及各类设备等)，也要保证使用者的安全。

(4) 可靠性。可靠性是指工程在规定的时间和规定的条件下完成规定功能的能力。工程不仅要求在交工验收时要达到规定的指标，而且在一定的使用时期内要保持应有的正常功能。如工程的防洪与抗震能力、防水隔热性能、恒温恒湿措施、工业生产用的管道防"跑、冒、滴、漏"等，都属可靠性的质量范畴。

(5) 经济性。经济性是指工程从规划、勘察、设计、施工到整个产品使用寿命周期内的成本和消耗的费用，具体表现为设计成本、施工成本、使用成本三者之和，包括从征地、拆迁、勘察、设计、采购(材料、设备)、施工、配套设施等建设全过程的总投资和工程使用阶段的能耗、水耗、维护、保养乃至改建更新的使用维修费用。

(6) 环境协调性。环境协调性主要体现在与生产环境相协调、与人居环境相协调、与生态环境相协调及与社会环境相协调等方面，以适应可持续发展的要求。

由于工程项目是根据业主的要求而兴建的，不同的业主也就有不同的功能要求，所以除上述工程通用的质量特性外，工程项目的功能和使用价值的质量是相对于业主的需要而言的，并无固定和统一的标准。

任何工程项目都由分项工程、分部工程和单位工程所组成，而工程项目的建设，又是通过一道道工序来完成的。所以，工程项目质量包含了工序质量、分项工程质量、分部工程质量和单位工程质量。显然，工程质量的形成必须经历一个过程，而过程的每一阶段又可看作是过程的子过程，如此形成由工序质量保证分项工程质量，进而保证分部工程质量和单位工程质量。所以，只有抓好每一过程(每一道工序)的质量才能保证工程项目的整体质量。

工程项目质量不仅包括活动或过程的结果，还包括活动或过程本身，即包括生产产品的全过程。因此，工程项目质量应包括如下工程建设各个阶段的质量及其相应的工作质量。

(1) 工程项目决策质量。

(2) 工程项目设计质量。

(3) 工程项目施工质量。

(4) 工程项目回访保修质量。

工程项目质量也包含工作质量。工作质量是指参与工程建设者为了保证工程项目质量所从事工作的水平和完善程度。工作质量包括：社会工作质量，如社会调查、市场预测、质量回访和保修服务等；生产过程工作质量，如政治工作质量、管理工作质量、技术工作质量和后勤工作质量等。工程项目质量的好坏是决策、计划、勘察、设计、施工等单位各方面、各环节工作质量的综合反映，而不是单纯靠质量检验检查出来的。要保证工程项目的质量，就要求有关部门和人员精心工作，对决定和影响工程质量的所有因素严加控制，即通过提高工作质量来保证和提高工程项目质量。

1.1.5 工程建设各阶段对质量形成的影响

要实现对工程项目质量的控制，就必须严格执行工程建设程序，对工程建设过程中各个阶段的质量严格控制。工程建设的不同阶段，对工程项目质量的形成起着不同的作用和影响，具体表现在以下几个方面。

1. 项目可行性研究对工程项目质量的影响

项目可行性研究是运用技术经济学原理，在对投资建设有关的技术、经济、社会、环境等所有方面进行调查研究的基础上，对各种可能的拟建方案和建成投产后的经济效益、社会效益和环境效益等进行技术经济分析、预测和论证，确定项目建设的可行性，并在可行的情况下提出最佳建设方案作为决策、设计的依据。在此阶段，需要确定工程项目的质量要求，并与投资目标相协调。因此，项目的可行性研究直接影响项目的决策质量和设计质量。这就要求项目可行性研究应对以下内容进行分析论证。

(1) 建设项目的生产能力、产品类型适合和满足市场需求的程度。

(2) 建设地点(或厂址)的选择是否符合城市、地区总体规划要求。

(3) 资源、能源、原料供应的可靠性。

(4) 工程地质、水文地质、气象等自然条件的良好性。

(5) 交通运输条件是否有利于生产、方便生活。

(6) 治理"三废"、文物保护、环境保护等的相应措施。

(7) 生产工艺、技术是否先进、成熟，设备是否配套。

(8) 确定的工程实施方案和进度表是否最合理。

(9) 投资估算和资金筹措是否符合实际。

2. 项目决策阶段对工程项目质量的影响

项目决策阶段主要是确定工程项目应达到的质量目标及水平。对于工程项目建设，需要控制的总体目标是投资、质量和进度，它们三者之间是互相制约的。要做到投资、质量、进度三者协调统一，达到业主最为满意的质量水平，应通过可行性研究和多方案论证来确定。因此，项目决策阶段是影响工程项目质量的关键阶段，要能充分反映业主对质量的要求和意愿。在进行项目决策时，应从整个国民经济角度出发，根据国民经济发展的长期计划和资源条件，有效地控制投资规模，以确定工程项目最佳的投资方案、质量目标和建设周期，使工程项目的预定质量标准在投资、进度目标下能够顺利实现。

3. 工程项目设计阶段对工程项目质量的影响

工程项目设计阶段是根据项目决策阶段已确定的质量目标和水平，通过工程设计使其具体化。设计在技术上是否可行、工艺是否先进、经济是否合理、设备是否配套、结构是否安全可靠等，都决定着工程项目建成后的使用价值和功能。因此，设计阶段是影响工程项目质量的决定性环节。

4. 工程项目施工阶段对工程项目质量的影响

工程项目施工阶段是根据设计文件和图纸的要求，通过施工形成工程实体。这一阶段直接影响工程的最终质量。因此，施工阶段是工程质量控制的关键环节。

5. 工程项目竣工验收阶段对工程项目质量的影响

工程项目竣工验收阶段就是对项目施工阶段的质量进行试运转、检查评定，考核质量目标是否符合设计阶段的质量要求。这一阶段是工程建设向生产转移的必要环节，影响工程能否最终形成生产能力，体现了工程质量水平的最终结果。因此，工程项目竣工验收阶段是工程质量控制的最后一个重要环节。

综上所述，工程项目质量的形成是一个系统的过程，即工程质量是可行性研究、投资决策、工程设计、工程施工和竣工验收各阶段质量的综合反映。

1.2　建筑工程质量管理的重要性

《中华人民共和国建筑法》第一条明确了制定此法的目的是"为了加强对建筑活动的监督管理，维护建筑市场秩序，保证建筑工程的质量和安全，促进建筑业的健康发展"。该法的第三条又再次强调了对建筑活动的基本要求是"建筑活动应当确保建筑工程质量和安全，符合国家的建筑工程安全标准"。由此可见，建筑工程质量与安全问题在建筑活动中占有重要地位。数十年来几乎所有建筑工地上都悬挂着"百年大计，质量第一"的醒目标语，这实质上是对质量与安全的高度概括。所以，工程项目的质量是项目建设的核心，是决定工程建设成败的关键，要保持高质量发展。高质量发展对提高工程项目的经济效益、社会效益和环境效益具有重大意义，它直接关系到国家财产和人民生命安全，是全面建设社会主义现代化国家的首要任务①。

要确保和提高工程质量，必须加强质量管理工作。如今，质量管理工作已经越来越被人们所重视，大部分企业领导清醒地认识到，高质量的产品和服务是市场竞争的有效手段，是争取用户、占领市场和发展企业的根本保证，但是与国民经济发展水平和国际水平相比，我国的质量水平仍有很大差距。国际标准化组织(ISO)于 1987 年发布了通用的 ISO 9000

---

① 引自党的二十大报告第四条加快构建新发展格局，着力推动高质量发展。

《质量管理和质量保证》系列标准(现已采用 ISO 9000—2008 版)。我国等同采用，发布了 GB/T 19000 族系列标准(2008 版)。该系列标准得到了国际社会和国际组织的认可和采用，已成为世界各国共同遵守的工作规范。

作为建设工程产品的工程项目，投资和耗费的人工、材料、能源都相当大，投资者付出巨大的投资，要求获得理想的、满足适用要求的工程产品，以期在预定时间内能发挥作用，为社会经济建设和物质文化生活需要做出贡献。如果工程质量差，不但不能发挥应有的效用，而且还会因质量、安全等问题影响国计民生和社会环境安全。因此，要从发展战略的高度来认识质量问题，质量已关系到国家的命运、民族的未来，质量管理的水平已关系到行业的兴衰、企业的命运。

建筑工程项目质量的优劣，不但关系到工程的适用性，而且还关系到人民生命财产的安全和社会安定。由于施工质量低劣，造成工程质量事故或潜伏隐患，其后果是不堪设想的。

应用案例 1-1

2003 年 11 月 3 日，湖南省衡阳市一场火灾坍塌事故导致 20 名消防官兵当场牺牲，人们无不为他们流泪。尤为让人们震惊的是，这座竣工才 5 年的大厦，在火灾后仅 3 小时就轰然坍塌。事后经查，它竟是一座既无施工许可证也未经竣工验收的违章建筑。其施工质量、材料标准均存在严重问题。一句话，这座大厦就是一个"驴粪球，外面光"的豆腐渣工程。

(引自新华网 2003 年 12 月 22 日报道)

应用案例 1-2

2007 年 8 月 13 日 16 时 45 分，湖南省凤凰县正在建设中的堤溪沱江大桥发生特别重大坍塌事故，造成 64 人死亡，4 人重伤，18 人轻伤，直接经济损失 3 974.7 万元。事后经查，事故主要原因是拱桥上部结构施工工序不合理、石料质量不合格，加上质量监督流于形式，工程设计、工程施工违规转包，因而造成了这次重大事故。

(引自广东电台、广东广播新闻、卫星广播滚动新闻 2007 年 8 月 14 日报道)

在工程建设过程中，加强质量管理，确保国家和人民生命财产安全是工程项目管理的头等大事。

工程质量的优劣，直接影响国家经济建设的速度。工程质量差本身就是最大的浪费，低劣的质量一方面需要大幅度增加返修、加固、补强等人工、材料、能源的消耗；另一方面还将给用户增加使用过程中的维修、改造费用。同时，低劣的质量必然缩短工程的使用寿命，使用户遭受经济损失。此外，质量低劣还会带来其他的间接损失(如停工、降低使用功能、减产等)，给国家和使用者造成的浪费、损失将会更大。工程质量低劣的原因：一些工程在建造前不进行工程地质勘察或勘测深度不足或勘测成果质量较差；也有一些工程因设计错误或施工质量低劣，结果房屋尚未交工使用，已出现明显的不均匀沉降、倾斜、变形、裂缝等。

应用案例 1-3

深圳的腾龙酒店，上海梅陇地区一住宅小区的 6 栋多层住宅，郑州一栋建筑面积为 9 800m² 的 7 层住宅楼等均因质量问题严重，加固无意义，决定拆除。

(引自王赫. 建筑工程质量事故百问[M]. 北京：中国建筑工业出版社，2000)

2010 年暑期，太原杏花岭区后小河小学在对教学楼进行抗震加固时发现，该楼已属 D 级危房，加固无意义，杏花岭区便同时决定对该楼予以整体拆除，并在原址新建一座教学楼。

(引自 http://www.sx.xinhuanet.com 新华网•山西频道)

质量问题所造成的经济损失直接影响着我国经济建设的速度。综合上述，可以用"工程质量、人命关天、质量责任、重于泰山"来概括工程质量管理的重要性。

为了搞好工程项目质量管理工作，使我国的建筑工程项目质量管理逐步步入法制化、规范化的轨道，近年来由国务院、原国家建委、原国家计委、原建设部及地区建设政府主管部门制定了一系列有关工程质量管理的法律和法规。自 1998 年以来，我国相继颁布了《中华人民共和国建筑法》《建设工程质量管理条例》《工程建设标准强制性条文》《建设工程质量监督机构监督工作指南》《质量管理体系　基础和术语》等一系列最新的法律法规，这一系列法律法规的颁布、施行，进一步强化了工程施工质量管理，保证了国家工程建设的顺利进行。工程施工质量法律法规的颁布和实施，是国家对工程项目质量管理工作进行宏观调控的基本环节；是促进建筑工程管理体制改革顺利进行的有力保证；是实现工程项目科学管理，维护建筑市场正常、健康运行的有力工具；为我们依法行政、依法管理提供了法定依据。综上所述，加强工程质量管理是加速社会主义现代化建设的需要；是企业实现科学管理、文明施工的有力保证；是提高企业综合素质和经济效益的有效途径；也是提高企业市场竞争能力的有力武器。为此，这些法规已成为指导我国建设工程质量管理的法典和灵魂。

1.3　质量管理的发展过程

随着科学技术的发展和市场竞争的需要，质量管理已越来越为人们所重视，并逐渐发展成为一门新兴的学科。最早提出质量管理的国家是美国，日本在第二次世界大战后引进美国的一整套质量管理技术和方法，结合本国实际，又将其向前推进，使质量管理走上了科学的道路，取得了举世瞩目的成绩。质量管理作为企业管理的有机组成部分，它的发展随着企业管理的发展而发展，其产生、形成、发展和日益完善的过程大体经历了以下几个阶段。

1. 质量检验阶段(20 世纪 20—40 年代)

20 世纪前，主要是手工作业和个体生产方式，依靠生产操作者自身的手艺和经验来保证质量，只能称为"操作者质量管理"时期。进入 20 世纪，随着资本主义生产力的发展，机器化大生产方式与手工作业的管理制度的矛盾，阻碍了生产力的发展，于是出现了管理革命。美国的泰勒研究了从工业革命以来的大工业生产的管理实践，创立了"科学管理"

的新理论。他的主要著作有"计件工资制度""工厂管理""科学管理原理"等。他提出了以计划、标准化、统一管理作为生产管理的基本原则代替以往的经验法则，奠定了科学管理的理论基础。"泰勒制"为当时的工业生产提供了合理化的管理思想。由于"泰勒制"的推行，使美国当时劳动生产率提高了2~3倍。因此，泰勒被资产阶级奉为"科学管理之父"。

泰勒把企业的职能分为两大类：一是计划职能(或称管理职能)；二是执行职能(或称作业职能)。他提出了计划与执行、检验与生产的职能需要分开的主张，即企业中设置专职的质量检验部门和人员从事质量检验。这使产品质量有了基本保证，对提高产品质量、防止不合格产品出厂或流入下一道工序，有积极的意义。这种制度把过去的"操作者的质量管理"变成了"检验员的质量管理"，标志着进入了质量检验阶段。由于这个阶段的特点是质量管理单纯依靠事后检查、剔除废品，因此，它的管理效能有限。但在当时，它不仅在美国工业界得到了推广，而且在世界各国也得到了逐步推广，使它成为质量管理的一个独立发展阶段。按现在的观点来看，它是质量管理中的一个必不可少的环节。

人们从长期的生产实践过程中发现，产品质量的事后检验，虽然可以及时有效地完成剔除不合格品的任务，但是生产出废品，损失已经造成，即使检查再严，也无法挽回有关废品所造成的经济损失。所以，人们对质量管理提出了更高的要求，即寻求更经济、更有效的质量管理方法。

1924年，美国统计学家休哈特创造了第一张控制图，建立了一整套统计卡片，他的控制图的基本思想是根据某一现象过去的情况来预测它将要发生的变化，从而进行有效的管理。在这个基础上他于1926年提出了"预防缺陷"的观点。1931年他又出版了《工业产品经济质量控制》一书，这本书第一次把数理统计理论应用于质量管理，使质量管理的方法和功能都发生了质的变化，不仅完全打破了传统的质量管理概念，而且能够定量地分析、研究和预测产品质量的变化，变"事后检查"为"事前预防"，开创了质量管理的新时代，但由于当时不被人们充分认识和理解，故没有得到广泛推广。

2. 统计质量管理阶段(20世纪40—50年代)

第二次世界大战初期，由于战争的需要，美国许多民用生产企业转为军用品生产企业。由于事先无法控制产品质量，造成废品量很大，耽误了交货期，甚至因军火质量差而发生事故。同时，军需品的质量检验大多属于破坏性检验，不可能进行事后检验。于是人们采用了休哈特的"预防缺陷"理论。美国国防部请休哈特等研究制定了一套美国战争时代的质量管理方法，强制生产企业执行。这套方法主要是采用统计质量控制图，了解质量变动的先兆，提前进行预防，使不合格产品率大为下降，对保证产品质量起到了较好的效果。这种用数理统计方法来控制生产过程影响质量的因素，把单纯的质量检验变成了过程管理。使质量管理从"事后"转到了"事中"，较单纯的质量检验进了一大步。第二次世界大战后，许多工业发达国家生产企业也纷纷采用和效仿这种质量管理工作模式。但因为对数理统计知识的掌握有一定的要求，在过分强调的情况下，给人们以统计质量管理是少数数理统计人员责任的错觉，而忽略了广大生产与管理人员的作用，结果既没有充分发挥数理统计方法的作用，又影响了管理功能的发展，把数理统计在质量管理中的应用推向了极端。到了20世纪50年代，人们认识到统计质量管理方法并不能全面保证产品质量，进而促使了"全面质量管理"新阶段的出现。

3. 全面质量管理阶段(20 世纪 60 年代以后)

20 世纪 60 年代以后，随着社会生产力的发展和科学技术的进步，经济上的竞争也日趋激烈，特别是一大批高安全性、高可靠性、高科技和高价值的技术密集型产品和大型复杂产品的质量，在很大程度上依靠对各种影响质量的因素加以控制，才能达到设计标准和使用要求。人们对控制质量的认识有了深化，意识到单纯靠统计检验手段已不能满足要求，大规模的工业化生产，质量保证除与设备、工艺、材料、环境等因素有关外，还与工程参与者的思想意识、技术素质，企业的生产技术管理等息息相关。同时检验质量的标准与用户中所需求的功能标准之间也存在时差，因此必须及时地收集反馈信息，修改、制定满足用户需要的质量标准，使产品具有竞争性。美国的菲根鲍姆首先提出了较系统的"全面质量管理"概念。其中心思想是，数理统计方法是重要的，但不能单纯依靠它，只有将它和企业管理结合起来，才能保证产品质量。这一理论很快应用于不同行业生产企业(包括服务行业和其他行业)的质量工作。此后，这一概念通过不断完善，便形成了今天的"全面质量管理"。

全面质量管理阶段的特点是针对不同企业的生产条件、工作环境及工作状态等多方面因素的变化，把组织管理、数理统计方法以及现代科学技术、社会心理学、行为科学等综合运用于质量管理，建立适用和完善的质量工作体系，对每一个生产环节加以管理，做到全面运行和控制。全面质量管理是通过改善和提高工作质量来保证产品质量；通过对产品的形成和使用全过程管理，全面保证产品质量；通过形成生产(服务)企业全员、全企业、全过程的质量工作系统，建立质量体系，以保证产品质量始终满足用户需要，使企业用最少的投入获取最佳的效益。

全面质量管理的核心是"三全"管理。全面质量管理的基本观点是：全面质量的观点、为用户服务的观点、预防为主的观点、用数据说话的观点。全面质量管理的基本工作方法是 PDCA 循环法。现就其主要内容简述如下。

1) "三全"管理

所谓"三全"管理，主要是指全过程、全员、全企业的质量管理。

(1) 全过程的质量管理。这是指一个工程项目从立项、设计、施工到竣工验收的全过程，或指工程项目施工的全过程，即从施工准备、施工实施、竣工验收直到回访保修的全过程。全过程管理就是对每一道工序都要有质量标准，严把质量关，防止不合格产品流入下一道工序。

(2) 全员的质量管理。要使每一道工序质量都符合质量标准，必然涉及每一位工程参与者是否具有强烈的质量意识和优秀的工作质量。因此，全员质量管理要强调企业的全体员工用自己的工作质量来保证每一道工序质量。

(3) 全企业的质量管理。所谓"全企业"主要是从组织管理来理解。在企业管理中，每一个管理层次都有相应的质量管理活动，不同层次的质量管理活动的侧重点不同。上层侧重于决策与协调；中层侧重于执行其质量职能；基层(施工班组)侧重于严格按技术标准和操作规程进行施工。

2) 全面质量管理的基本观点

(1) 全面质量的观点。全面质量的观点是指除了要重视产品本身的质量特性外，还要特别重视数量(工程量)、交货期(工期)、成本(造价)和服务(回访保修)的质量，以及各部门各环节的工作质量。把产品质量建立在企业各个环节的工作质量的基础上，用科学技术和高效的工作质量来保证产品质量。因此，全面质量管理要有全面质量的观点，才能在企业中建立一个比较完整的质量保证体系。

(2) 为用户服务的观点。为用户服务就是要满足用户的期望，让用户得到满意的产品和服务。把用户的需要放在第一位，不仅要使产品质量达到用户要求，而且要物美价廉，供货及时，服务周到；要根据用户的需要，不断地提高产品的技术性能和质量标准。

为用户服务的观点还应贯穿于整个施工过程中，明确提出"下道工序就是用户"的口号，使每一道工序都为下一道工序着想，精心地提高本工序的工作质量，保证不为下道工序留下质量隐患。

(3) 预防为主的观点。工程质量是在施工过程中形成的，而不是检查出来的。为此，全面质量管理中的全过程质量管理就是强调各道工序、各个环节都要采取预防性控制，重点控制影响质量的因素，把各种可能产生质量隐患的苗头消灭在萌芽之中。

(4) 用数据说话的观点。数据是质量管理的基础，是科学管理的依据。一切用数据说话，就是用数据来判别质量标准；用数据来寻找质量波动的原因，揭示质量波动的规律；用数据来反映客观事实，分析质量问题，把管理工作定量化，以便及时采取对策、措施，对质量进行动态控制。这是科学管理的重要标志。

3) 全面质量管理的基本工作方法

全面质量管理的基本工作方法为 PDCA 循环法。美国质量管理专家戴明博士把全面质量管理活动的全过程划分为计划(Plan)、实施(Do)、检查(Check)、处理(Action)4 个阶段，如图 1.1 所示。即按计划→实施→检查→处理 4 个阶段不断循环周而复始地进行质量管理，故称 PDCA。它是提高产品质量的一种科学管理工作方法，在日本称为"戴明环"。PDCA 事实上就是认识—实践—再认识—再实践的过程。做任何工作总有一个设想、计划或初步打算；然后根据计划去实施；在实施过程中或进行到某一阶段，要把实施结果与原来的设想、计划进行对比，以检查计划执行的情况；最后根据检查的结果来改进工作，总结经验教训，或者修改原来的设想、制订新的工作计划。这样，通过一次次的循环，便能把质量管理活动推向一个新的高度，使产品的质量不断地得到改进和提高。

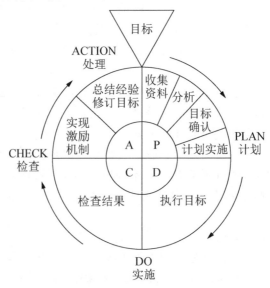

图 1.1 PDCA 循环图

4. 质量管理与质量保证标准的形成

质量检验、统计质量管理和全面质量管理 3 个阶段的质量管理理论和实践的发展，促使世界各发达国家和企业纷纷制定出新的国家标准和企业标准，以适应全面质量管理的需要。这样的做法虽然促进了质量管理水平的提高，却也导致出现了各种各样的不同标准。各国在质量管理术语概念、质量保证要求、管理方式等方面都存在很大差异，这种状况显然不利于国际经济交往与合作的进一步发展。

国际化的市场经济迅速发展，国际之间商品和资本的流动空间增长，国际之间的经济合作、依赖和竞争日益增强，有些产品已超越国界，形成国际范围的社会化大生产。特别是不少国家把提高进口商品质量作为限入奖出的保护手段，利用商品的非价格因素竞争设置关贸壁垒。为了解决国际之间的质量争端，消除和减少关贸壁垒，有效地开展国际贸易，加强国际的技术合作，统一国际质量工作语言，制定共同遵守的国际规范，各国政府、企业和消费者都需要一套通用的、具有灵活性的国际质量保证模式。在总结发达国家质量工作经验的基础上，20 世纪 70 年代末，国际标准化组织着手制定国际通用的质量管理和质量保证标准。1980 年 5 月国际标准化组织的质量保证技术委员会在加拿大应运而生。它通过总结各国质量管理经验，于 1987 年 3 月制定和颁布了 ISO 9000 系列质量管理及质量保证标准。此后又不断对它进行补充、完善，形成了 2008 版 ISO 9000 系列质量管理及质量保证标准。ISO 9000 系列标准一经发布，相当多的国家和地区表示欢迎，等同或等效采用该标准，以此来指导本国企业开展质量管理工作。

质量管理和质量保证的概念和理论是在质量管理发展的 3 个阶段的基础上逐步形成的，是市场经济和社会化大生产发展的产物，是与现代生产规模、条件相适应的质量管理工作模式。因此，ISO 9000 系列标准的诞生，顺应了消费者的要求；为生产方提供了当代企业寻求发展的途径；有利于一个国家对企业的规范化管理，更有利于国际之间的贸易和生产合作。它的诞生顺应了国际经济发展的形势，适应了企业和顾客及其他受益者的需要。因此，它的诞生具有必然性。

 **应用案例 1-4**

日本的全面质量管理特点简介

1. 全公司质量管理

日本的工程技术人员认识到：统计方法对于把握制造过程中的异常波动、确定制造条件与产品质量之间的相互关系是非常有效的；抽样检验技术的引入减少了所需要的检验人员；另外，统计技术还有许多其他方面的好处。可是，20 世纪 40 年代末从美国引进统计方法之后的最初 10 年间，这些统计方法的应用主要局限在制造和检验领域。

尽管统计技术在上述领域中的应用取得了惊人的成果，但很显然，对于实现顾客满意这一质量管理的主要目标而言，它并非是全面充分条件。为实现顾客满意这一目标，无疑还必须重视制造前的过程(如市场调查、研究、计划、开发、设计和采购)，而且还必须强调在检验之后的过程中(如包装、储存、运输、销售和售后服务)应用好质量管理方法。

例如，在顾客对家用电器的抱怨中，设计缺陷通常高居排列图的首位。因此，消除这些缺点，明确其原因并防止在新产品设计中再次发生，这不仅是消除顾客不满意的重要措施，而且对于公司

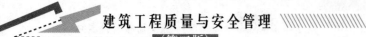

本身的健康发展也是至关重要的。在 20 世纪 50 年代中期，随着贸易自由化日益成为现实，越来越多的人认识到了这一道理，全公司质量管理(CWQC)的重要性开始为制造行业的企业所重视和理解。日本是一个自然资源短缺的国家，要依靠在竞争激烈的国际市场上的贸易收入来支付自然资源的支出，因此就必须将其产品质量提升到出口可接受的标准。

1954 年，应日本科学技术联盟(the Japanese Union of Scientists and Engineers，JUSE)的邀请，J.M. 朱兰到访日本，为中高层管理人员讲授质量管理课程。这些课程把质量管理的理念引申到了公司活动的每一个领域，并将质量管理明确定位为一种管理工具，从这个意义上来讲，它对日本质量管理的影响之大是无法估量的。以这些课程为先导，JUSE 于 1955 年开设了中层经理质量管理课程，又于 1957 年开设了高层经理特别质量管理课程，这些课程经过了不断的改进，时至今日仍在提供着。

帝人公司(一家合成纤维制造商)和住友电气工业公司分别获得了 1961 年和 1962 年的戴明实施奖。在这些公司里，质量管理活动被广义地解释为包括营销、设计、制造、检验、销售、行政等部门和子公司的活动，公司取得了显著的甚至是划时代的成就，这也是它们获奖的原因。这些成功激发了其他的日本企业，对它们拓宽质量管理活动的范围是一个强有力的刺激。

日本的这种 CWQC 有两个主要特点：其一是质量管理活动覆盖范围广泛；其二是全体员工参与质量管理活动和辅助活动。

2. 日本全公司质量管理的基本特征

日本的质量管理活动从狭窄的制造和检验领域逐渐扩展到了公司的几乎所有领域。如前所述，人们普遍认识到，要确保产品质量和实现顾客满意就必须"适合使用和适合环境"(Fitness for Use and Environment)，而要实现这一点，就不仅要改进产品的符合性质量，还必须改进产品的设计质量，例如戴明奖委员会将全公司质量管理定义为：基于顾客导向的原则并充分考虑到公众的福祉，经济地设计、生产和提供具有顾客所要求质量的产品和服务的活动。它通过全体员工在所有保证质量的活动中，包括调查、研究、开发、设计、采购和检验等一系列活动，以及公司内外的其他相关活动中，理解和应用统计思想和方法，有效地重复计划、执行、检查和处理自 PDCA 循环而实现企业的目标。

在 20 世纪 60 年代，日本产业界的质量管理活动扩展到了以下各个方面。

(1) 确立最高管理层的质量方针并制订实现该方针的全公司的长期质量管理计划。

(2) 质量管理的概念和方法应用到新产品开发上。

(3) 建立覆盖整个公司的质量保证体系。

(4) 开展质量管理诊断。

(5) 将质量管理活动延伸到包括代理商、商社、商店在内的销售和营销活动中。

日本质量管理的第二个特点是员工参与公司质量管理活动的主动性强。例如，日本做得比较成功的 QC 小组运动就来自这种思路。在日本企业中，质量管理活动不只是质量管理人员的事情，而是包括了从社长到工人和销售员在内的公司的全体人员。其中，高层的领导对于质量活动的开展和持续是必不可少的。因此，称为"全公司质量管理"的日本企业的质量管理活动是一场涉及整个公司的运动。

(引自朱兰，戈弗雷. 朱兰质量手册[M]. 5 版. 焦叔斌，等译. 北京：中国人民大学出版社，2003)

本章小结

通过本章的学习，应熟悉质量及质量管理有关术语的概念、特征，了解质量管理的由来和发展，以及目前质量管理工作发展的趋势及特点。充分认识建筑工程质量管理的重要性和特殊性，树立工程质量第一的思想意识，即作为一名建筑工程项目的技术管理人员，应该把工程质量当作头等大事予以重视。

<h1>习　题</h1>

一、填空题

1. 全面质量管理的特点是把组织管理、（　　），以及现代科学技术、（　　）、（　　）等，综合运用于质量管理中。

2. （　　）是一组将输入转化为输出的相互关联或相互作用的活动结果。

3. （　　）的目标就是确保产品的质量满足顾客、法律法规等方面所提出的质量要求。

4. 建筑产品质量的内涵分为（　　）及（　　）两方面，后者包括项目的施工期限、费用、安全及环境保护。

5. 工作质量是指参与工程建设者为了保证工程项目质量所从事工作的（　　）和（　　）。

6. 工程项目的可行性研究直接影响工程项目的（　　）和（　　）。

7. 工程项目质量不是靠质量检验检查出来的，而是在（　　）形成的，因此要通过提高（　　）来保证和提高工程项目质量。

二、多项选择题

1. 工程项目施工，企业要控制好（　　）几大指标。
   A. 施工人员数量　　　　　　　　B. 施工质量
   C. 项目施工工期　　　　　　　　D. 工程项目费用
   E. 施工安全及环境保护

2. 工程项目质量应包括工程建设各个阶段的质量及其相应的工作质量，即（　　）。
   A. 工程项目决策质量　　　　　　B. 工程项目设计质量
   C. 工程项目施工质量　　　　　　D. 工程项目回访保修质量

3. 工作质量包括（　　）。
   A. 社会工作质量　　　　　　　　B. 生产过程工作质量
   C. 决策工作质量　　　　　　　　D. 经营工作质量

4. 影响工程项目质量的决定性环节和关键环节分别是（　　）。
   A. 可行性研究阶段　　　　　　　B. 项目决策阶段
   C. 项目设计阶段　　　　　　　　D. 项目施工阶段
   E. 项目验收阶段

5. 工程设计使已确定的质量目标和水平具体化，因此，设计必须要考虑（　　），以保证项目的使用价值和功能。
   A. 技术上是否可行　　　　　　　B. 工艺是否先进
   C. 经济是否合理　　　　　　　　D. 结构是否安全可靠
   E. 设备是否配套

6．全面质量管理基本工作方法 PDCA 的具体内容是(　　)。

A．调查   B．计划

C．实施   D．检查

E．处理

三、简答题

1．质量管理发展经过了哪几个阶段？各阶段质量管理主要特征是什么？

2．什么叫做全面质量管理？其核心思想有哪些？

3．工程项目质量特性主要表现在哪些方面？请举例说明。

4．全面质量管理具有哪些基本观点？

5．如何概括工程质量的重要性？

6．我国现行的工程质量管理法规有哪些？

第 2 章

质量管理体系

📖 学习目标

　　通过本章的学习，学生应了解质量管理体系标准的产生和发展，掌握质量管理的八项原则及质量管理体系的基础，理解质量管理体系文件的构成，学会质量管理体系的建立和运行。

📖 学习要求

知识要点	能力目标	相关知识	权重
质量管理体系与ISO 9000 族标准	1. 了解 ISO 9000 族标准的产生与发展过程 2. 熟悉 2008 版 ISO 9000 族标准的主要构成及核心标准的基本内容 3. 掌握 2008 版 ISO 9000 族标准中的术语的含义	1. ISO 9000 族标准产生的意义 2. 2008 版 ISO 9000 族标准的构成 3. 我国 GB/T 19000：2008 族标准与 ISO 9000 族标准的关系	20%
质量管理的八项原则	1. 明确质量管理八项原则的基本概念 2. 熟知质量管理八项原则的具体内容	1. 质量管理的八项原则的特征 2. 质量管理八项原则在质量管理中的作用和地位	20%
质量管理体系的基础	1. 掌握质量管理体系 12 条基础的内容及特征 2. 清楚质量管理体系 12 条基础与质量管理八项原则的关系	1. 质量管理体系 12 条基础在ISO 9000 族标准中的地位 2. 质量管理体系 12 条基础是质量管理体系建立的先决条件	20%
质量管理体系文件的构成	1. 理解质量管理体系文件的作用 2. 掌握质量管理体系文件所规定的构成 3. 掌握质量记录的要求和程序	1. 质量方针和质量目标的概念 2. 质量手册的基本内容 3. 程序文件建立的方法	20%
质量管理体系的建立和运行	1. 掌握质量管理体系建立的条件要求 2. 掌握质量管理体系在运行过程中应做的工作 3. 掌握质量管理体系的评审和考核	1. 质量管理体系建立的依据 2. 质量管理体系建立的要求 3. 质量管理体系的运行 4. 质量管理体系的评审与考核的作用 5. 质量管理体系的内部审核	20%

引 例

　　某公司一条产品生产线通过了 ISO 9001 国际质量标准认证，销售部的业务员小张为了提高产品的知名度，打算在产品外包装上印上"本产品率先通过 ISO 9001 国际质量标准认证"。这种标志方法对吗？通过本章的学习来回答这个问题。

2.1　质量管理体系与 ISO 9000 族标准

2.1.1　质量管理体系标准的产生和发展

　　20 世纪 70 年代，世界经济随着地区化、集团化、全球化经济的发展，市场竞争日趋激烈，顾客对质量的期望越来越高，每个组织为了竞争和保持良好的经济效益，努力提高自身的竞争能力以适应市场竞争的需要。各国的质量保证标准又形成了新的贸易壁垒和障碍，这就迫切需要一个国际标准来解决上述问题。于是国际标准化组织(ISO)在英国标准化协会(BSI)的建议下，于 1980 年 5 月在加拿大渥太华成立了质量管理和质量保证技术委员会(TC 176)，该会从事研究质量管理和质量保证领域的国际标准化问题，通过 6 年的研究，总结了世界各国在该领域的经验，首先于 1986 年 6 月发布了 ISO 8402：1986，名为《质量　术语》的国际标准。随后又于 1987 年 3 月正式发布了 ISO 9000 族标准(1987 版)。该标准发布后受到世界许多国家和地区的欢迎和采用，同时也提出了许多建设性意见。1990 年质量管理和质量保证技术委员会着手对标准进行了修改，修改分两个阶段进行。第一阶段为"有限修改"，即在标准结构上不做大的变动，仅对标准的内容进行小范围的修改，经修改的 ISO 9000 标准即为 1994 版标准。第二阶段为"彻底修改"，即在总体结构和内容上做全面修改。1996 年 ISO/TC 176(国际标准化组织质量管理和质量保证技术委员会)开始在世界各国广泛征求标准使用者的意见，了解顾客对标准的修订要求，1997 年正式提出了八项质量管理原则，作为 2000 版 ISO 9000 族标准的修订依据和设计思想，经过 4 年若干稿的修订，于 2000 年 12 月 15 日正式发布了 2000 版 ISO 9000 族标准，即 ISO 9000：2000 族标准。2005 年 9 月 15 日国际标准化组织(ISO)发布了第 3 版《质量管理体系　基础和术语》(ISO 9000：2005)。随着国际贸易发展的需要和标准实施中出现的问题，对系列标准不断进行全面修订，2008 年发布了 2008 版 ISO 9000 族标准。

　　综合上述，ISO 9000 族标准是由 ISO/TC 176 编制的，由国际标准化组织(ISO)批准、发布的，有关质量管理和质量保证的一整套国际标准的总称。

　　ISO 9000 系列标准的颁布，使各国的质量管理和质量保证活动统一在 ISO 9000 系列标准的基础上。标准总结了工业发达国家先进企业的质量管理实践经验，统一了质量管理和质量保证的术语和概念，并对推动组织的质量管理，实现组织的质量目标，消除贸易壁垒，提高产品质量和顾客的满意程度等产生了积极的影响，受到了世界各国的普遍关注和采用。迄今为止，它已被世界 150 多个国家和地区等同采用为国家标准，成为国际标准化组织(ISO)最成功、最受欢迎的国际标准。

　　回顾质量管理标准的发展，可以清楚地看到质量管理标准发展的过程与社会的发展、科学技术的进步和生产力水平的提高是相适应的。随着世界经济的发展，新技术产业的崛起，我们会面临新的挑战，人类会进一步研究质量管理理论，将质量管理推向一个更新的发展阶段。

2.1.2　ISO 9000 族标准简介

　　1. ISO 9000 族标准(2008 版)的构成

　　2008 版 ISO 9000 系列标准由 4 个核心标准、1 个支持性技术标准、6 个技术报告和 3 个小册子组成。

　　1) 4 个核心标准

　　(1) ISO 9000：2005《质量管理体系　基础和术语》：表述质量管理体系基础知识，并规定质量管理体系术语。

　　(2) ISO 9001：2008《质量管理体系　要求》：规定质量管理体系要求，用于证实组织具有提供满足顾客要求和适用法规要求的产品的能力，目的在于增强顾客满意度。

　　(3) ISO 9004：2009《质量管理体系　业绩改进指南》：提供考虑质量管理体系的有效性和改进两方面的指南，该标准的目的是促进组织业绩改进和使顾客及其他相关方满意。

　　(4) ISO 19011：2002《质量和(或)环境管理体系审核指南》：提供审核质量和环境管理体系的指南。

　　2) 1 个支持性技术标准

　　ISO 10012：2003《测量管理体系　测量过程和测量设备的要求》。

　　3) 6 个技术报告

　　(1) ISO/TR 10006：2003《质量管理体系　项目质量管理》。

　　(2) ISO/TR 10007：2005《质量管理体系　技术状态管理指南》。

　　(3) ISO/TR 10013：2001《质量管理体系　文件指南》。

　　(4) ISO/TR 10014：2006《质量管理　财务与经济效益实现指南》。

　　(5) ISO/TR 10015：1999《质量管理　培训指南》。

　　(6) ISO/TR 10017：2003《质量管理　统计技术指南》。

　　4) 3 个小册子

　　(1)《质量管理原则》。

　　(2)《选择和使用指南》。

　　(3)《小型企业的应用》。

　　2. 2008 版 ISO 9000 族核心标准简介

　　"ISO 9000 族"是国际标准化组织(ISO)在 1994 年提出的概念。它是指"由 ISO/TC 176 制定的系列国际标准"。该标准族可帮助组织实施并运行有效的质量管理体系，是质量管理体系通用的要求或指南。它不受具体的行业或经济部门的限制，可广泛适用于各种类型和规模的组织，在国内和国际贸易中促进相互理解。

【参考图文】

　　(1) ISO 9000：2005《质量管理体系　基础和术语》。此标准表述了 ISO 9000 族标准中质量管理体系的基础，并确定了相关的术语。

标准明确了质量管理的八项原则，它是组织改进其业绩的框架，并能帮助组织获得持续成功，也是 ISO 9000 族质量管理体系标准的基础。标准表述了建立和运行质量管理体系应遵循的 12 个方面的质量管理体系基础知识。

标准给出了有关质量的术语共 80 个词条，分成 10 个部分，阐明了质量管理领域所用术语的概念，提供了术语之间的关系图。

(2) ISO 9001：2008《质量管理体系　要求》。标准提供了质量管理体系的要求，供组织需要证实其具有稳定地提供满足顾客要求和适用法律法规要求产品的能力时应用。组织可通过体系的有效应用，包括持续改进体系的过程及保证符合顾客与适用的法规要求，增强顾客满意度。

标准应用了以过程为基础的质量管理体系模式的结构，鼓励组织在建立、实施和改进质量管理体系及提高其有效性时，采用过程方法，通过满足顾客要求，增强顾客满意度。过程方法的优点是对质量管理体系中诸多单个过程之间的联系及过程的组合和相互作用进行连续的控制，以达到质量管理体系的持续改进。

(3) ISO 9004：2009《质量管理体系　业绩改进指南》。此标准以八项质量管理原则为基础，帮助组织用有效和高效的方式识别并满足顾客和其他相关方的需求和期望，实现、保持和改进组织的整体业绩，从而使组织获得成功。

该标准提供了超出 ISO 9000 要求的指南和建议，不用于认证或合同的目的，也不是 ISO 9001 的实施指南。

该标准的结构，也应用了以过程为基础的质量管理体系模式，鼓励组织在建立、实施和改进质量管理体系及提高其有效性和效率时采用过程方法，以便通过满足相关方要求来提高相关方的满意程度。

标准还给出了自我评定和持续改进过程的示例，用于帮助组织寻找改进的机会；通过 5 个等级来评价组织质量管理体系的成熟程度；通过给出的持续改进方法，提高组织的业绩，并使相关方受益。

(4) ISO 19011：2002《质量和(或)环境管理体系审核指南》。标准遵循"不同管理体系可以有共同管理和审核要求"的原则，为质量和环境管理体系审核的基本原则、审核方案的管理、环境和质量管理审核的实施以及对环境和质量管理体系审核员的资格要求，提供了指南。它适用于所有运行质量和(或)环境管理体系的组织，指导其内审和外审的管理工作。

该标准在术语和内容方面，兼容了质量管理体系的特点，在对审核员的基本能力及审核方案的管理中，均增加了应了解及确定法律和法规的要求。

2.1.3　我国 GB/T 19000 族标准

随着 ISO 9000 的发布和修订，我国及时、等同地发布和修订了 GB/T 19000 族国家标准。2008 版 ISO 9000 族标准发布后，我国又等同地转换为 GB/T 19000：2008 族国家标准。标准号分别为：GB/T 19000—2008，GB/T 19001—2008，GB/T 19004—2009，GB/T 19011—2003。

2.1.4　术语

2008 版 ISO 9000 中有术语 80 个，分成如下 10 个方面。

(1) 有关质量的术语 5 个：质量、要求、质量要求、等级、顾客满意。

(2) 有关管理的术语 15 个：体系、管理体系、质量管理体系、质量方针、质量目标、管理、最高管理者、质量管理、质量策划、质量控制、质量保证、质量改进、持续改进、有效性、效率。

(3) 有关组织的术语7个：组织、组织结构、基础设施、工作环境、顾客、供方、相关方。

(4) 有关过程和产品的术语5个：过程、产品、项目、设计和开发、程序。

(5) 有关特性的术语4个：特性、质量特性、可信性、可追溯性。

(6) 有关合格(符合)的术语13个：合格(符合)、不合格(不符合)、缺陷、预防措施、纠正措施、纠正、返工、降级、返修、报废、让步、偏离许可、放行。

(7) 有关文件的术语6个：信息、文件、规范、质量手册、质量计划、记录。

(8) 有关检查的术语7个：客观证据、检验、试验、验证、确认、鉴定过程、评审。

(9) 有关审核的术语12个：审核、审核方案、审核准则、审核证据、审核发现、审核结论、审核委托方、受审核方、审核员、审核组、技术专家、能力。

(10) 有关测量过程质量保证的术语6个：测量控制体系、测量过程、计量确认、测量设备、计量特性、计量职能。

我们通常所说的ISO 9000质量管理体系认证，实际上仅指按ISO 9001(GB/T 19001—2008)标准进行的质量管理体系的认证，就ISO 9000族标准而言，这也仅是以顾客满意为目的的一种合格水平的质量管理，要达到更高水平的质量管理，还有按ISO 9004(GB/T 19004—2009)的要求，不断进行质量管理体系的改进和优化。

2.2　质量管理的八项原则

GB/T 19000质量管理体系标准是我国按等同原则，从ISO 9000族国际标准(2008版)转化而成的质量管理体系标准。

八项质量管理原则是ISO 9000族标准(2008版)的编制基础，八项质量管理原则是世界各国质量管理成功经验的科学总结，其中不少内容与我国全面质量管理的经验吻合。它的贯彻执行能促进企业管理水平的提高，并提高顾客对其产品或服务的满意度，帮助企业达到持续成功的目的。

【参考图文】

质量管理的八项原则的具体内容如下。

1. 以顾客为关注焦点

组织(从事一定范围生产经营活动的企业)依存于其顾客，组织应理解顾客当前的和未来的需求，满足顾客要求，并争取超越顾客的期望。

2. 领导作用

领导确立本组织统一的宗旨和方向，并营造和保持员工充分参与实现组织目标的内部环境。因此领导在企业的质量管理中起着决定性的作用，只有领导重视，各项质量活动才能有效开展。

3. 全员参与

各级成员都是组织之本，只有全员充分参与，才能使他们的才干为组织带来收益。产品质量是产品形成过程中全体人员共同努力的结果，其中也包含着为他们提供支持的管理、检查和行政人员的贡献。企业领导应对员工进行质量意识等各方面的教育，激发他们的积极性和责任感，为其能力、知识、经验的提高提供机会，发挥创造精神，鼓励持续改进，给予必要的物质和精神鼓励，使全员积极参与，为达到让顾客满意的目标而奋斗。

4. 过程方法

将相关的资源和活动作为过程进行管理，可以更高效地得到期望的结果。任何使用资源生产活动和将输入转化为输出的一组相关联的活动都可视为过程。ISO 9000 标准(2008版)是建立在过程控制基础上的。一般在过程的输入端、过程的不同位置及输出端都存在可以进行测量、检查的机会和控制点，对这些控制点实行测量、检测和管理，便能控制过程的有效实施。

5. 管理的系统方法

将相互关联的过程作为系统加以识别、理解和管理，有助于组织提高实现其目标的有效性和效率。不同企业应根据自己的特点，建立资源管理、过程实现、测量分析改进等方面的关联关系，并加以控制。即采用过程网络的方法建立质量管理体系，实施系统管理。一般建立实施质量管理体系包括：①确定顾客期望；②建立质量目标和方针；③确定实现目标的过程和职责；④确定必须提供的资源；⑤规定测量过程有效性的方法；⑥实施测量确定过程的有效性；⑦确定防止不合格产品并消除其产生原因的措施；⑧建立和应用持续改进质量管理体系的过程。

6. 持续改进

持续改进总体业绩是组织的一个永恒目标，其作用在于增强企业满足质量要求的能力，包括产品质量、过程及体系的有效性和效率的提高。持续改进是增强和满足质量要求能力的循环活动，使企业的质量管理走上良性循环的轨道。

7. 基于事实的决策方法

有效的决策应建立在数据和信息分析的基础上，数据和信息分析是事实的高度提炼。以事实为依据做出决策，可防止决策失误。为此企业领导应重视数据信息的收集、汇总和分析，以便为决策提供依据。

8. 与供方互利的关系

组织与供方是相互依存的，建立双方的互利关系可以增强双方创造价值的能力。供方提供的产品是企业提供产品的一个组成部分，处理好与供方的关系，涉及企业能否持续稳定提供顾客满意产品的重要问题。因此，对供方不能只讲控制，不讲合作互利，特别是关键供方，更要建立互利关系，这对企业与供方双方都有利。

2.3 质量管理体系基础

GB/T 19000 系列标准(2008 版)提出了质量管理体系的 12 条基础，这 12 条基础是八项质量管理原则在质量管理体系中的具体应用。

2.3.1 质量管理体系的理论说明

质量管理体系能够帮助组织增强顾客满意度。

顾客要求产品具有满足其需求和期望的特性，这些需求和期望在产品规范中表述，并集中归结为顾客要求。顾客要求可以由顾客以合同方式规定或组织自己确定，在任何情况下，产品是否可接受最终由顾客确定。由于顾客的需求和期望是不断变化的，以及竞争的压力和技术的发展，这些都促使组织持续地改进产品和过程。

质量管理体系方法鼓励组织分析顾客要求，规定相关的过程，并使其持续受控，以实现顾客能接受的产品。质量管理体系能提供持续改进的框架，以增加顾客和其他相关方满意的机会。质量管理体系还就组织能够提供持续满足要求的产品向组织及其顾客提供信任。

2.3.2 质量管理体系要求与产品要求

GB/T 19000 族标准区分了质量管理体系要求与产品要求。

GB/T 19001 规定了质量管理体系要求，质量管理体系要求是通用的，适用于所有行业或经济领域，不论其提供何种类别的产品。GB/T 19001 本身并不规定产品要求。产品要求可由顾客规定，或由组织通过预测顾客的要求规定，或由法规规定。在某些情况下，产品要求和有关过程的要求可包含在诸如技术规范、产品标准、过程标准、合同协议和法规要求中。

2.3.3 质量管理体系方法

建立和实施质量管理体系方法包括以下步骤：

(1) 确定顾客和其他相关方的需求和期望；

(2) 建立组织的质量方针和质量目标；

(3) 确定实现质量目标必需的过程和职责；

(4) 确定和提供实现质量目标必需的资源；

(5) 规定测量每个过程的有效性和效率的方法；

(6) 应用这些测量方法确定每个过程的有效性和效率；

(7) 确定防止不合格并消除产生的原因的措施；

(8) 建立和应用持续改进质量管理体系的过程。

上述方法也适用于保持和改进现有的质量管理体系。

采用上述方法的组织，能对其过程能力和产品质量树立信心，为持续改进提供基础，从而增进顾客和其他相关方的满意度，并使组织成功。

2.3.4 过程方法

任何使用资源将输入转化为输出的活动或一组活动可视为一个过程。

为使组织有效运行，必须识别和管理许多相互关联的相互作用的过程。通常一个过程的输出将直接成为下一个过程的输入。系统地识别和管理组织所应用的过程，特别是这些过程之间的相互作用，称为"过程方法"。

由 GB/T 19000 族标准表述的，以过程为基础的质量管理体系模式如图 2.1 所示。该图表明在向组织提供输入方面相关方起着重要作用。相关方(顾客)的要求形成产品实践过程的输入，而产品实践过程输出的是最终产品。监视相关方满意程度需要评价有关相关方感受的信息，这种信息可以表明其需求和期望已得到满足的程度。图 2.1 中的模式没有表明更详细的过程。

图 2.1　以过程为基础的质量管理体系模式

(注：括号中的陈述不适用于 GB/T 19001)

2.3.5　质量方针和质量目标

建立质量方针和质量目标为组织提供关注的焦点。两者确定了预期的结果，并帮助组织利用其资源达到预期结果。质量方针为建立和评审质量目标提供了框架。质量目标需要与质量方针的持续改进的承诺相一致，其实现需要是可测量的。质量目标的实现对产品质量、运行有效性和财务业绩都有积极影响，因此对相关的满意度和信任度也产生积极影响。

2.3.6　最高管理者在质量管理体系中的作用

最高管理者通过其领导作用及各种措施可以创造员工充分参与的环境，质量管理体系能够在这种环境中有效运行。最高管理者可以运用质量管理原则作为发挥以下作用的基础。

(1) 制定并保持组织质量方针和质量目标。

(2) 通过增强员工的意识、积极性和参与程度，在整个组织内促进质量方针和质量目标的实现。

(3) 确保整个组织关注顾客要求。

(4) 确保实施适宜的过程以满足顾客和其他相关方要求，并实现质量目标。

(5) 确保建立、实施和保持一个有效的质量管理体系以实现质量目标。

(6) 确保获得必要资源。

(7) 定期评审质量管理体系。

(8) 决定有关质量方针和质量目标的措施。

(9) 决定改进质量管理体系的措施。

2.3.7　文件

1. 文件的价值

文件能够沟通意图、统一行动，其使用有助于以下几方面。

(1) 满足顾客要求的质量改进。

(2) 提供适宜的培训。

(3) 重复性和可追溯性。

(4) 提供客观证据。

(5) 评价质量管理体系的有效性和持续适宜性。

文件的形成本身并不是目的，它是一项增值的活动。

2. 质量管理体系中使用的文件类型

在质量管理体系中使用下述几种类型的文件。

(1) 向组织内部和外部提供关于质量管理体系的一致信息的文件、手册。

(2) 表述质量管理体系如何应用于特定产品、项目或合同的文件，这类文件称为质量计划。

(3) 阐明要求的文件，这类文件称为规范。

(4) 阐明推荐的方法或建议的文件，这类文件称为指南。

(5) 提供如何一致地完成活动和过程的信息文件，这类文件包括形成文件的程序、作业指导书和图样。

(6) 为完成的活动或达到的结果提供客观证据的文件，这类文件称为记录。

每个组织确定其所需文件的多少和详略程度及使用的媒体。这取决于组织的类型和规模、过程的复杂性和相互作用、产品的复杂性、顾客要求、适用的法规要求、经证实的人员能力，以及满足质量管理体系要求所需证实的程度。

2.3.8　质量管理体系评价

1. 质量管理体系过程的评价

评价质量管理体系时，应对每一个被评价的过程提出如下 4 个基本问题。

(1) 过程是否已被识别并适当规定。

(2) 职责是否已被分配。

(3) 程序是否得到实施和保持。

(4) 在实现所要求的结果方面，过程是否有效。

综合上述问题的答案，可以确定评价结果。质量管理体系评价，如质量管理体系审核、质量管理体系评审及自我评定，在涉及的范围上可以有所不同，并可包括许多活动。

2. 质量管理体系审核

质量管理体系审核用于确定符合质量管理体系要求的程度。审核发现用于评定质量管理体系的有效性，识别改进的机会。

第一方审核用于内部目的，由组织自己或以组织的名义进行，可作为组织声明自我合格的基础。

第二方审核由组织的顾客或由其他人以顾客的名义进行。

第三方审核由外部独立的组织进行，这类组织通常是经认可的，可提供符合相关要求的认证或注册。

ISO 19011 提供审核指南。

3. 质量管理体系评审

最高管理者的任务之一是就制定质量方针和质量目标，有规则地、系统地评价质量管理体系的适宜性、充分性、有效性和效率。这种评审可包括考虑修改质量方针和质量目标的需求，以响应相关方需求和期望的变化。评审包括确定采取措施的需求。

审核报告与其他信息源一同用于质量管理体系的评审。

4. 自我评定

组织的自我评定是一种参照质量管理体系或优秀模式，对组织的活动和结果进行的全面和系统的评审。

自我评定可提供一种对组织业绩和质量管理体系成熟程度总的看法。它还有助于识别组织中需要改进的领域，并确定优先开展的事项。

2.3.9 持续改进

持续改进质量管理体系的目的在于增加顾客和其他相关方满意的机会，改进包括下述活动。

(1) 分析和评价现状，以识别改进区域。

(2) 确定改进目标。

(3) 寻找可能的解决办法，以实现这些目标。

(4) 评价这些解决办法并做出选择。

(5) 实施选定的解决办法。

(6) 测量、验证、分析和评价实施的结果，以确定这些目标已经实现。

(7) 正式采纳更改。

必要时对结果进行评审，以确定进一步改进的机会。从这种意义上来说，改进是一种持续的活动。顾客和其他相关方的反馈，以及质量管理体系的审核和评审均能用于识别改进的机会。

2.3.10 统计技术的作用

应用统计技术可帮助组织了解变异，从而有助于组织解决问题并提高有效性和效率。这些技术也有助于更好地利用可获得的数据进行决策。

在许多活动的状态和结果中，甚至是在明显的稳定条件下，均可观察到变异。这种变异可通过产品和过程可测量的特性观察到，并且在产品整个寿命周期(从市场调研到顾客服务和最终处置)的各个阶段，均可看到其存在。

统计技术有助于对这类变异进行测量、描述、分析、解释和建立模型，甚至在数据有限的情况下也可以实现。这种数据的统计分析能为更好地理解变异的性质、程度和原因提供帮助，从而有助于解决，甚至防止由变异引起的问题，并促进持续改进。GB/Z 19027 给出了统计技术在质量管理体系中的指南。

2.3.11　质量管理体系与其他管理体系的关注点

　　质量管理体系是组织的管理体系的一部分，它致力于使与质量目标有关的结果适当地满足相关方的需求、期望和要求。组织的质量目标与其他目标，如增长、资金、利润、环境及职业卫生与安全等目标相辅相成。一个组织的管理体系的各个部分，连同质量管理体系可以构成一个整体，从而形成使用共有要素的单一的管理体系，这将有利于策划、资源配置、确定互补的目标并评价组织的整体有效性。组织的管理体系可以对照其要求进行评价，也可以对照国家标准如 GB/T 19001 和 GB/T 24001—2004 的要求进行审核，这些审核可分开进行，也可合并进行。

2.3.12　质量管理体系与优秀模式之间的关系

　　GB/T 19000 族标准和组织优秀模式提出的质量管理体系方法，依据共同的原则，它们两者具有如下共同特点。
　　(1) 使组织能够识别它的强项和弱项。
　　(2) 包含对照通用模式进行评价的规定。
　　(3) 为持续改进提供基础。
　　(4) 包含外部承认的规定。
　　GB/T 19000 族质量(2008 版)管理体系与优秀模式之间的差别在于它们的应用范围不同。GB/T 19000 族标准提出了质量管理体系要求和业绩改进指南，质量管理体系评价可确定这些要求是否得到满足。优秀模式包含能够对组织业绩进行比较评价的准则，并能适用于组织的全部活动和所有相关方，优秀模式评定准则提供了一个组织与其他组织的业绩相比较的基础。

2.4　质量管理体系文件的构成及质量管理体系的建立和运行

　　GB/T 19000 质量管理体系标准对质量管理体系文件的重要性做出了专门的阐述，要求企业重视质量管理体系文件的编制和使用，编制和使用质量管理体系文件本身是一项具有动态管理要求的活动。因为质量管理体系的建立健全要从编制完善体系文件开始，质量体系的运行、审核与改进都是依据文件的规定进行的，质量管理实施的结果也必须形成文件，以作为证实产品质量符合规定要求及质量管理体系有效的证据。

2.4.1　质量管理体系文件的构成

　　GB/T 19000 质量管理体系对文件提出了明确要求，企业应具有完整和科学的质量体系文件。质量管理体系文件一般由以下内容构成：形成文件的质量方针和质量目标；质量手册；质量管理标准所要求的各种生产、工作和管理的程序文件；质量管理标准所要求的质量记录。
　　以上各类文件的详略程度无统一规定，以适于企业使用，使过程受控为准则。

1. 质量方针和质量目标

质量方针和质量目标一般都以简明的文字来表述，它们是企业质量管理的方向目标，应反映用户及社会对工程质量的要求及企业相应的质量水平和服务承诺，也是企业质量经营理念的反映。

2. 质量手册

质量手册是规定企业组织建立质量管理体系的文件，质量手册对企业质量体系做了系统、完整和概要的描述。其内容一般包括：企业的质量方针、质量目标；组织机构及质量职责；体系要素或基本控制程序；质量手册的评审、修改和控制的管理办法。

质量手册作为企业质量管理系统的纲领性文件，应具备指令性、系统性、协调性、先进性、可行性和可检查性等特性。

3. 程序文件

质量体系程序文件是质量手册的支持性文件，是企业各职能部门为落实质量手册要求而规定的细则，企业为落实质量管理工作而建立的各项管理标准、规章制度都属于程序文件范畴。各企业程序文件的内容及详略可视企业情况而定，一般有以下 6 个方面的程序为通用性管理程序，各类企业都应在程序文件中制定下列程序。

(1) 文件控制程序。

(2) 质量记录管理程序。

(3) 内部审核程序。

(4) 不合格品控制程序。

(5) 预防措施控制程序。

(6) 纠正措施控制程序。

除以上 6 个程序以外，涉及产品质量形成过程各环节控制的程序文件，如生产过程、服务过程、管理过程、监督过程等管理程序，不做统一规定，可视企业质量控制的需要而制定。

为确保过程的有效运行和控制，在程序文件的指导下，尚可按管理需要编制相关文件，如作业指导书、具体工程的质量计划等。

4. 质量记录

质量记录是对产品质量水平和质量体系中各项质量活动进行的客观反映。对质量体系程序文件所规定的运行过程及控制测量检查的内容如实加以记录，用以证明产品质量达到合同要求及质量保证的满足程度。如在控制体系中出现偏差，则质量记录不仅需要反映偏差情况，而且还应反映出针对不足之处所采取的纠正措施及纠正效果。

质量记录应完整地反映质量活动实施、验证和评审的情况，并记载关键活动的过程参数，具有可追溯性的特点。质量记录以规定的形式和程序进行，并有实施、验证和审核等签署意见。

2.4.2　质量管理体系的建立和运行

质量管理体系的建立是企业按照八项质量管理原则,在确定市场及顾客需求的前提下,制定企业的质量方针、质量目标、质量手册、程序文件及质量记录等体系文件,确定企业在生产(或服务)全过程的作业内容、程序要求和工作标准,并将质量目标分解落实到相关层次、相关岗位的职能和职责中,形成企业质量管理体系执行系统的一系列工作。质量管理体系的建立还包含着组织不同层次的员工培训,它使体系工作的执行要求为员工所了解,为形成全员参与的企业质量管理体系的运行创造条件。

质量管理体系的建立需识别并提供实现质量目标和持续改进所需的资源,包括人员、基础设施、环境、信息等。

质量管理体系的运行是在生产(或服务)的全过程。质量管理文件体系制定的程序、标准、工作要求及目标分解的岗位职责,进行操作运行。

在质量管理体系运行的过程中,按各类体系文件要求,监视、测量和分析过程的有效性和效率,做好文件规定的质量记录,持续收集、记录并分析过程的数据和信息,全面体现产品的质量和过程符合要求及可追溯的效果。

按文件规定的办法进行管理评审和考核,过程运行的评审考核工作,应针对发现的主要问题,采取必要的改进措施,使这些过程达到所策划的结果和实现对过程的持续改进。

落实质量体系的内部审核程序,有组织、有计划地开展内部质量审核活动,其主要目的是:评价质量管理程序的执行情况及适用性;揭露过程中存在的问题,为质量改进提供依据;建立质量体系运行的信息;向外部审核单位提供质量体系有效的证据。

为确保系统内部审核的效果,企业领导应进行决策领导,制订审核政策、计划,组织内审人员队伍,落实内部审核,对审核发现的问题采取纠正措施并提供人力、物力和经济等方面的支持。

2.5　质　量　认　证

质量认证是第三方依据程序对产品、过程或服务符合规定的要求给予书面保证(合格证书)。质量认证分为产品质量认证和质量管理体系认证两种。

2.5.1　产品质量认证

产品质量认证分为合格认证和安全认证。经国家质量监督检验检疫总局产品认证机构国家认可委员会认可的产品认证机构可对建筑用水泥、玻璃等产品进行认证,产品合格认证自愿进行。与人身安全有关的产品,国家规定必须经过安全认证的,是强制执行,如电线电缆、电动工具、低压电器等必须经过国家安全认证。

通过认证的产品具有较高的信誉和可靠的质量保证,自然成为顾客争相购买的产品。通过认证的产品发给认证证书,并可使用认证的标志,产品认证的标志可印在包装或产品上,认证标志分为方圆标志、长城标志和 PRC 标志,如图 2.2 所示。方圆标志又分为合格认证标志,如图 2.2(a)所示;安全认证标志,如图 2.2(b)所示;长城标志,如图 2.2(c)所示为电工产品专用标志;PRC 标志,如图 2.2(d)所示为电子元器件专用标志。

(a) 方圆标志(合格认证标志)

(b) 方圆标志(安全认证标志)

(c) 长城标志

(d) PRC 标志

图 2.2　认证标志

2.5.2　质量管理体系认证

由于工程行业产品具有单项性，不能以某个项目作为质量认证的依据，因此，只能对企业的质量管理体系进行认证。

质量管理体系认证是指根据有关的质量保证模式标准，由第三方机构对供方(承包方)的质量管理体系进行评定和注册的活动。这里的第三方机构指的是经国家质量监督检验检疫总局质量体系认可委员会认可的质量管理体系认证机构。质量管理体系认证机构是个专职机构，各认证机构具有自己的认证章程、程序、注册证书和认证合格标志，国家质量监督检验检疫总局对质量认证工作实行统一管理。

1.　认证的特征

认证的特征具有如下几点。

(1) 认证的对象是质量体系而不是工程实体。

(2) 认证的依据是质量保证模式标准，而不是工程的质量标准。

(3) 认证的结论不是证明工程实体是否符合有关的技术标准，而是质量体系是否符合标准，是否具有按规范要求保证工程质量的能力。

(4) 认证合格标志只能用于宣传，不能用于工程实体。

(5) 认证由第三方进行，与第一方(供方或承包单位)和第二方(需方或业主)既无行政隶属关系，也无经济上的利益关系，以确保认证工作的公正性。

2.　企业质量体系认证的意义

1992 年我国按国际准则正式组建了第一个具有法人地位的第三方质量体系认证机构，开始了我国质量体系的认证工作。我国质量体系认证工作起步虽晚，但发展迅速，为了使质量管理尽快与国际接轨，各类企业纷纷"宣传"标准，有实力的企业争相通过认证。

(1) 促使企业认真按 GB/T 19000 系列标准去建立健全质量管理体系，提高企业的质量管理水平，保证工程项目质量。由于认证是第三方的权威性的公正机构对质量管理体系的评审，企业达不到认证的基本条件不可能通过认证，这就可以避免形式主义地去"贯标"，或用其他不正当手段获取认证的可能性。

(2) 提高企业的信誉和竞争能力。企业通过质量管理体系认证机构的认证，就能获得权威性机构的认可，证明其具有保证工程实体质量的能力。因此，获得认证的企业信誉度提高，大大增强了市场竞争能力。

(3) 加快双方的经济技术合作。在工程招投标中，不同业主对同一个承包单位的质量管理体系的评审中，80％以上的评审内容和质量管理体系要素是重复的。若投标单位的质量管理体系通过了认证，对其评定的工作量就大大减小，省时、省钱，避免了不同业主对同一承包单位进行重复的评定，加快了合作的进展，有利于业主选择合格的承包方。

(4) 有利于保护业主和承包单位双方的利益。企业通过认证，证明了它具有保证工程实体质量的能力，保护了业主的利益。同时，一旦发生了质量争议，承包单位具有自我保护的措施。

(5) 有利于国际交往。在国际工程的招投标工作中，要求经过 GB/T 19000 标准认证已是惯用的做法，由此可见，只有企业取得质量管理体系的认证，才能打入国际市场。

质 量 手 册

1. 质量手册的定义、性质和作用

1) 质量手册的定义

质量手册是质量体系建立和实施所用的主要文件的典型形式。

质量手册是阐明企业的质量政策、质量体系和质量实践的文件，它对质量体系做概括的表述，是质量体系文件中的主要文件。它是确定和达到工程产品质量要求所必需的全部职能和活动的管理文件，是企业的质量法规，也是实施和保持质量体系过程中应长期遵循的纲领性文件。

2) 质量手册的性质

企业的质量手册应具备以下 6 个性质。

(1) 指令性。质量手册所列文件是经企业领导批准的规章，具有指令性，是企业质量工作必须遵循的准则。

(2) 系统性。质量手册包括工程产品质量形成全过程应控制的所有质量职能活动的内容。同时将应控制的内容展开落实到与工程产品形成直接有关的职能部门和部门人员的质量责任制，构成完整的质量体系。

(3) 协调性。质量手册中各种文件之间应协调一致。

(4) 先进性。采用国内外先进标准和科学的控制方法，体现以预防为主的原则。

(5) 可操作性。质量手册的条款不是原则性的理论，应当是条文明确、规定具体、切实可以贯彻执行的文件。

(6) 可检查性。质量手册中的文件规定，要有定性、定量要求，以便于检查和监督。

3) 质量手册的作用

(1) 质量手册是企业质量工作的指南，使企业的质量工作有明确的方向。

(2) 质量手册是企业的质量法规，使企业的质量工作能从"人治"走向"法治"。

(3) 有了质量手册，企业质量体系审核和评价就有了依据。

(4) 有了质量手册，使投资者(需方)在招标和选择施工单位时，对施工企业的质量保证能力、质量控制水平有充分的了解，并提供了见证。

2. 质量手册的编制

编制质量手册必须对质量体系作充分的阐述，它是实施和保持质量体系的长期性资料。质量手

册可分为 3 种形式：总质量手册、各部门的质量手册、专业性质量手册。在较大的建筑业企业中，结合企业的组织结构管理层次、专业分工的特点，为避免重复和烦琐，在质量手册的编写中，应分为总公司的总质量手册、各二级公司的质量手册、项目经理部的专业性的质量手册 3 种。

质量手册一般由封面、目录、概述、正文和补充 5 部分组成。

1) 封面部分

封面有以下几项内容。

(1) 手册标题。手册的标题由适用范围、体系属性、文件特征 3 部分组成，用于表明其使用领域。例如，适用范围为公司；体系属性为质量管理；文件特征为手册。

(2) 版本号。版本号一般用发布年度表示。例如，2008 年发布的手册，可按 2008 年版，在手册的名称下面居中标以"2008"。如果不是首次发布的手册，还要标明版次。

(3) 企业名称。企业名称应用全称，排在封面的下部。

(4) 文件编号。按企业关于文件标记、编目的规定，决定文件编号，排在封面的右上角。

(5) 手册编号。按手册发放的数量编顺序号，排在封面的左上角。

2) 目录部分

目录是手册的组成部分。一般由章号、章名和页次组成。

3) 概述部分

(1) 批准页。批准页中写企业最高领导人批准实施的指令、签署及日期，以及手册发布和生效实施的日期。

(2) 前言。叙述手册的主题内容、性质、宗旨、编制依据和适用范围。

(3) 企业概况。

(4) 质量方针、政策。

(5) 引用文件。

(6) 术语及缩写。

(7) 手册管理说明。就质量手册的发放范围、颁发手续、保管要求、修改控制和换版程序做简要的规定。

4) 正文部分

正文按要素及其层次分章节阐述，按质量体系所列要素的顺序编排。

(1) 组织结构。

(2) 质量职能。主要是对从事质量工作的生产技术业务部门的质量职能做出原则性的规定。

(3) 其他要素。其他要素应阐述下列各项内容。

① 目标和原则。

② 活动程序。手册要规定要素的活动程序，承担的部门和人员，活动的记录项目。

③ 要素间关系。在阐明一个要素与其他要素的联系与接口时，明确规定一个要素所含各项活动内容的范围，以示与其他要素各项活动间的区别。

5) 补充部分

补充部分可以有以下一些项目。

(1) 工作标准、管理标准、技术标准的目录。

(2) 质量记录目录。

(3) 质量实践的陈述：主要叙述企业历史上在质量方面的主要成就。

质量管理体系在涉外工程项目管理中的应用

加纳某排水渠项目是中水电公司通过公开竞标方式承揽的一个土建承包项目，该项目签约合同额为 852 万欧元，开工日期为 1999 年 12 月 15 日，完工日期为 2002 年 6 月 19 日。在公司总部的支持指导下，通过项目部全体成员的协同努力，工程最终提前 3 个月完工，并实现营业利润率 13.5%。

在合同实施过程中，公司坚持"从管理中出效益"的信念，以 ISO 9001: 2000 质量体系的核心精神为指导，结合项目实际情况，逐渐建立一套适合于本项目特点的质量管理体系，从而为项目取得良好的经济效益、经营结果提供基础保障作用。

1. 建立和运行项目质量管理体系中的要点

1) 明确的职责分工和奖励措施

俗话说：不以规矩，不能成方圆。项目管理体系的运行也同样依靠有效的组织设计和完整的规章制度，这就是我们通常说的《项目内部管理制度》。

首先，《项目内部管理制度》应使项目部每一个成员明确知道自己在整个系统中处于什么位置、自己该做什么、要做的程序是什么、出了错有什么后果；同时还要了解项目部其他人员或部门的职责，知道超出自己工作范围的事情该找谁去解决。这样，项目部就自然会形成一个既有分工又有合作的有机整体，这种聚合效应是实现项目总体目标的根本保证。

其次，要实现工期、成本和质量的有效控制，必须使之与个人的经济收入挂钩，并有相应的奖罚制度作为保障，否则项目部的意图很难得到真正的贯彻执行。这一点应是《项目内部管理制度》的重中之重。比如，在本项目管理中，为了控制材料成本，在每个阶段性施工开始之初，项目部将经过测算后确定的定额指标(一般包括油料定额、主材定额、当地人工费总额包干等)下达给各队，实行浪费罚款、节余提成的经济奖惩办法，并配合以适当的行政惩罚制度，促使项目部每一个成员都来关心各种资源的消耗情况，想方设法减少浪费，提高效率，这样在现场生产中逐步形成了人人关心成本、"边算边干"的工作作风，从而真正实现了项目部材料成本控制的目的。

2) 工作程序化

工作程序化程度是反映项目管理水平的重要指标。在实践中，我们体会到，减少作业和管理工作的随意性，将使项目的运转效率明显提高。实现工作程序化，要求项目经理部成员从自身做起，并逐步影响带动项目部其他成员按程序办事，使项目部其他成员逐步养成规范的工作方法和程序。程序化的工作作风不仅能提高工作效率，而且有助于项目经理部有效控制工程质量和成本。比如，项目中对于材料采购的控制程序如下。

(1) 现场施工队长填写材料需求申请单，签字后报总工审批。

(2) 总工审核需求量后交后保队核对库存情况。

(3) 如果需要采购就由后保队确定采购量，签字后交项目经理批准。

(4) 后保队持单到财务借款采购，并办理入库手续。

(5) 施工队需办理出库手续领用。

上述程序看似复杂，但只要养成习惯，实际操作并不耽误现场生产，相反还可以严格控制浪费、减少重复采购和盲目报销的现象发生，同时使项目部及时了解材料采购状况和控制工程成本。

3) 有效的控制方法

按照满意化原则制订了项目总体工作计划和相应的分部计划后，更为重要的就是如何有效监控计划的落实，以便实施时的纠偏和调适。

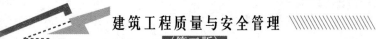

本项目在实施过程中，主要坚持以下原则或做法：一切以书面记录为准；坚持工程例会制度，对项目运行进行实时监控；系统有序的文件管理。

(1) 一切以书面记录为准。

除了 ISO 9000 质量认证体系的要求外，FIDIC 合同条款也同样要求一切以书面记录为准。因此，重视施工过程的书面记录，实现责任的可追溯性，是对国际承包项目管理的最基本要求。

在这方面举例介绍一些本项目的具体做法。

① 项目部下达的阶段性施工任务都以书面形式发布。

② 总工负责现场施工日志的记录，包括天气、生产进度、设备、劳动力和材料使用情况、现场出现的问题和解决办法、会议纪要等。

③ 施工队长要自行记录各队的工作进展情况和资源使用情况，并在生产例会上按规定格式汇报。

④ 材料采购人员要对每天的采购进行记录，包括物品名称、单价、总价、使用部门等，并定时输入计算机，月末报项目经理。

⑤ 各施工队上报油料和主材用量并进行核对汇总，发现问题及时解决。

⑥ 监理在现场的口头指令要及时做书面记录并让其签字认可。

⑦ 施工现场出现任何有利于索赔的事件，要立即做好记录并及时发函通知监理和业主，为以后的索赔做好准备、埋下伏笔。

这些工作为项目部跟踪工程进展、减少口头纠纷、控制工程成本和创造额外工程收益发挥了重要作用。

(2) 坚持工程例会制度，对项目运行进行实时监控。

工程例会能够帮助项目部实时了解工程进展情况，并及时解决新问题，协调新矛盾，从而显著提高了现场施工效率和项目部的管理水平。

例如在本项目中，除了阶段性的战役任务下达会和月生产会以外，每周六下午的周例会是最有效的现场生产控制和协调方式，周例会的内容一般包括如下几方面内容。

① 各队汇报上周情况，包括施工进度、油料用量、主材消耗量、存在的主要问题和困难；然后以战役计划为基础，提出下周的工作目标和计划；最后列出需要项目部解决的问题。

② 后保队与施工队核对材料耗用记录，发现问题当场查出原因，及时纠正。

③ 总工对工作完成情况进行总结汇报，分析各队的战役计划完成情况，并指出延误可能性和现场存在的施工质量安全问题。

④ 在与各部门负责人协商的情况下，对各队提出的困难问题提出解决措施，并对资源进行调配。对于计划落后的部门，指出改进目标和方法，并安排必要的资源供给。

(3) 系统有序的文件管理。

在总部经营管理部门的指导下，按照 ISO 9000 的标准对文件进行系统分类，这样项目虽然有各类文件夹百余个，但在管理过程中丝毫不觉得费力，查找文件不再是一件劳心费力的苦差。无论经办人是否在场，都能很快地找到所需要的文件。而且工程一旦移交，资料也已基本自动转化成档案，随时可以把向总部上交的档案资料装箱带走，既快捷方便又节约人力、物力。

2. 质量管理体系优越性的体现

实践使我们认识到，以 ISO 9000 为核心的项目质量管理体系的优越性至少可以体现在以下几个方面。

1) 提高了内部管理的严肃性和有效性

如项目部的某一队不能按时完成项目部下达的工作计划，往往会找很多借口，这时候，项目部就拿出工程记录，查找原因，分析哪些责任是施工队的，哪些是由项目部资源供应障碍、指挥失误或外界不可控因素造成的。在确定这些因素后，就可以让施工队心服口服地接受项目部对他们工作的评定，并直接反映在他们的工资收入上。

2) 有助于项目部加强现场监控、控制工程成本

如油料使用实行由各队对加油票进行签收和周末核对的办法，可以及时发现问题，有效控制油料偷漏现象。同时，项目部可以根据统计情况，比较准确地估计出下一步的油料需用量。而且定期的材料采购记录，不仅可以使项目部准确地把握市场物价情况，而且有助于准确地估算出下月的流动资金需求量。

3) 提供有利的施工环境

如坚持要求咨询工程师对其口头指令签字认可，不仅避免了与他们的不必要的口头纠纷，同时也迫使他们平时不敢随意下达口头指示，这无形中为现场施工提供了相对宽松的外部环境。

4) 为索赔工作提供最有力的支持

项目部在工程实施过程中，分别向业主和保险公司提交了 6 次索赔报告并获批 5 次，总批准金额百余万美元。应该说，完整的书面记录，对这些索赔的成功起到了关键作用。由于每一次索赔报告中包含了大量无法否认的现场第一手原始记录，配合以严密的论证和条款引用，使监理工程师每次对索赔报告都感到特别头疼和无奈。而且，由于工程记录和文件管理井然有序，资料查找方便快捷，使我们可以在最短的时间内编制完成索赔报告。

从上文中我们可以总结出：如果能在项目管理中，结合具体情况建立以 ISO 9000 为核心的质量管理体系，就不仅能够提高项目的管理水平，而且可以产生间接的经济效益。

(引自中国建设工程招标网 www.projectbidding.cn 2004.10.22 发布，作者：姜守国，秦国斌)

本章小结

本章主要讲述了质量管理体系的 ISO 9000 族标准及我国的 GB/T 19000 族标准，质量管理的八项原则、质量管理体系的 12 条基础、质量管理体系文件的构成，以及质量管理体系的建立和运行等内容。要求学生在掌握质量管理体系的 ISO 9000 族标准和质量管理八项原则的同时，应掌握质量管理体系建立的程序、要求，以及质量管理体系运行的评审和考核的方法。应具备按 ISO 9000 族标准或我国 GB/T 19000 族标准建立或评审一个质量管理体系的实际操作能力。

习 题

一、填空题

1. 八项质量管理原则的贯彻执行能促进企业(　　)的提高，并提高顾客对其产品或服务的(　　)，帮助企业达到(　　)的目的。

2. 持续改进质量管理体系的目的在于(　　)和(　　)的机会。

3. 质量管理体系的建立需识别并提供(　　)和(　　)，包括人员、基础设施、环境和信息等。

4. 质量方针是企业经营方针的组成部分，是企业管理者对质量的(　　)和(　　)。

5. 质量策划致力于制定质量目标并规定必要的(　　)和(　　)，以实现质量目标。

二、多项选择题

1. 2008 版 ISO 9000 族标准的构成有(　　　)。

    A. ISO 9000《质量管理和质量保证标准　选择和使用指南》

    B. ISO 9000《质量管理体系　基础和术语》

    C. ISO 9001《质量管理体系　要求》

    D. ISO 9004《质量管理体系　业绩改进指南》

    E. ISO 19011《质量和(或)环境管理体系审核指南》

2. ISO 9000：2008 标准中有关特性的术语有(　　　)。

    A. 特性　　　　　　　　　　　　B. 质量特性

    C. 适用性　　　　　　　　　　　D. 可信性

    E. 可追溯性

3. 评价质量管理体系时应对每一个被评价的过程提出的基本问题是(　　　)。

    A. 过程是否已被识别并适当规定

    B. 职责是否已被分配

    C. 程序是否得到实施和保持

    D. 过程的结构是否获奖

    E. 在实现所要求的结果方面，过程是否有效

4. 以下(　　　)属于持续改进质量管理体系的改进活动。

    A. 分析和评价现状，以识别改进区域

    B. 确定改进目标

    C. 查找质量问题的原因，找出责任者

    D. 寻找可能解决方法，以实现这些目标

    E. 实施选定的解决方法

5. 质量管理体系运行过程中按各类体系文件要求监视、测量和分析过程的有效性和效率，做好文件规定的(　　　)。

    A. 质量记录　　　　　　　　　　B. 持续收集

    C. 质量评估　　　　　　　　　　D. 分析过程的数据和信息

    E. 质量检查

三、简答题

1. 什么是 ISO 9000 族标准?

2. 质量管理体系基础有哪些?

3. 八项质量管理原则有哪些?

4. 质量管理体系的概念是什么?

5. 质量管理体系建立的具体要求有哪些?

6. 质量管理体系文件由哪几部分构成?

第3章

工程项目质量控制

🎯 学习目标

　　通过本章的学习，学生应对工程项目质量控制有一个整体了解，应掌握工程项目质量控制的基本概念、原则、基本要求，以及工程项目控制的对策、方法和手段，特别是通过对影响工程项目质量控制的五大因素的分析和学习，对控制 4M1E 因素的重要性应有进一步的认识，并掌握对 4M1E 因素的控制方法。

🎯 学习要求

知识要点	能力目标	相关知识	权重
工程项目质量控制	掌握工程项目质量控制的原则	1. 坚持质量第一 2. 以人为核心 3. 以预防为主 4. 用数据说话 5. 贯彻职业规范	20%
工程项目质量控制的基本要求	掌握工程项目质量控制的基本要求的内容和重点	1. 提高预见性 2. 明确控制点 3. 重视控制效益 4. 系统控制 5. 控制程序	20%
工程项目质量控制的对策	掌握工程项目质量控制的对策内容	1. 以人的工作质量来保证工程质量 2. 严格控制投入品的质量 3. 控制施工全过程，重点在工序质量 4. 严把分项工程质量评定关 5. 以预防为主 6. 严防系统性因素质量变异	20%
工程项目质量控制的特点	1. 掌握工程项目质量的概念 2. 掌握工程项目质量控制的要求和原则 3. 掌握工程项目质量的控制过程、内容、方法及手段	1. 工程项目质量的概念 2. 工程项目质量控制 3. 工程项目施工阶段质量控制过程 4. 工序质量控制 5. 质量控制点的设置 6. 工程项目质量控制方法和手段	20%
影响施工质量的五大因素	掌握人、机、料、法、环对工程施工质量影响的特征，学会在施工中对五大影响因素的控制方法	1. 人为五大因素之首的意义 2. 强调人的工作质量 3. 抓好工序质量的意义	20%

引 例

重庆綦江彩虹桥是一座长 102m、宽 10m，桥净空跨度 120m 的中承式拱形桥，于 1994 年 11 月 5 日动工修建，1996 年 2 月 16 日完工并正式投入使用，耗资 368 万元。1999 年 1 月 4 日傍晚 6 时 50 分，彩虹桥轰然一声巨响，整体坍塌。事故造成包括 18 名年轻武警战士在内的 40 人死亡、14 人受伤，直接经济损失达 630 余万元。

事故调查显示：该桥拱架钢管焊接质量不合格，存在严重缺陷，个别焊缝有陈旧性裂痕；混凝土的强度低于标准强度的 1/3；连接桥面、桥梁的钢拱架的拉索、锚片等严重锈蚀；该桥还是一个修建前未经有关职能部门立项论证，修建过程中更无工程监理和质量检测，完工后也未经质检部门验收的，由个体承包商承包的工程。

【参考图文】

彩虹桥事故发生的直接原因是工程施工存在严重危及结构安全的质量问题；同时，工程设计存在设计粗糙、随意更改等问题；彩虹桥的建设过程严重违反了基本建设程序，是一个典型的无立项及计划审批手续、无规划国土手续、无设计审查、无招投标、无建筑施工许可手续、无工程竣工验收的"六无工程"。"彩虹桥建成即是一座危桥，垮塌势在必行"，事故发生的原因是人祸，不是天灾。因此，彩虹桥垮塌实属特大责任事故。

（引自王赫. 建筑工程质量事故百问[M]. 北京：中国建筑工业出版社，2000）

讨论：通过上述案例可以看出，工程项目质量的优劣，不仅关系到工程项目的适用性，而且还关系到人民生命财产的安全和社会的安定。因此施工质量低劣，造成工程项目质量事故或潜伏隐患，其后果是不堪设想的。那么在项目施工中如何搞好质量控制呢？

3.1 工程项目质量控制概述

施工阶段是工程项目产品的形成过程也是形成最终产品质量的重要阶段。所以，施工阶段的质量控制是工程项目质量控制的重点。抓好工程项目的质量控制：①要掌握工程项目质量控制的特点；②掌握工程项目质量控制的过程和重点；③掌握工程项目质量控制的方法和手段；④从控制影响工程项目质量的五大因素入手，对施工过程实施全过程、全方位、全面的控制，才能保证工程项目的质量。

3.1.1 质量控制的基本概念

GB/T 19000—ISO 9000 族标准(2008 版)中质量控制的定义是：质量管理的一部分，致力于满足质量要求。

上述定义可从以下几个方面理解。

(1) 质量控制是质量管理的重要组成部分，其目的是为了使产品、体系或过程的固有特性达到规定的要求，即满足顾客、法律、法规等方面所提出的质量要求。所以，质量控制是通过采取一系列的作业技术和活动对各个过程实施的控制。

(2) 质量控制的工作内容包括了作业技术和活动，也就是包括专业技术和管理技术两个方面。围绕产品形成的全过程，如何能保证做好每一阶段的工作，应对影响其质量的人、机、料、法、环等因素进行控制，并对质量活动的成果进行分阶段验证，以便及时发现问题，采取相应的纠正措施，防止不合格的发生。因此，质量控制应贯彻预防为主、与检查验收相结合的原则。

(3) 质量控制应贯穿在产品形成和体系运行的全过程。每一过程都有输入、转换和输出三个环节，通过对每一过程三个环节实施有效控制，对产品质量有影响的各个过程处于受控状态，持续提供符合规定要求的产品才能得到保障。

工程质量控制按其实施主体不同，分为自控主体和监控主体，具体包括以下四个方面。

(1) 政府的工程质量控制。政府属于监控主体，它主要是以法律法规为依据，通过抓工程报建、施工图设计文件审查、施工许可、材料和设备准用、工程质量监督、重大工程竣工验收备案等主要环节进行的。

(2) 工程监理单位的质量控制。工程监理单位属于监控主体，它主要是受建设单位的委托代表建设单位对工程实施全过程进行的质量监督和控制，包括勘察设计阶段质量控制、施工阶段质量控制，以满足建设单位对工程质量的要求。

(3) 勘察设计单位的质量控制。勘察设计单位属于自控主体，它是以法律、法规及合同为依据对勘察设计的整个过程进行控制，包括工作程序、工作进度、费用及成果文件所包含的功能和使用价值，以满足建设单位对勘察设计质量的要求。

(4) 施工单位的质量控制。施工单位属于自控主体，它是以工程合同、设计图纸和技术规范为依据，对施工准备阶段、施工阶段、竣工验收交付阶段等施工全过程的工作质量和工程质量进行的控制，以达到合同文件规定的质量要求。

工程项目质量控制是工程项目处于施工阶段这一特定时期的质量控制。

3.1.2　工程项目质量控制的特点

由于项目施工涉及面广，是一个极其复杂的综合过程，再加上位置固定、生产流动、结构类型不一、质量要求不一、施工方法不一、体型大、整体性强、建设周期长、受自然条件影响大等特点，因此，工程项目的质量比一般工业产品的质量更难以控制，主要表现在以下几个方面。

1. 影响质量的因素多

设计、材料、机械、地形、地质、水文、气象、施工工艺、操作方法、技术措施、管理制度等因素，均直接影响工程项目的质量。

2. 容易产生质量变异

工程项目施工不像工业产品生产，有固定的生产和流水线，有规范化的生产工艺和完善的检测技术，有成套的生产设备和稳定的生产环境，有相同系列规格和相同功能的产品；同时，由于影响工程项目质量的偶然性因素和系统性因素都较多，因此，很容易产生质量变异。如材料性能微小的差异、机械设备正常的磨损、操作微小的变化、环境微小的波动等，均会引起偶然性因素引起的质量变异；当使用材料的规格、品种有误，施工方法不妥，操作不按规程，机械故障，仪表失灵，设计计算错误时，都会引起系统性因素的质量变异，造成工程质量事故。因此，在施工中要严防出现系统性因素的质量变异，要把质量变异控制在偶然性因素范围内。

3. 容易产生第一、第二判断错误

工程项目由于工序交接多，中间产品多，隐蔽工程多，若不及时检查实质，事后再看

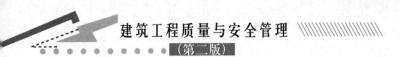

表面，就容易产生第二判断错误，也就是说，容易将不合格的产品认为是合格的产品；反之，若检查不认真，测量仪表不准，读数有误，就会产生第一判断错误，也就是说，容易将合格产品认为是不合格产品。这点在进行质量检查验收时，应特别注意。

4. 质量检查不能解体、拆卸

工程项目产品建成后，不可能像某些工业产品那样，再拆卸或解体检查内在的质量，或重新更换零件，即使发现质量有问题，也不可能像工业产品那样实行"包换"或"退款"。

5. 质量要受投资、进度的制约

工程项目的质量，受投资、进度的制约较大，如一般情况下，投资大、进度慢，质量就好；反之，质量则差。因此，在项目施工中，还必须正确处理质量、投资、进度三者之间的关系，使其达到对立的统一。

3.1.3 工程项目质量控制的基本要求

质量控制的目的是为了满足预定的质量要求以取得期望的经济效益。对于建筑工程来说，一般情况下，有效的质量控制的基本要求有下列 5 点。

(1) 提高预见性。要实现这项要求，就应及时地通过工程建设过程中的信息反馈，预见可能发生的重大工程质量问题，采取切实可行的措施加以防范，以满足"坚持安全第一、预防为主"[1]的宗旨。

(2) 明确控制重点。一般是以关键工序和特殊工序为重点，设置质量控制点。

(3) 重视控制效益。工程质量控制同其他质量控制一样，要付出一定的代价，投入和产出的比值是必须考虑的问题。对建筑工程来说，是通过控制其质量与成本的协调来实现的。

(4) 系统地进行质量控制。它要求有计划地实施质量体系内各有关职能的协调和控制。

(5) 制定控制程序。质量控制的基本程序是：按照质量方针和目标，制定工程质量控制措施，并建立相应的控制标准；分阶段地进行监督检查，及时获得信息，与标准相比较，做出工程合格性判定；对于出现的工程质量的问题，及时采取纠偏措施，保证项目预期目标的实现。

3.1.4 工程项目质量控制的 3 个阶段

为了加强对工程项目的质量控制，明确各施工阶段质量控制的重点，可把工程项目质量控制分为事前质量控制、事中质量控制和事后质量控制 3 个阶段(图 3.1)。

1. 事前质量控制

指在正式施工前进行的质量控制，其控制重点是做好施工准备工作，且施工准备工作要贯穿于施工全过程中。

1) 施工准备的范围

(1) 全场施工准备，是以整个项目施工现场为对象而进行的各项施工准备。

(2) 单位工程施工准备，是以一个建筑物或构筑物为对象而进行的施工准备。

---

[1] 引自党的二十大报告第十一条推进国家安全体系和能力现代化，坚决维护国家安全和社会稳定"（三）提高公共安全治理水平"。

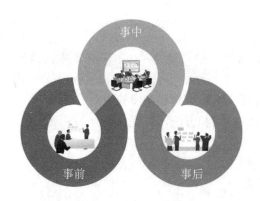

图 3.1 三阶段质量控制

(3) 分项(部)工程施工准备，是以单位工程中的一个分项(部)工程或冬、雨期施工为对象而进行的施工准备。

(4) 项目开工前的施工准备，是在拟建项目正式开工前所进行的一切施工准备。

(5) 项目开工后的施工准备，是在拟建项目开工后每个施工阶段正式开工前，所进行的施工准备，例如混合结构住宅施工通常分为基础工程、主体工程和装饰工程等施工阶段，每个阶段的施工内容不同，其所需的物质技术条件、组织要求和现场布置也不同，因此，必须做好相应的施工准备。

2) 施工准备的内容

(1) 技术准备，包括项目扩大初步设计方案的审查；熟悉和审查项目的施工图纸；项目建设地点的自然条件、技术经济条件调查分析；编制项目施工图预算和施工预算；编制项目施工组织设计等。

(2) 物质准备，包括建筑材料准备、构配件和制品加工准备、施工机具准备、生产工艺设备的准备等。

(3) 组织准备，包括建立项目组织机构；集结施工队伍；对施工队伍进行入场教育等。

(4) 施工现场准备，包括控制网、水准点、标桩的测量；"五通一平"；生产、生活临时设施等的准备；组织机具、材料进场；制订有关试验、试制和技术进步项目计划；控制季节性施工措施；制定施工现场管理制度等。

2. 事中质量控制

事中质量控制指在施工过程中进行的质量控制。事中质量控制的策略是全面控制施工过程，重点控制工序质量。其具体措施是：工序交接有检查；质量预控有对策；工程项目有方案；技术措施有交底；图纸会审有记录；配制材料有试验；隐蔽工程有验收；计量器具校正有复核；设计变更有手续；钢筋代换有制度；质量处理有复查；成品保护有措施；行使质控有否决(如发现质量异常、隐蔽未经验收、质量问题未处理、擅自变更设计图纸、擅自代换或使用不合格材料、无证上岗、未经资质审查的操作人员等，均应对质量予以否决)；质量文件有档案(凡是与质量有关的技术文件，如水准、坐标位置，测量、放线记录，沉降、变形观测记录，图纸会审记录，材料合格证明、试验报告，施工记录，隐蔽工程记录，设计变更记录，调试、试压运行记录，试车运转记录，竣工图等都要编目建档)。

3. 事后质量控制

指在完成施工过程形成产品的质量控制，其具体工作内容有下列几点。

(1) 组织联动试车。

(2) 准备竣工验收资料，组织自检和初步验收。

(3) 按规定的质量评定标准和方法，对完成的分部分项工程、单位工程进行质量评定。

(4) 组织竣工验收。

(5) 质量文件编目建档。

(6) 办理工程交接手续。

3.1.5 施工工序质量控制

工程质量是在施工工序中形成的，而不是靠最后检验出来的。为了把工程质量从事后检查把关，转向事前控制，达到"以预防为主"的目的，必须加强施工工序的质量控制。只有抓好每个工序的质量，才能保证整个工程项目的质量。

1. 工序质量控制的概念

工程项目的施工过程，是由一系列相互关联、相互制约的工序所构成的，工序质量是基础，直接影响工程项目的整体质量，要控制工程项目施工过程的质量，首先必须控制工序的质量。

工序质量包含两方面的内容：一是工序活动条件的质量；二是工序活动效果的质量。从质量控制的角度来看，这两者是互为关联的，一方面要控制工序活动条件的质量，即每道工序投入品的质量(人、材料、机械、方法和环境的质量)是否符合要求；另一方面又要控制工序活动效果的质量，即每道工序施工完成的工程产品是否达到有关质量标准。

工序质量的控制，就是通过对工序活动条件的质量控制和工序活动效果的质量控制，来实现对整个施工过程的质量控制。

工序质量控制的原理是：采用数理统计的方法，通过对工序一部分(子样)检验的数据，进行统计、分析，来判断整道工序的质量是否稳定、正常，若不稳定，产生异常情况，必须及时采取对策和措施予以改善，从而实现对工序质量的控制。其控制步骤如下。

1) 实测

采用必要的检测工具和手段，对抽出的工序子样进行质量检验。

2) 分析

对检验所得的数据，通过直方图法、排列图法或管理图法等进行分析，了解这些数据背后隐藏的规律。

3) 判断

根据数据分布规律分析结果，如数据是否符合正态分布曲线；是否在上下控制线之间；是否在公差(质量标准)规定的范围内；是属于正常状态还是异常状态；是偶然性因素引起的质量变异，还是系统性因素引起的质量变异等，对整个工序的质量予以判断，从而确定该道工序是否达到质量标准。若出现异常情况，即可寻找原因，采取对策和措施加以预防，这样便可达到控制工序质量的目的。

2. 工序质量控制的内容

进行工序质量控制时，应着重于以下 4 方面的工作。

1) 严格遵守工艺规程

施工工艺和操作规程是进行施工操作的依据和法规，是确保工序质量的前提，任何人都必须严格执行，不得违反。

2) 主动控制工序活动条件的质量

工序活动条件包括的内容较多，主要是指影响质量的五大因素，即施工操作者、材料、施工机械设备、施工方法和施工环境等。只要将这些因素切实有效地控制起来，确保工序投入品的质量，避免系统性因素变异发生，就能保证每道工序质量正常、稳定。

3) 及时检验工序活动效果的质量

工序活动效果是评价工序质量是否符合标准的尺度。为此，必须加强质量检验工作，对质量状况进行综合统计与分析，及时掌握质量动态。一旦发现质量问题，随即研究处理，自始至终使工序活动效果的质量满足规范和标准的要求。

4) 设置工序质量控制点

控制点是指为了保证工序质量而需要进行控制的重点、关键部位或薄弱环节，以便在一定时期内、一定条件下进行强化管理，使工序处于良好的受控状态。

3.2　工程项目质量控制的方法和手段

3.2.1　工程项目质量控制的方法

工程项目质量控制的方法，主要是审核有关技术文件或报告、进行现场质量检验或必要的试验、质量控制统计法等。

1. 审核有关技术文件、报告或报表(图 3.2)

图 3.2　审核有关技术文件、报告或报表

对技术文件、报告、报表的审核，是对工程质量进行全面控制的重要手段，其具体内容如下。

(1) 审核有关技术资质证明文件。

(2) 审核开工报告，并经现场核实。

(3) 审核施工方案、施工组织设计和技术措施。

(4) 审核有关材料、半成品的质量检验报告。

(5) 审核反映工序质量动态的统计资料或控制图表。

(6) 审核设计变更、修改图纸和技术核定书。

(7) 审核有关质量问题的处理报告。

(8) 审核有关应用新工艺、新材料、新技术、新结构的技术鉴定书。

(9) 审核有关工序交接检查，分部分项工程质量检查报告。

(10) 审核并签署现场有关技术签证、文件等。

2. 现场质量检验(图 3.3)

1) 现场质量检验的内容

(1) 开工前检查。目的是检查是否具备开工条件，开工后能否连续正常施工，能否保证工程质量。

(2) 工序交接检查。对于重要的工序或对工程质量有重大影响的工序，在自检、互检的基础上，还要组织专职人员进行工序交接检查。

(3) 隐蔽工程检查。凡是隐蔽工程均应检查认证后方能掩盖。

(4) 停工后复工前的检查。因处理质量问题或某种原因停工后需复工时，也应经检查认可后方能复工。

(5) 分部分项工程完工后，应经检查认可、签署验收记录后，才允许进行下一个分部分项工程施工。

(6) 成品保护检查。检查成品有无保护措施，或保护措施是否可靠。

图 3.3　现场质量检验

此外，负责质量工作的领导和工作人员还应经常深入现场，对施工操作质量进行巡视检查；必要时，还应进行跟班或追踪检查。

2) 现场质量检验工作的作用

(1) 质量检验工作。质量检验就是根据一定的质量标准，借助一定的检测手段来评估工程产品、材料或设备等的性能特征或质量状况的工作。

质量检验工作在检验每种质量特征时，一般包括以下工作。

① 明确某种质量特性的标准。

② 量度工程产品或材料的质量特征数值或状况。

③ 记录和整理有关的检验数据。

④ 将量度的结果与标准进行比较。

⑤ 对质量进行判断与估价。

⑥ 对符合质量要求的做出安排。

⑦ 对不符合质量要求的进行处理。

(2) 质量检验的作用。要保证和提高施工质量，质量检验是必不可少的手段。概括起来质量检验的主要作用有以下几个方面。

① 它是质量保证与质量控制的重要手段。为了保证工程质量，在质量控制中，需要将工程产品或材料、半成品等的实际质量状况(质量特性等)与规定的某一标准进行比较，以便判断其质量状况是否符合要求的标准，这就需要通过质量检验手段来检测实际情况。

② 质量检验为质量分析和质量控制提供了所需依据的有关技术数据和信息，所以它是质量分析、质量控制和质量保证的基础。

③ 通过对进场和使用的材料、半成品、构配件及其他器材、物资进行全面的质量检验工作，可以尽量免因材料、物资的质量问题而导致工程质量事故的发生。

④ 在施工过程中，通过对施工工序的检验取得数据，可以及时判断质量状态，采取措施，防止质量问题的延续与积累。

3) 现场质量检查的方法

现场进行质量检查的方法有目测法、实测法和试验法 3 种。

(1) 目测法。其手段可归纳为看、摸、敲、照 4 个字。

① 看，就是根据质量标准进行外观目测，如装饰工程墙、地砖铺的四角对缝是否垂直一致，砖缝宽度是否一致，横平竖直，又如清水墙面是否洁净，喷涂是否密实、颜色是否均匀，内墙抹灰大面及口角是否平直，地面是否光洁平整，油漆浆活表面观感、施工顺序是否合理，工人操作是否正确等，均是通过目测检查、评价。

② 摸，就是手感检查，主要用于装饰工程的某些检查项目，如水刷石、干粘石的黏结牢固程度，油漆的光滑度，浆活是否掉粉，地面有无起砂等，均可通过手摸加以鉴别。

③ 敲，就是运用工具进行声感检查，对地面工程、装饰工程中的水磨石、面砖、锦砖和大理石贴面等，均应进行敲击检查，通过声音的虚实来确定有无空鼓，还可根据声音的清脆或沉闷，判定是属于面层空鼓还是底层空鼓。此外，用手敲玻璃，如发出颤动声响，一般是底灰不满或压条不实。

④ 照，对于难以看到或光线较暗的部位，则可采用镜子反射或灯光照射的方法进行检查。

(2) 实测法。就是通过实测数据与施工规范及质量标准所规定的允许偏差对照，来判别质量是否合格。实测检查法的手段也可归纳为靠、吊、量、套 4 个字。

① 靠，是用直尺、塞尺检查墙面、地面、屋面的平整度。

② 吊，是用托线板以线坠吊线的方式检查垂直度。

③ 量，是用测量工具和计量仪表等检查断面尺寸、轴线、标高、湿度、温度等的偏差。

④ 套，是以方尺套方，辅以塞尺检查，如对阴阳角的方正、踢脚线的垂直度、预制构件的方正等项目的检查，对门窗口及构配件的对角线(窜角)检查，也是套方的特殊手段。

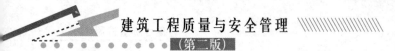

如图 3.4 所示为常用施工现场的检测仪器。

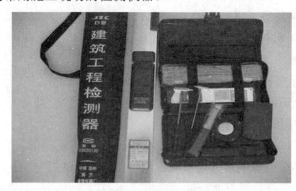

图 3.4　常用施工现场检测仪器

(3) 试验法。指必须通过试验手段，才能对质量进行判断的检查方法。如对桩或地基的静载试验(图 3.5)，确定其承载力；对钢结构进行稳定性试验，确定是否产生失稳现象；对钢筋焊接头进行拉力试验，检验焊接的质量等。

【参考视频】

【参考视频】

图 3.5　桩基试验

3. 质量控制统计法

1) 排列图法

排列图法，又称主次因素分析图法，是用来分析影响工程质量主要因素的一种方法。

排列图由两个纵坐标、一个横坐标、几个长方形和一条曲线组成，左侧的纵坐标是频数或件数，右侧的纵坐标是累计频率，横轴则是项目(或因素)，按项目频数大小顺序在横轴上自左而右画长方形，其高度为频数，并根据右侧纵坐标画出累计频率曲线(又称巴雷特曲线)，常用的排列图做法有两种，现以"地坪起砂原因排列图"为例来加以说明。

　应用案例 3-1

某建筑工程对房间地坪质量不合格问题进行了调查，发现有 80 间房间起砂，调查结果统计见表 3-1。

表3-1　地坪起砂原因调查

地坪起砂的原因	出现房间数/间	地坪起砂的原因	出现房间数/间
砂含量过大	16	水泥强度等级太低	2
砂粒径过细	45	砂浆终凝前压光不足	2
后期养护不良	5	其他	3
砂浆配合比不当	7		

请画出"地坪起砂原因排列图"。

【案例点评】

首先列出地坪起砂原因排列表，见表3-2。

表3-2　地坪起砂原因排列表

项目	频数	累计频数	累计频率	项目	频数	累计频数	累计频率
砂粒径过细	45	45	56.2%	水泥强度等级太低	2	75	93.8%
砂含量过大	16	61	76.2%	砂浆终凝前压光不足	2	77	96.2%
砂浆配合比不当	7	68	85%	其他	3	80	100%
后期养护不良	5	73	91.3%				

根据表3-2中的频数和累计频率的数据画出地坪起砂原因排列图，如图3.6所示。

图3.6(a)的两个纵坐标是独立的，而图3.6(b)两侧的纵坐标不是独立的，其左侧的纵坐标高度为累计频数 $N=80$，从80处作一条水平线，交右侧纵坐标于累计频率的100%，然后再将右侧纵坐标等分为10份。

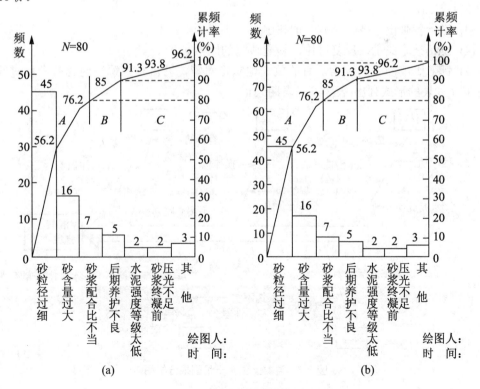

图 3.6　地坪起砂原因排列图

排列图的观察与分析，通常把累计频率分为 3 类：0～80%为 A 类，A 类因素是影响产品质量的主要因素；80%～90%为 B 类，B 类因素为次要因素；90%～100%为 C 类，C 类因素为一般因素。

画排列图时应注意以下几个问题。

(1) 左侧的纵坐标可以是件数、频数，也可以是金额，也就是说可以从不同的角度去分析问题。

(2) 要注意分层，主要因素不应超过 3 个，否则不会抓住主要矛盾。

(3) 频数很少的项目归入"其他项"，以免横轴过长，"其他项"一定放在最后。

(4) 效果检验，重画排列图。针对 A 类因素采取措施后，为检查其效果，经过一段时间，需收集数据重画排列图，若新画的排列图与原排列图主次换位，总的不合理率(或损失)下降，说明措施得当，否则说明措施不力，未取得预期的效果。

排列图广泛应用于生产的第一线，如车间、班组或工地，项目的内容、数据、绘图时间和绘图人等资料都应在图上写清楚，使人一目了然。

2) 因果分析图法

因果分析图又叫特性要因图、鱼刺图、树枝图。这是一种逐步深入研究和讨论质量问题的图示方法。在工程实践中，任何一种质量问题的产生，往往都是多种原因造成的。这些原因有大有小，把这些原因依照大小次序分别用主干、大枝、中枝和小枝图形表示出来，以便一目了然地观察出产生质量问题的原因。运用因果分析图可以帮助我们制定对策，解决工程质量存在的问题，从而达到控制质量的目的。

现以混凝土强度不足的质量问题为例，来阐明因果分析图的画法，如图 3.7 所示。

(1) 确定特性。特性就是需要解决的质量问题，放在主干箭头的前面。

(2) 确定影响质量特性的大枝。影响工程质量的因素主要是人、材料、工艺、设备和环境 5 个方面。

(3) 进一步画出中枝、小枝，即找出中、小原因。

(4) 发扬技术民主，反复讨论，补充遗漏的因素。

(5) 针对影响质量的因素，有的放矢地制定对策，并落实到解决问题的人和时间，通过对策计划表的形式列出(表 3-3)，限期改正。

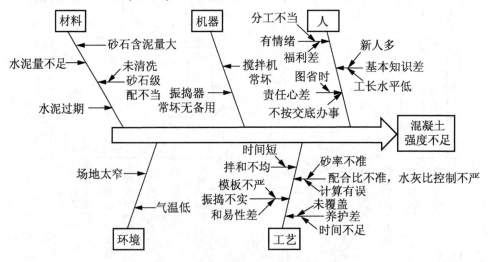

图 3.7　混凝土强度不足因果分析图

表 3-3　对策计划表

项目	序号	问题存在原因	采取对策	负责人	期限
人员	1	基本知识差	① 对新工人进行教育 ② 做好技术交底工作 ③ 学习操作规程及质量标准		
	2	责任心不强,工人干活有情绪	① 加强组织工作,明确分工 ② 建立工作岗位责任制,采用挂牌制 ③ 关心员工生活		
工艺	3	配合比不准	实验室重新试配		
	4	水灰比控制不严	修理水箱、计量器		
材料	5	水泥量不足	对水泥计量进行检查		
	6	砂石含泥量大	组织人清洗过筛		
设备	7	振捣器、搅拌机常坏	增加设备,及时修理		
环境	8	场地乱	清理现场		
	9	气温低	准备草袋覆盖、保温		

3) 直方图法

直方图又称质量分布图、矩形图、频数分布直方图。它是将产品质量频数的分布状态用直方形来表示,根据直方的分布形状和与公差界限的距离来观察、探索质量分布规律,分析、判断整个生产过程是否正常。

利用直方图可以制定质量标准,确定公差范围,可以判明质量分布情况是否符合标准的要求。但其缺点是不能反映动态变化,而且要求收集的数据较多(50 个以上),否则难以体现其规律。

(1) 直方图的做法。

直方图由一个纵坐标、一个横坐标和若干个长方形组成。横坐标为质量特性,纵坐标是频数时,直方图为频数直方图;纵坐标是频率时,直方图为频率直方图。

现以模板边长尺寸误差的测量为例,说明直方图的做法。表 3-4 为模板边长尺寸误差数据表。

① 确定组数、组距和组界。

一批数据究竟分多少组通常根据数据的多少而定,见表 3-5。

表 3-4　模板边长尺寸误差表　　　　　　　　　　　　　　　单位:mm

-2	-3	-3	-4	-3	0	-1	-2
-2	-2	-3	-1	+1	-2	-2	-1
-2	-1	0	-1	-2	-3	-1	+2
0	-5	-1	-3	0	+2	0	-2
-1	+3	-1	0	-3	-2	-5	+1
0	-2	-4	-3	-4	-1	+1	+1
-2	-4	-6	-1	-2	+1	-1	-2
-3	-1	-4	-1	-3	-1	+2	0
-5	-3	0	-2	-4	0	-3	-1
-2	0	-3	-4	-2	+1	-1	+1

表 3-5　根据数据的多少来分组

数据数目 n	组数 K	数据数目 n	组数 K
<50	5～7	100～250	7～12
50～100	6～10	>250	10～20

若组数取得太多，每组内的数据较少，作出的直方图会过于分散；若组数取得太少，则数据集中于少数组内，容易掩盖了数据间的差异。所以，分组数目太多或太少都不好。

本例收集了 80 个数据，取 $K=10$ 组。

为了将数据的最大值和最小值都包含在直方图内，并防止数据落在组界上，测量单位（测量精确度）为 δ 时，将最小值减去半个测量单位计算，即最小值 $\chi'_{\min} = \chi_{\min} - \dfrac{\delta}{2}$；最大值加上半个测量单位计算，即最大值 $\chi'_{\max} = \chi_{\max} + \dfrac{\delta}{2}$。

本例中测量单位为 1mm，则有

$$\chi'_{\min} = \chi_{\min} - \frac{\delta}{2} = -6 - \frac{1}{2} = -6.5 (\mathrm{mm})$$

$$\chi'_{\max} = \chi_{\max} + \frac{\delta}{2} = 3 + \frac{1}{2} = +3.5 (\mathrm{mm})$$

计算极差为：

$$R' = \chi'_{\max} - \chi'_{\min} = 3.5 - (-6.5) = 10 (\mathrm{mm})$$

分组的范围 R' 确定后，就可确定其组距 h：

$$h = \frac{R'}{K}$$

所求得的值应为测量单位的整倍数，若不是测量单位的整倍数时可调整其分组数。其目的是为了使组界值的尾数为测量单位的一半，避免数据落在组界上。

本例：$h = \dfrac{R'}{K} = \dfrac{10}{10} = 1 (\mathrm{mm})$

组界的确定应由第一组起。

本例：第一组下界限值 $A_{1下} = \chi'_{\min} = -6.5 (\mathrm{mm})$

第一组上界限值 $A_{1上} = A_{1下} + h$

$$= -6.5 + 1 = -5.5 (\mathrm{mm})$$

第二组下界限值 $A_{2下} = A_{1上} = -5.5 (\mathrm{mm})$

第二组上界限值 $A_{2上} = A_{2下} + h$

$$= -5.5 + 1 = -4.5 (\mathrm{mm})$$

其余各组上、下界限值以此类推，本例各组界限值计算结果见表 3-6。

② 编制频数分布表。

按上述分组范围，统计数据落入各组的频数，填入表内，计算各组的频率并填入表内，见表 3-6。

表 3-6　频率表

组号	分组区间	频数	频率	组号	分组区间	频数	频率
1	$-6.5\sim-5.5$	1	0.012 5	6	$-1.5\sim-0.5$	17	0.212 5
2	$-5.5\sim-4.5$	3	0.037 5	7	$-0.5\sim0.5$	12	0.15
3	$-4.5\sim-3.5$	7	0.087 5	8	$0.5\sim1.5$	6	0.075
4	$-3.5\sim-2.5$	13	0.162 5	9	$1.5\sim2.5$	3	0.037 5
5	$-2.5\sim-1.5$	17	0.212 5	10	$2.5\sim3.5$	1	0.012 5

根据频数分布表中的统计数据可作出直方图，如图 3.8 所示为本例的频数直方图。

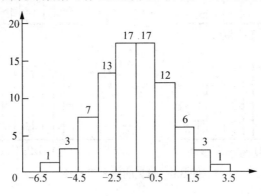

图 3.8　频数直方图

(2) 直方图的观察分析。

① 直方图图形分析。

直方图形象、直观地反映了数据分布情况，通过对直方图的观察和分析可以看出生产是否稳定，以及质量的好坏。常见的直方图典型形状如图 3.9 所示。

(a) 正常型——又称为"对称型"。它的特点是中间高、两边低，并呈左右基本对称，说明相应工序处于稳定状态，如图 3.9(a)所示。

(b) 孤岛型——在远离主分布中心的地方出现小的直方，形如孤岛，如图 3.9(b)所示。孤岛的存在表明生产过程出现了异常因素，如原料质量发生变化；有人代替操作；短期内工作操作不当。

(c) 双峰型——直方图出现两个中心，形成双峰状。这往往是由于把来自两个总体的数据混在一起作图所造成的，如把两个班组的数据混为一批，如图 3.9(c)所示。

(d) 偏向型——直方图的顶峰偏向一侧，故又称"偏坡型"，它往往是因计数值或计量值只控制一侧界限或剔除了不合格数据而造成，如图 3.9(d)所示。

(e) 平顶型——在直方图顶部呈平顶状态。一般是由多个母体数据混在一起造成的，或者在生产过程中有缓慢变化的因素在起作用所造成。如操作者疲劳而造成直方图的平顶状，如图 3.9(e)所示。

(f) 陡壁型——直方图的一侧出现陡峭绝壁状态。这是由于人为地剔除一些数据进行不真实的统计造成的，如图 3.9(f)所示。

(g) 锯齿型——直方图出现参差不齐的形状，即频数不是在相邻区间减少，而是隔区间减少，形成了锯齿状。造成这种现象的原因不是生产上的问题，而主要是绘制直方图时分组过多或测量仪器精度不够造成的，如图 3.9(g)所示。

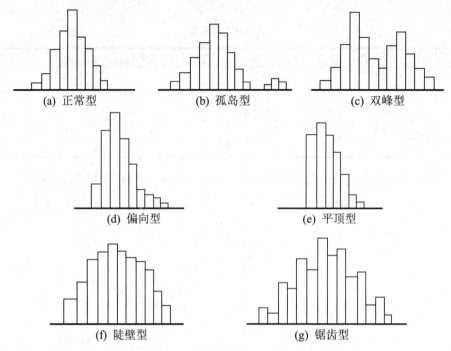

图 3.9　常见的直方图图形

② 对照标准分析比较。

当工序处于稳定状态时(直方图为正常型)，还需进一步将直方图与规格标准进行比较，以判定工序满足标准要求的程度。其主要是分析直方图的平均值 $\overline{X}$ 与质量标准中心重合程度，比较分析直方图的分布范围 B 同公差范围 T 的关系。如图 3.10 所示在直方图中标出了标准范围 T，标准的上偏差 T_U 和下偏差 T_L，实际尺寸范围 B。对照直方图图形可以看出实际产品分布与实际要求标准的差异。

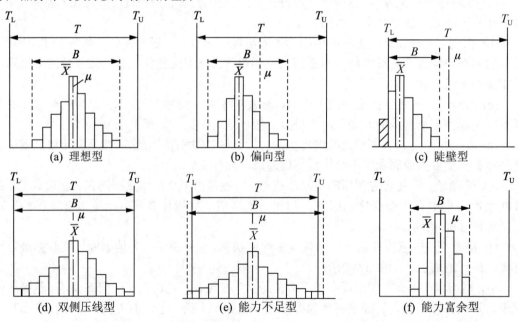

图 3.10　与标准对照的直方图图形

(a) 理想型——实际平均值 $\overline{X}$ 与规格标准中心 μ 重合，实际尺寸分布与标准范围两边有一定余量，约为 $T/8$。

(b) 偏向型——虽在标准范围之内，但分布中心偏向一边，说明存在系统偏差，必须采取措施。

(c) 陡壁型——此种图形反映数据分布过分地偏离规格中心，造成超差，出现不合格品。这是由于工序控制不好造成的，应采取措施使数据中心与规格中心重合。

(d) 双侧压线型——又称无富余型。分布虽然落在规格范围之内，但两侧均无余地，稍有波动就会出现超差、废品。

(e) 能力不足型——又称双侧超越线型。此种图形实际尺寸超出标准线，易产生不合格品。

(f) 能力富余型——又称过于集中型。实际尺寸分布与标准范围两边余量过大，属于控制过严，质量有富余，不经济。

以上产生质量散布的实际范围与标准范围比较，表明了工序能力满足标准公差范围的程度，也就是施工工序能稳定地生产出合格产品的工序能力。

4) 控制图法

控制图，又称管理图。它是反映生产随时间变化而发生的质量变动的状态，即反映生产过程中各阶段质量波动状态的图形，是用样本数据分析判断工序(总体)是否处在稳定状态的有效工具。

质量波动一般有两种情况：一种是偶然性因素引起的波动，称为正常波动；另一种是系统性因素引起的波动，称为异常波动。质量控制的目标就是要查找异常波动的因素并加以排除，使质量只受正常波动因素的影响，符合正态分布的规律。

质量管理图如图 3.11 所示，它是利用上下控制界限，将产品质量特性控制在正常质量波动范围之内。一旦有异常原因引起质量波动，通过管理图就可以看出，能及时采取措施预防不合格品的产生。

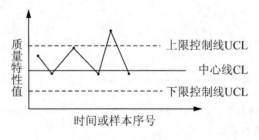

图 3.11　质量管理图

(1) 管理图的分类。

管理图分为计量值管理图和计数值管理图两大类，如图 3.12 所示。计量值管理图适用于质量管理中的计量数据，如长度、强度、质量、温度等；计数值管理图则适用于计数值数据，如不合格的点数、件数等。

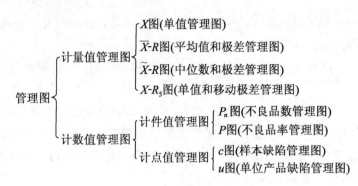

图 3.12 管理图分类

(2) 管理图的绘制。

管理图的种类虽多，但其基本原理是相同的，现仅以常用的 $\overline{X}$-R 管理图为例，阐明作图的步骤。

$\overline{X}$-R 管理图作图的步骤如下。

① 收集数据，见表 3-7。

表 3-7 收集的数据

样本号	x_1	x_2	x_3	$\overline{X}$	R
1	155	166	178	166	23
2	169	161	164	165	8
3	147	152	135	145	17
4	168	155	151	155	17
⋮	⋮	⋮	⋮	⋮	⋮
24	140	165	167	157	27
25	175	169	175	173	6
26	163	171	171	168	8
合计	—	—	—	4 195	407

② 计算样本的平均值 $\overline{X}_1 = \dfrac{\sum\limits_{l=1}^{n} X_l}{n}$

本例第一个样本 $\overline{X}_1 = \dfrac{155 + 166 + 178}{3} = 166$

其余类推，计算值列于表 3-7 中。

③ 计算样本极差 $R_1 = X_{max} - X_{min}$

本例第一个样本 $R_1 = 178 - 155 = 23$

其余类推，计算值列于表 3-7 中。

④ 计算总平均值。

$$\overline{\overline{X}} = \frac{\sum \overline{X}}{K} = \frac{4\ 195}{26} = 161$$

式中，K 为样本总数。

⑤ 计算级差平均值。

$$\overline{R} = \frac{\sum R}{K} = \frac{407}{26} = 16$$

⑥ 计算控制界限。

$\overline{X}$ 管理图控制界限：中心线 $CL = \overline{X} = 161$

上控制界限 $UCL = \overline{X} + A_2\overline{R} = 161 + 1.023 \times 16 = 177$

下控制界限 $LCL = \overline{X} - A_2\overline{R} = 161 - 1.023 \times 16 = 145$

上式中 A_2 为 $\overline{X}$ 管理图系数(表 3-8)。

R 管理图的控制界限：中心线 $CL = \overline{R} = 16$

上控制界限 $UCL = D_4\overline{R} = 2.575 \times 16 = 41$

下控制界限 $LCL = D_3\overline{R} = 0$ (因为 $n=3$，系数表中为—，故下限不予考虑)

式中　D_3，D_4——R 管理图控制界限系数，见表 3-8。

表 3-8　管理图系数表

n	A_2	m_3A_3	D_3	D_4	E_2	d_3
2	1.880	1.880	—	3.267	2.660	0.853
3	1.023	1.187	—	2.575	1.772	0.888
4	0.729	0.796	—	2.282	1.457	0.880
5	0.577	0.691	—	2.115	1.290	0.864
6	0.483	0.549	—	2.004	1.184	0.848
7	0.419	0.509	0.076	1.924	1.109	0.833
8	0.373	0.432	0.136	1.864	1.054	0.820
9	0.337	0.412	0.184	1.816	1.010	0.808
10	0.308	0.363	0.223	1.727	0.975	0.797

以横坐标为样本序号或取样时间，纵坐标为所要控制的质量特性值，按计算结果绘出中心线和上下控制界限。

其他各种管理图的作图步骤与 $\overline{X}$ - R 管理图的作图步骤相同，控制界限的计算公式可参见表 3-9。

表 3-9　管理图控制界限计算公式

分类	图名	中心线	上下控制界限	管理特征
计量值管理图	$\overline{X}$ 图	$\overline{\overline{X}}$	$\overline{\overline{X}} \pm A_2\overline{R}$	用于观察分析平均值的变化
	R 图	$\overline{R}$	$D_4\overline{R}$　$D_2\overline{R}$	用于观察分析分布的宽度和分散变化的情况
	$\widetilde{X}$ 图	$\overline{\overline{X}}$	$\overline{\overline{X}} \pm m_3A_2\overline{R}$	$\widetilde{X}$ 代 $\overline{X}$ 图，可以不计算平均值
	X 图	$\overline{X}$	$\overline{X} \pm E_2\overline{R}$ $\overline{X} \pm E_2\overline{R}_2$	观察分析单个产品质量特征的变化
	R_s 图	$\overline{R}_s$	$D_4\overline{R}_s$	同 R 图，适用于不能同时取得若干数据的工序

续表

分类		图名	中心线	上下控制界限	管理特征
计数值管理图	计件值管理图	P 图	$\bar{P}$	$\bar{P} \pm 3\sqrt{\dfrac{\bar{P}(1-\bar{P})}{n}}$	用不良品率来管理工序
		P_n 图	P_n	$\bar{P}_n \pm \sqrt{P_n(1-P)}$	用不良品数来管理工序
	计点值管理图	C 图	$\bar{C}$	$\bar{C} \pm 3\sqrt{\bar{C}}$	对一个样本的缺陷进行管理
		u 图	$\bar{u}$	$\bar{u} \pm \sqrt{\dfrac{\bar{u}}{n}}$	对每一给定单位产品中的缺陷数进行控制

（3）管理图的观察与分析。

正常管理图的判断规则是：图上的点在控制上下限之间，围绕中心做无规律波动，连续 25 个点中，无超出控制界限线的点；连续 35 个点中，仅有 1 个点超出控制界限线；连续 100 个点中，仅有 2 个点超出控制界限线。当点子落在控制界限线上时，视为超出界限计算。

异常管理图的判断规则如图 3.13 所示。

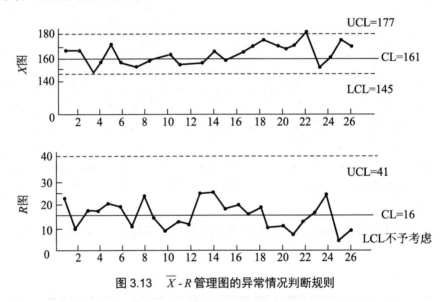

图 3.13　$\bar{X}$-R 管理图的异常情况判断规则

① 有连续 7 个点在中心线的同侧。

② 有连续 7 个点上升或下降。

③ 连续 11 个点中，有 10 个点在中心线的同一侧；连续 14 个点中，有 12 个点在中心线的同一侧；连续 17 个点中，有 14 个点在中心线的同一侧；连续 20 个点中，有 16 个点在中心线的同一侧。如图 3.14 所示为异常管理图的判断规则。

④ 点子围绕某一中心线做周期波动。

在观察管理图发生异常后，要分析原因，然后采取措施，使管理图所控制的工序恢复正常。

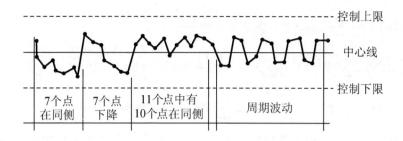

图 3.14　异常管理图的判断规则

5) 相关图法

相关图法用来分析两个质量特性之间是否存在相关关系，即把影响质量特性因素的各对数据，用点子表示在直角坐标图上，以观察判断两个质量特性之间的关系。

产品质量与影响质量的因素之间常常有一定的依存关系，但它们之间不是一种严格的函数关系，即不能由一个变量的数值精确地求出另一个变量的数值，这种依存关系称为相关关系。相关图又叫散布图，就是把两个变量之间的相关关系，用直角坐标系表示出来，借以观察判断两个质量特性之间的关系，通过控制容易测定的因素，达到控制不易测定的因素的目的，以便对产品或工序进行有效的控制。

相关图的形式有下列 4 种。

(1) 正相关：当 x 增大时，y 也增大，如图 3.15(a)所示。

(2) 负相关：当 x 增大时，y 却减小，如图 3.15(b)所示。

(3) 线性相关：两种因素之间不呈直线关系，如图 3.15(c)所示。

(4) 无相关：y 不随 x 的增减而变化，如图 3.15(d)所示。

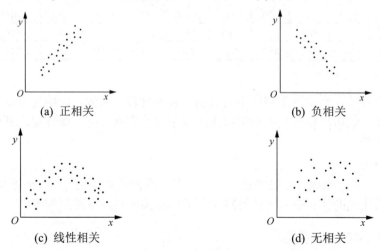

图 3.15　质量控制相关图

除了绘制相关图之外，还必须计算相关系数，以确定两种因素之间关系的密切程度，相关系数计算公式为：

$$y = \frac{S(XY)}{\sqrt{S(XX)S(YY)}}$$

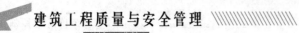

式中　$S(XX) = \sum (X - \overline{X})^2 = \sum X^2 - \dfrac{(\sum X)^2}{n}$

$$S(YY) = \sum (Y - \overline{Y})^2 = \sum Y^2 - \dfrac{(\sum Y)^2}{n}$$

$$S(XY) = \sum (X - \overline{Y}) \cdot (Y - \overline{Y}) = \sum XY - \dfrac{(\sum X \sum Y)}{n}$$

相关系数可以为正、也可以为负。正值表示正相关，负值表示负相关。y 的绝对值总是在 $0 \sim 1$ 之间，绝对值越大，表示相关关系越密切。

现以表 3-10 所列数据为例，计算其相关系数。

$$S(XX) = \sum X^2 - \dfrac{(\sum X)^2}{n} = 3\,5875 - \dfrac{(495)^2}{11} = 13\,600$$

$$S(YY) = \sum Y^2 - \dfrac{(\sum Y)^2}{n} = 5\,398 - \dfrac{(208)^2}{11} = 1\,465$$

$$S(XY) = \sum XY - \dfrac{(\sum X \sum Y)}{n} = 13\,755 - \dfrac{495 \times 208}{11} = 4\,395$$

$$y = \dfrac{S(XY)}{\sqrt{S(XX)S(YY)}} = \dfrac{4\,395}{\sqrt{13\,600 \times 1\,465}} = 0.98$$

表 3-10　若干组数据

组号	1	2	3	4	5	6	7	8	9	10	11	合计
X	5	5	16	20	30	40	50	60	65	90	120	495
Y	4	6	8	13	16	17	19	25	25	29	46	208
X^2	25	25	100	400	900	1 600	2 500	3 600	4 225	8 100	14 400	35 875
Y^2	16	36	45	169	256	289	361	625	625	841	2 116	5 398
XY	20	30	80	260	480	680	950	1 500	1 625	2 610	4 520	13 755

6）分层法

分层法又称分类法，是将搜集到的不同数据，按其性质、来源、影响因素等进行分类和分层研究的方法。它可以使杂乱的数据和错综复杂的因素系统化、条理化，从而找出主要原因，采取相应措施。

7）统计分析表法

统计分析表法，是用来统计整理数据和分析质量问题的各种表格，一般根据调查项目，可设计出不同表格格式的统计分析表，对影响质量的原因做粗略分析和判断。

3.2.2　工程项目质量控制的手段

1. 抓好工序质量控制

工程项目的施工过程，是由一系列相互关联、相互制约的工序所构成，工序质量是基础，直接影响工程项目的整体质量。要控制工程项目施工过程的质量，首先必须控制工序的质量。

2. 质量控制点的设置

质量控制点是指为了保证工程项目质量，需要进行控制的重点、关键部位或薄弱环节，以便在一定时期内、一定条件下进行强化管理，使施工质量处于良好的受控状态。质量控制点的设置，要根据工程的重要程度，或某部位质量特性值对整个工程质量的影响程度来确定。因此，在设置质量控制点时，首先要对施工的工程对象进行全面分析、比较，以明确质量控制点；然后进一步分析所设置的质量控制点在施工中可能出现的质量问题或造成质量隐患的原因，针对存在的隐患，相应地提出对策措施予以预防。由此可见，设置质量控制点是对整个工程质量进行预控的有力措施。

质量控制点的涉及面较广，根据工程特点，视其重要性、复杂性、精确性、质量标准和要求而定，可能是结构复杂的某一工程项目，也可能是技术要求高、施工难度大的某一结构构件或分部分项工程，还可能是影响质量的某一关键环节中的某一工序或若干工序。总之，操作、材料、机械设备、施工顺序、技术参数、自然条件、工程环境等，均可作为质量控制点来设置，主要视其对质量特征影响的大小及危害程度而定。

3. 检查检测手段

在工程项目质量控制过程中，常用的检查检测手段有以下几方面。

(1) 日常性的检查：即在现场施工过程中，质量控制人员(专业工长、质检员、技术人员)对操作人员进行操作情况及结果的检查和抽查，及时发现质量问题、质量隐患或事故苗头，以便及时进行控制。

(2) 测量和检测：是指利用测量仪器和检测设备对建筑物水平和竖向轴线、标高、几何尺寸、方位进行控制，对建筑结构施工的有关砂浆或混凝土强度进行检测，严格控制工程质量，发现偏差及时纠正。

(3) 试验及见证取样：是指各种材料及施工试验应符合相应规范和标准的要求，如原材料的性能、混凝土搅拌的配合比和计量、坍落度的检查、成品强度等物理力学性能及打桩的承载能力等，均需通过试验的手段进行控制。

(4) 实行质量否决制度：是指质量检查人员和技术人员对施工中存有的问题，有权以口头方式或书面方式要求施工操作人员停工或者返工，纠正违章行为，以及责令将不合格的产品推倒重做。

(5) 按规定的工作程序控制：是指预检、隐检应有专人负责，按规定检查，并做好记录，第一次使用的混凝土配合比要进行开盘鉴定，混凝土浇筑应经申请和批准，完成的分项工程质量要进行实测实量的检验评定等。

(6) 对使用安全与功能的项目实行竣工抽查检测，严把分项工程质量检验评定关。

4. 成品保护及成品保护措施

在施工过程中，有些分项分部工程已经完成，其他工程尚在施工；或者某些部位已经完成，而其他部位正在施工。如果对已完成的成品，不采取妥善的措施加以保护，就会造成损伤，影响质量。这样，不仅会增加修补工作量，浪费工料，拖延工期；更严重的是有的损伤难以恢复到原样，可能成为永久性的缺陷。因此，做好成品保护，是一个关系到工程质量，降低工程成本，按期竣工的重要环节。

加强成品保护，首先要教育全体参建人员树立质量观念，对国家、人民负责，自觉爱护公物，尊重他人和自己的劳动成果，施工操作时要珍惜已完成的成品和部分完成的半成品。其次要合理安排施工顺序，采取行之有效的成品保护措施。

1) 施工顺序与成品保护

合理地安排施工顺序，按正确的施工流程组织施工，是进行成品保护的有效途径之一。

(1) 遵循"先地下后地上""先深后浅"的施工顺序，就不至于破坏地下管网和道路路面。

(2) 地下管道与基础工程相配合进行施工，可避免基础完工后再打洞挖槽、安装管道，影响质量和进度。

(3) 先在房心回填土后再做基础防潮层，可保护防潮层不致受填土夯实损伤。

(4) 装饰工程采取自上而下的流水顺序，可以使房屋主体工程完成后，有一定的沉降期；先做好的屋面防水层，可防止雨水渗漏。这些都有利于保护装饰工程质量。

(5) 先做地面，后做顶棚、墙面抹灰，可以保护下层顶棚、墙面抹灰不致受渗水污染。在已做好的地面上施工，需对地面加以保护。若先做顶棚、墙面抹灰，后做地面时，则要求楼板灌缝密实，以免漏水污染墙面。

(6) 楼梯间和踏步饰面宜在整个饰面工程完成后，再自上而下地进行；门窗扇的安装通常在抹灰后进行；一般先安装门窗框，后安装门窗扇玻璃。这些施工顺序均有利于成品保护。

(7) 当采用单排外脚手砌墙时，由于砖墙上面有脚手洞眼，故一般情况下内墙抹灰需待同一层外粉刷完成、脚手架拆除、洞眼填补后才能进行，以免影响内墙抹灰的质量。

(8) 先喷浆而后安装灯具，可避免安装灯具后又修理浆活，从而污染灯具。

(9) 当铺贴连续多跨的卷材防水屋面时，应按先高跨后低跨，先远(离交通进出口)后近，先天窗油漆、玻璃后铺贴卷材屋面的顺序进行。这样可避免在铺好的卷材屋面上行走和堆放材料、工具等物，有利于保护屋面的质量。

以上示例说明，只要合理安排施工顺序，便可有效地保护成品的质量，也可有效地防止后道工序损伤或污染前道工序。

2) 成品保护的措施

成品保护主要有护、包、盖、封 4 种措施。

(1) 护。护就是提前保护，以防止成品可能发生的损伤和污染。如为了防止清水墙面污染，在脚手架、安全网横杆、进料口四周以及临近水刷石墙面上，提前钉上塑料布或纸板；清水墙楼梯踏步采用护棱角铁上下连通固定；门口在推车易碰部位，在小车轴的高度钉上防护条或槽形盖铁；进出口台阶应垫砖或方木，搭脚手板过人；外檐水刷石大角或柱子要立板固定保护；门扇安装好后要加楔固定等。

(2) 包。包就是进行包裹，以防止成品被损伤或污染。如大理石或高级水磨石块柱子贴好后，应用立板包裹捆扎；楼梯扶手易污染变色，油漆前应裹纸保护；铝合金门窗应用塑料布包扎；炉片、管道污染后不好清理，应包纸保护；电气开关、插座、灯具等设备也应包裹，防止喷浆时污染等。

(3) 盖。盖就是表面覆盖，防止堵塞、损伤。如预制水磨石、大理石楼梯应用木板、加气板等覆盖，以防操作人员踩踏和物体磕碰；水泥地面、现浇或预制水磨石地面，应铺干锯末保护；高级水磨石地面或大理石地面，应用苫布或棉毡覆盖；落水口、排水管安装好后要加覆盖，以防堵塞；散水交活后，为保水养护并防止磕碰，可盖一层土或沙子；其他需要防晒、防冻、保温养护的项目，也要采取适当的覆盖措施。

(4) 封。封就是局部封闭。如预制水磨石楼梯、水泥抹面楼梯施工后，应将楼梯口暂时封闭，待达到上人强度并采取保护措施后再开放；室内塑料墙纸、木地板油漆完成后，均应立即锁门；屋面防水做完后，应封闭上屋面的楼梯门或出入口；室内抹灰或浆活交活后，为调节室内温/湿度，应有专人开关外窗等。

总之，在工程项目施工中，必须充分重视成品保护工作。道理很简单，即使生产出来的产品是优质品、上等品，若保护不好，遭受损伤或污染，那也会成为次品、废品、不合格品。所以，成品保护，除合理安排施工顺序，采取有效的对策、措施外，还必须加强对成品保护工作的检查。

3.3　影响工程项目质量的五大因素的控制

影响工程项目质量的因素主要有五大方面，即 4M1E：人(Man)、材料(Material)、机械(Machine)、方法(Method)和环境(Environment)因素。对这五大因素进行严加控制，是保证工程项目质量的关键。如图 3.16 所示为 4M1E 关系图。

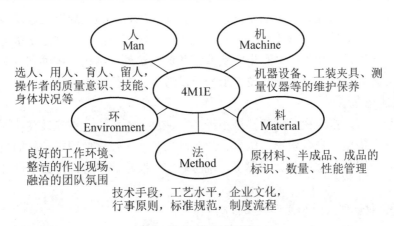

图 3.16　4M1E 关系图

3.3.1　人的因素控制

人是指直接参与施工的组织者、指挥者和操作者。人作为控制的对象，是要避免由于人的失误，给工程项目质量带来不良的影响。要充分调动人的积极性，发挥人的主导作用，强调"人的因素第一"。用人的工作质量来保证工序质量，用每个工序质量来保证整个工程项目质量。为此，除了加强思想政治教育、劳动纪律教育、职业道德教育、专业技术培训，建立健全岗位责任制，改善劳动条件，公平合理地激励劳动热情以外，还需要根据工程特点，确保质量，从人的技术水平、生理缺陷、心理行为、错误行为等方面来控制人的使用。如对技术复杂、难度大、精度高的工序或操作，应由技术熟练、经验丰富的工人来完成；反应迟钝、应变能力差的人，不能操作快速运行、动作复杂的机械设备；对某些要

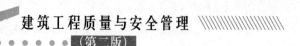

求万无一失的工序和操作，一定要分析人的心埋行为，控制人的思想活动，稳定人的情绪；对具有危险源的现场作业，应控制人的错误行为，严禁吸烟、打赌、嬉戏、误判断、误动作等。

此外，应严格禁止无技术资质的人员上岗操作；对不懂装懂、图省事、碰运气、有意违章的行为，必须及时制止。总之，在使用人的问题上，应从政治素质、思想素质、业务素质和身体素质等方面综合考虑、全面控制。

在工程质量控制中，人员的参与，一种是以个体形态存在；另一种是以某一组织的形态存在。下面分别介绍这两种形态下的人的控制。

1. 个体人员因素控制

1) 领导者的素质

在对设计、监理施工承包单位进行资质认证和优选时，一定要考核领导层领导者的素质。因为领导层整体的素质好，必然决策能力强，组织机构健全，管理制度完善，经营作风正派，技术措施得力，社会信誉高，实践经验丰富，善于协作配合。这样就有利于合同执行，有利于确保质量、投资、进度三大目标的控制。事实证明，领导层的整体素质，是提高工作质量和工程质量的关键。

2) 人的理论和技术水平

人的理论和技术水平直接影响工程质量水平，尤其是技术复杂、难度大、精度高、工艺新的建筑结构设计或建筑安装的工序操作。如功能独特、造型新颖的建筑设计，特种结构设计与施工，空间结构的理论计算，危害性大、原因复杂的工程质量事故分析处理等，均应选择既有丰富理论知识，又有丰富实践经验的建筑师、结构工程师和有关的工程技术人员承担。必要时，还应对他们的技术水平予以考核，进行资质认证。

3) 人的违纪违章

人的违纪违章，指人粗心大意、漫不经心、注意力不集中、不懂装懂、无知而又不虚心、不履行安全措施、安全检查不认真、随意乱扔东西、任意使用规定外的机械装置、不按规定使用防护用品、碰运气、图省事、玩忽职守、有意违章等，都必须严加教育、及时制止。

4) 施工企业管理人员和操作人员控制

建筑施工队伍的管理者和操作者，是建筑工程的主体，是工程产品形成的直接创造者，人员素质高低及质量意识的强弱都直接影响到工程产品的优劣。认真抓好操作者的素质教育，不断提高操作者的生产技能，严格控制操作者的技术资质、资格与准入条件，是工程项目质量管理控制的关键途径。

(1) 持证上岗。

① 项目经理实行持证上岗制度。从事工程项目施工管理的项目经理，必须由取得建造师执业资格证书并在施工单位注册的人员来担任。

② 项目技术负责人的资格应与所承包的工程项目的结构特征、规模大小和技术要求相适应。

多层房屋建筑或建筑面积在 1 万平方米以内的一般工程项目，应由具有建筑类中专学历及以上的助理工程师，且有三年以上施工经验的人员担任技术负责人。

高层建筑或建筑面积 5 万平方米以内的一般工程项目和住宅小区工程，应由具有建筑类工程师以上或相当于工程师技术职称的人员担任技术负责人。

大型和技术复杂的工程或建筑面积在 5 万平方米以上的工程项目和住宅小区工程，应由具有建筑类高级工程师或相当于高级工程师的人员担任技术负责人。

③ 专业工长和专业管理人员(八大员)必须是经培训考核合格，具有岗位证书的人。

④ 特殊专业工种(焊工、电工、防水工等)的操作人员应经专业培训并获得相应资格证书，其他工种的操作工人应取得高、中、初级工的技能证书。

(2) 素质教育。

① 学习有关建设工程质量的法律、法规、规章，提高法律观念、质量意识，树立良好的职业道德。

② 学习国家标准、规范、规程等技术法规，提高业务素质、加强技术、管理和企业标准化建设。

③ 组织工人学习工艺、操作规程，提高操作技能，开展治理质量通病活动，消除影响结构安全和使用功能的质量通病。

④ 全面开展"五严活动"：严禁偷工减料，严禁粗制滥造，严禁假冒伪劣、以次充好，严禁盲目指挥、玩忽职守，严禁私招乱揽、层层转包、违法分包。

2. 组织体人员因素控制

人在参与工程项目质量控制时，是以各种组织的身份来做出或不做出某种行为的，这就要求参与人必须充分了解并切实履行所代表的组织在工程项目质量控制中应承担的质量责任和义务。按照《建设工程质量管理条例》的规定，参与工程项目质量控制的单位应承担以下质量责任与义务。

1) 建设单位的质量责任和义务

(1) 建设单位应当将工程发包给具有相应资质等级的承建单位，建设单位不得将建设工程肢解发包。

(2) 建设单位应当依法对工程项目的勘察、设计、施工、监理及工程建设有关的重要设备、材料采购进行招标。

(3) 建设单位必须向有关的勘察、设计、工程监理等单位提供与建筑工程有关的原始资料，原始资料必须真实、准确、齐全。

(4) 建设单位不得明示或者暗示设计单位或者施工单位违反工程建设强制性标准，降低建设工程质量。

(5) 建设单位应将施工图设计文件报县级以上人民政府建设行政主管部门或者其他有关部门审查。施工图设计文件审查的具体办法，由国务院建设行政主管部门会同国务院其他有关部门制定。施工图设计文件未经审查的，不得使用。

(6) 实行监理的工程，建设单位应当委托具有相应资质等级的工程监理单位进行监理，也可以委托具有工程监理相应资质等级并与被监理工程的施工承包单位没有隶属关系或者其他利害关系的该工程的设计单位进行监理。

(7) 建设单位在领取施工许可证或者开工报告前，应当按照国家有关规定办理工程质量监督手续。

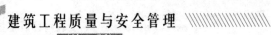
(8) 建设单位不得明示或者暗示施工单位使用不合格的建筑材料、建筑构配件和设备。

(9) 房屋建筑使用者在装修过程中，不得擅自变动房屋建筑材料、建筑主体和承重结构。

(10) 建设单位应当严格按照国家有关档案管理的规定，及时收集、整理建设项目各环节的文件资料，建立健全建设项目档案，并在建设工程竣工验收后，及时向建设行政主管部门或者其他有关部门移交建设项目档案。

2) 勘察、设计单位的质量责任和义务

(1) 从事建设工程勘察、设计的单位应当依法取得相应等级的资质证书，并在其资质等级许可的范围内承揽工程。禁止勘察、设计单位超越其资质等级许可的范围或者以其他勘察、设计单位的名义承揽工程，禁止勘察、设计单位允许其他单位或者个人以本单位的名义承揽工程，勘察、设计单位不得转包或者违法分包所承揽的工程。

(2) 勘察、设计单位必须按照工程建设强制性标准进行勘察、设计，并对其勘察、设计的质量负责。注册建筑师、注册结构工程师等注册执业人员应当在设计文件上签字，对设计文件负责。

(3) 勘察单位提供的地质、测量、水文等勘察成果必须真实、准确。否则，因勘测报告不详细、不准确，甚至错误，将导致工程重大质量事故的发生。

 应用案例 3-2

江苏省一幢 5 层宿舍，地质勘测时，发现有一层稻壳灰，厚为 0.4～4.4m，但在地质报告中却没有反映此情况，致使建筑物还未建成，就发生了从 5 层到基础的通胀断裂裂缝。又如北京市一幢 5 层宿舍，地质报告中未反映地基局部有深达数米的压缩性较高的回填土层，致使建筑物产生了较大的不均匀沉降，墙体严重开裂，不得不重新加固地基。

(引自王赫. 建筑工程质量事故百问[M]. 北京：中国建筑工业出版社，2000)

还有的因勘测精度不足，有的地质勘测的钻孔间距太大，不能准确反映地基的实际情况，因而导致建筑物的质量事故，这种情况在丘陵地区发生较多。

 应用案例 3-3

四川省某单层厂房位于丘陵地区，地基中的基岩面起伏变化较大，勘测时钻孔间距较大，地质报告没有准确反映这些具体数据，厂房建成后，因基础下可压缩的土层厚度变化较大，造成基础不均匀沉降，使砖墙产生严重裂缝。有的地质勘测的钻孔深度不够，仅根据地基表面或基础下不太深的范围内地基情况进行基础设计，没有查清地基深处是否有软弱层、墓穴、孔洞，因而造成基础产生严重的不均匀沉降，导致建筑物变形或裂缝。

(引自王赫. 建筑工程质量事故百问[M]. 北京：中国建筑工业出版社，2000)

(4) 设计单位应当根据勘察成果文件进行建设工程设计，设计文件应当符合国家规定的设计深度要求，注明工程合理使用年限。

(5) 设计单位在设计文件中选用的建筑材料、建筑构配件和设备，应当注明规格、型号、性能等技术指标,其质量要求符合国家规定的标准。除有特殊要求的建筑材料、专用设备、生产工艺等外,设计单位不得指定生产厂、供应商。

(6) 设计单位应当就审查合格的施工设计文件向施工单位做出详细说明。

 **应用案例 3-4**

上海市某车间为 5 层升板结构,设计时将 5 层的柱分成两段验算其强度和稳定性,第一段为下 3 层,下端作固定端,上端为弹性铰支承;第二段为 4、5 层,下端(即 4 层楼面处)为固定,上端为铰支承。由于施工前设计单位没有向施工单位做详细交底,实际施工中,各层楼板仅搁置在承重销上,并未做柱帽,也无其他连接措施与临时支撑。因此施工中实际受力的柱是一根下端固定、长细比很大的悬臂柱。这两种情况的计算差别甚大,最终该结构因群柱失稳而倒塌。

(引自王赫. 建筑工程质量事故百问[M]. 北京: 中国建筑工业出版社, 2000)

(7) 设计单位应当参与建设工程质量事故分析,并对因设计造成的质量事故提出相应的技术处理方案。

3) 施工单位的质量责任和义务

(1) 施工单位应当依法取得相应等级的资质证书,并在其资质等级许可的范围内承揽工程;禁止施工单位超越本单位资质等级许可的业务范围或者以其他施工单位的名义承揽工程;禁止施工单位允许其他单位或者个人以本单位的名义承揽工程;施工单位不得转包或者违法分包工程。

(2) 施工单位对建设工程的施工质量负责。

施工单位应当建立质量责任制,确定工程项目的项目经理、技术负责人和施工管理负责人。建设工程实行总承包的,总承包单位应当对全部建设工程质量负责;建设工程勘察、设计、施工、设备采购的一项或者多项实行总承包的,总承包单位应当对其承包的建设工程或者采购的设备的质量负责。

(3) 总承包单位依法将建设工程分包给其他单位的,分包单位应当按照分包合同的约定对其分包工程的质量向总承包单位负责,总承包单位对分包工程的质量承担连带责任。

(4) 施工单位必须按照工程设计图和施工技术标准施工,不得擅自修改工程设计,如有的施工单位任意修改柱与基础的连接方式以及梁与柱连接节点构造,由于改变了原设计的铰接或刚接方案而造成了事故;又如随意用光圆钢筋代替变形钢筋而造成钢筋混凝土结构产生较宽的裂缝等。

(5) 施工单位不得偷工减料。施工单位在施工过程中发现设计文件和图纸有差错的,应当及时提出意见和建议。

(6) 施工单位必须按照工程设计要求、施工技术标准和合同约定,对建筑材料、建筑构配件、设备和商品混凝土进行检验,检验应当有书面记录和专人签字;未经检验或者检验不合格的,不得使用。

(7) 施工单位必须建立健全施工质量的检验制度,严格工序管理,做好隐蔽工程的质量检查和记录。隐蔽工程在隐蔽前,施工单位应当通知建设单位和建设工程质量监督机构。

(8) 施工人员对涉及结构安全的试块、试件及有关材料,应当在建设单位或者工程监理单位监督下现场取样，并送具有相应资质等级的质量检测单位进行检测。

(9) 施工单位对施工中出现质量问题的建设工程或者竣工验收不合格的建设工程，应当负责返修。

(10) 施工单位应当建立健全教育培训制度，加强对员工的教育培训，未经教育培训或者考核不合格的人员，不得上岗作业。

4) 工程监理单位的质量责任和义务

(1) 工程监理单位应当依法取得相应等级的资质证书，并在其资质等级许可的范围内承担工程监理业务。禁止工程监理单位超越本单位资质等级许可的范围或者以其他工程监理单位的名义承担工程监理业务；禁止工程监理单位允许其他单位或者个人以本单位的名义承担工程监理业务；工程监理单位不得转让工程监理业务。

(2) 工程监理单位与被监理工程的施工承包单位，以及建筑材料、建筑构配件和设备供应单位有隶属关系或者其他利害关系的，不得承担该项建设工程的监理业务。

(3) 工程监理单位应当依照法律、法规，以及有关技术标准、设计文件和建设工程承包合同，代表建设单位对施工质量实施监理，并对施工质量承担监理责任。

(4) 工程监理单位应当选择具备相应资质的总监理工程师和专业监理工程师进驻施工现场。未经监理工程师签字，建筑材料及设备不得在工程上使用或者安装，施工单位不得进行下道工序的施工；未经总监理工程师签字，建设单位不拨付工程款，不进行竣工验收。

(5) 监理工程师应当按照工程监理规范的要求，以旁站、巡视和平行检验等形式，对建设工程实施监理。

5) 材料、构配件及设备生产或供应单位的质量责任和义务

材料、构配件及设备生产或供应单位对其生产或供应的产品质量负责。生产厂、供应商必须具备相应的生产条件、技术装备和质量管理体系，所生产或供应的材料、构配件及设备的质量应符合国际和行业现行的技术规定的合格标准和设计要求，并与说明书和包装上的质量标准相符，且应有相应的产品检验合格证，设备应有详细的使用说明等。

6) 工程质量检测单位的质量责任和义务

工程质量检测单位必须经省技术监督部门计量认证和省建设行政管理部门资质审查，方可接受委托，对建设工程所用材料、构配件及设备质量进行检测。

(1) 材料、构配件检测所需试样，由建设单位和施工单位共同取样或由建设工程质量检测单位现场抽样。

(2) 工程质量检测单位应当对出具的检测数据和鉴定报告负责。

(3) 在工程保修期内因材料、构配件不合格出现质量问题，属于工程质量检测单位提供错误检测数据的，由工程质量检测单位承担质量责任。

3.3.2 机械设备的控制

1. 施工现场机械设备控制的任务

建筑企业机械设备管理是对企业的机械设备进行动态管理，即从选购(或自制)机械设备开始，包括投入施工、磨损、补偿，直到报废为止的全过程的管理。而现场施工机械设备管理主要是正确选择(或租赁)和使用机械设备，及时搞好施工机械设备的维护和保养，

按计划检查和修理，建立现场施工机械设备使用管理制度等。其主要任务是采取技术、经济、组织措施对机械设备合理使用，用养结合，提高施工机械设备的使用效率，尽可能降低工程项目的机械使用成本，提高工程项目的经济效益。

2. 施工现场机械设备管理的主要内容

1) 机械设备的选择与配套

对任何一个工程项目施工机械设备的合理装备，必须依据施工组织设计。首先，对机械设备的技术经济进行分析，选择既满足生产、技术先进，又经济合理的机械设备，结合施工组织设计，分析自测、购买和租赁的分界点，进行合理装备。其次，现场施工机械设备的装备必须成龙配套，使设备在性能、能力等方面相互配套。如果设备数量多，但相互之间不配套，不仅机械性能不能充分发挥，而且会造成经济上的浪费，所以不能片面地认为设备的数量越多越好；现场施工机械设备的配套必须考虑主机和辅机的配套关系，在综合机械化组列中前后工序机械设备间的配套关系，大、中、小型工程机械及动力工具的多层次结构的合理比例关系。

2) 现场机械设备的合理使用

现场机械设备管理要处理好"养""管""用"三者之间的关系，遵照机械设备使用的技术规律和经济规律，合理、有效地使用机械设备，使之发挥较高的使用效率。因此，操作人员使用机械时必须严格遵守操作规程，反对"拼设备""吃设备"等野蛮操作。

3) 现场机械设备的保养和修理

为了提高机械设备的完好率，使机械设备经常处于良好的技术状态，必须做好机械设备的维修保养工作。同时，应定期检查和校验机械设备的运转情况和工作精度，发现隐患及时采取措施。根据机械设备的性能、结构和使用状况，应制订合理的修理计划，以便及时恢复现场机械设备的工作能力，预防事故的发生。

3. 施工机械设备使用的控制

1) 合理配备各种机械设备

由于工程特点及生产组织形式各不相同，因此，在配备现场施工机械设备时必须根据工程特点，经济合理地为工程配备好机械设备，同时又必须根据各种机械设备的性能和特点，合理地安排施工生产任务，避免"大机小用""精机粗用"，以及超负荷运转的现象；而且还应随工程任务的变化及时调整机械设备，使各种机械设备的性能与生产任务相适应。

现场施工单位在确定施工方案和编制施工组织设计时，应充分考虑现场施工机械设备管理方面的要求，统筹安排施工顺序和平面布置图，为机械施工创造必要的条件。如水、电、动力供应、照明的安装、障碍物的拆除，以及机械设备的运行路线和作业场地等。现场负责人要善于协调施工生产和机械使用管理间的矛盾，既要支持机械操作人员的正确意见，又要向机械操作人员进行技术交底和提出施工要求。

2) 实行人机固定的操作证制度

为了使施工机械设备在最佳状态下运行使用，合理配备足够数量的操作人员并实行机械使用、保养责任制是关键。现场的各种机械设备应定机定组交给一个机组或个人，使之对机械设备的使用和保养负责。操作人员必须经过培训和统一考试，合格并取得操作证后，

方可独立操作。无证人员登机操作应按严重违章操作处理，坚决杜绝为赶进度而任意指派无证人员上机操作事件的发生。

3）建立、健全现场施工机械设备使用的责任制和其他规章制度

（1）建立人员岗位责任制，操作人员在开机前、使用中、停机后，必须按规定的项目要求，对机械设备进行检查和例行保养，做好清洁、润滑、调整、紧固和防腐工作。

（2）经常保持机械设备的良好状态，提高机械设备的使用效率，节约使用费用，取得良好的经济效益。

（3）遵守磨合期使用的有关规定，由于新机械设备或经大修理后的机械设备在磨合期间，零件表面尚不够光洁，因而期间的间隙及啮合尚未达到良好的配合，所以，机械设备在使用初期一定时间内，对操作有一定的特殊规定和要求，即磨合期使用规定。凡是新购、大修以及经过翻新的机械设备，在正式使用初期，都必须按规定执行磨合。其目的是使机械零件磨合良好，增强零件的耐用性，提高机械运行的可靠性和经济性。在磨合期内，加强机械设备的检查和保养，应经常注意运转情况、仪表指示，检查各总分轴承、齿轮的工作温度和连接部分的松紧，并及时润滑、紧固和调整，发现不正常现象要及时采取措施。

4）创造良好的环境和工作条件

（1）创造适宜的工作场地。水、电、动力供应充足，工作环境应整洁、宽敞、明亮，特别是夜晚施工时，要保证施工现场的照明。

（2）配备必要的保护、安全、防潮装置，有些机械设备还必须配备降温、保暖、通风等装置。

（3）配备必要的测量、控制和保险用的仪表和仪器等装置。

（4）建立现场施工机械设备的润滑管理系统，即实行"五定"的润滑管理——定人、定质、定点、定量、定期的润滑管理。

（5）开展施工现场范围内的完好设备竞赛活动。完好设备是指零件、部件和各种装置完整齐全、油路畅通、润滑正常、内外清洁、性能和运转状况均符合标准的设备。

（6）对于在冬季施工中使用的机械设备，要及时采取相应的技术措施，以保证机械正常运转。如准备好机械设备的预热保温设备；在投入冬季使用前，对机械设备进行一次季节性保养，检查全部技术状态，换用冬季润滑油等。

5）现场施工机械设备使用控制建立"三定"制度

（1）"三定"制度的意义。

"三定"制度，即定人、定机、定岗位责任，是人机固定原则的具体表现，是保证现场施工机械设备得到最合理使用和精心维护的关键。"三定"制度是把现场施工机械设备的使用、保养、保管的责任落实到个人。

（2）施工现场落实"三定"制度形式。

施工现场"三定"制度的形式可多种多样，根据不同情况而定，但是必须把本工地所属的全部机械设备的使用、保管、保养的责任落实到个人，做到人人有岗位，事事有专责，台台机械有人管，具体可利用以下几种形式。

① 多人操作或多班作业的机械设备，在指定操作人员的基础上，任命一人为机长，实行机长负责制。

② 一人一机或一人多机作业的机械，实行专机专人负责制。

③ 掌握有中小型机械设备的班组，在机械设备和操作人员不能固定的情况下，应任命机组长对所管机械设备负责。

④ 施工现场向企业租赁或调用机械设备时，对大型机械原则上做到机调人随，重型或关键机械必须人随机走。

(3) "三定"制度的内容。

在"三定"制度内部，要建立健全机械操作人员与机长的职责，班与班之间的责任制。

① 操作人员职责。

严格遵守操作规程，主动积极为施工生产服务，高质低耗地完成机械作业任务。

爱护机械设备，执行保养制度，认真按规定要求做好机械设备的清洁、润滑、加固、调整、防腐等工作，保证机械设备经常整洁完好；保管好原机零件、部件、附属设备、随机工具，做到完整齐全，不丢失或不无故损坏；认真执行交接班制度，及时、准确地填写机械设备的各项原始记录，经常反映机械设备的技术状况。

② 机长职责。

机长是不脱产的操作人员，除履行操作人员职责外，还应做到下列 4 点。

(a) 组织并督促检查全组人员对机械设备的正确使用、保养、保管和维修，保证完成机械施工作业任务。

(b) 检查并汇总各项原始记录及报表，及时准确上报，组织机组人员进行单机核算。

(c) 组织并检查交接班制度执行情况。

(d) 组织机组人员的技术业务学习，并对人员的技术考核提出意见。

③ 交接班制度。

为了使多班作业的机械设备不致由于班与班之间交接不清而发生操作事故、附件丢失或责任不清等现象，必须建立交接班制度作为岗位责任制的组成部分。机械设备交接班时，首先应由交方填写交接班记录，并做口头补充介绍，经接方核对确认签收后方可下班，交接班的内容如下。

(a) 交清本班任务完成情况、工作面情况及其他有关注意事项或要求。

(b) 交清机械运转及使用情况，特别应介绍有无异常情况及处理经过。

(c) 交清机械保养情况及存在问题。

(d) 交清机械随机工具、附件和消耗材料等情况。

(e) 填好本班各项原始记录，做好机械清洁工作。

3.3.3　材料的控制

材料(含构配件)是工程施工的物质条件，没有材料就无法施工。材料的质量是工程质量的基础，材料质量不符合要求，工程质量也就不可能符合标准。所以，加强材料的质量控制，是提高工程质量的重要保证，也是创造正常施工条件的前提。

1. 材料质量控制的要点

1) 掌握材料信息，优选供货厂家

掌握材料质量、价格、供货能力的信息，选择好供货厂家，就可获得质量好、价格低的材料资源，从而确保工程质量，降低工程造价，这是企业获得良好社会效益、经济效益、提高市场竞争能力的重要因素。

材料订货时，要求厂方提供质量保证文件，用以表明提供的货物完全符合质量要求。质量保证文件的内容主要包括：供货总说明；产品合格证及技术说明书；质量检验证明；检测与试验者的资质证明；不合格品或质量问题处理的说明及证明；有关图纸及技术资料等。

对于材料、设备、构配件的订货、采购，其质量要满足有关标准和设计的要求，交货期应满足施工及安装进度计划的要求；对于大型的或重要设备，以及大宗材料的采购，应当实行招标采购的方式；对某些材料，如瓷砖等装饰材料，订货时最好一次订齐和备足货源，以免由于分批订货而出现颜色差异、质量不一。

2) 合理组织材料供应，确保施工正常进行

合理、科学地组织材料的采购、加工、储备、运输，建立严密的计划、调度体系，加快材料的周转，减少材料的占用量，按质量、所需数量和日期满足建设需要，是提高供应效益、确保正常施工的关键环节。

3) 合理组织材料使用，减少材料的损失

正确按定额计量使用材料，加强运输、仓库、保管工作，加强材料限额管理和发放工作，健全现场材料管理制度，避免材料损失、变质，是确保材料质量、节约材料的重要措施。

4) 加强材料检查验收，严把材料质量关

(1) 对用于工程的主要材料，进场时必须具备正式的出厂合格证和材质化验单。如不具备或对检验证明有怀疑时，应补做检验。

(2) 工程中的所有构件，必须具有厂家批号和出厂合格证；钢筋混凝土和预应力钢筋混凝土构件，均应按规定的方法进行抽样检验；由于运输、安装等原因出现的构件质量问题，应分析研究，经处理并鉴定合格后方能使用。

(3) 应进行抽检的材料：凡标志不清或认为质量有问题的材料；对质量保证资料有怀疑或与合同规定不符的一般材料；由工程重要程度决定，进行一定比例试验的材料；需要进行追踪检验，以控制和保证其质量的材料等。对于进口的材料设备和重要工程或关键施工部位所用的材料，则应进行全部检验。

(4) 材料质量抽样和检验的方法应符合相关规范的要求，要能反映该批材料的质量性能。对于重要构件或非均质的材料，还应酌情增加采样的数量。

(5) 在现场配制的材料(如混凝土、砂浆等)的配合比，应先提出试配要求，经试配检验合格后才能使用。

(6) 对进口材料、设备应会同商检局检验，如核对凭证中发现问题，应取得供方和商检人员签署的商务记录，按期提出索赔。

5) 要重视材料的使用认证，以防错用或使用不合格的材料

(1) 对主要装饰材料及建筑配件，应在订货前要求厂家提供样品或看样订货；主要设备订货时，要审核设备清单是否符合设计要求。

(2) 对材料性能、质量标准、适用范围和施工要求必须充分了解，以便慎重选择和使用材料。

(3) 凡是用于重要结构、部位的材料，使用时必须仔细地核对、认证其材料的品种、规格、型号、性能有无错误，是否适合工程特点和满足设计要求。

(4) 新材料应用，必须通过试验和鉴定；代用材料必须通过计算和充分的论证，并要符合结构构造的要求。

(5) 材料认证不合格时，不许用于工程中；有些不合格的材料，如过期、受潮的水泥是否降级使用，也必须结合工程的特点予以论证，但决不允许用于重要的工程或部位。

6) 现场材料的管理要求

(1) 入库材料要分型号、品种，分区堆放，予以标志，分别编号。

(2) 对易燃易爆的物资，要专门存放，有专人负责，并有严格的消防保护措施。

(3) 对有防湿、防潮要求的材料，要有防湿、防潮措施，并要有标志。

(4) 对有保质期的材料要定期检查，防止过期，并做好标志。

(5) 对易损坏的材料、设备，要保护好外包装，防止损坏。

2. 建筑材料质量控制的原则

1) 材料质量控制的基本要求

虽然工程使用的建筑材料种类很多，其质量要求也各不相同，但是从总体上来说，建筑材料可以分为直接使用的进场材料和现场进行第二次加工后使用的材料两大类。前者如砖块或砌块，后者如混凝土和砌筑砂浆等。这两类进场材料质量控制的基本要求都应当掌握。

(1) 材料进场时其质量必须符合规定。

(2) 各种材料进场后应妥善保管，避免质量发生变化。

(3) 材料在施工现场的二次加工时必须符合有关规定。如混凝土和砂浆配合比、拌制工艺等必须符合有关规范标准和设计的要求。

(4) 了解主要建筑材料常见的质量问题及处理方法。

2) 进场材料质量的验收

(1) 对材料外观、尺寸、形状、数量等进行检查。对材料外观等进行检查，是任何材料进场验收必不可缺的重要环节。

(2) 检查材料的质量证明文件。

(3) 检查材料性能是否符合设计要求。材料质量不仅应该达到规范规定的合格标准，当设计有要求时，还必须符合设计要求。因此，材料进场时，还应对照设计要求进行检查验收。

(4) 为了确保工程质量，对涉及地基基础与主体结构安全或影响主要建筑功能的材料，还应当按照有关规范或行政管理规定进行抽样复试，以检验其实际质量与所提供的质量证明文件是否相符。

3) 见证取样和送检

近年来，随着工程质量管理的深化，对工程材料试验的公正性、可靠性提出了更高的要求。从 1995 年开始，我国许多城市的工程工程项目开始实行见证取样送检制度。具体做法是：对部分重要材料试验的取样、送检过程，由监理工程师或建设单位的代表到场见证，同时将试样封存，直接送达试验单位，确认取样符合有关规定后，予以签认。

质量控制参与者应当将见证取样送检的试验结果与其他试验结果进行对比，互相印证，以确认所试项目的结论是否正确、真实。如果应当进行见证取样送检的项目由于其他原因未做时，应当采取补救措施。例如当条件许可时，应该补做见证取样送检试验；当不具备补做条件时，对相应部位应该进行检测等。

(1) 见证取样比例：不低于有关技术标准中规定应取样总数的 30%。

(2) 下列试块、试件和材料必须实施见证取样和送检。

① 用于承重结构的混凝土试块。

② 用于承重墙体的砌筑砂浆试块。

③ 用于承重结构的钢筋及连接接头试件。

④ 用于承重墙的砖和混凝土小型砌块。

⑤ 用于拌制混凝土和砌筑砂浆的水泥。

⑥ 用于承重结构的混凝土中使用的掺加剂。

⑦ 地下、屋面、卫浴间使用的防水材料。

⑧ 国家规定必须实行见证取样和送检的其他试块、试件和材料。

(3) 见证检测不合格的处理。

① 对于尚未使用的已进场原材料，经检验发生不合格情况，应按产品标准规定处理。如仍应取样再检的，必须经原取样见证人员按标准规定取样、封样、送检、试验并取回检测报告再进行判定。

② 对于因混凝土、砂浆、钢材焊接等现场制作抽取的试件若试验结果不合格，则必须及时查找原因并采取措施纠正偏差。

③ 对上述必须进行见证取样的原材料、半成品不得漏检，不得未检先用。

④ 施工过程中各种不合格情况的试验报告，必须附上处理情况记录，并由建设(监理)单位签认证实后原样存档。

见证取样送检制度提高了取样与送检环节的公正性，但对试验环节没有涉及，通常由各地根据自己的情况对试验环节加以管理。

4) 新材料的使用

新材料通常指新研制成功或新生产出来的未曾在工程上使用过的材料。建筑工程使用新材料时，由于缺乏相对成熟的使用经验，对新材料的某些性能不熟悉，因此必须贯彻"严格""稳妥"的原则，我国许多地区和城市对建筑工程使用新型材料，都有明确和严格的规定。通常，新材料的使用应该满足以下 3 个条件。

(1) 新材料必须是生产或研制单位的正式产品，有产品质量标准，产品质量应达到合格等级。任何新材料生产研制单位除了应有开发研制的各种技术资料外，还必须具有产品标准。如果没有国家标准、行业标准或地方标准，则应该制定企业标准，企业标准应按规定履行备案手续。材料的质量应该达到合格等级，没有质量标准的材料，或不能证明质量达到合格的材料，不允许在建筑工程上使用。

(2) 新材料必须通过试验和鉴定。新材料的各项性能指标应通过试验确定。试验单位应具备相应的资质，为了确保新材料的可靠性与耐久性，在新材料用于工程前，应通过一定级别的技术论证与鉴定。对涉及地基基础、主体结构安全及环境保护、防火性能及影响重要建筑功能的材料，应经过有关管理部门批准。

(3) 使用新材料，应经过设计单位和建设单位的认可，并办理书面认可手续。

3. 材料质量控制的内容

材料质量控制的内容主要有：材料的质量标准、材料的性能、材料取样、试验方法、材料的适用范围和施工要求等。

1) 材料的质量标准

材料的质量标准是用以衡量材料质量的尺度，也是验收、检验材料质量的依据。不同的材料有不同的质量标准，如水泥的质量标准有细度、标准稠度用水量、凝结时间、强度、体积安定性等。掌握材料的质量标准，就便于可靠地控制材料和工程的质量：如水泥颗粒越细，水化作用就越充分，强度就越高；初凝时间过短，不能满足施工有足够的操作时间，初凝时间过长，又影响施工进度；安定性不良，会引起水泥石开裂，造成质量事故；强度达不到等级要求，会直接危害结构的安全。

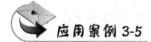

应用案例 3-5

武汉市某厂混凝土挡土墙工程，其试块强度仅达到设计值的 58%。检查施工情况未发现明显问题，因此怀疑水泥质量不达标。据查该水泥是国家某大厂生产的 300 号(硬练)水泥，但其实际标号只有 200 号，由此而造成严重的质量事故。因此，对水泥的质量控制，就是要检验水泥是否符合质量标准。

(引自王赫. 建筑工程质量事故百问[M]. 北京：中国建筑工业出版社，2000)

2) 材料质量的检(试)验

(1) 材料质量的检验目的。

材料质量检验的目的是通过一系列的检测手段，将所取得的材料数据与材料的质量标准相比较，借以判断材料质量的可靠性，能否使用于工程中；同时，还有利于掌握材料信息。

(2) 材料质量的检验方法。

材料质量检验方法有书面检验、外观检验、理化检验和无损检验 4 种。

① 书面检验。书面检验是对提供的材料质量保证资料、试验报告等进行审核，取得认可后方能使用。

② 外观检验。外观检验是对材料从品种、规格、标志、外形尺寸等进行直观检查，看其有无质量问题。

③ 理化检验。理化检验是借助试验设备和仪器，对材料样品的化学成分、机械性能等进行科学的鉴定。

④ 无损检验。无损检验是在不破坏材料样品的前提下，利用超声波、X 射线、表面探伤仪等进行检测。

(3) 材料质量的检验程度。

根据材料信息和保证资料的具体情况，质量检验程度分免检、抽检和全部检查 3 种。

① 免检。免检就是免去质量检验过程。对有足够质量保证的一般材料，以及实践证明质量长期稳定且质量保证资料齐全的材料，可予免检。

② 抽检。抽检就是按随机抽样的方法对材料进行抽样检验。当对材料的性能不清楚，或对质量保证资料有怀疑，或对成批生产的构配件，均应按一定比例进行抽样检验。

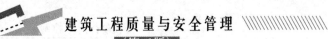

③ 全部检查。凡进口的材料、设备和重要工程部位的材料，以及贵重的材料，应进行全部检验，以确保材料和工程质量。

(4) 材料质量的检验项目。

材料质量的检验项目分为一般试验验项目和其他试验项目。

① 一般试验项目为通常进行的试验项目。

② 其他试验项目为根据需要进行的试验项目。

具体内容参阅材料检验项目的相关规定。如水泥一般要进行标准稠度、凝结时间、抗压和抗折强度检验；若是小窑水泥，往往由于安定性不良好，还应进行安定性检验。

 应用案例 3-6

上海市普陀区某大厦地下 1 层、地面以上 20 层，为现浇钢筋混凝土剪力墙结构，总建筑面积 21 280m²，混凝土设计强度等级为 C30。工程于 1994 年 2 月 1 日开工，同年 10 月 28 日为加快施工进度，改用普通硅酸盐水泥。11 月 14 日发现水泥安定性不合格，以后多次复验均不合格，12 月 14 日上海市技术监督局仲裁结论：该水泥为废品，禁止使用。因此，这段时间施工的第 11～14 层主体结构，使用了安定性不合格的水泥，造成重大事故。

出现事故后，进一步对库存水泥做检验，发现水泥中游离氧化钙含量高达 6.85%，超过国家标准的规定。在第 11～14 层钻芯取混凝土试样，用蒸煮法加速试验，结果是混凝土劈拉强度下降达 25% 以上，抗压强度下降也达 15%，且存在进一步下降的可能。

上海市建委 1995 年 6 月 1 日决定：该楼第 11～14 层因使用安定性不合格水泥，应推倒重建。并于 1995 年 9 月 12 日至 11 月 15 日逐层爆破拆除。这起事故造成的直接经济损失为 211.8 万元。

（引自王赫. 建筑工程质量事故百问[M]. 北京：中国建筑工业出版社，2000)

(5) 材料质量检验的取样。

材料质量检验的取样必须有代表性，即所采取样品的质量应能代表该批材料的质量，具体方法和数量参见见证取样相关规定(各地存在一定的差异)。

4. 材料的选择和使用要求

材料的选择和使用不当，均会严重影响工程质量或造成质量事故。因此，必须针对工程特点，根据材料的性能、质量标准、适用范围和对施工要求等方面进行综合考虑，慎重地选择和使用材料。如不同品种、强度等级的水泥，由于水化热不同，不能混合使用；硅酸盐水泥、普通水泥因水化热大，适宜于冬期施工，而不适宜于大体积混凝土工程。

5. 主要结构材料进场质量控制

1) 进场水泥的质量控制

水泥是一种有效期短、质量极容易变化的材料，同时又是工程结构最重要的胶结材料，水泥质量对建筑工程的安全具有十分重要的意义。水泥质量必须符合现行国家标准《通用硅酸盐水泥》(GB 175—2007)及《〈通用硅酸盐水泥〉国家标准第 1 号修改单》(GB 175—2007/XG 1—2009)的要求。

(1) 对进场水泥的质量进行验收应该做好以下几点工作。

① 检查进场水泥的生产厂是否具有产品生产许可证。

② 检查进场水泥的出厂合格证或试验报告。

③ 对进场水泥的品种、标号、包装或散装仓号、出厂日期等进行检查,对袋装水泥的实际重量进行抽查。

④ 按照产品标准和施工规范要求,对进场水泥进行抽样复试。按同一生产厂家、同一强度等级、同一品种、同一批号且连续进场的水泥,袋装水泥不超过 200t 为一批,散装水泥不超过 500t 为一批进行抽样复试,每批抽样不少于一次,取样应有代表性,可连续取样,也可以从 20 个以上不同部位抽取等量样品,总量不少于 12kg。

⑤ 当对水泥质量有怀疑,或水泥出厂日期超过 3 个月时,应进行复试,并按试验结果使用。

⑥ 水泥的抽样复试应符合见证取样送检的有关规定。

(2) 进场水泥的保存、使用应注意以下几点。

① 必须设立专用库房保管。水泥库房应该通风、干燥,屋面不渗漏,地面排水通畅。

② 水泥应按品种、标号、出厂日期分别堆放,并应当用标牌加以明确标示,标牌书写项目、内容应齐全。当水泥的储存期超过 3 个月或受潮、结块时,遇到标号不明、对其质量有怀疑时,应当进行取样复试,并按复试结果使用,这样的水泥不允许用于重要工程和工程的重要部位。

③ 为了防止材料混合后出现变质或强度降低现象,不同品种的水泥,不得混合使用。各种水泥有各自的特点,在使用时应予以考虑。例如,硅酸盐水泥、普通水泥因水化热大,适于冬期施工,而不适宜于大体积混凝土工程;矿渣水泥适用于大体积混凝土和耐热混凝土,但由于其具有浸水性大的特点,易降低混凝土的匀质性和抗渗性,施工时必须注意。

2) 进场钢筋的质量控制

凡结构设计施工图所配备的各种受力钢筋均应符合现行国家规范,包括:《钢筋混凝土用钢   第 1 部分:热轧光圆钢筋》(GB 1499.1—2008)、《钢筋混凝土用钢   第 2 部分:热轧带肋钢筋》(GB 1499.2—2007)、《低碳钢热轧圆盘条》(GB/T 701—2008)、《冷轧带肋钢筋》(GB 13788—2008)、《碳素结构钢》(GB/T 700—2006)。

(1) 进场钢筋验收的主要工作。

① 检查进场钢筋生产厂是否具有产品生产许可证。

② 检查进场钢筋的出厂合格证或试验报告。

③ 按炉罐号、批号及直径和级别等对钢筋的标志、外观等进行检查,进场钢筋的表面或每捆(盘)均应有标志,且应标明炉罐号或批号。

④ 按照产品标准和施工规范要求,按炉罐号、批号及钢筋直径和级别等分批抽取试样做力学性能试验,热轧光圆钢筋、热轧带肋钢筋、钢筋混凝土用余热处理钢筋、低碳钢热轧盘条以同一批号、同一牌号、同一规格不大于 60t 为一批;其中热轧带肋钢筋超过 60t 的部分,每增加 40t(或不足 40t 的余数),增加一个拉伸试验试样和一个弯曲试验试样。

⑤ 当钢筋在运输、加工过程中,发现脆断、焊接性能不良或力学性能显著不正常等现象时,应根据国家标准对该批钢筋进行化学成分检验或其他专项检验。

⑥ 钢筋的抽样复试应符合见证取样送检的有关规定。

(2) 对冷拉钢筋的质量验收。

① 应进行分批验收。每批由不大于 20t 的同级别、同直径冷拉钢筋组成。

② 钢筋表面不得有裂纹和局部缩颈,当用作预应力筋时,应逐根检查。

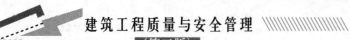

③ 从每批冷拉钢筋中抽取 2 根钢筋，每根取 2 个试样分别进行拉力和冷弯试验，当有一项试验结果不符合规定时，应当取加倍数量的试样重新试验，当仍有一个试样不合格时，则断定该批冷拉钢筋为不合格品。

(3) 对冷拔钢丝的质量验收。

① 逐盘检查外观，钢丝表面不得有裂纹和机械损伤。

② 甲级钢丝的力学性能应逐盘检验。从每盘钢丝上任一端截去不少于 500mm 后取两个试样，分别做拉力和 180°反复弯曲试验，并按其抗拉强度确定该盘钢丝的组别。

③ 乙级钢丝的力学性能可分批抽样检验。以同一直径的钢丝 5t 为一批，从中任取 3 盘，每盘各截取两个试样，分别做拉力和反复弯曲试验，如有一个试样不合格，应在未取过试样的钢丝盘中，另取双倍数量的试样，再做各项试验，如果仍有一个试样不合格，则应对该批钢丝逐盘检验，合格品方可使用。

④ 各种钢筋或冷拔钢丝验收合格后，按批分别堆放整齐，避免锈蚀或油污，并且设置标示牌，标明品种、规格及数量等。

3) 进场砖、砌块的质量控制

结构用砖、砌块必须符合现行国家规范，包括：《烧结普通砖》(GB 5101—2003)、《烧结多孔砖和多孔砖》(GB 13544—2011)、《烧结空心砖》(GB 13545—2014)和《普通混凝土小型空心砌块》(GB 8239—2014)等。

进场砖、砌块验收的主要工作如下。

(1) 检查进场砖、砌块生产厂是否具有产品生产许可证。

(2) 检查进场砖、砌块的出厂合格证或试验报告。

(3) 检查进场砖、砌块的外观并按规定取样送检。砖应以同厂家、同规格 3.5 万～15 万块为一批(不同砖品种有所不同)，不足 3.5 万块的按一批计；普通混凝土凝土小型空心砌块 1 万块为一批。

(4) 砖、砌块抽样检测报告应合格。

3.3.4　方法的控制

方法的控制是指工程项目为达到合同条件的要求，在项目施工阶段内对所采取的技术方案、工艺流程、组织措施、检测手段、施工组织设计等的控制。

1. 施工方案的确定

工程项目的施工方案正确与否，是直接影响工程项目的进度控制、质量控制、投资控制 3 大目标能否顺利实现的关键。往往由于施工方案考虑不周而拖延进度，影响质量，增加投资。为此，在制定和审核施工方案时，必须结合工程实际，从技术、组织、管理、工艺、操作、经济等方面进行全面分析、综合考虑，力求方案技术可行、经济合理、工艺先进、措施得力、操作方便，有利于提高质量、加快进度、降低成本。

施工方案的确定一般包括：确定施工流向、确定施工顺序、划分施工段、选择施工方法和施工机械、施工方案的技术经济分析。

1) 确定施工流向

确定施工流向是解决工程项目在平面上、空间上的施工顺序，应考虑以下几方面的因素。

(1) 按生产工艺要求，需要先期投入生产或起主导作用的工程项目先施工。

(2) 技术复杂、施工进度较慢、工期较长的工段和部位先施工。

(3) 满足选用的施工方法、施工机械和施工技术的要求。

(4) 符合工程质量与安全的要求。

(5) 确定的施工流向不得与材料、构件的运输方向发生冲突。

2) 确定施工顺序

施工顺序是指在单位工程工程项目中，各分项分部工程之间进行施工的先后顺序，主要解决各工序在时间上的搭接关系，以充分利用空间、争取时间、缩短工期。单位工程工程项目施工应遵循先地下，后地上；先土建，后安装；先高空，后地面；先设备安装，后管道电气安装的顺序。

3) 划分施工段

施工段的划分，必须满足施工顺序、施工方法和流水施工条件的要求，为使施工段划分合理，应遵循以下几条原则。

(1) 各施工段上的工程量应大致相等，相差幅度不超过 15%，以确保施工连续、均衡地进行。

(2) 划分施工段界限尽可能与工程项目的结构界限(变形缝、单元分界、施工缝位置)相一致，以确保施工质量和不违反操作顺序要求为前提。

(3) 施工段应有足够的工作面，以利于提高劳动生产率。

(4) 施工段的数量要满足连续流水施工组织的要求。

4) 选择施工方法和施工机械

施工方法和施工机械的选择是紧密联系的，施工机械的选择是施工方法选择的中心环节，不同的施工方法所用的施工机械不同，在选择施工方法和施工机械时，要充分研究工程项目的特征、各种施工机械的性能、供应的可能性和企业的技术水平、建设工期的要求和经济效益等，一般遵循以下要求。

(1) 施工方法的技术先进性与经济合理性统一。

(2) 施工机械的适用性与多用性兼顾。

(3) 辅助机械与主导机械的生产能力协调一致。

(4) 机械的种类和型号在一个工程项目上应尽可能少。

(5) 尽量利用现有机械设备。

在确定施工方法和主导施工机械后，应考虑施工机械的综合使用和工作范围，这样有利于工作内容得到充分利用，并制定保证工程质量与施工安全的技术措施。

5) 施工方案的技术经济分析

对工程项目中的任何一个分项分部工程，应列出几个可行的施工方案，通过技术经济分析，在其中选出一个工期短、质优、省料、劳动力和机械安排合理、成本低的最优方案。

施工方案的技术经济分析有定性分析和定量分析两种常用方法。

(1) 定性分析是结合施工经验，对几个方案的优缺点进行分析和比较，从以下几个方面进行评价确定。

① 施工操作上的难易程度和安全可靠性。

② 能否为后续工作创造有利的施工条件。

③ 选择的施工机械设备是否可能取得。

④ 能否为现场文明施工创造有利条件。

⑤ 对周围其他工程施工影响的程度大小。

(2) 定量分析是通过计算各方案的几个主要技术经济指标进行综合分析，从中选择技术经济指标最优的方案，主要指标如下。

① 工期指标。当要求工程尽快完成时，选择施工方案就要在确保工程质量、安全和成本较低的条件下，优先考虑缩短工期的方案。

② 劳动消耗量指标。反映施工机械化程度和劳动生产率水平，在方案中劳动消耗量越小，说明机械化程度和劳动生产率越高。

③ 主要材料消耗量指标。反映各施工方案的主要材料节约情况。

④ 成本指标。反映施工方案成本高低。

⑤ 投资额指标。当拟定的施工方案需要增加新的投资时，选择投资额低的方案。

2. 施工方法实例

引录某大厦工程项目施工方法部分(工程概况和施工条件略)。

1) 土方开挖

根据设计院设计图纸及现场目前状况，一旦进入现场，首先应进行已挖基坑内积水的排除，以及西南角下坑坡道的修筑，随即调进三台挖掘机及一台凿岩机进行土石方的开挖，自卸汽车负责外运。机械在西南角下基坑，首先将已挖基底上风化土挖除，并修理边坡。挖掘前凿岩机将土石凿碎，挖掘机在后面挖除，边坡用人工、风镐进行挖掘。土方开挖从东北角向西南角进行，最后从西南角退出。基坑坡道部分的土方，挖土机边退出边挖除，剩余土方用长壁挖掘机挖除。根据设计图纸及计算，基底土石方尚有 2 万 m^3 需要挖除，按每天 800m^3 计算，需要 25d 完成。运土配备 15t 自卸汽车 10 辆，以确保每天 800m^3 开挖土方出土量。

土方开挖须分两步进行：第一步进行整个基础底板底部土方的大面积开挖；然后进行第二次放线，开挖承台、地梁等土石方。承台、地梁基坑的开挖主要用风镐加人工进行。现场配备风镐 8 台，平均每天每台风镐至少挖一个坑。

土方开挖时，必须注意土方挖好一块，随即验收一块，一旦合格立即浇筑混凝土垫层封底，并做好对帷幕桩的保护。

2) 钢筋工程

由于现场场地狭小，钢筋成型均在加工厂完成，按进度运至现场进行绑扎。现场配备一台钢筋弯曲机和一台钢筋切断机，进行现场辅助配料。

钢筋连接，直径 ≥ 22mm 的钢筋均采用锥螺纹连接，其他均采用绑扎接头。

主楼底板上下层钢筋网支撑，采用钢管支撑，钢管间距为 2.5m，梅花形布置，钢筋上下均用钢板封死，中间加焊 15mm 厚止水板。

锥螺纹钢筋对接施工时，钢筋工长和质检员必须严格把关，首先检查锥螺纹加工质量是否符合有关规范，合格后方允许对接，对接时必须有专人验收每个接头，合格的做出标记，不合格的返工重来，每层需选 3 组进行拉力试验。

钢筋的扭紧用力矩扳手完成，当听到力矩扳手发出"咔嚓"响声时，即达到接头拧紧值，而且力矩扳手需经过检定。

对于剪力墙暗柱、暗梁接头钢筋密集区，按以下措施处理：先扎柱箍筋，将柱箍筋绑扎至主梁底标高处→放梁箍筋→套剩余柱箍筋→穿梁底与箍筋绑扎→落柱箍筋→穿梁面筋与梁箍筋绑扎→绑扎柱箍筋→扎板筋。

梁钢筋的保护层垫块按每 60cm 间距垫设；板保护层垫块按每 80cm 间距垫设。板的上层钢筋必须加工，钢筋撑脚按间距小于 80cm 垫设，墙柱钢筋保护层垫块按间距小于 100cm 垫设。

3) 混凝土工程

混凝土均采用泵送商品混凝土，现场配备一台混凝土搅拌机进行临时应急搅拌，20m 以下采用汽车式泵车，20m 以上(含 20m)采用 80 型固定泵输送。

本工程地下室底板混凝土为大体积混凝土浇筑，混凝土采用低水化热的矿渣水泥，并掺用粉煤灰，浇筑时采用坡底分层浇筑、循序推进、一次到顶的浇筑方法，设两台混凝土泵，每小时供料为 30m³，初凝时间不超过 4h，每层浇筑厚度应为 40cm。

混凝土浇筑时按每一楼层浇筑两次的方法进行，第一次为柱、墙混凝土，施工缝留至梁底标高 10cm 处；第二次为整个梁板钢筋完成后进行浇筑，平面不留施工缝，一次性浇筑。

混凝土浇筑后立即进行覆盖、保温，现场配备塑料薄膜一层，草袋两层，浇水养护，混凝土内外温差小于 20℃时方可拆除覆盖。

3.3.5　环境因素控制

项目施工阶段是工程实体形成的关键阶段，此阶段是施工企业在项目的施工现场将设计的蓝图建造成实物，因而施工阶段的环境因素对工程项目质量起着非常重要的影响，在工程项目质量的控制中应重视施工现场环境因素的影响，并加以有效合理的控制。

1. 环境因素的分类及对建筑工程质量的影响

1) 自然环境

自然环境包括工程地质、水文、气象等，这些因素复杂而又多变，对工程的施工质量有较大影响。例如工程地质、水位等又直接影响到建筑物的基础形式，影响到基坑施工质量；而气象环境，如高温、大风、严寒、雨天等都会对工程施工质量造成较大的影响。

2) 经济环境

一方面，工程建设需要各种经济要素的参与，包含资金(资金供给、资金成本)、价格、劳动力(适用性、质量、价格)、劳动生产率、政府的财政与税收政策等。这些经济要素的变化势必对工程建设产生影响，包括对质量的影响；另一方面，经济环境对质量也有影响，如工人的工资和材料价格直接影响到了工人的技术水平和材料质量。因此，经济环境也就直接影响到了建筑工程的施工质量。

3) 技术环境

工程技术环境包括的方面很多，人们所有的行动方式和知识的综合都属于技术范围。例如，在工程项目施工过程中，如果坚持采用新技术、新工艺、新材料，并能够进行创新，那么不但能够提高施工质量还能降低工程成本。

4) 工程管理环境

工程管理环境主要指的是所用的质量管理体系、质量管理制度等。质量管理体系是指确定质量方针、目标和职责，并通过质量体系中的质量策划、控制、保证和改进来使其实现的全部活动；质量管理制度是质量管理的条件之一，包括制度的建立健全、贯彻与执行。

5) 社会、文化环境

社会环境是指在一定社会中，人们的处世态度、要求、期望、智力与教育程度，信仰与风俗习惯等。工程施工中要了解当地的文化，尊重当地的风俗。

6) 劳动环境

劳动环境包括劳动组合、劳动工具、施工环境作业面积大小、工程邻边地下管线、建(构)筑物、防护设施、通风照明及通信条件等。劳动环境的好坏直接影响到操作工人正常水平及效率的发挥，从而也会影响到建筑工程的施工质量。

2. 对环境因素控制的措施

各环境因素对建筑施工质量都有不同程度的影响，因此在建筑工程的施工中，必须采取积极的措施对这些因素进行有效的控制。控制手段与管理方法主要可从以下方面采取措施。

(1) 加强建筑施工管理环境的建设。认真贯彻执行 GB/T 19000 族标准，建立完善的质量管理体系和质量控制自检体系，落实质量责任制。

(2) 环境因素的控制必须与新技术、新材料、新工艺等紧密联系。对市场进行充分调研，了解目前这一领域的新技术、新工艺、新材料，大胆采用那些先进合理的工艺、材料及方案，并能够进行创新，这对于工程质量的提高具有重要的促进作用。

(3) 收集有关工程自然环境信息。在整个建筑施工过程中，要不断搜集获取现场的水文、地质、气象等信息资料，对于未来施工期间可能会碰到的恶劣自然环境对施工作业质量的不良影响，事前应做好充分的预防措施。

(4) 做好施工现场平面规划与管理。施工作业环境条件是否良好，直接影响到施工能否顺利进行。规范施工现场设备、材料、道路等的布置，实现文明施工；合理划分施工段，保证各工种的工作操作面，以此避免平面和空间上的相互干扰，确保工作效率与施工质量。

(5) 协调好各方关系，创造良好的施工外部环境，尊重并支持业主、设计、监理、质监等部门的工程现场代表的工作，不断与他们进行工作上的沟通，保持良好的工作关系，对提高施工质量是有利的。另外，应重视与周围社会环境的协调，尽可能减轻施工对周围居民的影响，取得他们的理解和支持也是很重要的。

3. 季节性施工质量控制

1) 季节性施工准备工作控制

(1) 冬期施工准备工作。

① 合理安排冬期工程项目。冬期施工条件差，技术要求高，费用增加。为此，应考虑将既能保证施工质量，而费用又增加较少的项目安排在冬期施工，如吊装、打桩、室内抹灰、装修(可先安装好门窗及玻璃)等工程。

② 落实各种热源供应和管理。包括各种热源供应渠道、热源设备和冬期用的各种保温材料的储存和供应等工作。

③ 做好保温防冻工作。

④ 做好测温组织工作。测温要按规定的部位、时间要求进行，并要如实填写测温记录。

⑤ 做好停工部位的安排、防护和检查工作。

⑥ 加强安全教育，严防火灾发生。要有防火安全技术措施，经常检查落实确保各种热源设备完好，做好员工培训及冬期施工的技术操作和安全施工的教育，确保施工质量，避免安全事故发生。

(2) 雨期施工的准备工作。

① 防洪排涝，做好现场排水工作。工程地点若在河流附近，上游有大面积山地丘陵，应有防洪排涝准备。施工现场雨期来临前，应做好排水沟渠的开挖，准备好抽水设备，防止场地积水和地沟、基槽、地下室等泡水，造成损失。

② 做好雨期施工安排，尽量避免雨期窝工造成的损失。一般情况下在雨期到来之前，应多安排完成基础工程、地下工程、土方工程、室外及屋面工程等不宜在雨期施工的项目，多留些室内工作在雨期施工。

③ 做好道路维护，保证运输畅通。雨期前检查道路边坡排水，适当提高路面，防止路面凹陷，保证运输畅通。

④ 做好物资的储存。在雨期到来前，应多储存材料、物资，减少雨期运输量，以节约费用。要准备必要的防雨器材，库房四周要有排水沟渠，防止物品淋雨浸水而变质。

⑤ 做好机具设备防护。雨期施工，对现场的各种设施、机具要加强检查，特别是脚手架、垂直运输设施等，要采取防倒塌、防雷击、防漏电等一系列技术措施。

⑥ 加强施工管理，做好雨期施工的安全教育。要认真编制雨期施工技术措施，认真组织贯彻实施。加强对员工的安全教育，防止各种事故发生。

2) 季节性施工措施

(1) 季节性施工一般措施。

① 施工人员应熟悉并认真执行冬期施工技术有关规定，掌握气象动态。

② 混凝土冬期施工应以蓄热法为主，掺早强剂为辅。可用热水搅拌混凝土、短运输、快入模，混凝土浇筑完毕立即盖好，尽量使用高强度等级水泥。

③ 混凝土搅拌时间比常温时增加 50%，草帘子日揭夜盖，保持温度，直至强度达到设计标号的 40%。

④ 砌体工程冬期施工，石灰膏要遮盖防冻，砖及块材不湿水，砌筑时也不浇水、刮浆；砌筑砂浆中可加早强剂、缓冲剂或加热，砌体上应用草帘覆盖。

⑤ 大面积外抹灰冬期应停止施工，如必须进行时应尽量利用太阳光照热度。

⑥ 内抹灰冬期施工，应将外门窗玻璃装好，洞口堵隔，出入门口挂草帘，室内温度在5℃以上时才能施工；小面积粉刷可在室内人工加温，保温应保持到粉刷干燥到九成以上。

⑦ 做好雨天施工准备。现场道路要坚实，有排水沟及流水去向，施工安排要立体交叉，要计划好雨期可转入室内的工作。

⑧ 地下室施工时要防止地面水淌进坑内，要设集水坑，并备用足够的排水设备。

⑨ 正在浇筑混凝土遇雨时，已浇好的要及时覆盖，允许留施工缝的，中途停歇要按施工缝要求处理，现场应备用必要的挡雨设施。

⑩ 夏季要做好防暑降温工作，混凝土夏季可掺缓凝剂，做好浇水养护工作。

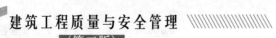

(2) 混凝土冬期施工方法。

混凝土工程冬期施工方法是保证混凝土在硬化过程中防止早期受冻所采取的各种措施。一般根据自然气温条件、结构类型、工期要求确定混凝土工程的冬期施工方法。理论上认为只要混凝土的早期强度大于冻胀应力，混凝土就不会受损。据此，混凝土冬期施工方法主要有两大类：第一类为蓄热法、暖棚法、蒸汽加热法和电热法，这类冬期施工方法，实质是人为地创造一个正温环境，以保证新浇筑的混凝土强度能够正常、不间断地增长，甚至可以加速增长；第二类为冷混凝土法，这类冬期施工方法，实质是在拌制混凝土时，加入适量的外加剂，可以适当降低水的冰点，使混凝土中的水在负温下保持液相，从而保证了水化作用的正常进行，使得混凝土强度得以在负温环境中持续地增长，这类方法一般不再对混凝土加热。

在选择混凝土冬期施工方法时，应保证混凝土尽快达到冬期施工的临界强度，避免遭受冻害。一个理想的施工方案，应当在杜绝混凝土早期受冻的前提下，在最短的施工期限内，用最低的冬期施工费用，获得优良的施工质量。

(3) 混凝土冬期施工措施。

混凝土冬期施工一般要求在正温下浇筑、正温下养护，使混凝土强度在冰冻前达到受冻临界强度，在冬期施工时，对原材料和施工过程均要求有必要的措施，并选择合理的施工方法来保证混凝土的施工质量。

① 对材料的要求。

(a) 冬期施工中配制混凝土用的水泥，应优先选用活性高、水化热大的硅酸盐水泥和普通硅酸盐水泥。水泥的强度等级不应低于 32.5R 级，最小水泥用量不宜少于 $300kg/m^3$，水灰比不应大于 0.6。使用矿渣硅酸盐水泥时，宜采用蒸汽养护，使用其他品种水泥，应注意其中掺和材料对混凝土抗冻、抗渗等性能的影响。冷混凝土法施工宜优先选用含引气成分的外加剂，含气量宜控制在 2%～4%。掺用防冻剂的混凝土，严禁使用高铝水泥。

(b) 混凝土所用骨料必须清洁，不得含有冰雪等冻结物及易冻裂的矿物质。冬期骨料所用储备场地应选择地势较高不积水的地方。

(c) 冬期施工对组成混凝土的材料加热应优先考虑加热水，因为水的热容量大，加热方便，但加热温度不得超过 80℃。当水、骨料达到规定温度仍不能满足热工计算要求时，可提高水温到 100℃，但水泥不得与 80℃以上的水直接接触。水的常用加热方法有 3 种：用锅烧水、用蒸汽加热水、用电极加热水。水泥不得直接加热，使用前宜运入暖棚存放。

冬期施工拌混凝土的砂、石温度要符合热工计算需要温度。骨料加热的方法有：将骨料放在热源上面加温或铁板上面直接加热；或者通过蒸汽管、电热线加热等。但不得用火焰直接加热骨料，并应控制加热温度，加热的方法可因地制宜，但以蒸汽加热法为好。

(d) 钢筋冷拉可在负温下进行，但冷拉温度不宜低于 −20℃。当采用控制应力方法时，冷拉控制应力较常温下提高 $30N/mm^2$；采用冷拉率控制方法时，冷拉率与常温时相同。钢筋的焊接应在室内进行，如必须在室外焊接，其最低气温不应低于 −20℃，且需要有防雪和防风措施。刚焊接的接头严禁立即碰到冰雪，避免造成冷脆现象。

(e) 冬期浇筑的混凝土，宜使用无氯盐类防冻剂，对抗冻性要求高的混凝土，宜使用引气剂或引气减水剂。

② 混凝土的搅拌、运输和浇筑。

(a) 混凝土的搅拌。混凝土不宜露天搅拌，应尽量搭设暖棚，优先选用大容量的搅拌机，以减少混凝土的热损失。混凝土搅拌时间应根据各种材料的温度情况而定，考虑相互间的热平衡过程，可通过试拌确定延长时间，一般为常温搅拌时间的 1.25～1.5 倍。搅拌混凝土的最短时间应按规定采用。搅拌时为防止水泥出现"假凝"现象，应在水、砂、石搅拌一定的时间后再加入水泥。搅拌混凝土时，骨料不得带有冰、雪及冻团。

拌制掺用防冻剂的混凝土，当防冻剂为粉剂时，可按要求掺量直接撒在水泥上面和水泥同时投入；防冻剂为液体时，应先配制成规定浓度溶液，然后再根据使用要求，用规定浓度溶液再配成施工溶液。各溶液应分别置于明显标志的容器内，不得混淆，每班使用的外加剂溶液应一次配成。

(b) 混凝土的运输。混凝土的运输过程是热损失的关键阶段，应采取必要的措施减少混凝土的热损失，同时应保证混凝土的和易性。常用的主要措施：减少运输时间和距离；使用大容积的运输工具并采取必要的保温措施。保证混凝土入模温度不低于 5℃。

(c) 混凝土的浇筑。混凝土在浇筑前，应清除模板和钢筋上的冰雪和污垢，尽量加快混凝土的浇筑速度，防止热量散失过快。当采用加热养护时，混凝土养护前的温度不得低于 2℃。

冬期不得在强冻胀性地基土上浇筑混凝土，当在弱冻胀性地基土上浇筑混凝土时，地基土应进行保温，以免遭冻。对加热养护的现浇混凝土结构，混凝土的浇筑程序和施工的位置，应能防止在加热养护时产生较大的温度应力。当分层浇筑厚大的整体结构时，已浇筑层的混凝土温度，在被上层混凝土覆盖前，不得低于按蓄热法计算的温度，且不得低于 2℃。混凝土振捣应采用机械振捣。

 **综合案例**

混凝土干缩裂缝

1. 裂缝特征

混凝土干缩裂缝特征：具有表面性，缝宽较细，多在 0.05～0.2mm，其走向纵横交错；没有规律性；较薄的梁、板类构件(或桁架杆件)，多沿短方向分布；整体性结构，多发生在结构变截面处；平面裂缝多延伸到变截面部位或块体边缘；大体积混凝土在平面部位较为多见，但侧面也常出现；预制构件多产生在箍筋位置。

2. 原因分析

干缩裂缝产生的原因如下。

(1) 混凝土成型后，养护不良，受到风吹日晒，表面水分蒸发快，体积收缩大，而内部湿度变化很小，收缩也小，因而表面收缩变形受到内部混凝土的约束，出现拉应力，引起混凝土表面开裂；或者构件水分蒸发，产生的体积收缩受到地基或垫层的约束，而出现干缩裂缝。

(2) 混凝土构件长期露天堆放，表面湿度经常发生剧烈变化。

(3) 采用含泥量多的粉砂配制混凝土。

(4) 混凝土受过度振捣，表面形成水泥含量较多的砂浆层。

(5) 后张法预应力构件露天生产后长期不张拉等。

3. 预防措施

(1) 混凝土水泥用量、水灰比和砂率不能过大；严格控制砂石含泥量，避免使用过量粉砂，振捣要密实，并应对板面进行两次抹压，以提高混凝土抗拉强度，减少收缩量。

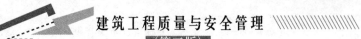

（2）加强混凝土早期养护，并适当延长养护时间，长期堆放的预制构件宜覆盖，避免曝晒，并定期适当洒水，保持湿润。

（3）浇筑混凝土前，将基层和模板浇水湿透。

（4）混凝土浇筑后，应及早进行洒水养护；大面积混凝土宜浇完一段，养护一段。

4. 处理方法

此类裂缝对结构强度影响不大，但会使钢筋锈蚀，且有损美观，故一般可在表面抹一层薄砂浆进行处理。对于预制构件，也可在裂缝表面涂环氧胶泥或粘贴环氧玻璃布进行封闭处理。

5. 讨论的问题

（1）从案例分析中找出五大要素的影响有哪些？

（2）分析影响裂缝的主要原因。

本 章 小 结

本章重点从影响工程项目质量的因素：人、机、料、法、环(4M1E)五大方面介绍了工程项目质量控制的要点，以及工程项目质量控制的原则、基本要求及对策、方法和手段。通过学习，应了解工程项目质量和工程项目质量控制的概念，掌握 4M1E 对工程项目质量控制的重要性，在深刻认识 4M1E 控制内涵的同时，树立"人的因素第一"的观念，狠抓人的因素控制，避免由于人的失误，给工程项目质量带来不良的影响。掌握工程项目质量控制的原则、方法和手段。

习 题

一、单项选择题

1. 按质量控制的主体划分，监理单位属于工程质量控制的(   )，设计单位在设计阶段属于工程质量控制的(   )。

    A．自控主体，监控主体   B．外控主体，自控主体

    C．外控主体，监控主体   D．监控主体，自控主体

2. 监理工程师要求承包单位在工程施工之前，根据施工过程质量控制的要求提交质量控制点明细表并实施质量控制，这是(   )的原则要求。

    A．坚持质量第一   B．坚持质量标准

    C．坚持预防为主   D．坚持科学的职业道德规范

3. 工程质量控制就是为了保证工程质量满足(   )和规范标准所采取的一系列措施、方法和手段。

    A．政府规定   B．工程合同

    C．监理工程师要求   D．业主规定

4. 针对特定的工程项目为完成预定的质量控制目标，编制专门规定的质量措施、资源和活动顺序的文件是(   )。

    A．质量标准   B．质量计划

  C．质量目标   D．质量要求

5．对总包单位选定的分包单位资质进行审查，监理工程师控制的重点是(　　)。

  A．拟分包合同额   B．分包协议草案

  C．分包单位资质与管理水平 D．分包单位的管理责任

6．开工前，复核原始基准点、基准线和标高等测量控制参数应由(　　)完成。

  A．勘察单位   B．设计单位

  C．监理单位   D．施工单位

7．对施工现场的取样和送检，取样人员应在试样或其包装上做出标识并由(　　)签字。

  A．见证人员   B．取样人员

  C．见证人员和取样人员   D．负责该项目工程质量监督机构派出人员

二、多项选择题

1．工程项目施工质量控制就是对施工质量形成的全过程进行(　　)。

  A．监督   B．检查

  C．检验   D．验收

2．下列属于施工现场进行质量检查的方法有(　　)。

  A．抽检检查   B．目测法

  C．实测法   D．试验检查

3．建筑材料质量控制内容在材料的使用范围和施工要求的基础上还有(　　)。

  A．材料的质量标准   B．材料的性能

  C．材料的取样   D．试验方法

4．下列属于施工方案的确定的内容的是(　　)。

  A．确定施工流向   B．确定施工顺序

  C．划分施工段   D．确定施工机械

5．应根据(　　)确定混凝土工程冬期施工方法。

  A．自然气温条件   B．工程结构类型

  C．水泥初凝时间   D．工期要求

三、简答题

1．工程项目质量包括哪些方面？

2．工程项目质量具有哪些特点？

3．什么是工序质量控制？什么是质量控制点？

4．施工单位质量控制有哪些方法和手段？

5．施工单位在工程项目质量控制中有哪些质量责任和义务？

6．材料质量控制中对进场材料质量如何验收？

7．施工方案如何进行技术经济分析？其中定量分析包含哪些指标？

8．季节性施工的常见措施有哪些？

四、案例分析题

【案例1】

背景：

某工程由某施工单位中标施工，某监理单位承担其监理任务。工程实施过程中发生以下事件。

事件一：由于工程工期紧，项目中标后承包方便进场开始基础工程施工，项目监理机构以施工单位没有进行图纸会审、未完成施工组织设计的编制为由，不准开工。

事件二：结构设计按最小配筋率配筋，设计中采用HPB300级直径12mm间距200mm的钢筋。施工单位考察当地建筑市场，当时该种钢筋紧缺，难以买到。于是，在征得监理单位和建设单位同意后，按等强度折算后用HRB335级直径12mm间距250mm的钢筋代换，保证整体强度不降低。

事件三：该工程设计中采用了隔震新技术。为此，项目监理机构组织了设计技术交底会。针对该项新技术，施工单位拟在施工中采用相应的新工艺。

问题：

1. 事件一中项目监理机构做法是否妥当？施工组织设计文件如何审批？

2. 指出事件二中的不妥之处，并说明理由。

3. 指出事件三中项目监理机构组织技术交底会是否妥当？针对施工单位拟采用的新工艺，写出项监理机构应采取的处理程序。

【案例2】

背景：

某实施监理的工程项目，由甲施工单位中标承接施工，工程实施过程中发生以下事件。

事件一：甲施工单位选择乙施工单位分包深基坑支护及土方开挖工程，在施工过程中监理单位发现这一分包行为后，立即向施工单位签发《工程暂停令》，同时报告建设单位。施工单位以施工承包合同中允许该部分分包并已与分包单位签订了分包协定为由拒绝停工。

事件二：在浇筑第3层楼盖结构混凝土时，专业监理工程师因事不在场，事先要求施工单位施工员自行留取标准条件养护试块和同条件养护试块。

事件三：在对第4层楼盖结构的钢筋隐蔽工程检查时，监理单位与施工单位事先确定了抽样检查方案和部位，检查时发现符合要求，专业监理工程师在验收单上签字认可。

事件四：5—7月这三个月混凝土试块抗压强度统计数据的直方图如图3.17所示。

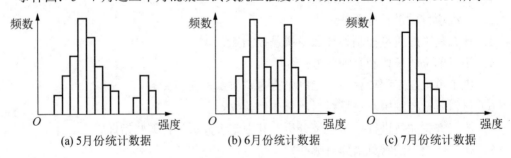

图3.17　5—7月混凝土试块抗压强度统计数据直方图

问题：

1. 事件一中项目监理单位的做法是否妥当？说明理由。
2. 事件二中专业监理工程师的做法是否妥当？说明理由。
3. 事件三中专业监理工程师的做法是否妥当？说明理由。
4. 事件四中，分别指出直方图属于哪种类型，并分别说明其形成原因。

第4章

施工质量控制要点

学习目标

通过本章的学习，学生应较为全面地了解建筑工程施工中质量控制的操作要点，掌握主要分部分项工程质量控制及检验标准。

学习要求

知识要点	能力目标	相关知识	权重
地基与基础工程质量	1. 土方工程质量控制 2. 砂石地基质量控制 3. 强夯地基质量控制 4. 桩基础质量控制	1. 场地和基坑开挖施工 2. 灰土砂石地基施工过程技术要求 3. 强夯地基施工过程的检查项目 4. 灌注桩施工质量控制	25%
钢筋混凝土工程质量	1. 钢筋工程质量控制 2. 模板工程质量控制 3. 混凝土工程质量控制	1. 钢筋绑扎与安装施工质量控制 2. 模板安装的质量控制 3. 现浇结构的外观质量缺陷	35%
砌筑工程质量控制	1. 砖砌体工程质量控制 2. 填充墙砌体工程质量控制	1. 砖砌体施工过程的检查项目 2. 填充墙砌体工程质量要求	20%
装饰工程质量控制	1. 抹灰工程质量控制 2. 饰面板(砖)工程质量控制 3. 涂饰工程质量控制	1. 抹灰工程施工一般规定 2. 饰面板(砖)施工过程质量控制 3. 涂饰工程施工过程中的质量控制	10%
防水工程质量控制	1. 屋面防水工程质量控制 2. 地下室防水工程质量控制	1. 卷材屋面防水工程施工质量控制与验收 2. 地下工程卷材防水施工质量控制与验收	10%

引 例

　　江苏省某医院病房楼为 5 层砖混结构，紧靠原有建筑建造。该楼采用两种不同的基础：靠原有建筑部分为钢筋混凝土板式基础，其余均做砂石人工地基、上做条形基础。地基基础和 1 层砖墙在雨季施工，砌底层墙时，发现地基明显下沉，最大处为 90mm。工程接近竣工时，2 层、3 层大开间窗过梁和部分砖墙出现裂缝，对应位置的屋面圈梁也出现裂缝。

　　造成这起事故的主要原因有以下三方面。

　　(1) 砂石垫层质量差。首先是砂石材料质量差，使用级配不良的道砟石，并用石屑代砂；其次是没有对砂石配合比、干密度等进行测定试验；再次是砂石垫层厚度最大处达 6m，采用压路机压实，但未按规定分层碾压；最后，未按规范要求检查质量，致使出现的问题没能及时处置。

　　(2) 地质情况较复杂，部分地段有暗塘，设计没有采取必要的构造措施来防止可能出现的不均匀沉降。

　　(3) 两种不同形式的地基基础混用在土质差又不均匀的地基上，而且砂石垫层厚度差别大 (2～6m)，加上雨季施工的影响，砂石垫层浸水下沉，在荷载不大(砌一层砖墙)时，就产生了较大的沉降。

　　该事故处理要点有：进行沉降和裂缝观测，在半年后已趋稳定；大开间窗过梁下增设钢支柱，减小梁的跨度；裂缝用环氧树脂修补。

　　经过上述处理后，该工程的裂缝没有发展，也未出现其他质量问题。

4.1　地基与基础工程质量控制

　　地基与基础工程是建筑工程中重要的分部工程，任何一个建筑物或构筑物都是由上部结构、基础和地基三个部分组成。基础担负着承受建筑物的全部荷载，并将其传递给地基，与地基一起向下产生沉降；地基承受基础传来的全部荷载，并随土层深度向下扩散，被压缩而产生变形。

　　地基是指基础下面承受建筑物全部荷载的土层，其关键指标是地基每平方米能够承受的基础传递下来荷载的能力，称为地基承载力。地基分为天然地基和人工地基，天然地基是指不经人工处理能直接承受房屋荷载的地基；人工地基是指由于土层较软弱或较复杂，必须经过人工处理，使其提高承载力，才能承受房屋荷载的地基。

　　基础是指建筑物(构筑物)地面以下墙(柱)的放大部分，根据埋置深度分为浅基础(埋深 5m 以内)和深基础；根据受力情况分为刚性基础和柔性基础；根据基础构造形式分为条形基础、独立基础、桩基础和整体式基础(筏形和箱形)。

　　任何建(构)筑物都必须有可靠的地基和基础。建筑物的全部重量(包括各种荷载)最终将通过基础传给地基，所以，对某些地基的处理及加固就成为基础工程施工中的一项重要内容。

　　地基与基础工程的施工质量应满足国家标准《建筑地基基础工程施工质量验收规范》(GB 50202—2002)及地基与基础工程相关施工规范的要求。

4.1.1　土方工程质量控制

1.　场地和基坑开挖施工

1）土方开挖施工一般规定

(1) 场地挖方。

① 土方开挖应具有一定的边坡坡度，防止塌方和发生施工安全事故。

② 挖方上边缘至土堆坡脚的距离，应根据挖方深度、边坡高度和土的类别确定，当土质干燥密实时，不得小于 3m；当土质松软时，不得小于 5m。

(2) 基坑(槽)开挖。

① 基坑(槽)和管沟开挖上部应有排水措施，防止地面水流入坑内，冲刷边坡，造成塌方和破坏基土。

② 挖深 5m 以内应按规定放坡，为防止事故应设支撑。

③ 在已有建筑物侧挖基坑(槽)应分段进行，每段不超过 2.5m，相邻的槽段应待已挖好槽段基础回填夯实后进行。

④ 开挖基坑深于邻近建筑物基础时，开挖应保持一定的距离和坡度，要满足 $H/L \leqslant 0.5 \sim 1$(H 为相邻基础高差，L 为相邻两基础外边缘水平距离)。

⑤ 正确确定基坑护面措施，确保施工安全。

2）深基坑开挖(图 4.1)的技术要求

图 4.1　深基坑开挖

(1) 有合理的经评审过的基坑围护设计，降水和挖土施工方案。

(2) 挖土前，围护结构达到设计要求，基坑降水至坑底以下 500mm。

(3) 挖土过程中，对周围邻近建筑物、地下管线进行监测。

(4) 挖土过程中保证支撑、工程桩和立桩的稳定。

(5) 施工现场配备必要的抢险物资，及时减小事故的扩大。

3）土方开挖施工质量控制

(1) 在挖土过程中及时排除坑底表面积水。

(2) 在挖土过程中若发生边坡滑移、坑涌，必须立即暂停挖土，根据具体情况采取必要的措施。

(3) 基坑严禁超挖,在开挖过程中,用水准仪跟踪监测标高,机械挖土遗留 200～300mm 原余土,采用人工修土。

2. 土方工程质量验收标准

(1) 柱基、基坑、基槽和管沟基底的土质,必须符合设计要求,并严禁扰动。

(2) 填方的基底处理,必须符合设计要求或施工规范规定。

(3) 填方柱基、坑基、基槽、管沟回填的土料必须符合设计要求和施工规范要求。

(4) 填方柱基、坑基、基槽、管沟的回填,必须按规定分层夯压密实。

(5) 土方工程的允许偏差和质量检验标准见表 4-1 和表 4-2。

表 4-1　土方开挖工程质量检验标准

项目	序号	项目	允许偏差或允许值/mm					检验方法
			柱基、坑基、基槽	挖方场地平整		管沟	地(路)面基层	
				人工	机械			
主控项目	1	标高	−50	±30	±50	−50	−50	用水准仪检查
	2	长度、宽度(由设计中心线向两边量)	+200 −50	+300 −100	+500 −150	+100	—	用经纬仪和钢尺检查
	3	边坡坡度	按设计要求					观察或用坡度尺检查
一般项目	1	表面平整度	20	20	50	20	20	用 2m 靠尺和楔形塞尺检查
	2	基本土性	按设计要求					观察或进行土样分析

注:地(路)面基层的偏差只适用于直接在挖(填)方上做地(路)面的基层。

表 4-2　填方工程质量检验标准

项目	序号	检验项目	允许偏差或允许值/mm					检验方法
			柱基、坑基、基槽	挖方场地平整		管沟	地(路)面基层	
				人工	机械			
主控项目	1	标高	−50	±30	±50	−50	−50	用水准仪检查
	2	分层压实系数	按设计要求					按规定方法检验
一般项目	1	表面平整度	20	20	50	20	20	用 2m 靠尺和楔形塞尺检查
	2	回填土料	按设计要求					取样检查或直观鉴别
	3	分层厚度及含水量	按设计要求					用水准仪检查及抽样检查

4.1.2　灰土、砂和砂石地基质量控制

1. 灰土、砂和砂石地基施工过程的一般规定

(1) 灰土、砂和砂石地基施工前,应进行验槽,合格后方可进行施工。

(2) 施工前应检查槽底是否有积水、淤泥,清除干净并干燥后再施工。

(3) 检查灰土的配料是否正确,除设计有特殊要求外,一般按 2∶8 或 3∶7 的体积比

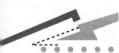

【参考视频】

【参考视频】

配制；检查砂石的级配是否符合设计或试验要求。

(4) 控制灰土的含水量，以"手握成团，落地开花"为好。

(5) 检查控制地基的铺设厚度：灰土为 200～300mm；砂或砂石为 150～350mm。

(6) 检查每层铺设压实后的压实密度，合格后方可进行下一道工序的施工。

(7) 检查分段施工时上下两层搭接部位和搭接长度是否符合规定。

如图 4.2 所示为灰土拌和施工。

图 4.2　灰土拌和施工

【参考视频】

2. 灰土地基质量控制

1) 灰土地基质量检验标准与检验方法

灰土地基质量检验标准与检验方法见表 4-3。

表 4-3　灰土地基质量检验标准与检验方法

项目	序号	检查项目	允许偏差或允许值		检查方法
			单位	数值	
主控项目	1	地基承载力	符合设计要求		由设计提出要求，在施工结束，一定间歇时间后进行灰土地基的承载力检验。具体检验方法可按当地设计单位的习惯、经验等，选用标贯、静力触探、十字板剪切强度及荷载试验等方法，其结果必须符合设计要求标准
	2	配合比	符合设计要求		土料、石灰或水泥材料质量、配合比、拌和时体积比，应符合设计要求；观察检查，必要时检查材料抽样试验报告
	3	压实系数	符合设计要求		现场实测，常用环刀法取样、贯入仪或动力触探等方法。检查施工记录及灰土压实系数检测报告
一般项目	1	石灰粒径	mm	≤5	检查筛子及实施情况
	2	土料有机质含量	%	≤5	检查焙烧实验报告和观察检查
	3	土颗粒粒径	mm	≤1	检查筛子及实施情况
	4	含水量(与要求的最优含水量比较)	%	±2	现场观察检查和检查烘干报告
	5	分层厚度偏差(与设计要求比较)	mm	±50	用水准仪和钢尺测量

2) 灰土地基质量检验数量

(1) 主控项目。

① 每个单位工程不少于 3 点：1 000m² 以上，每 100m² 抽查 1 点；3 000m² 以上，每 300m² 抽查 1 点；独立柱每柱 1 点；基槽每 20 延米 1 点。

② 配合比每工作班至少检查两次。

③ 采用环刀法取样应位于每层厚度的 2/3 深处，大基坑每 50～100m² 不应少于 1 点，基槽每 10～20m 不应少于 1 点；每个独立柱基不应少于 1 点；采用贯入仪或动力触探，每分层检验点间距应小于 4m。

(2) 一般项目。

基坑每 50～100m² 取 1 点，基槽每 10～20m 取 1 点，且均不少于 5 点；每个独立柱基不少于 1 点。

3. 砂和砂石地基质量控制

1) 砂和砂石地基工程质量检验标准和检验方法

砂和砂石地基质量检验标准与检查方法见表 4-4。

表 4-4　砂和砂石地基质量检验标准与检查方法

项目	序号	检查项目	允许偏差或允许值		检查方法
			单位	数值	
主控项目	1	地基承载力	符合设计要求		同灰土地基
	2	配合比	符合设计要求		现场实测体积比或质量比，检查施工记录及抽样试验报告
	3	压实系数	符合设计要求		采用贯入仪、动力触探或灌砂法、灌水法检验，检查试验报告
一般项目	1	砂石料有机质含量	%	≤5	检查焙烧试验报告和观察检查
	2	砂石料含泥量	%	≤5	现场检查及检查水洗试验报告
	3	砂石料粒径	mm	≤100	检查筛分报告
	4	含水量(与要求的最优含水量比较)	%	±2	检查烘干报告
	5	分层厚度偏差(与设计要求比较)	mm	±50	与设计厚度比较，用水准仪和钢尺检查

2) 砂和砂石地基质量检验数量

(1) 主控项目。

第 1 项：同灰土地基。第 2 项：同灰土地基。第 3 项：大基坑每 50～100m² 不应少于 1 点，基槽每 10～20m 不应少于 1 点，每个独立柱基不应少于 1 点，采用贯入仪、动力触探时，每个分层检验点间距应小于 4m。

(2) 一般项目。

同灰土地基。

应用案例 4-1

洛阳市一幢 5 层砖混结构和一幢 8 层钢筋混凝土框架结构的办公楼，地基均用灰土桩加固。场地土质情况和灰土桩设计施工情况如下。

场地土质情况：表层为耕土层，局部有杂填土，以下为湿陷性褐黄色亚黏土。地质报告建议地基承载力取 80kPa。设计采用 2 : 8 灰土桩加固地基，桩径 350mm，桩长 5m，要求加固后地基承载力达到 150kPa。桩孔采用洛阳铲成孔，灰土夯实采用自制 4.5kN 桩锤，每层灰土的虚填厚度为 350 ~ 400mm，要求灰土夯实后干密度为 1.5 ~ 1.6t / m³，检查干密度抽样率为 2%。

宿舍楼为条形基础，共打灰土桩 809 根；办公楼采用片筏基础，共打灰土桩 1 399 根。

灰土桩施工结束后开挖基槽、基坑，组织验收时发现以下问题。

宿舍楼部分桩内有松散的灰土；809 根桩中有 27 根桩顶标高低于设计标高 20 ~ 57cm；有 18 根桩放线漏放；有一根桩已成孔，但未夯填灰土；有一根桩全为松散土，未夯实；有的桩上部松散，挖下 1.1m 后才见灰土层；有的桩虚填土较厚，达 60 ~ 80cm；有的灰土未搅拌均匀。检查中，将 30 根灰土桩挖至上部 2m 范围，在 2m 范围内全部密实的只有 6 根，其余均不符合要求。综上所述，宿舍楼灰土桩施工质量低劣，质量问题严重。

办公楼灰土桩检查验收时，先在办公楼周边开挖了 1、2、3 号坑，检查了 12 根灰土桩，没有发现问题。之后又挖 4 号坑，从挖出的 12 根灰土桩的情况看，灰土有的较密实，有的不够密实。为彻底查清质量情况，按数理统计抽样检查 5% 的桩，再挖 5、6、7 号坑，共挖出 42 根桩进行检查，并对每个坑挖出的 4 根桩按每挖下 800mm 取样，做干密度试验，共取 53 个试样。

根据数理统计确定，ρ_d = 1.5 ~ 1.65t / m³ 定为合格，ρ_d = 1.4 ~ 1.49t / m³ 定为较密实的，ρ_d = 1.15 ~ 1.39t / m³ 定为不够密实的。虽然办公楼灰土桩从施工到检查时已超过半年，干密度增加，强度增大，但仍有 12.1% 的桩未达到设计干密度(1.5 ~ 1.6t / m³)的要求。

该事故的主要原因有以下 3 个方面。

(1) 据了解，工地上没有一个技术人员自始至终进行技术把关，因而缺乏细致认真的技术交底和质量检查。

(2) 严重违反操作规程。根据试验制定的操作规程，施工中并未贯彻执行，出现了诸如灰土不认真计量，搅拌不均匀，灌灰土时不分层，每层虚填厚度达 800mm 等现象，因此夯不实，造成上密下松、夹层和松散层等。

(3) 抽样检查做法不当。在试验检查干密度时，有 2% 的抽样检查是在桩打完后进行，取样只取桩顶下 500mm 左右处，而不是检查桩全长的干密度。直至基槽、基坑开挖验收时，才发现灰土桩的密实程度很不均匀，达不到设计要求。

该事故的处理简介如下。

(1) 经检查分析，宿舍楼灰土桩质量低劣，无法确定合格数量，决定全部返工重做，把原填入的全部灰土用洛阳铲取出，重新按设计和操作规程要求施工。

(2) 办公楼灰土桩有 12.1% 不合要求，因目前国家还无灰土桩施工统一的质量检验标准，为确定这些灰土桩可否利用，邀请了有关单位共同研究，经分析认为加固后的地基可以利用，但为确保工程今后不出问题，建议对上部结构进行修改，修改的内容包括：片筏基础底板以上至 ±0.00 的回填土取消，减少基底荷载 50 000kN；底层地坪改为预应力多孔板；预制框架改为现浇，适当加大连系梁截面；在每层加一层钢筋混凝土板带，以增加整体刚度；对所挖探坑用 2 : 8 灰土分层回填夯实至设计要求。

宿舍楼灰土桩返工重做后，建筑物已竣工使用，经半年的观测，地基沉降只有 1 ~ 2mm，质量良好。

(引自王赫. 建筑工程质量事故百问[M]. 北京：中国建筑工业出版社，2000)

4.1.3 强夯地基质量控制

1. 强夯地基施工(图 4.3)过程的一般规定

图 4.3 强夯地基施工

(1) 开夯前应检查夯锤的重量和落距，以确保单击夯击能量符合设计要求。

(2) 检查测量仪器的使用情况，核对夯击点位置及标高，仔细审核测量及计算结果。

(3) 夯击前，应对夯点放线进行复核，夯完后检查夯坑位置，发现偏差或漏击应及时纠正。

(4) 按设计要求检查每个夯点的夯击次数和每击的沉降量，以及两遍之间的时间间隔等。

(5) 按设计要求做好质量检验和夯击效果检验，未达到要求或预期效果时应及时补救。

(6) 施工过程中应对各项施工参数及施工情况进行详细记录，作为质量控制的依据。

2. 强夯地基工程质量检验标准、检验方法及检验数量

(1) 强夯地基工程质量检验标准与检验方法见表 4-5。

(2) 强夯地基工程质量检验数量。

① 主控项目。

同灰土地基。

② 一般项目。

第 1 项：每工作班不少于三次。第 2 项：全数检查。第 3 项：全数检查。第 4 项：按夯击点数量的 5%抽查。第 5 项：全数检查。第 6 项：全数检查并记录。

表 4-5 强夯地基工程质量检验标准与检验方法

项目	序号	检查项目	允许偏差或允许值		检查方法
			单位	数值	
主控项目	1	地基强度	符合设计要求		按设计指定方法检测，强度达到设计要求
	2	地基承载力	符合设计要求		根据土性选用原位测试和室内土工试验；对于一般工程应采用两种或两种以上的方法进行检验，相互校验，常用的方法主要有剪切试验、触探试验、荷载试验及动力测试等。对重要工程应增加检验项目，必要时也可做现场大压板荷载试验

续表

项目	序号	检查项目	允许偏差或允许值		检查方法
			单位	数值	
一般项目	1	夯锤落距	mm	±300	钢索设标志，观察检查
	2	锤重	kg	±100	施工前称重
	3	夯击遍数及顺序	符合设计要求		现场观测计数，检查记录
	4	夯点间距	mm	±500	用钢尺量、观测检查和查施工记录
	5	夯击范围(超出基础范围距离)	符合设计要求		按设计要求在放线挖土时放宽放长，用经纬仪和钢卷尺放线量测。每边超出基础外宽度为宜，设计处理深度的1/2~2/3，并不宜小于3m
	6	前后两遍间歇时间	符合设计要求		观察检查(施工记录)

4.1.4　桩基础质量控制

桩的分类可按《建筑桩基技术规范》(JGJ 94—2008)的统一分类方法分类。

按桩的受力状况分为摩擦型桩(摩擦桩和端承摩擦桩)、端承型桩(端承桩和摩擦端承桩)；按桩身材料分为钢筋混凝土桩、钢桩、木桩；按桩的施工方法分为灌注桩、预制打入桩、静力压入桩等。现重点介绍常见的钢筋混凝土灌注桩和预制桩。

1. 灌注桩施工质量控制

1) 灌注桩钢筋笼制作(图 4.4)质量控制

【参考视频】

【参考视频】

图 4.4　灌注桩钢筋笼制作

(1) 钢筋笼制作允许偏差按规范执行。

(2) 主筋净距必须大于混凝土粗骨料粒径 3 倍以上，以确保混凝土灌注时达到密实度要求。

(3) 箍筋宜设在主筋外侧，主筋需设弯钩时，弯钩不得向内圆伸露，以免钩住灌注导管，妨碍导管正常工作。

(4) 钢筋笼的内径应比导管接头处的外径大 100mm 以上。

(5) 分节制作的钢筋笼，主筋接头宜用焊接，由于在灌注桩孔口进行焊接只能做单面焊，搭接长度要保证 10 倍主筋直径以上。

(6) 沉放钢筋笼前，在钢筋笼上套上或焊上主筋保护层垫块或耳环，使主筋保护层偏差符合以下规定：水下灌注混凝土桩±20mm，非水下浇筑混凝土桩±10mm。

2) 泥浆护壁成孔灌注桩施工(图 4.5)质量控制

【参考视频】

【参考视频】

图 4.5　泥浆护壁成孔灌注桩施工

(1) 泥浆制备和处理的施工质量控制。

① 制备泥浆的性能指标按规范执行。

② 一般地区施工期间护筒内的泥浆面应高出地下水位 1.0m 以上，在受潮水涨落影响地区施工时，泥浆面应高出最高地下水位 1.5m 以上。以上数据应记入开孔通知单或钻孔班报表中。

③ 在清孔过程中，要不断置换泥浆，直至浇注水下混凝土时，才能停止置换，以保证已清好符合沉渣厚度要求的孔底沉渣，不因泥浆静止渣土下沉而导致孔底实际沉渣度超差的弊病。

④ 浇筑混凝土前，孔底 500mm 以内的泥浆相对密度应小于 1.25；含砂率不大于 8%；黏度不大于 28s。

(2) 正反循环钻孔灌注桩施工质量控制。

① 孔深大于 30m 的端承型桩，钻孔机具工艺选择时宜用反循环工艺成孔或清孔。

② 为了保证钻孔的垂直度，钻机应设置导向装置。潜水钻的钻头上应有不小于 3 倍钻头直径长度的导向装置；利用钻杆加压的正循环回转钻机，在钻具中应加设扶正器。

③ 孔达到设计深度后，清孔应符合下列规定：端承桩≤50mm；摩擦端承桩、端承摩擦桩≤100mm；摩擦桩≤300mm。

④ 正反循环钻孔灌注桩成孔施工的允许偏差应满足规范规定的要求。

(3) 冲击成孔灌注桩施工质量控制。

① 冲孔桩孔口护筒的内径应大于钻头直径 200mm，护筒设置要求按规范相应条款执行。

② 护壁要求见规范相应条款执行。

(4) 水下混凝土浇筑施工质量控制。

① 水下混凝土配制的强度等级应有一定的余量，能保证水下灌注混凝土强度等级符合设计强度的要求(并非在标准条件下养护的试块达到设计强度等级即判定符合设计要求)。

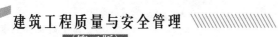

② 水下混凝土必须具备良好的和易性，坍落度宜为 180～220mm，水泥用量不得少于 360kg/m³。

③ 水下混凝土的含砂率宜控制在 40%～45%，粗骨料粒径应小于 40mm。

④ 导管使用前应试拼装、试压，试水压力取 0.6～1.0MPa。防止导管渗漏发生堵管现象。

⑤ 隔水栓应有良好的隔水性能，并能使隔水栓顺利从导管中排出，保证水下混凝土灌注成功。

⑥ 用以储存混凝土初灌斗的容量，必须满足第一斗混凝土灌下后使导管一次埋入混凝土面以下 0.8m 以上。

⑦ 灌注水下混凝土时应有专人测量导管内外混凝土面标高，保证混凝土在埋管 2～6m 深时，才允许提升导管。当选用吊车提拔导管时，必须严格控制导管提拔时导管离开混凝土面的可能，防止发生断桩事故。

⑧ 严格控制浮桩标高，凿除泛浆高度后，必须保证暴露的桩顶混凝土达到设计强度值。

 **应用案例 4-2**

某市一商品房开发商拟建 10 栋商品房，根据工程地质勘察资料和设计要求，采用振动沉管灌注桩，桩尖深入沙夹卵石层 500mm 以上，按地勘报告桩长应在 10m 以上。该工程振动沉管灌注桩施工完后，由某工程质量检测机构采用低应变动测方式，对该批桩进行桩身完整性检测，并出具了相应的检测报告。施工单位按规定进行主体施工，个别栋号在施工进行到 3 层左右时，由于当地质量监督人员对检测报告有争议，故经研究决定又从外地请了两家检测机构对部分桩进行了抽检。这两家检测机构由于未按规范要求进行检测，未及时发现问题。后经省建筑科学研究院对其检测报告进行审核，在现场对部分桩进行了高低应变检测，发现该工程振动沉管灌注桩存在非常严重的质量问题，有的桩身未能进入持力层，有的桩身严重缩颈，有的桩甚至是断桩。后经查证该工程地质报告显示，在自然地坪以下 4～6m 深处有淤泥层，在此施工振动沉管灌注桩由于工艺方面的原因，容易发生缩颈和断桩。该市检测机构个别检测人员思想素质差，一味地迎合施工单位的施工记录桩长(施工单位由于单方造价报得低，经常利用多报桩长的方法来弥补造价)，将混凝土测试波速由 3 600m/s 左右调整到 4 700～4 800m/s。个别桩身经实测波速，推定桩身测试长度为 5.8m，而当时测试桩长为 9.4m，两者相差达 3.6m。这样一来，原本未进入持力层的桩、严重缩颈的桩和断桩就成为与施工单位记录桩长一样的完整桩。该工程后经加固处理达到了要求，但造成了很大的经济损失。

(引自王赫. 建筑工程质量事故百问[M]. 北京：中国建筑工业出版社，2000)

2. 混凝土预制桩施工质量控制

1) 预制桩钢筋骨架质量控制

(1) 桩主筋可采用对焊或电弧焊，同一截面的主筋接头不得超过 50%，相邻主筋接头截面的距离应大于 35d 且不小于 500mm。

(2) 为了防止桩顶击碎，桩顶钢筋网片位置要严格控制、按图施工，并采取措施使网片位置固定正确、牢固，保证混凝土浇筑时不移位；浇筑预制桩混凝土时，从柱顶开始浇筑，要保证柱顶和桩尖不积聚过多的砂浆。

(3) 为防止锤击时桩身出现纵向裂缝导致桩身击碎、被迫停锤，预制桩钢筋骨架中主筋距桩顶的距离必须严格控制，绝不允许主筋距桩顶面过近，甚至触及桩顶的质量问题出现。如图 4.6 所示为预制桩锤击法施工。

【参考视频】

【参考视频】

图 4.6 预制桩锤击法施工

(4) 预制桩分段长度应在掌握地层土质的情况下确定。决定分段桩长度时要避开桩尖接近硬持力层或桩尖处于硬持力层中接桩，防止桩尖停在硬层内接桩。电焊接桩应抓紧时间，以免耗时长，桩周摩阻得到恢复，使桩下沉产生困难。

2) 混凝土预制桩的起吊、运输和堆存质量控制

(1) 预制桩达到设计强度的 70%时方可起吊，达到 100%时才能运输。

(2) 桩水平运输，应用运输车辆，严禁在场地上直接拖拉桩身。

(3) 垫木和吊点应保持在同一横断面上，且各层垫木上下对齐，防止垫木参差不齐，而导致桩被剪切断裂。

(4) 根据许多工程的实践经验，龄期和强度都达到要求的预制桩，才能顺利打入土中，很少打裂，沉桩应做到强度和龄期双控制。

3) 混凝土预制桩接桩施工质量控制

(1) 硫黄胶泥锚接法仅适用于软土层，管理和操作要求较严，一级建筑桩基或承受拔力的桩应慎用。

(2) 焊接接桩材料：钢板宜用低碳钢，焊条宜用 E43；焊条使用前必须经过烘焙，以降低烧焊时的含氢量，防止焊缝产生气孔而降低其强度和韧性；焊条烘焙应有记录。

(3) 焊接接桩时，应先将四角点焊固定，焊接必须对称进行，以保证设计尺寸正确，使上下节桩对中准确。

4) 混凝土预制桩沉桩质量控制

(1) 沉桩顺序是打桩施工方案的一项十分重要的内容，必须正确选择确定，以避免桩位偏移、上拔、地面隆起过多、邻近建筑物破坏等事故发生。

(2) 沉桩中停止锤击应根据桩的受力情况确定：摩擦型桩以标高为主，贯入度为辅；而端承型桩应以贯入度为主，标高为辅。同时进行综合考虑，当两者差异较大时，应会同各参与方进行研究，共同研究确定停止锤击的标准。

(3) 为避免或减少沉桩挤土效应和对邻近建筑物、地下管线的影响，在施打大面积密

集桩群时，要采取预钻孔，设置袋装砂井或塑料排水板，消除部分超孔隙水压力，以减少挤压效应。

(4) 插桩是保证桩位正确和桩身垂直度的重要开端，插桩应控制桩的垂直度，并应逐桩记录，以备核对查验，避免打偏。

4.2　钢筋混凝土工程质量控制

由于现代经济发展的需要，多层、高层建筑物发展得比较迅速，世界各国的大中型城市都以高层、超高层建筑作为城市发展和经济实力的象征，而高层及超高层建筑物绝大部分采用钢筋混凝土结构，如由钢筋混凝土构件所形成的框架结构、框剪结构、剪力墙结构、框筒结构等，除有部分框架结构采用预制装配式和部分预制、部分现浇形式外，其余均采用现浇钢筋混凝土结构。

现浇钢筋混凝土工程应用较普遍，由于现场浇筑施工是将柱、梁、板、墙等构件按在现场设计位置浇筑成为整体结构，即现浇钢筋混凝土整体结构，这种结构的整体性和抗震性好、节点接头简单、用钢量较少，适合现代多层、高层建筑功能需求；但现浇施工模板耗用量大、混凝土浇筑现场运输量大、劳动强度高、属于湿作业、工期较长，因此需加快推广工具式模板、商品混凝土及混凝土输送泵的使用，提高机械化水平。

现浇钢筋混凝土工程施工时，首先要进行模板的支撑、钢筋的成型与绑扎安装，最后进行混凝土的浇筑与养护等工作，涉及多工种的配合。为了确保现浇钢筋混凝土工程的质量，下面介绍其施工过程中钢筋工程、模板工程、混凝土工程的施工质量控制。

混凝土结构工程施工质量应满足《混凝土结构工程施工质量验收规范》(GB 50204—2015)及《混凝土结构工程施工规范》(GB 50666—2011)的要求。

4.2.1　钢筋工程质量控制

1. 一般规定

1) 钢筋采购与进场验收

(1) 钢筋采购时，混凝土结构所采用的热轧钢筋、热处理钢筋、碳素钢丝、刻痕钢丝和钢绞线的质量，应分别符合现行国家标准的规定。

(2) 钢筋从钢厂发出时，应具有出厂质量证明书或试验报告单，每捆(盘)钢筋均应有标牌。

(3) 钢筋进入施工单位的仓库或放置场时，应按炉罐(批)号及直径分批验收。验收内容包括：查对标牌，外观检查，按有关技术标准的规定抽取试样做力学性能试验，检查合格后方可使用。

(4) 钢筋在运输和储存时，必须保留标牌，严格防止混料，并按批分别堆放整齐，无论在检验前或检验后，都要避免锈蚀和污染。

2) 其他要求

(1) 当钢筋在加工过程中发生脆断、焊接性能不良或力学性能显著不正常等现象时，应按现行国家标准对该批钢筋进行化学成分检验或金相、冲击韧性等专项检验。

(2) 进口钢筋当需要焊接时，还要进行化学成分检验。

(3) 对按一、二、三级抗震设计的框架结构和斜撑构件中的纵向受力钢筋，其强度和最大力下总伸长率的实测值应符合下列规定。

① 钢筋的抗拉强度实测值与屈服强度实测值的比值不应小于 1.25。

② 钢筋的屈服强度实测值与钢筋的强度标准值的比值不应大于 1.30。

③ 最大力下总伸长率不应小于 9%。

(4) 钢筋的强度等级、种类和直径应符合设计要求，当需要代换时，必须征得设计单位同意，并应符合下列要求。

① 不同种类钢筋的代换，应按钢筋受拉承载力设计值相等的原则进行。

② 当构件受抗裂、裂缝宽度、挠度控制时，钢筋代换后应重新进行验算。

③ 钢筋代换后，应满足混凝土结构设计规范中有关间距、锚固长度、最小钢筋直径、根数等要求。

④ 对重要受力构件，不宜用光圆钢筋代换带肋钢筋。

⑤ 梁的纵向受力钢筋与弯起钢筋应分别进行代换。

⑥ 对有抗震要求的框架，不宜以强度等级较高的钢筋代替原设计中的钢筋；当必须代换时，尚应符合以上第③条的规定。

⑦ 预制构件的吊环，必须采用未经冷拉的 HPB 300 级钢筋制作。

3) 热轧钢筋取样与试验

每批钢筋由同一截面尺寸和同一炉罐号的钢筋组成，数量不大于 60t。在每批钢筋中任选 3 根钢筋切取 3 个试样供拉力试验用，又任选 3 根钢筋切取 3 个试样供冷弯试验用。

拉力试验和冷弯试验结果，必须符合现行钢筋机械性能的要求，如有某一项试验结果达不到要求，则从同一批中再任取双倍数量的试件进行复试，复试如有任一指标达不到要求，则该批钢筋就判断为不合格。

2. 钢筋焊接施工质量控制

钢筋的焊接连接技术包括：电阻点焊、闪光对焊、电弧焊、竖向钢筋接长的电渣压力焊及气压焊。钢筋焊接质量应满足《钢筋焊接及验收规程》(JGJ 18—2003)的要求。下面仅就电弧焊和电渣压力焊施工质量控制进行介绍。

1) 电弧焊的施工(图 4.7)质量控制

【参考视频】

图 4.7　钢筋电弧焊施工

(1) 操作要点。

① 进行帮条焊时，两钢筋端头之间应留 2.5mm 的间隙。

② 进行搭接焊时，钢筋宜预弯，以保证两钢筋的轴线在同一直线上。

③ 焊接时，引弧应从帮条或搭接钢筋一端开始，收弧应在帮条或搭接钢筋端头上，弧坑应填满。

④ 熔槽帮条焊钢筋端头应加工平整，两钢筋端面间隙为 10～16mm；焊接时电流宜稍大，从焊缝根部引弧后连续施焊，形成熔池，保证钢筋端部熔合良好。焊接过程中应停焊敲渣一次。焊平后，进行加强缝的焊接。

⑤ 坡口焊钢筋坡面应平顺，切口边缘不得有裂纹和较大的钝边、缺棱；钢筋根部最大间隙不宜超过 10mm；为了防止接头过热，应采用几个接头轮流施焊；加强焊缝的宽度应超过 V 形坡口的边缘 2～3mm。

(2) 外观检查要求。

① 焊缝表面平整，不得有较大的凹陷、焊瘤。

② 接头处不得有裂缝。

③ 帮条焊的帮条沿接头中心线纵向偏移不得超过 4°，接头处钢筋轴线的偏移不得超过 0.1d 或 3mm。

④ 坡口焊及熔槽帮条焊接头的焊缝加强高度为 2～3mm。

⑤ 坡口焊时，预制柱的钢筋外露长度：当钢筋根数少于 14 根时，取 250mm；当钢筋根数大于 14 根时，取 350mm。

2) 电渣压力焊的施工(图 4.8)质量控制

图 4.8　钢筋电渣压力焊施工

(1) 操作要点。

① 为使钢筋端部局部接触，以利引弧，形成渣池，进行手工电渣压力焊时，可采用直接引弧法。

② 待钢筋熔化达到一定程度后，在切断焊接电源的同时，迅速进行顶压，持续数秒钟方可松开操作杆，以免接头偏斜或接合不良。

③ 焊剂使用前，需经恒温 250℃烘焙 1～2h。

④ 焊前应检查电路，观察网路电压波动情况，如电源的电压降大于 5%，则不宜进行焊接。

(2) 外观检查要求。

① 接头焊包均匀，不得有裂纹，钢筋表面无明显烧伤等缺陷。

② 接头处的钢筋轴线偏移不得超过 $0.1d$，同时不得大于 2mm。

③ 接头处弯曲不得大于 4°。

④ 四周焊包凸出钢筋表面高度不得小于 4mm。

(3) 其他要求如下。

① 焊工必须有焊工考试合格证，钢筋焊接前，必须根据施工条件进行试焊，合格后方可施焊。

② 由于钢筋弯曲处内外边缘的应力差异较大，因此焊接头距钢筋弯曲处的距离不应小于钢筋直径的 10 倍。

③ 在受力钢筋采用焊接接头时，设置在同一构件内的焊接接头应相互错开。在任一焊接接头中心至长度为钢筋直径的 35 倍且不小于 500mm 的区段内，同一根钢筋不得有两个接头。

④ 对于轴心受拉和小偏心受拉杆，以及直径大于 32mm 的轴心受压和偏心受压柱中的钢筋接头，均应采用焊接。

⑤ 对于有抗震要求的受力钢筋接头，宜优先采用焊接或机械连接。

 应用案例 4-3

北京市某工程地上 52 层，总高 183.5m，工程幕墙采用钢筋混凝土预制墙板。墙板的上下节点都采用预埋 M24 螺栓连接固定。施工中出现已吊装就位的墙板突然脱落，其原因是预埋 M24 螺栓脆断造成。出现该事故后分析发现，除了脱落的墙板外，其他墙板连接节点也存在严重的隐患，因此必须认真分析处理。

该工地调查与分析了螺栓脆断的原因，主要有以下两方面。

(1) 钢材选用不当。幕墙板主要连接件是 M24 螺栓，它在使用中承受地震荷载和风荷载引起的动载拉力，而该工程却采用可焊性很差的 35 号钢制作 M24，因而留下严重隐患。

(2) 焊接工艺不当。35 号钢属优质中碳钢，工程所用的 35 号钢含碳量为 0.35%~0.38%，对焊接有特定的要求：焊接前应预热；焊条应采用烘干的碱性焊条，焊丝直径宜小，如 3.2mm；焊接应采用小电流(135A)、慢焊速、短段多层焊的工艺，焊接长度小于 100mm；焊后应缓慢冷却，并进行回火热处理等。加工单位不了解这些要求，盲目采用 F422 焊条，并用一般 Q235 钢的焊接工艺。因此在焊缝热影响区产生低塑性的淬硬马氏体脆性组织，焊件冷却时易产生冷裂纹，这是导致连接件脆断的直接原因。

(引自王赫. 建筑工程质量事故百问[M]. 北京：中国建筑工业出版社，2000)

3. 钢筋机械连接施工质量控制

钢筋机械连接技术包括直螺纹连接、锥螺纹连接和套筒挤压连接。钢筋机械连接质量应满足《钢筋机械连接技术规程》(JGJ 107—2010)的要求。下面仅介绍最常用的直螺纹连接施工质量控制。

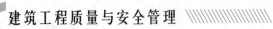

钢筋直螺纹接头的施工质量控制。

1) 构造要求

(1) 同一构件内同一截面受力钢筋的接头位置应相互错开。在任一接头中心至长度为钢筋直径的 35 倍的区域范围内，有接头的受力钢筋截面积占受力钢筋总截面面积的百分率应符合下列规定。如图 4.9 所示为钢筋直螺纹套筒连接。

图 4.9　钢筋直螺纹套筒连接

① 受拉区的受力钢筋接头百分率不宜超过 50%。

② 受拉区的受力钢筋受力较小时，A 级接头百分率不受限制。

③ 接头宜避开有抗震设防要求的框架梁端和柱端的箍筋加密区；当无法避开时，接头应采用 A 级接头，且接头百分率不应超过 50%。

(2) 接头端头距钢筋弯起点不得小于钢筋直径的 10 倍。

(3) 不同直径钢筋连接时，一次对接钢筋直径规格差别不宜超过两级。

(4) 钢筋连接套处的混凝土保护层厚度，除了要满足现行国家标准外，还必须满足其保护层厚度不得小于 15mm，且连接套之间的横向净距不宜小于 25mm。

2) 操作要点

(1) 操作工人必须持证上岗。

(2) 钢筋应先调直再下料，切口端面应与钢筋轴线垂直，不得有马蹄形或挠曲，不得用气割下料。

(3) 加工钢筋直螺纹丝头的牙形、螺距等必须与连接套的牙形、螺距相一致，且经配套的量规检测合格。

(4) 加工钢筋直螺纹时，应采用水溶液切削润滑液，不得用机油作润滑液或不加润滑液套丝。

(5) 已检验合格的丝头应加帽头予以保护。

(6) 连接钢筋时，钢筋规格和连接套的规格应一致，并确保钢筋和连接套的丝扣干净、完好无损。

(7) 采用预埋接头时，连接套的位置、规格和数量应符合设计要求。带连接套的钢筋应固定牢固，连接套的外露端应有密封盖。

(8) 必须用精度±5%的力矩扳手拧紧接头，且要求每半年用扭力仪检定力矩扳手一次。

(9) 连接钢筋时，应对正轴线将钢筋拧入连接套，然后用力矩扳手拧紧。

(10) 接头拧紧值应满足规定的力矩值，不得超拧。拧紧后的接头应做上标志。

4. 钢筋绑扎与安装(图 4.10)施工质量控制

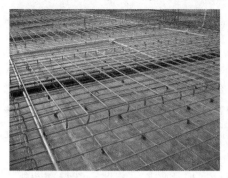

【参考视频】

图 4.10　钢筋绑扎与安装

钢筋绑扎注意事项如下。

1) 准备工作

(1) 确定分部分项工程的绑扎进度和顺序。

(2) 了解运料路线、现场堆料情况、模板清扫和润滑状况，以及坚固程度、管道的配合条件等。

(3) 检查钢筋的外观质量，着重检查钢筋的锈蚀状况，确定有无必要进行除锈。

(4) 在运料前要核对钢筋的直径、形状、尺寸及钢筋级别是否符合设计要求。

(5) 准备必需数量的工具和水泥砂浆垫块与绑扎所需的钢丝等。

2) 操作要点

(1) 钢筋的交叉点都应扎牢。

(2) 板和墙的钢筋网，除靠近外围两行钢筋的相交点全部扎牢外，中间部分的相交点可相隔交错扎牢，但必须保证受力钢筋不位移；如采用一面顺扣绑扎，交错绑扎扣应变换方向绑扎；对于面积较大的网片，可适当地用钢筋作斜向拉结；加固双向受力的钢筋，且须将所有相交点全部扎牢。

(3) 梁和柱的箍筋，除设计有特殊要求外，应与受力钢筋保持垂直；相邻箍筋弯钩叠合处应沿纵筋交错布置。此外，梁的箍筋弯钩应尽量放在受压处。

(4) 绑扎柱竖向钢筋时，角部钢筋的弯钩应与模板成 $45°$，中间钢筋的弯钩应与模板成 $90°$；当采用插入式振动器浇筑小型截面柱时，弯钩平面与模板面的夹角不得小于 $150°$。

(5) 绑扎基础底板面钢筋时，要防止弯钩平放，应预先使弯钩朝上；如钢筋有带弯起直段的，绑扎前应将直段立起来，宜用细钢筋连系上，防止直段倒斜。

(6) 钢筋的绑扎接头应符合下列要求。

① 搭接长度的末端与钢筋弯曲处的距离不得小于钢筋直径的 10 倍。接头不宜位于构件最大弯矩处。

② 钢筋位于受拉区域内的，HPB 300 级钢筋和冷拔低碳钢丝绑扎接头的末端应做弯钩，HRB 335 级和 HRB 400 级钢筋可不做弯钩。

③ 直径不大于 12mm 的受压 HPB 300 级钢筋的末端，以及轴心受压构件中任意直径的受力钢筋的末端可不做弯钩，但搭接长度不得小于钢筋直径的 35 倍。

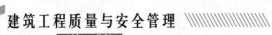

④ 在钢筋搭接处，应用钢丝扎牢它的中心和两端。

⑤ 受拉钢筋绑扎接头的搭接长度应符合现行相关标准的规定，受压钢筋的搭接长度相应取受拉钢筋搭接长度的 0.7 倍。

⑥ 焊接骨架和焊接网采用绑扎接头时：搭接接头不宜位于构件的最大弯矩处；焊接骨架和焊接网在非受力方向的搭接长度宜为 100mm；受拉焊接骨架和焊接网在受力钢筋方向的搭接长度，应符合现行标准的规定；受压焊接骨架和焊接网取受拉焊接骨架和焊接网的 0.7 倍。

⑦ 各受力钢筋之间的绑扎接头位置应相互错开。从任一绑扎接头中心至搭接长度 L 的 1.3 倍区域内，受力钢筋截面面积占受力钢筋总截面面积的百分率应符合有关规定，且绑扎接头中钢筋的横向净距不应小于钢筋直径，还需满足不小于 25mm。

⑧ 在绑扎骨架中非焊接接头长度范围内，当搭接钢筋受拉时，其箍筋间距不应大于 $5d$，且不应大于 100mm；当受压时，应不大于 $10d$，且不应大于 200mm。

3) 钢筋安装注意事项

(1) 钢筋的混凝土保护层厚度应符合规定。

(2) 一般情况下，当保护层厚度在 20mm 以下时，垫块尺寸约为 30mm 见方；厚度在 20mm 以上时，约为 50mm 见方。

(3) 混凝土保护层砂浆垫块应根据钢筋粗细和间距垫得适量可靠。竖向钢筋可采用带铁丝的垫块绑在钢筋骨架外侧。

(4) 当物件中配置双层钢筋网时，需利用各种撑脚支托钢筋网片，撑脚可用相应的钢筋制成。

(5) 当梁中配有两排钢筋时，为了使上排钢筋保持正确位置，要用短钢筋作为垫筋垫在两排钢筋中间。

(6) 墙体中配置双层钢筋时，为了使两层钢筋网保持正确位置，可采用各种用细钢筋制作的撑件加以固定。

(7) 对于柱的钢筋，现浇柱与基础连接而设在基础内的插筋，其箍筋应比柱的箍筋缩小一个直径，以便连接；插筋必须固定准确牢靠。下层柱的钢筋露出楼面部分，宜用工具式箍将其收进一个柱筋直径，以利上层柱的钢筋搭接；当柱截面改变时，其下层柱钢筋的露出部分必须在绑扎上部其他部位钢筋前，先行收缩准确。

(8) 安装钢筋时，配置的钢筋级别、直径、根数和间距应符合设计图纸的要求。

(9) 绑扎和焊接的钢筋网和钢筋骨架，不得有变形、松脱和开焊。钢筋位置的允许偏差应符合《混凝土结构工程施工质量验收规范》(GB 50204—2015)中表 5.5.3 的规定。

4) 钢筋安装允许偏差、检验方法及检查数量

(1) 钢筋安装允许偏差和检验方法。

钢筋安装允许偏差和检验方法见表 4-6。

(2) 检查数量。

同一检验批内，对梁、柱和独立基础，应抽查构件数量的 10%，且不应少于 3 件；对墙板应按有代表性的自然间抽查 10%，且不应少于 3 间；对大空间结构，墙可按相邻轴线间高度 5m 左右划分检查面，板可按纵、横墙轴线划分检查面，抽查 10%，且均不应少于 3 面。

表 4-6　钢筋安装允许偏差和检验方法

项目		允许偏差/mm	检验方法
绑扎钢筋网	长、宽	±10	尺量
	网眼尺寸	±20	钢尺量连续 3 档，取最大值
绑扎钢筋骨架	长	±10	尺量
	宽、高	±5	尺量
纵向受力钢筋	间距	±10	钢尺量两端、中间各一点，取最大值
	排距	±5	
纵向受力钢筋、箍筋的混凝土保护层厚度	基础	±10	尺量
	柱、梁	±5	尺量
	板、墙、壳	±3	尺量
绑扎箍筋、横向钢筋间距		±20	钢尺量连续 3 档，取最大值
钢筋弯起点位置		20	尺量，沿纵、横两个方向量测，并取其中偏差的较大值
预埋件	中心线位置	5	尺量
	水平高差	±3，0	塞尺检查

 应用案例 4-4

　　山西省一幢 10 层框剪结构的教学楼，在第 5 层结构完成后发现第 4 和第 5 层柱少配了 39%～66% 的钢筋。事故原因是误将第 6 层柱截面用于第 4、第 5 两层，施工及质量检查中又未能及时发现和纠正这些错误。

　　由于现浇柱在框剪结构中属主要受力构件，配筋严重不足，会影响结构安全，必须加固处理。

　　1. 加固方案

　　凿去第 4、第 5 层柱的保护层，露出柱四角的主筋和全部箍筋，用通长钢筋加固，钢筋截面为：内跨柱 8Φ28+4Φ14、外跨柱 4Φ22+4Φ14，Φ14 为构造筋，与梁交叉时可切断。加固箍筋 Φ8@200，安装后将接口焊牢。

　　加固钢筋从第 4 层柱柱脚起伸入第 6 层 1m 处锚固。新加主筋与原柱四角凿出的主筋牢固焊接，使两者能共同工作。焊接间距 600mm，每段焊缝长约 190mm(箍筋净距)。加固主筋焊好后，接着绑扎加固箍筋，箍筋的接口采用单面搭接焊，形成焊接封闭箍。加固主筋在通过梁边时，设开口箍筋，并将加固主筋与原柱主筋的焊接间距减为 300mm。钢箍工程完成并经检查合格后，支模浇筑比原设计强度高两级的细石混凝土。

　　2. 加固处理注意事项

　　(1) 需先将与加固柱连接的纵、横梁用支撑顶住。

　　(2) 凿除混凝土保护层只准用小锤、小钢钎轻凿，以免破坏柱内混凝土结构。

　　(3) 加固主筋 Φ28 或 Φ22 采用 9m 长整根钢筋。钢筋按上述加固方案焊接后，应严格检查钢筋品种、规格、尺寸及焊缝间距与尺寸。

　　(4) 清洗凿开的混凝土，并保持湿润 24h 以上，以利新旧混凝土结合良好。

　　(5) 安装柱模板，为方便混凝土浇筑振实和保证质量，模板每次支 80～90cm 高，混凝土浇筑完成后，接着支上一节模板，如此往复进行。

(6) 混凝土掺 TF 减水剂，坍落度 8～10cm，采用竹片人工振捣，并用木槌敲击和振动棒振捣模板，以振实混凝土。

(7) 在混凝土浇完后 24h 方可拆模，拆模后立即用草袋将柱包裹，并浇水养护 7d。

3. 加固后质量检验

框架柱加固后，经过 8 个月的观察检查，未发现裂缝、空鼓等现象，仅有个别柱与梁连接处有 2mm 左右的收缩裂缝，并不影响柱的承载能力。

（引自王赫. 建筑工程质量事故百问[M]. 北京: 中国建筑工业出版社，2000）

4.2.2 模板工程质量控制

1. 一般规定

(1) 模板及其支架必须符合下列规定。

① 保证工程结构和构件各部分形状尺寸和相互位置的正确，这就要求模板工程的几何尺寸、相互位置及标高满足设计图纸要求，以及混凝土浇筑完毕后在其允许偏差范围内。

② 要求模板及支架应根据安装、使用和拆除工况进行设计，并应满足足够的承载力、刚度和整体稳固性要求，能使它在静荷载和动荷载的作用下不出现塑性变形、倾覆和失稳。

③ 构造简单，拆装方便，便于钢筋的绑扎和安装，以及混凝土的浇筑和养护，做到加工容易、集中制造、提高工效、紧密配合、综合考虑。

④ 模板的拼缝不应漏浆。对于反复使用的钢模板要不断进行整修，保证其棱角顺直、平整。

(2) 模板工程应编制施工方案。爬升式模板工程、工具式模板工程及高大模板支架工程的施工方案，应按有关规定进行技术论证。

(3) 模板使用前应涂刷隔离剂，不应采用油质类隔离剂。严禁隔离剂污染钢筋与混凝土接槎处，以免影响钢筋与混凝土的握裹力，使混凝土接槎处不能有机结合。不得在模板安装后刷隔离剂。

(4) 对模板及其支架应定期维修。钢模板及支架应防止锈蚀，从而延长模板及其支架的使用寿命。

2. 模板安装的质量控制

(1) 模板及支架所用材料的技术指标应符合国家现行有关标准的规定。

(2) 竖向模板和支架的支撑部分必须坐落在坚实的基土上，其承载力或密实度应符合施工方案的要求；地基土应有防水、排水措施；支架竖杆下应有底座或垫板，使其有足够的支撑面积。

(3) 模板安装质量应符合下列规定。

① 模板的接缝应该严密，避免漏浆。

② 模板内不应有杂物、积水或冰雪等。

③ 模板与混凝土的接触面应平整、清洁。

④ 用作模板的地坪、胎膜等应平整、清洁，不应有影响构件质量的下沉、裂缝、起砂或起鼓。

⑤ 对清水混凝土及装饰混凝土构件，应使用能达到设计效果的模板。

如图 4.11 所示为胶合木模板的安装。

【参考图文】

【参考视频】

图 4.11 胶合木模板的安装

(4) 隔离剂的品种和涂刷方法应符合施工方案的要求。隔离剂不得影响结构性能及装饰施工；不得污染钢筋、预应力筋、预埋件和混凝土接槎处；不得对环境造成污染。

(5) 现浇钢筋混凝土梁、板，当跨度大于或等于 4m 时，模板应起拱；当设计无要求时，起拱高度宜为全跨长的 1/1 000～3/1 000，不允许起拱过小而造成梁、板底下垂。

(6) 现浇多层房屋和构筑物支模时，采用分段分层方法。下层混凝土须达到足够的强度以承受上层作业荷载传来的力，且上下立柱应对齐，并铺设垫板。

(7) 固定在模板上的预埋件和预留洞不得遗漏，安装必须牢固、位置准确；有抗渗要求的混凝土结构中的预埋件，应按设计及施工方案的要求采取防渗措施。预埋件和预留孔洞安装允许偏差见表 4-7 的规定。

(8) 模板在安装过程中应多检查，注意垂直度、中心线、标高及各部位的尺寸，保证结构部分的几何尺寸和相邻位置的正确。现浇结构模板安装的允许偏差见表 4-8 的规定。

表 4-7 预埋件和预留孔洞的安装允许偏差

项　　目		允许偏差/mm
预埋板中心线位置		3
预埋管、预留孔中心线位置		3
插筋	中心线位置	5
	外露长度	±10, 0
预埋螺栓	中心线位置	2
	外露长度	±10, 0
预留洞	中心线位置	10
	尺寸	±10, 0

注：检查中心线位置时，沿纵、横两个方向量测，并取其中偏差的较大值。

表 4-8　现浇结构模板安装的允许偏差及检验方法

项　目		允许偏差/mm	检验方法
轴线位置		5	尺量
底模上表面标高		±5	水准仪或拉线、尺量
模板内部尺寸	基础	±10	尺量
	柱、墙、梁	±5	尺量
	楼梯相邻踏步高差	±5	尺量
垂直度	柱、墙层高≤6m	8	经纬仪或吊线、尺量
	柱、墙层高>6m	10	经纬仪或吊线、尺量
相邻两块模板表面高差		2	尺量
表面平整度		5	2m 靠尺和塞尺量测

注：检查轴线位置当有纵、横两个方向时，沿纵、横两个方向量测，并取其中偏差的较大值。

3．模板拆除的质量控制

1）混凝土结构拆模时的强度要求

模板及其支架拆除时的混凝土强度，应符合设计要求，当设计无具体要求时，应符合下列规定。

(1) 侧模在混凝土强度达到能保证其表面及棱角不因拆除模板而受损坏后，方可拆除。

(2) 底模在混凝土强度达到表 4-9 的规定后，方可拆除。

表 4-9　现浇结构拆模时所需混凝土强度表

结构类型	结构跨度/m	按设计的混凝土强度标准值的百分率计/(%)
板	≤2	≥50
	>2 且<8	≥75
	≥8	≥100
梁、拱、壳	≤8	≥75
	>8	≥100
悬臂构件	≤2	≥100
	>2	≥100

注："设计的混凝土强度标准值"是指与设计混凝土强度等级相应的混凝土立方体抗压强度标准值。

2）混凝土结构拆模后的强度要求

混凝土结构在模板和支架拆除后，需待混凝土强度达到设计混凝土强度等级后，方可承受全部使用荷载；当施工荷载所产生的效应比使用荷载的效应更为不利时，必须经过核算，加设临时支撑。

3）其他注意事项

(1) 拆模时不要用力过猛、过急，拆下来的模板和支撑用料要及时整理、运走。

(2) 拆模顺序一般应是后支的先拆、先支的后拆、先拆非承重部分、后拆承重部分。重大复杂模板的拆除，事先要制定拆模方案。

(3) 多层楼板模板支柱的拆除，应按下列要求进行：上层楼板正在浇灌混凝土时，下一层楼板的模板支柱不得拆除，再下层楼板的支柱，仅可拆除一部分；跨度 4m 及以上的梁上均应保留支柱，其间距不得大于 3m。

4.2.3　混凝土工程质量控制

1. 混凝土搅拌的质量控制

1) 搅拌机的选用

混凝土搅拌机按搅拌原理可分为自落式和强制式两种。自落式混凝土搅拌机适用于搅拌塑性混凝土，强制式混凝土搅拌机适宜搅拌干硬性混凝土和轻骨料混凝土。

2) 混凝土搅拌前材料质量检查

在混凝土拌制前，应对原材料质量进行检查，合格原材料才能使用。

3) 混凝土工程的施工配料计量

在混凝土工程的施工中，混凝土质量与配料计量控制关系密切，但在施工现场有关人员为图方便，往往是骨料按体积比配置，加水量由人工凭经验控制，这样造成拌制的混凝土质量离散性很大，难以保证混凝土的质量，故混凝土的施工配料计量须符合下列规定。

(1) 水泥、砂、石子、混合料等干料的配合比，应采用质量法计量。

(2) 水的计量必须在搅拌机上配置水箱或定量水表。

(3) 外加剂中的粉剂可按水泥计量的一定比例先与水泥拌匀，在搅拌时加入；溶液型外加剂的是先按比例稀释为溶液，按用水量加入。

(4) 混凝土原材料每盘称量的偏差：水泥及掺合料为 ±2%；粗、细骨料为 ±3%；水和外加剂为 ±2%。

如图 4.12 所示为工地搅拌站。

图 4.12　工地搅拌站

【参考视频】

4) 首拌混凝土的操作要求

第一盘混凝土是整个操作混凝土的基础，其操作要求如下。

(1) 空车运转的检查：旋转方向是否与机身箭头一致；空车转速约比重车快 2～3r/min；检查时间 2～3min。

(2) 上料前应先启动，待正常运转后方可进料。

(3) 为补偿黏附在机内的砂浆，第一盘减少石子约 30%，或多加水泥、砂各 15%。

5) 搅拌时间的控制

搅拌混凝土的目的是使所有骨料表面都裹满水泥浆，从而使混凝土各种材料混合成匀质体。因此，必需的搅拌时间与搅拌机类型、容量和配合比有关。

2. 混凝土浇捣质量控制

1) 混凝土浇捣前的准备

(1) 对模板、支架、钢筋、预埋螺栓、预埋铁的质量、数量、位置逐一检查，并做好记录。

(2) 与混凝土直接接触的模板、地基基土、未风化的岩石，应清除淤泥和杂物，用水湿润。地基基土应有排水和防水措施。模板中的缝隙和孔应堵严。

(3) 混凝土自由倾落高度不宜超过 2m。

(4) 根据工程需要和气候特点，应准备好抽水设备、防雨设备等物品。

如图 4.13 所示为楼面浇筑混凝土。

图 4.13　楼面浇筑混凝土

2) 浇捣过程中的质量要求

(1) 分层浇捣时间间隔。

① 分层浇捣为了保证混凝土的整体性，浇捣工作原则上要求一次完成；但由于振捣机具性能、配筋等原因，混凝土需要分层浇捣时，其浇筑层的厚度，应符合相应规定。

② 浇捣的时间间隔：浇捣应连续进行，当必须间歇时，其间歇时间应尽量缩短，并应在前层混凝土初凝之前开始浇筑浇筑次层混凝土。前层混凝土凝结时间不得超过相关规定，否则应留施工缝。

(2) 采用振动器振实混凝土时，每一振点的振捣时间，应将混凝土振实至呈现浮浆和不再沉落为止。

(3) 在浇筑与柱和墙连成整体的梁与板时，应在柱和墙浇捣完毕后停歇 1～1.5h，再继续浇筑，梁和板宜同时浇筑混凝土。

(4) 大体积混凝土的浇筑应按施工方案合理分段、分层进行，浇筑应在室外气温较高时进行，但混凝土浇筑温度不宜超过 35℃。

3) 施工缝的位置设置与处理

(1) 施工缝的位置设置。混凝土施工缝的位置宜留在剪力较小且便于施工的部位。柱应留水平缝，梁、板、墙应留竖直缝。施工缝的设置位置具体要求如下。

① 柱子的施工缝留置在基础的顶面，梁和吊车梁牛腿的下面，吊车梁的上面，无梁楼板柱帽的下面。

② 与板连成整体的大截面梁，施工缝留置在板底面以下 20～30mm 处；当板下有梁托时，施工缝留在梁托下部。

③ 单向板的施工缝留置在平行于板的短边的任何位置。

④ 有主次梁的楼板，宜顺着次梁方向浇筑，施工缝应留置在次梁跨度的中间 1/3 范围内。

⑤ 双向受力板、大体积结构、拱、薄壳、蓄水池及其他结构复杂的工程，施工缝的位置应按设计要求留置。

⑥ 施工缝应与模板成 90°。

(2) 施工缝的处理。

在混凝土施工缝处继续浇筑混凝土时，其操作要点见表 4-10。

表 4-10　混凝土施工缝操作要点

项目	要点
已浇筑混凝土的最低强度	>1.2MPa
已硬化混凝土的接缝面	1. 将水泥浆膜、松动石子、软弱混凝土层，以及钢筋上的油污、浮锈、旧浆等彻底清除 2. 用水冲刷干净，但不得积水 3. 先铺与混凝土成分相同的水泥砂浆，厚度 10～15mm
新浇筑的混凝土	1. 不宜在施工缝处首先下料，可由远及近地接近施工缝 2. 细致捣实，使新旧混凝土成为整体 3. 加强保湿养护

3. 现浇混凝土工程质量验收

1) 基本规定

(1) 混凝土结构施工现场质量管理应有相应的施工技术标准、健全的质量管理体系、施工质量控制和质量检验制度。

混凝土结构工程项目应有施工组织设计和施工技术方案，并经审查批准。

(2) 混凝土结构子分部工程可根据结构的施工方法分为两类，即现浇混凝土结构子分部工程和装配式混凝土结构子分部工程；根据结构的分类，还可分为钢筋混凝土结构子分部工程和预应力混凝土结构子分部工程等。

混凝土结构子分部工程可划分为模板、钢筋、预应力、混凝土、现浇结构和装配式结构等分项工程。各分项工程可根据与施工方式相一致且便于控制施工质量的原则，按工作班、楼层、结构缝或施工段划分为若干检验批。

(3) 对混凝土结构子分部工程的质量验收，应在钢筋、预应力、混凝土、现浇结构或装配式结构等相关分项工程验收合格的基础上，进行质量控制资料检查及观感质量验收，并应对涉及结构安全的材料、试件、施工工艺和结构的重要部位，进行见证取样检测或结构实体检验。

(4) 分项工程的质量验收应在所含检验批验收合格的基础上，进行质量验收记录检查。

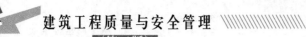
（5）检验批的质量验收应包括如下内容。

① 实物检查，按下列方式进行：对原材料、构配件和器具等产品的进场复验，应按进场的批次和产品的抽样检验方案执行；对混凝土强度、预制构件结构性能等，应按国家现行有关标准和本规范规定的抽样检验方案执行；对本规范中采用计数检验的项目，应按抽查总点数的合格点率进行检查。

② 资料检查，包括原材料、构配件和器具等的产品合格证(中文质量合格证明文件、规格、型号及性能检测报告等)及进场复验报告、施工过程中重要工序的自检和交接检记录、抽样检验报告、见证检测报告、隐蔽工程验收记录等。

（6）检验批质量验收要求详见第 5 章相关章节。

（7）检验批、分项工程、混凝土结构子分部工程的质量验收记录、质量验收程序和组织应符合《建筑工程施工质量验收统一标准》(GB 50300—2013)的规定。

应用案例 4-5

北京市某饭店主楼采用滑模工艺施工，设计混凝土强度等级为 C30。滑完一层后，发现剪力墙在 2～2.5m 以上部位普遍拉裂、拉断，柱内部混凝土呈蜂窝状，部分施工缝不密实，有酥松和拉裂现象。

经冶金部建筑研究总院和有关设计、施工单位的调查与检测，除严重破损部分外，混凝土强度均达到 26MPa 以上，考虑混凝土后期强度的增长，并适当补强后，可以基本满足设计要求。该工程的处理方法要点如下。

1. 剪力墙加固补强

(1) 局部修复：将严重拉裂、拉断、搓伤部位的混凝土凿除，重新浇筑 C30 混凝土。新旧混凝土接合处按施工缝处理要求进行操作，新浇混凝土表面拉毛，以利墙与楼板结合。

(2) 喷射混凝土补强：将蜂窝、孔洞、轻微裂缝及结合不密实处的表面剔凿清理后，用喷射混凝土补强。

(3) 喷射混凝土和抹砂浆层：所有剪力墙全部凿毛，两面均喷 20mm 厚的细石混凝土，然后再抹 1：2 水泥砂浆作装修基层。

2. 框架梁补强

(1) 喷射混凝土：凿除有缺陷的部分梁混凝土，用喷射混凝土补平。

(2) 局部拆除重浇：对贯通梁截面的缺陷，凿除清理后与顶板一起浇筑 C30 混凝土。

该工程补强后，用超声波检验，混凝土基本密实。现场检验喷射混凝土抗压强度>50N/mm^2；新旧混凝土黏结强度为 1.84～2.09N/mm^2；新旧混凝土的整体强度>40N/mm^2，这些指标均满足设计要求。

(引自王赫. 建筑工程质量事故百问[M]. 北京：中国建筑工业出版社，2000)

2) 外观质量

(1) 现浇结构的外观质量缺陷，应由监理(建设)单位、施工单位等各方根据其对结构性能和使用功能影响的严重程度确定，见表 4-11。

(2) 现浇结构拆模后，应由监理(建设)单位、施工单位对外观质量和尺寸偏差进行检查、做出记录，并应及时按施工技术方案对缺陷进行处理。

① 主控项目。

现浇结构的外观质量不应有严重缺陷，对已经出现的严重缺陷，应由施工单位提出技术处理方案，并经监理(建设)单位认可后进行处理；对裂缝、连接部位出现的严重缺陷及其他影响结构安全的严重缺陷，技术处理方案尚应经设计单位认可，对经处理的部位应重新验收。

检查数量：全数检查。检验方法：观察、检查处理方案。

② 一般项目。

现浇结构的外观质量不应有一般缺陷。对已经出现的一般缺陷，应由施工单位按技术处理方案进行处理，并重新检查验收。

检查数量：全数检查。检验方法：观察、检查处理方案。

表 4-11　现浇结构外观质量缺陷

名称	现象	严重缺陷	一般缺陷
露筋	构件内钢筋未被混凝土包裹而外露	纵向受力钢筋有露筋	其他钢筋有少量露筋
蜂窝	混凝土表面缺少水泥砂浆而形成石子外露	构件主要受力部位有蜂窝	其他部位有少量蜂窝
孔洞	混凝土中孔穴深度和长度均超过保护层厚度	构件主要受力部位有孔洞	其他部位有少量孔洞
夹渣	混凝土中夹有杂物且深度超过保护层厚度	构件主要受力部位有夹渣	其他部位有少量夹渣
疏松	混凝土中局部不密实	构件主要受力部位有疏松	其他部位有少量疏松
裂缝	缝隙从混凝土表面延伸至混凝土内部	构件主要受力部位有影响结构性能或使用功能的裂缝	其他部位有少量不影响结构性能或使用功能的裂缝
连接部位缺陷	构件连接处混凝土缺陷及连接钢筋、连接件松动	连接部位有影响结构传力性能的缺陷	连接部位有基本不影响结构传力性能的缺陷
外形缺陷	缺棱掉角、棱角不直、翘曲不平、飞边突肋等	清水混凝土构件有影响使用功能或装饰效果的外形缺陷	其他混凝土构件有不影响使用功能的外形缺陷
外表缺陷	构件表面麻面、掉皮、起砂、沾有污渍等	具有重要装饰效果的清水混凝土构件有外表缺陷	其他混凝土构件有不影响使用功能的外表缺陷

如图 4.14 所示为混凝土结构外观缺陷举例。

(a) 裂缝

(b) 漏筋

(c) 蜂窝

图 4.14　混凝土结构外观缺陷举例

3) 位置和尺寸偏差

(1) 主控项目。

现浇结构不应有影响结构性能和使用功能的尺寸偏差；混凝土设备基础不应有影响结构性能和设备安装的尺寸偏差。

对超过尺寸允许偏差且影响结构性能和安装、使用功能的部位，应由施工单位提出技

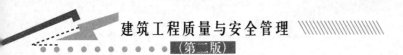
术处理方案，经监理、设计单位认可后进行处理。对经处理的部位，应重新检查验收。

检查数量：全数检查。检验方法：量测、检查技术处理方案。

(2) 一般项目。

现浇结构拆模后的尺寸偏差见表 4-12。

检查数量：按楼层、结构缝或施工段划分检验批，在同一检验批内，对梁、柱和独立基础，应抽查构件数量的 10%，且不少于 3 件；对墙和板，应按有代表性的自然间抽查 10%，且不少于 3 间；对大空间结构，墙可按相邻轴线间高度 5m 左右划分检查面，板可按纵横轴线划分检查面，抽查 10%，且均不少于 3 面；对电梯井，应全数检查；对设备基础，应全数检查。

表 4-12　现浇结构位置、尺寸允许偏差及检验方法

项目			允许偏差/mm	检验方法
轴线位置	整体基础		15	经纬仪及尺量
	独立基础		10	经纬仪及尺量
	柱、墙、梁		8	尺量
垂直度	层高	≤6m	10	经纬仪或吊线、尺量
		>6m	12	经纬仪或吊线、尺量
	全高(H)≤300m		H/30 000+20	水准仪或拉线、尺量
	全高(H)>300m		H/10 000 且≤80	水准仪或拉线、尺量
标高	层高		±10	水准仪或拉线、钢尺检查
	全高		±30	
截面尺寸	基础		+15，-10	尺量
	柱、梁、板、墙		+10，-5	尺量
	楼梯相邻踏步高差		±6	尺量
电梯井洞	中心位置		10	尺量
	长、宽尺寸		+25，0	尺量
表面平整度			8	2m 靠尺和塞尺检查
预埋设施中心线位置	预埋板		10	尺量
	预埋螺栓		5	尺量
	预埋管		5	尺量
	其他		10	尺量
预留洞、孔中心线位置			15	尺量

注：1. 检查轴线、中心线位置时，沿纵、横两个方向测量，并取其中偏差的较大值。

　　2. H 为全高，单位为 mm。

4.3　砌筑工程质量控制

砌体工程是指由砖、石块或各种类型砌块通过黏结砂浆组砌而成的工程。砌体工程是建筑安装工程的重要分项工程，在砖混结构中，砌体是承重结构，在框架结构中，砌体是

围护填充结构。墙体材料通过砌筑砂浆连成整体，实现对建筑物内部分隔和外部围护、挡风、防水、遮阳等作用。

两千多年前采用烧制黏土砖的砌体结构就出现了。这种采用烧制黏土砖的砌体工程既取材方便，又有保温、隔热、隔声、耐火等良好性能，还可以节约钢材和水泥，且不需大型施工机械，具有施工组织简单等优点；但它存在着施工仍以手工操作为主，劳动强度大，生产效率低，且自重较大等缺点。黏土砖的生产和使用，还会造成土地资源和能源的浪费，目前，多数地区从节约土地资源和能源、推动能源清洁低碳高效利用[①]的角度，已经禁止使用黏土砖，而是推广采用新型墙体材料，同时还可以改善砌体施工工艺，克服所存在的缺点。

混凝土结构工程施工质量应满足《砌体结构工程施工质量验收规范》(GB 50203—2011)及《砌体结构工程施工规范》(GB 50924—2014)的要求。

4.3.1 砌体工程施工质量基本规定

(1) 砌体结构工程所用的材料应有产品合格证书、产品性能型式检验报告，质量应符合国家现行有关标准的要求。块体、水泥、钢筋、外加剂尚应有材料主要性能的进场复验报告，并应符合设计要求。严禁使用国家明令淘汰的材料。

(2) 砌体结构施工前应编制砌体结构工程施工方案。

(3) 砌体结构的标高、轴线，应引自基准控制点。砌筑基础前，应校核防线尺寸，允许偏差应符合表 4-13 的要求。

【参考视频】

表 4-13 放线尺寸的允许偏差

长度 L、宽度 B /m	允许偏差 /m	长度 L、宽度 B /m	允许偏差 /m
L(或 B)≤30	±5	60<L(或 B)≤90	±15
30<L(或 B)≤60	±10	L(或 B)>90	±20

(4) 伸缩缝、沉降缝、防震缝中的模板应拆除干净，不得夹有砂浆、块体及碎渣等杂物。

(5) 砌筑顺序应符合下列规定。

① 基底标高不同时，应从低处砌起，并由高处向低处搭砌。当设计无要求时，搭接长度 L 不应小于基础底的高差 H，搭接长度范围内下层基础应扩大砌筑(图 4.15)。

② 砌体的转角处和交接处应同时砌筑，当不能同时砌筑时，应按规定留槎、接槎。

(6) 在墙上留置临时施工洞口，其侧边离交接处墙面不应小于 500mm，洞口净宽不应超过 1m。抗震设防烈度为 9 度地区建筑物的临时施工洞口位置，应会同设计单位确定。临时施工洞口应做好补砌。

(7) 不得在下列墙体或部位设置脚手眼。

① 120mm 厚墙、清水墙、料石墙、独立柱和附墙柱。

② 过梁上与过梁成 60°角的三角形范围内及过梁净跨度 1/2 的高度范围内。

③ 宽度小于 1m 的窗间墙。

---

① 引自党的二十大报告第十条推动绿色发展，促进人与自然和谐共生"(四)积极稳妥推进碳达峰碳中和"。

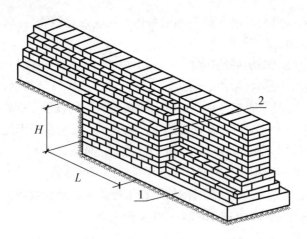

图 4.15　基底标高不同时的搭砌示意图(条基)

1—混凝土垫层；2—基础扩大部分

④ 门窗洞口两侧石砌体 300mm，其他砌体 200mm 范围内；转角处石砌体 600mm，其他砌体 450mm 范围内。

⑤ 梁或梁垫下及其左右 500mm 范围内。

⑥ 设计不允许设置脚手眼的位置。

⑦ 轻质墙体。

⑧ 夹心复合墙外叶墙。

脚手眼补砌时，应清除脚手眼内掉落的砂浆、灰尘；脚手眼处砖及填塞用砖应湿润，并应填实砂浆。

(8) 设计要求的洞口、沟槽、管道应于砌筑时正确留出或预埋，未经设计同意，不得打凿墙体和在墙体上开凿水平沟槽。宽度超过 300mm 的洞口上部，应设置钢筋混凝土过梁。不应在截面边长小于 500mm 的承重墙体、独立柱内埋设管线。

(9) 砌筑完基础或每一楼层后，应校核砌体的轴线和标高。在允许偏差范围内，轴线偏差可在基础顶面或楼面上矫正，标高偏差宜通过调整上部砌体灰缝厚度矫正。

(10) 正常施工条件下，砖砌体、小砌块砌体每日砌筑高度宜控制在 1.5m 或一步脚手架高度内；石砌体不宜超过 1.2m。雨天不宜在露天砌筑墙体，对下雨当日砌筑的墙体应进行遮盖。继续施工时应复核墙体的垂直度，如果垂直度超过允许偏差，应拆除重新砌筑。

(11) 砌体施工时，楼面和屋面堆载不得超过楼板的允许荷载值。当施工层进料口处施工荷载较大时，楼板下宜采取临时支撑措施。

(12) 砌体结构工程检验批的划分应同时符合下列规定。

① 所用材料类型及同类型材料的强度等级相同。

② 同一检验批不超过 250m³ 砌体。

③ 主体结构砌体一个楼层(基础砌体可按一个楼层计)；填充墙砌体量少时可多个楼层合并。

4.3.2　砖砌体工程质量控制

此处所描述砖砌体包含烧结普通砖、烧结多孔砖、混凝土多孔砖、混凝土实心砖、蒸压灰砂砖、蒸压粉煤灰砖等砌体工程。

1. 一般规定

(1) 检查测量放线的测量结果并进行复核，标志板、皮数杆设置位置准确牢固。

(2) 检查砂浆拌制的质量。应在砂浆拌制地点留置砂浆强度试块，各类型及强度等级的砌筑砂浆每一检验批不超过 $250m^3$ 的砌体，每台搅拌机应至少制作一组试块(每组 6 块)，其标准养护 28d 的抗压强度应满足设计要求。砂浆配合比、和易性应符合设计及施工要求。砂浆应随拌随用，常温下水泥和水泥混合砂浆应分别在 3h 和 4h 内用完，温度高于 30℃时，应再提前 1h。

【参考视频】

(3) 砌体砌筑时，混凝土多孔砖、混凝土实心砖、蒸压灰砂砖、蒸压粉煤灰砖等块体的产品龄期不应小于 28d；在冻胀地区，地面以下或防潮层以下的砌体，不应采用多孔砖。

(4) 砌筑烧结普通砖、烧结多孔砖、蒸压灰砂砖、蒸压粉煤灰砖砌体时，砖应提前 1～2d 适度湿润，严禁采用干砖或处于饱和状态的砖砌筑，块体湿润程度宜符合下列规定。

① 烧结类块体的相对含水率为 60%～70%。

② 混凝土多孔砖及混凝土实心砖不需浇水湿润，但在气候干燥炎热的情况下，宜在砌筑前对其喷水湿润。其他非烧结类块体的相对含水率为 40%～50%。

(5) 采用铺浆法砌筑砌体，铺浆长度不得超过 750mm；当施工期间气温超过 30℃时，铺浆长度不得超过 500mm。

(6) 240mm 厚承重墙的每层墙的最上一皮砖，砖砌体的台阶水平面上及挑出层的外皮砖，应整砖丁砌。

(7) 弧拱式及平拱式过梁的灰缝应砌成楔形缝，拱底灰缝宽度不宜小于 5mm，拱顶灰缝宽度不应大于 15mm，供体的纵向及横向灰缝应填实砂浆；平拱式过梁拱脚下面应伸入墙内不小于 20mm；砖砌平拱过梁底应有 1% 的起拱。砖过梁底部的模板及其支架拆除时，灰缝砂浆强度不应低于设计强度的 75%。

(8) 砖砌体不应出现瞎缝、透明缝和假缝；施工临时间断处补砌时，必须将接槎处表面清理干净，洒水湿润，并填实砂浆，保持灰缝平直；预留孔洞、预埋件及构造柱的设置应符合设计及施工规范要求。

2. 砌砖工程质量检验标准

1) 主控项目

(1) 砖和砂浆的强度等级必须符合设计要求。

抽检数量：每一生产厂家，烧结普通砖、混凝土实心砖每 15 万块，烧结多孔砖、混凝土多孔砖、蒸压灰砂砖及蒸压粉煤灰砖每 10 万块各为一检验批，不足一批的按一批计。

检验方法：查砖和砂浆试块试验报告。

(2) 砌体灰缝砂浆应密实饱满，砖墙水平灰缝的砂浆饱满度不得低于 80%；砖柱水平灰缝和竖向灰缝饱满度不得低于 90%。

抽检数量：每检验批抽查不应少于 5 处。

检验方法：用百格网检查砖底面与砂浆的黏结痕迹面积，每处检测 3 块砖，取其平均值。

(3) 砖砌体的转角处和交接处应同时砌筑，严禁无可靠措施的内外墙分砌施工。在抗震设防烈度为 8 度及 8 度以上的地区，对不能同时砌筑而又必须留置的临时间断处应砌成斜槎[图 4.16(a)]，普通砖砌体斜槎水平投影长度不应小于高度的 2/3，多孔砖砌体的斜槎长高比不应小于 1/2。斜槎高度不得超过一步脚手架的高度。

抽检数量：每检验批抽查不应少于 5 处。

检验方法：观察检查。

(4) 非抗震设防及抗震设防烈度为 6 度、7 度的地区的临时间断处，当不能留斜槎时，除转角处外，可留直槎[图 4.16(b)]，但直槎必须做成凸槎，且应加设拉结钢筋，拉结钢筋应符合下列规定。

① 每 120mm 墙厚放置 1φ6 拉结钢筋(120mm 厚墙应放置 2φ6 拉结钢筋)。

② 间距沿墙高不应超过 500mm，且竖向间距偏差不应超过 100mm。

③ 埋入长度从留槎处算起每边均不应小于 500mm，对抗震设防烈度为 6 度和 7 度的地区，不应小于 1 000mm。

④ 末端应有 90°弯钩。

抽检数量：每检验批抽查不应少于 5 处。

检验方法：观察和尺量检查。

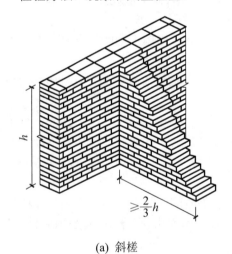

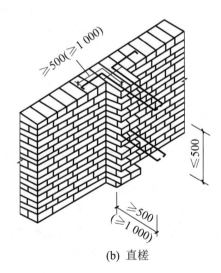

(a) 斜槎

(b) 直槎

图 4.16 斜槎与直槎构造示意图

2) 一般项目

(1) 砖砌体组砌方法应正确，内外搭砌，上下错缝。清水墙、窗间墙无通缝；混水墙中不得有长度大于 300mm 的通缝，长度 200～300mm 的通缝每间不超过 3 处，且不得位于同一面墙体上。砖柱不得采用包心砌法。

抽检数量：每检验批抽查不应少于 5 处。

检验方法：观察检查。砌体组砌方式抽检每处应为 3～5m。

(2) 砖砌体的灰缝应横平竖直、厚薄均匀，水平灰缝厚度及竖向灰缝宽度宜为 10mm，但不应小于 8mm，也不应大于 12mm。

抽检数量：每检验批抽查不应少于 5 处。

检验方法：水平灰缝厚度用尺量 10 皮砖砌体高度折算；竖向灰缝宽度用尺量 2m 砌体长度折算。

(3) 砖砌体尺寸、位置的允许偏差及检验应符合表 4-14 的规定。

表 4-14　砖砌体尺寸、位置的允许偏差及检验

项次	项目			允许偏差/mm	检验方法	抽检数量
1	轴线位移			10	用经纬仪和尺或用其他测量仪器检查	承重墙、柱全数检查
2	基础、墙、柱顶面标高			±15	用水准仪和尺检查	不应少于 5 处
3	墙面垂直度	每层		5	用 2m 拖线板检查	不应少于 5 处
		全高	≤10m	10	用经纬仪、吊线和尺或用其他测量仪器检查	外墙全部阳角
			>10m	20		
4	表面平整度	清水墙、柱		5	用 2m 靠尺和楔形塞尺检查	不应少于 5 处
		混水墙、柱		8		
5	水平灰缝平直度	清水墙		7	拉 5m 线和尺检查	不应少于 5 处
		混水墙		8		
6	门窗洞口高、宽(后塞口)			±10	用尺检查	不应少于 5 处
7	外墙上下窗口偏移			20	以底层窗口为准，用经纬仪或吊线检查	不应少于 5 处
8	清水墙游丁走缝			20	以每层第一皮砖为准，用吊线和尺检查	不应少于 5 处

应用案例 4-6

四川省某市一开发商修建一商品房，为了追求较多的利润，要求设计、施工等单位按其要求进行设计施工。设计上采用底部框架(局部为二层框架)上面砌筑 9 层砖混结构，总高度最高达 33.3m，严重违反国家当时执行规范《建筑抗震设计规范》(GBJ 11—1989)和地方标准《四川省建筑结构设计统一规定》(DB 51/5001—1992)的要求，框架顶层未采用现浇结构，平面布置不规则、对称，质量和刚度不均匀，在较大洞口两侧未设置构造柱。在施工过程中，6~11 层采用灰砂砖墙体。住户在使用过程中，发现房屋内墙体产生较多的裂缝，经检查有正八字、倒八字裂缝，竖向裂缝，局部墙面还出现水平裂缝，以及大量的界面裂缝，引起住户强烈不满，多次向各级政府有关部门投诉，产生了极坏的影响。

(引自《四川省工程质量事故典型案例》相关报道)

4.3.3　填充墙砌体工程质量控制

此处所描述填充墙砌体包含烧结空心砖、蒸压加气混凝土砌块、轻骨料混凝土小型空心砌块等填充墙砌体工程。

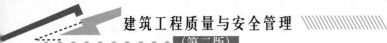

1. 一般规定

(1) 砌筑填充墙(图 4.17)时，轻骨料混凝土小型空心砌块和蒸压加气混凝土砌块的产品龄期不应小于 28d；蒸压加气混凝土砌块的含水率宜小于 30%。

图 4.17　填充墙砌体施工

(2) 烧结空心砖、蒸压加气混凝土砌块、轻骨料混凝土小型空心砌块等在运输、装卸过程中，严禁抛掷和倾倒；进场后应按品种、规格堆放整齐，堆置高度不宜超过 2m。蒸压加气混凝土砌块运输及堆放中应防止雨淋。

(3) 吸水率较小的轻骨料混凝土小型空心砌块及采用薄灰砌筑法施工的蒸压加气混凝土砌块，砌筑前不应对其浇(喷)水湿润；在气候干燥炎热的情况下，对吸水率较小的轻骨料混凝土小型空心砌块宜在砌筑前喷水湿润。

(4) 采用普通砂浆砌筑填充墙时，烧结空心砖、吸水率较大的轻骨料混凝土小型空心砌块应提前 1～2d 浇(喷)水湿润。蒸压加气混凝土砌块采用蒸压加气混凝土砌块砌筑砂浆或普通砌筑砂浆砌筑时，应在砌筑当天对砌块砌筑面喷水湿润。块体湿润程度符合下列规定。

① 烧结类块体的相对含水率为 60%～70%。

② 吸水率较大的轻骨料混凝土小型空心砌块、蒸压加气混凝土砌块的相对含水率为40%～50%。

(5) 在厨房、卫生间、浴室等处采用轻骨料混凝土小型空心砌块、蒸压加气混凝土砌块砌筑墙体时，墙底部宜现浇混凝土坎台，其高度宜为 150mm。

(6) 填充墙拉结筋处的下皮小砌块宜采用半盲孔小砌块或用混凝土灌实孔洞的小砌块；薄灰砌筑法施工的蒸压加气混凝土砌块砌体，拉结筋应放置在砌块上表面设置的沟槽内。

(7) 蒸压加气混凝土砌块、轻骨料混凝土小型空心砌块不应与其他块体混砌，不同强度等级的同类块体也不得混砌。门窗口四周局部嵌砌及梁底缝隙填砌不受此限制。

(8) 填充墙砌体砌筑，应待承重主体结构检验批验收合格后进行。填充墙与承重主体结构间的空(缝)隙部位施工，应在填充墙砌筑 14d 后斜砖顶砌。

2. 填充墙砌体工程质量检验标准

1) 主控项目

(1) 烧结空心砖、小砌块和砌筑砂浆的强度等级应符合设计要求。

抽检数量：烧结空心砖每 10 万块为一验收批，小砌块每 1 万块为一验收批，不足上述数量时按一批计，抽检数量为 1 组。

检验方法：查砖、小砌块进场复验报告和砂浆试块试验报告。

(2) 填充墙砌体应与主体结构可靠连接，其连接构造应符合设计要求，未经设计同意，不得随意改变连接构造方法。每一面填充墙与柱的拉结筋的位置超过一皮块体高度的数量不得多于一处。

抽检数量：每检验批抽查不应少于 5 处。

检验方法：观察检查。

(3) 填充墙与承重墙、柱、梁的连接钢筋，当采用化学植筋的连接方式时，应进行实体检测。锚固钢筋拉拔试验的轴向受拉非破坏承载力检验值应为 6.0kN。抽检钢筋在检验值作用下应基材无裂缝、钢筋无滑移宏观裂损现象；持荷 2min 期间荷载值降低不大于 5%。

抽检数量：按表 4-15 确定。

检验方法：原位试验检查。

表 4-15   检验批抽检锚固钢筋样本最小容量

检验批的容量	样本最小容量	检验批的容量	样本最小容量
≤90	5	281～500	20
91～150	8	501～1 200	32
151～280	13	1 201～3 200	50

2) 一般项目

(1) 填充墙砌体尺寸、位置的允许偏差及检验方法应符合表 4-16 的规定。

表 4-16   填充墙砌体尺寸、位置的允许偏差及检验方法

项次	项　目		允许偏差/mm	检验方法
1	轴线位移		10	用尺检查
2	垂直度（每层）	≤3m	5	用 2m 托线板或吊线、尺检查
		>3m	10	
3	表面平整度		8	用 2m 靠尺和楔形尺检查
4	门窗洞口高、宽(后塞口)		±10	用尺检查
5	外墙上、下窗口偏移		20	用经纬仪或吊线检查

抽检数量：每检验批抽查不应少于 5 处。

(2) 填充墙砌体的砂浆饱满度及检验方法应符合表 4-17 的规定。

表 4-17   填充墙砌体的砂浆饱满度及检验方法

砌体分类	灰缝	饱满度及要求	检验方法
空心砖砌体	水平	≥80%	采用百格网检查块体底面或侧面砂浆的黏结痕迹面积
	垂直	填满砂浆，不得有透明缝、瞎缝、假缝	
蒸压加气混凝土砌块、轻骨料混凝土小型空心砌块砌体	水平	≥80%	
	垂直	≥80%	

抽检数量：每检验批抽查不应少于 5 处。

(3) 填充墙留置的拉结钢筋或网片的位置应与块体皮数相符合。拉结钢筋或网片应置于灰缝中，埋置长度应符合设计要求，竖向位置偏差不应超过一皮高度。

抽检数量：每检验批抽查不应少于 5 处。

检验方法：观察和用尺量检查。

(4) 砌筑填充墙时应错缝搭砌，蒸压加气混凝土砌块搭砌长度不应小于砌块长度的 1/3；轻骨料混凝土小型空心砌块搭砌长度不应小于 90mm；竖向通缝不应大于 2 皮。

抽检数量：每检验批抽查不应少于 5 处。

检验方法：观察检查。

(5) 填充墙的水平灰缝厚度和竖向灰缝宽度应正确，烧结空心砖、轻骨料混凝土小型空心砌块砌体的灰缝应为 8～12mm；蒸压加气混凝土砌块砌体当采用水泥砂浆、水泥混合砂浆或蒸压加气混凝土砌块砌筑砂浆时，水平灰缝厚度和竖向灰缝宽度不应超过 15mm；当蒸压加气混凝土砌块砌体采用蒸压加气混凝土砌块黏结砂浆时，水平灰缝厚度和竖向灰缝宽度宜为 3～4mm。

抽检数量：每检验批抽查不应少于 5 处。

检验方法：水平灰缝厚度用尺量 5 皮小砌块的高度折算；竖向灰缝宽度用尺量 2m 砌体长度折算。

4.4 装饰工程质量控制

建筑装饰工程是指采用适当材料和合理的构造对建筑物在影响其结构安全的前提下，为内外表面进行修饰，并对室内环境进行艺术加工和处理。既能保护建筑物，又可延长使用寿命、美化建筑、优化环境，满足用户对功能和美观的需求。建筑装饰工程是建筑施工的重要部分，随着社会的发展、人们生活全方位改善[1]，对于装饰装修工程的质量要求越来越高，本部分对抹灰、饰面、涂料 3 个装饰分项内容的常见施工做法的施工质量控制和验收进行介绍。

装饰装修工程施工质量应满足《建筑装饰装修工程施工质量验收规范》(GB 50210—2001)及《住宅装饰装修工程施工规范》(GB 50327—2001)的要求。

【参考视频】

4.4.1 抹灰工程质量控制

1. 抹灰工程施工一般规定

(1) 抹灰工程采用的砂浆品种，应按设计要求选用，如设计无要求，应符合下列规定。

① 外墙门窗洞口的外侧壁、屋檐、勒脚、压檐墙等的抹灰——水泥砂浆或水泥混合砂浆。

② 湿度较大的房间和车间的抹灰——水泥砂浆或水泥混合砂浆。

③ 混凝土板和墙的底层抹灰——水泥混合砂浆、水泥砂浆或聚合物水泥砂浆。

④ 硅酸盐砌块、加气混凝土块和板的底层抹灰——水泥混合砂浆或聚合物水泥砂浆。

---

① 引自党的二十大报告中第一条过去的五年和新时代十年的伟大变革。

⑤ 板条、金属网顶棚和墙的底层和中层抹灰采用麻刀石灰砂浆或纸筋石灰砂浆。

(2) 抹灰砂浆的配合比和稠度等应经检查合格后，方可使用。水泥砂浆及掺有水泥或石膏拌制的砂浆，应控制在初凝前用完。

应用案例 4-7

某县一机关修建职工住宅楼共 6 栋，设计均为 7 层砖混结构，建筑面积 10 001m²，主体完工后进行墙面抹灰，采用某水泥厂生产的 325 水泥。抹灰后在两个月内相继发现该工程墙面抹灰出现开裂，并迅速发展，开始由墙面一点产生膨胀变形，形成不规则的放射状裂缝，多点裂缝相继贯通，成为典型的龟状裂缝，并且空鼓，实际上此时抹灰与墙体已产生剥离。后经查证，该工程所用水泥中氧化镁含量严重超标，致使水泥安定性不合格，施工单位未对水泥进行进场检验就直接使用，因此产生大面积的空鼓开裂，最后该工程墙面抹灰全面返工，造成严重的经济损失。

(引自王赫. 建筑工程质量事故百问[M]. 北京: 中国建筑工业出版社, 2000)

(3) 木结构与砖石结构、混凝土结构等相接处基体表面的抹灰，应先铺钉金属网，并绷紧牢固。金属网与各基体的搭接宽度不应小于 100mm。

(4) 抹灰前，砖石、混凝土等基体表面的灰尘、污垢和油渍等，应清除干净，并洒水润湿。

(5) 抹灰前，应先检查基体表面的平整度，并用与抹灰层相同砂浆设置标志或标筋。

(6) 室内墙面、柱面和门洞口的阳角，宜用 1:2 水泥砂浆做护角，其高度不应低于 2m，每侧宽度不应小于 50mm。

(7) 外墙抹灰工程施工前，应安装好钢木门窗框、阳台栏杆和预埋铁件等，并将墙上的施工孔洞堵塞密实。

(8) 外墙窗台、窗楣、雨篷、阳台、压顶和突出腰线等，上面应做流水坡度，下面应做滴水线或滴水槽，滴水槽的深度和宽度均不应小于 10mm，并整齐一致。

(9) 各种砂浆的抹灰层，在凝结前，应防止快干、水冲、撞击和振动；凝结后，应采取措施防止污染和损坏。

(10) 水泥砂浆的抹灰层应在湿润的条件下养护。

(11) 冬期施工，抹灰砂浆应采取保温措施。涂抹时，砂浆的温度不宜低于 5℃。

(12) 砂浆抹灰层硬化初期不得受冻。气温低于 5℃时，室外抹灰所用的砂浆可掺入混凝土防冻剂，其掺量应由试验确定。作涂料墙面的抹灰砂浆中，不得掺入含氯盐的防冻剂。

2. 一般抹灰质量控制

(1) 一般抹灰(图 4.18)按质量要求分为普通、中级和高级三级，主要工序如下。

① 普通抹灰：分层赶平、修整，表面压光。

② 中级抹灰：阳角找方，设置标筋，分层赶平、修整，表面压光。

③ 高级抹灰：阴阳角找方，设置标筋，分层赶平、修整，表面压光。

(2) 抹灰层的平均总厚度不得大于下列规定。

① 顶棚：板条、空心砖、现浇混凝土不得大于 15mm；预制混凝土不得大于 18mm；金属网不得大于 20mm。

② 内墙：普通抹灰不得大于 18mm；中级抹灰不得大于 20mm；高级抹灰不得大于 25mm。

图 4.18　一般抹灰施工

③ 外墙：外墙不得大于 20mm；勒脚及突出墙面部分不得大于 25mm。

④ 石墙：石墙不得大于 35mm。

(3) 涂抹水泥砂浆每遍厚度宜为 5～7mm；涂抹石灰砂浆和水泥混合砂浆每遍厚度宜为 7～9mm。

(4) 面层抹灰经赶平压实后的厚度，麻刀石灰不得大于 3mm；纸筋石灰、石膏灰不得大于 2mm。

(5) 水泥砂浆和水泥混合砂浆的抹灰层，应待前一层抹灰层凝结后，方可涂抹后一层；石灰砂浆的抹灰层，应待前一层七八成干后，方可涂抹后一层。

(6) 混凝土大板和大模板建筑的内墙面和楼板底面，宜用腻子分遍刮平，各遍应黏结牢固，总厚度为 2～3mm。如用聚合物水泥砂浆、水泥混合砂浆喷毛打底，纸筋石灰罩面，以及用膨胀珍珠岩水泥砂浆抹面，总厚度为 3～5mm。

(7) 加气混凝土表面抹灰前，应清扫干净，并应做基层表面处理，随即分层抹灰，防止表面空鼓开裂。

(8) 板条、金属网顶棚和墙的抹灰，应符合下列规定。

① 板条、金属网装订完成，必须经检查合格后，方可抹灰。

② 底层和中层宜用麻刀石灰砂浆或纸筋石灰砂浆，各层应分遍成活，每遍厚度为 3～6mm。

③ 底层砂浆应压入板条缝或网眼内，形成转脚，以使结合牢固。

④ 顶棚的高级抹灰，应加钉长 350～450mm 的麻束，间距为 400mm，并交错布置，分遍按放射状梳理抹进中层砂浆内。

⑤ 金属网抹灰砂浆中掺用水泥时，其掺量应由试验确定。

(9) 抹灰的面层应在踢脚板、门窗贴脸板和挂镜线等安装前涂抹。安装后与抹灰面相接处如有缝隙，应用砂浆或腻子填补。

(10) 采用机械喷涂抹灰，应符合下列规定。

① 喷涂石灰砂浆前，宜先做水泥砂浆护角、踢脚板、墙裙、窗台板的抹灰，以及混凝土过梁等底层的抹灰。

② 喷涂时，应防止污染门窗、管道和设备，被污染的部位应及时清理干净。

③ 砂浆稠度：用于混凝土面的为 90～100mm；用于砖墙面的为 100～120mm。

(11) 混凝土表面的抹灰宜使用机械喷涂，用手工涂抹时，宜先凿毛刮水泥浆(水灰比为 0.37～0.40)，洒水泥砂浆或用界面处理剂处理。

3. 抹灰工程质量验收

(1) 检查数量，室外以 4m 左右高为一检查层，每 20m 长抽查 1 处(每处 3 延长米)，但不少于 3 处；室内按有代表性的自然间抽查 10%，过道按 10 延长米，礼堂、厂房等大间可按两轴线间为 1 自然间，且不少于 3 间。

(2) 检查所用材料的品种、面层的颜色及花纹等是否符合设计要求。

(3) 抹灰工程的面层，不得有爆灰和裂缝。各抹灰层之间及抹灰层与基体之间应黏结牢固，不得有脱层、空鼓等缺陷。

(4) 抹灰分格缝的宽度和深度应均匀一致，表面光滑、无砂眼，不得有错缝、缺棱掉角。

(5) 一般抹灰面层的外观质量，应符合下列规定。

① 普通抹灰：表面光滑、洁净，接槎平整。

② 中级抹灰：表面光滑、洁净，接槎平整，灰线清晰顺直。

③ 高级抹灰：表面光滑、洁净，颜色均匀、无抹纹，灰线平直方正、清晰美观。

(6) 装饰抹灰面层的外观质量，应符合下列规定。

① 水刷石：石粒清晰，分布均匀，紧密平整，色泽一致，不得有掉粒和接槎痕迹。

② 水磨石：表面应平整、光滑，石子显露均匀，不得有砂眼、磨纹和漏磨处，分格条应位置准确，全部露出。

③ 斩假石：剁纹均匀顺直，深浅一致，不得有漏剁处，阳角处横剁和留出不剁的边条应宽窄一致，棱角不得有损坏。

④ 干粘石：石粒黏结牢固，分布均匀，颜色一致，不露浆，不漏粘，阳角处不得有明显黑边。

⑤ 假面砖：表面应平整，沟纹清晰，留缝整齐，色泽均匀，不得有掉角、脱皮、起砂等缺陷。

⑥ 拉条灰：拉条清晰顺直，深浅一致，表面光滑洁净，上下端头齐平。

⑦ 拉毛灰、洒毛灰：花纹、斑点分布均布，不显接槎。

⑧ 喷砂：表面应平整，砂粒黏结牢固、均匀、密实。

⑨ 喷涂、滚涂、弹涂：颜色一致，花纹大小均匀，不显接槎痕迹。

⑩ 仿石、彩色抹灰：表面应密实，线条清晰，仿石的纹理应顺直，彩色抹灰的颜色应一致。

⑪ 干粘石、拉毛灰、洒毛灰、喷砂、滚涂和弹涂等，在涂抹面层前，应检查其中层砂浆表面的平整度。

(7) 一般抹灰工程质量的允许偏差，见表 4-18。

表 4-18　一般抹灰工程质量的允许偏差

项次	项目	允许偏差/mm			检验方法
		普通抹灰	中级抹灰	高级抹灰	
1	表面平整	5	4	2	用 2m 直尺和楔形塞尺检查
2	阴、阳角垂直	—	4	2	用 2m 托线板和尺检查
3	立面垂直	—	5	3	
4	阴、阳角方正	—	4	2	用 200mm 方尺检查
5	分隔条(缝)平直	—	3	—	拉 5m 线和尺检查

注：1. 外墙一般抹灰，立面总高度的垂直度偏差应符合图家规范的有关规定。

　　2. 中级抹灰，本表第 4 项阴角方正可不检查。

　　3. 顶棚抹灰，本表第 1 项表面平整可不检查，但应顺平。

(8) 装饰抹灰工程质量的允许偏差，见表 4-19。

表 4-19　装饰抹灰工程质量的允许偏差

项次	项目	允许偏差/mm													检验方法
		水刷石	水磨石	斩假石	干粘石	假面砖	拉条灰	拉毛灰	洒毛灰	喷砂	喷涂	滚涂	弹涂	仿石彩色抹灰	
1	表面平整	3	2	3	5	4	4	4	4	5	4	4	4	3	用 2m 直尺和楔形塞尺检查
2	阴、阳角垂直	4	2	3	4	—	4	4	4	4	4	4	4	3	用 2m 托线板和尺检查
3	立面垂直	5	3	4	5	5	5	5	5	5	5	5	5	4	
4	阴、阳角方正	3	2	3	4	4	4	4	4	4	4	4	4	3	用 200mm 方尺检查
5	墙裙上口平直	3	3	3	—	—	—	—	—	—	—	—	—	3	拉 5m 线检查，不足 5m 拉通线检查
6	分隔条(缝)平直	3	2	3	3	3	—	—	—	3	3	3	3	3	

4.4.2　饰面板(砖)工程质量控制

饰面工程是建筑装饰装修工程最常见的分项工程，它是指块料面层镶贴(或安装)在墙、柱表面和地面形成的装饰层。块料面层包括饰面砖和饰面板两大类，其中饰面砖包括釉面瓷砖、陶瓷锦砖、玻璃锦砖、外墙面砖、地板砖等；饰面板又分为天然石材板(花岗石板、大理石板和青石板等)、金属饰面板(不锈钢板、钛金板、铝合金板、涂层钢板等)及木质饰面板等。

1. 施工过程质量控制

(1) 检查时，首先查看设计图纸，了解设计对饰面板(砖)工程所选用的材料、规格、颜色、施工方法的要求，对工程所用材料检查其是否有产品出厂合格证或试验报告，特别对工程中所使用的水泥、胶粘剂，干挂饰面板和金属饰面板骨架所用的钢材、不锈钢连接件、膨胀螺栓等应严格把关。对钢材的焊接应检查焊缝的试验报告。当高层建筑外墙饰面板采用干挂法(图 4.19)安装时，使用膨胀螺栓固定不锈钢连接件，还应检查膨胀螺栓的抗拔试验报告，以保证饰面板安装安全可靠。

【参考视频】

图 4.19　干挂石材施工

(2) 在对饰面板的检查中，外墙面采用干挂法施工时，应检查是否按要求做了防水处理，如有遗漏应督促施工单位及时补做。检查不锈钢连接件的固定方法、每块饰面板的连接点数量是否符合设计要求。当连接件与建筑物墙面预埋件焊接时，应检查焊缝长度、厚度、宽度等是否符合设计要求，焊缝是否做防锈处理。对饰面板的销钉孔，应检查是否有隐性裂缝，深度是否满足要求，饰面板销钉孔的深度应为上下两块板的孔深加上板的接缝宽度，且稍大于销钉的长度，否则会因上块板的重量通过销钉传到下块板上，而引起饰面板损坏。

(3) 饰面板施铺时，着重检查钢筋网片与建筑物墙面的连接、饰面板与钢筋网片的绑扎是否牢固，检查钢筋焊缝长度、钢筋网片的防锈处理，施工中应检查饰面板灌浆是否按规定分层进行。

(4) 在饰面砖的检查中，应注意检查墙面基层的处理是否符合要求，这直接会影响饰面砖的镶贴质量。可用小锤检查基层的水泥抹灰是否有空鼓，发现有空鼓应立即铲掉重做(板条墙除外)，检查处理过的墙面是否平整、毛糙。

(5) 为了保证建筑工程面砖的黏结质量，外墙饰面砖应进行黏结强度的检验。每 $300m^2$ 同类墙体取 1 组试样，每组 3 个，每楼层不得少于 1 组；不足 $300m^2$ 每两楼层取 1 组，每组试样的平均黏结强度不应小于 0.4MPa，每组可有一个试样的黏结强度小于 0.4MPa，但不应小于 0.3MPa。

(6) 对金属饰面板应着重检查金属骨架是否严格按设计图纸施工，安装是否牢固，检查焊缝的长度、宽度、高度、防锈措施是否符合设计要求。

2. 饰面板(砖)工程质量验收

(1) 饰面板(砖)工程验收时应检查的资料有：饰面板(砖)工程的施工图、设计说明及其他设计文件；材料的产品合格证书、性能检测报告、进场验收记录和复验报告；后置埋件的现场拉拔检测报告；外墙饰面砖样板件的黏结强度检测报告；隐蔽工程验收记录；施工记录。

(2) 饰面板(砖)工程应进行复验的内容有：室内用花岗石的放射性；粘贴用水泥的凝结时间、安定性和抗压强度；外墙陶瓷面砖的吸水率；寒冷地区外墙陶瓷面砖的抗冻性。

(3) 饰面板(砖)工程应进行验收的隐蔽工程项目有：预埋件(或后置埋件)、连接节点、防水层。

(4) 分项工程检验批的划分规定：相同材料、工艺和施工条件的室内饰面板(砖)工程每

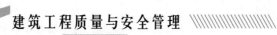

50 间(大面积房间和走廊按施工面积 $30m^2$ 为一间)应划分为一个检验批，不足 50 间也应划分为一个检验批；相同材料、工艺和施工条件的室外饰面板(砖)工程每 $500\sim1\,000m^2$ 划分为一个检验批，不足 $500m^2$ 也应划分为一个检验批。检验数量的规定：室内每个检验批至少应抽查 10%，并不得少于 3 间；不足 3 间时应全数检查；室外每个检验批每 $100m^2$ 至少抽查一处，每处不得小于 $10m^2$。

(5) 饰面板安装工程验收。

① 主控项目。

(a) 饰面板的品种、规格、颜色和性能应符合设计要求，木龙骨、木饰面板和塑料饰面板的燃烧性能等级应符合设计要求。检验方法：观察；检查产品合格证书、进场验收记录和性能检测报告。

(b) 饰面板孔、槽的数量、位置和尺寸应符合设计要求。检验方法：检查进场验收记录和施工记录。

(c) 饰面板安装工程的预埋件(或后置埋件)、连接件的数量、规格、位置、连接方法和防腐处理必须符合设计要求。后置埋件的现场拉拔强度必须符合设计要求，饰面板安装必须牢固。检验方法：手扳检查；检查进场验收记录、现场拉拔检测报告、隐蔽工程验收记录和施工记录。

② 一般项目。

(a) 饰面板表面应平整、洁净、色泽一致，无裂痕和缺损，石材表面应无泛碱等污染。检验方法：观察。

(b) 饰面板嵌缝应密实、平直，宽度和深度应符合设计要求，嵌填材料色泽应一致。检验方法：观察；尺量检查。

(c) 采用湿作业法施工的饰面板工程，石材应进行防碱背涂处理；饰面板与基体之间的灌注材料应饱满、密实。检验方法：用小锤轻击检查；检查施工记录。

(d) 饰面板上的孔洞应套割吻合，边缘应整齐。检验方法：观察。

(e) 饰面板安装的允许偏差和检验方法见表 4-20。

表 4-20 饰面板安装的允许偏差和检验方法

项次	项目	允许偏差/mm							检验方法
		石材			瓷板	木材	塑料	金属	
		光面	剁斧石	蘑菇石					
1	立面垂直度	2	3	3	2	1.5	2	2	用 2m 垂直检测尺检查
2	表面平整度	3	3	—	1.5	1	3	3	用 2m 靠尺和塞尺检查
3	阴阳角方正	2	4	4	2	1.5	3	3	用直角检测尺检查
4	接缝直线度	2	4	4	2	1	1	1	拉 5m 线，不足 5m 拉通线，用钢直尺检查
5	墙裙、勒脚上口直线度	2	3	3	2	2	2	2	拉 5m 线，不足 5m 拉通线，用钢直尺检查
6	接缝高低差	0.5	3	—	0.5	0.5	1	1	用钢直尺和塞尺检查
7	接缝宽度	1	2	2	1	1	1	1	用钢直尺检查

(6) 饰面砖粘贴工程验收。

① 主控项目。

(a) 饰面砖的品种、规格、图案、颜色和性能应符合设计要求。

检验方法：观察；检查产品合格证书、进场验收记录、性能检测报告和复验报告。

(b) 饰面砖粘贴工程的找平、防水、粘接和勾缝材料及施工方法应符合设计要求及国家现行产品标准和工程技术标准的规定。

检验方法：检查产品合格证书、复验报告和隐蔽工程验收记录。

(c) 饰面砖粘贴必须牢固。

检验方法：检查样板件黏结强度检测报告和施工记录。

(d) 满粘法施工的饰面砖工程应无空鼓、裂缝。

检验方法：观察；用小锤轻击检查。

② 一般项目。

(a) 饰面砖表面应平整、洁净、色泽一致，无裂痕和缺损。

检验方法：观察。

(b) 阴阳角处搭接方式、非整砖使用部位应符合设计要求。

检验方法：观察。

(c) 墙面突出物周围的饰面砖应整砖套割吻合，边缘应整齐；墙裙、贴脸突出墙面的厚度应一致。

检验方法：观察；尺量检查。

(d) 饰面砖接缝应平直、光滑，填嵌应连续、密实；宽度和深度应符合设计要求。

检验方法：观察；尺量检查。

(e) 有排水要求的部位应做滴水线(槽)，滴水线(槽)应顺直，流水坡向应正确，坡度应符合设计要求。

检验方法：观察；用水平尺检查。

(f) 饰面砖粘贴的允许偏差和检验方法见表 4-21。

表 4-21　饰面砖粘贴的允许偏差和检验方法

项次	项目	允许偏差/mm		检验方法
		外墙面砖	内墙面砖	
1	立面垂直度	3	2	用 2m 垂直检测尺检查
2	表面平整度	4	3	用 2m 靠尺和塞尺检查
3	阴阳角方正	3	3	用直角检测尺检查
4	接缝直线度	3	2	拉 5m 线，不足 5m 拉通线，用钢直尺检查
5	接缝高低差	1	0.5	用钢直尺和塞尺检查
6	接缝宽度	1	1	用钢直尺检查

4.4.3　涂饰工程质量控制

1. 施工过程中的质量控制

1) 材料质量检查

(1) 腻子：材料进入现场应有产品合格证、性能检验报告、出厂质量保证书、进场验收记录，水泥、胶粘剂的质量应按有关规定进行复试；严禁使用安定性不合格的水泥，严禁使用黏结强度不达标的胶粘剂。普通硅酸盐水泥强度等级不宜低于 32.5 级，超过 90d 的水泥应进行复检，复检不达标的不得使用。

配套使用的腻子和封底材料必须与选用饰面涂料性能相适应，且不易开裂。内墙腻子的主要技术指标应符合现行行业标准《建筑室内用腻子》(JG/T 298—2010)的规定，外墙腻子的强度应符合现行国家标准《复层建筑涂料》(GB/T 9779—2005)的规定。

民用建筑室内用胶粘剂材料必须符合《民用建筑工程室内环境污染控制规范》(GB 50325—2010)的有关要求。

(2) 涂料：涂料类型的选用应符合设计要求。检查材料的产品合格证、性能检测报告及进场验收记录。进场涂料按有关规定进行复试，并经试验鉴定合格后方可使用。超过出场保质期的涂料应进行复验，复验达不到质量标准不得使用。

室内用水性涂料、溶剂型涂料必须符合《民用建筑工程室内环境污染控制规范》(GB 50325—2010)的有关要求。

如图 4.20 所示为天棚涂饰施工。

图 4.20　天棚涂饰施工

2) 基层处理质量检查

基层处理的质量是影响涂刷质量的最主要因素之一，基层质量应符合下列要求。

(1) 新建建筑物的混凝土或抹灰基层在涂饰涂料前应涂刷抗碱封闭底漆。

(2) 旧墙面在涂饰涂料前应清除疏松的旧装修层，并涂刷界面剂。

(3) 基层应牢固，不开裂、不掉粉、不起砂、不空鼓、无剥离、无石灰爆裂点、无附着力不良的旧涂层等。

(4) 基层应表面平整，立面垂直，阴阳角垂直、方正、无缺棱掉角，分格缝深浅一致且横平竖直，允许偏差应符合要求且表面平而不光。

(5) 基层应清洁，表面无灰尘、无浮浆、无油迹、无锈斑、无霉点、无盐类析出物和青苔等杂物。

(6) 基层应干燥。涂刷溶剂型涂料时，基层含水率不得大于 8%；涂刷乳液型涂料时，基层含水率不得大于 10%；木材基层的含水率不得大于 12%。

(7) 基层的 pH 值不得大于 10，厨房、卫生间必须使用耐水腻子。

3) 施工中的质量检查

(1) 首先应注意施工的环境条件是否符合要求，在不符合要求时应采取有效的措施。

（2）检查组成腻子材料的石膏粉、大白粉、水泥、粘胶掺加物的计量方法能否保证计量精度，是否按方案进行配置，材料的品种有无变化，用水是否符合要求，检查腻子的稠度、和易性和均匀性。腻子应随拌随用完，对拌制时间过长、有硬块现象、无法搅拌均匀的要求弃用。

（3）检查涂料的品种、型号、性能是否符合设计要求；涂料配制中色浆、掺加物、掺水量的计量方法是否正确；施工中是否按配合比的标准进行稀释、配色调制，通过色板对比察看配色的准确性，察看颜色、图案是否符合样板间（段）的要求。

（4）检查施工的方法是否符合规定的要求：如施工顺序是否颠倒，喷涂的设备压力能否满足施工要求，滚刷、排刷在使用时能否达到工程的质量要求等。

（5）检查涂料涂饰是否均匀、黏结牢固，涂料不得漏涂、透底、起皮和掉粉。

（6）涂饰工程施工应按"底涂层、中间涂层、面涂层"的要求进行施工。施工中注意检查每道工序的前一次操作与后一次操作之间的间隔时间是否足够，具体时间间隔详见有关规定及有关产品说明书要求。

 应用案例 4-8

某工程在外墙混凝土面上喷涂水泥类复层图案喷涂材料（喷涂花砖），饰面施工后大约过了 3 个月，外涂层就变了颜色，只好重新喷涂外涂层；后来经过一年时间，外墙喷涂花砖又严重剥落。

原因分析：

外墙喷涂时间是 2 月上旬，施工时室外气温在 5℃以下，打底的混凝土温度太低，引起基本材料硬化不良，由于是在基本材料硬化不充分时涂敷的外涂层，外涂层变质了，待气温上升后，基本材料的水分变成水蒸气，使表面的薄膜膨胀，这就导致了表面的薄膜破裂、打卷；底子混凝土未经充分干燥便做涂类施工，所以黏结性能低，起不到密封材料的作用；使用的喷涂基本材料中，混有易溶于雨水的碳酸钙。综上所述，在外涂层被破坏后，雨水很容易溶解基本材料里的碳酸钙，使材料变质。因此可以说这种材料的喷涂花砖是不宜用于外饰的。

（引自全国一级建造师执业资格考试用书编写委员会. 建筑工程管理与实务[M]. 北京：中国建筑工业出版社，2007）

2. 涂饰工程质量检验评定标准和检验方法

1）检验批

（1）室外涂饰工程每一栋楼的同类涂料涂饰的墙面，每 500～1 000m^2 应划分为一个检验批，不足 500m^2 也应划分为一个检验批。

（2）室内涂饰工程同类涂料涂饰墙面每 50 间（大面积房间和走廊按涂饰面积 30m^2 为一间）应划分为一个检验批，不足 50 间也应划分为一个检验批。

2）检查数量

（1）室外涂饰工程每 100m^2 应至少检查一处，每处不得小于 10m^2。

（2）室内涂饰工程每个检验批应至少抽查 10%，并不得少于 3 间；不足 3 间时应全数检查。

3）涂饰工程验收

（1）水性涂料涂饰工程验收。

① 主控项目。

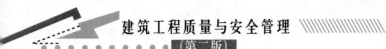

(a) 水性涂料涂饰工程所用涂料的品种、型号和性能应符合设计要求。

检验方法：检查产品合格证书、性能检测报告和进场验收记录。

(b) 水性涂料涂饰工程的颜色、图案应符合设计要求。

检验方法：观察。

(c) 水性涂料涂饰工程应涂饰均匀、黏结牢固，不得漏涂、透底、起皮和掉粉。

检验方法：观察；手摸检查。

(d) 水性涂料涂饰工程的基层处理应符合上文 2)中的相关要求。

检验方法：观察；手摸检查；检查施工记录。

② 一般项目。

(a) 薄涂料的涂饰质量和检验方法应符合表 4-22 的规定。

表 4-22　薄涂料的涂饰质量和检验方法

项次	项　目	普通涂饰	高级涂饰	检验方法
1	颜色	均匀一致	均匀一致	观察
2	泛碱、咬色	允许少量轻微	不允许	
3	流坠、疙瘩	允许少量轻微	不允许	
4	砂眼、刷纹	允许少量轻微砂眼，刷纹通顺	无砂眼，无刷纹	
5	装饰线、分色线直线度允许偏差/mm	2	1	拉 5m 线，不足 5m 拉通线，用钢直尺检查

(b) 厚涂料的涂饰质量和检验方法应符合表 4-23 的规定。

表 4-23　厚涂料的涂饰质量和检验方法

项次	项　目	普通涂饰	高级涂饰	检验方法
1	颜色	均匀一致	均匀一致	观察
2	泛碱、咬色	允许少量轻微	不允许	
3	点状分布		疏密均匀	

(c) 复层涂料的涂饰质量和检验方法应符合表 4-24 的规定。

表 4-24　复层涂料的涂饰质量和检验方法

项次	项　目	质量要求	检验方法
1	颜色	均匀一致	观察
2	泛碱、咬色	不允许	
3	喷点疏密程度	均匀，不允许连片	

(d) 涂层与其他装修材料和设备衔接处应吻合，界面应清晰。

检验方法：观察。

(2) 溶剂型涂料涂饰工程。

① 主控项目。

(a) 溶剂型涂料涂饰工程所选用涂料的品种、型号和性能应符合设计要求。

检验方法：检查产品合格证书、性能检测报告和进场验收记录。

(b) 溶剂型涂料涂饰工程的颜色、光泽、图案应符合设计要求。

检验方法：观察。

(c) 溶剂型涂料涂饰工程应涂饰均匀、黏结牢固，不得漏涂、透底、起皮和反锈。

检验方法：观察；手摸检查。

(d) 溶剂型涂料涂饰工程的基层处理应符合上文 2)中的相关要求。

检验方法：观察；手摸检查；检查施工记录。

② 一般项目。

(a) 色漆的涂饰质量和检验方法应符合表 4-25 的规定。

表 4-25　色漆的涂饰质量和检验方法

项次	项　目	普通涂饰	高级涂饰	检验方法
1	颜色	均匀一致	均匀一致	观察
2	光泽、光滑	光泽基本均匀光滑无挡手感	光泽均匀一致光滑	观察、手摸检查
3	刷纹	刷纹通顺	无刷纹	观察
4	裹棱、流坠、皱皮	明显处不允许	不允许	观察
5	装饰线、分色线直线度允许偏差/mm		1	拉 5m 线，不足 5m 拉通线，用钢直尺检查

注：无光色漆不检查光泽。

(b) 清漆的涂饰质量和检验方法应符合表 4-26 的规定。

表 4-26　清漆的涂饰质量和检验方法

项次	项　目	普通涂饰	高级涂饰	检验方法
1	颜色	基本一致	均匀一致	观察
2	木纹	棕眼刮平、木纹清楚	棕眼刮平、木纹清楚	观察
3	光泽、光滑	光泽基本均匀,光滑无挡手感	光泽均匀一致,光滑	观察、手摸检查
4	刷纹	无刷纹	无刷纹	观察
5	裹棱、流坠、皱皮	明显处不允许	不允许	观察

(c) 涂层与其他装修材料和设备衔接处应吻合，界面应清晰。

检验方法：观察。

4.5　防水工程质量控制

建筑防水是指在建筑物的防水部位，如屋面、地下、水池面等通过建筑结构或防水层，防止自然界的水进入室内或防止室内渗漏室外的措施总称，建筑防水的主要作用是保障建筑物的使用功能，同时也可以起到延长建筑物使用寿命的效果。自古以来，人们就十分重

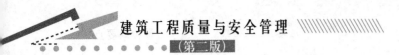
视建筑物的防水工作，并积累了丰富的经验。

防水做法可分为构造防水和材料(防水层)防水，也就是建筑物中的混凝土结构及构件自防水与防水材料制成的防水层防水。防水层防水又有刚性防水层和柔性防水层之分，其中柔性防水层是指用各种防水卷材、防水涂料作为防水层。就建筑防水工程而言，按照不同的防水部位可分为：屋面防水、地下防水、厨卫防水和墙面防水4个部分。本小节重点介绍屋面防水和地下防水。

防水工程施工质量应满足《地下防水工程质量验收规范》(GB 50208—2011)、《屋面工程质量验收规范》(GB 50207—2012)、《屋面工程技术规范》(GB 50345—2012)及《地下工程防水规范》(GB 50108—2008)的要求。

4.5.1　屋面防水工程质量控制

屋面防水工程是房屋建筑的一项重要工程。根据建筑物的类别、重要程度、使用功能要求确定防水等级，将屋面防水分为I、II两个等级，并应按相应等级进行防水设防。屋面防水常见种类有：卷材防水屋面、涂膜防水屋面和刚性防水屋面等。

屋面工程所采用的防水、保温隔热材料应有合格证书和性能检测报告，材料的品种规格、性能等应符合现行国家产品标准和设计要求。屋面施工前，要编制施工方案，应建立各道工序的自检、交接检和专职人员检查的"三检"制度，并有完整的检查记录。伸出屋面的管道、设备或预埋件应在防水层施工前安设好。每道工序完成后，应经监理单位检查验收，合格后方可进行下道工序的施工。屋面工程的防水应由经资质审查合格的防水专业队伍进行施工，作业人员应持有当地建筑行政主管部门颁发的上岗证。

材料进场后，施工单位应按规定取样复检，提出试验报告。不得在工程中使用不合格材料。屋面的保温层和防水层严禁在雨天、雪天和5级以上大风下施工，温度过低也不宜施工，屋面工程完工后，应对屋面细部构造接缝、保护层等进行外观检验，并用淋水或蓄水进行检验，防水层不得有渗漏或积水现象。

屋面工程应建立管理、维修、保养制度，由专人负责，定期进行检查维修，一般应在每年的秋末冬初对屋面检查一次，主要清理落叶、尘土，以免堵塞水落口，雨季前再检查一次，发现问题及时维修。

下面就屋面防水工程常用做法的施工质量控制与验收进行介绍。

1. 卷材屋面防水施工(图4.21)质量控制与验收

【参考视频】

图4.21　卷材屋面防水施工

1) 材料质量检查

防水卷材现场抽样复验应遵守下列规定。

(1) 同一品种、牌号、规格的卷材，抽验数量为：大于 1 000 卷取 5 卷，500～1 000 卷抽取 4 卷，100～499 卷抽取 3 卷，小于 100 卷抽取 2 卷。

(2) 将抽验的卷材开卷进行规格、外观质量检验，全部指标达到标准规定时，即为合格；其中如有一项指标达不到要求，即应在受检产品中加倍取样复验，全部达到标准规定为合格，复验时有一项指标不合格，则判定该产品外观质量为不合格。

(3) 卷材的物理性能应检验下列项目。

① 沥青防水卷材：拉力、耐热度、柔性、不透水性。

② 高聚物改性沥青防水卷材：拉伸性能、耐热度、柔性、不透水性。

③ 合成高分子防水卷材：拉伸强度、断裂伸长率，低温弯折性，不透水性。

(4) 胶粘剂物理性能应检验下列项目。

① 改性沥青胶粘剂：黏结剥离强度。

② 合成高分子胶粘剂：黏结剥离强度，黏结剥离强度浸水后保持率。

防水卷材一般可用卡尺、卷尺等工具进行外观质量的测试，用手拉伸可进行强度、延伸率、回弹力的测试，重要的项目应送质量监督部门认定的检测单位进行测试。

2) 施工质量检查

(1) 卷材防水屋面的质量要求如下。

① 屋面不得有渗漏和积水现象。

② 屋面工程所用的合成高分子防水卷材必须符合质量标准和设计要求，以便能达到设计所规定的耐久使用年限。

③ 坡屋面和平屋面的坡度必须准确，坡度的大小必须符合设计要求，平屋面不得出现排水不畅和局部积水现象。

④ 找平层应平整坚固，表面不得有酥软、起砂、起皮等现象，平整度误差不应超过 5mm。

⑤ 屋面的细部构造和节点是防水的关键部位，所以其做法必须符合设计要求和规范的规定：节点处的封闭应严密，不得开缝、翘边、脱落；水落口及突出屋面设施与屋面连接处应固定牢靠，密封严实。

⑥ 绿豆砂、细砂、蛭石、云母等松散材料保护层和涂料保护层覆盖应均匀，黏结应牢固；刚性整体保护层与防水层之间应设隔离层，表面分格缝、分离缝留设应正确；块体保护层应铺砌平整，勾缝严密，分格缝、分离缝留设位置、宽度应正确。

⑦ 卷材铺贴方法、方向和搭接顺序应符合规定，搭接宽度应正确，卷材与基层、卷材与卷材之间黏结应牢固，接缝缝口、节点部位密封应严密，无皱折、鼓包、翘边。

⑧ 保温层厚度、含水率、表观密度应符合设计要求。

(2) 卷材防水屋面的质量检验。

① 卷材防水屋面工程施工中应做好屋面结构层、找平层、节点构造，直至防水屋面施工完毕，分项工程的交接检查，未经检查验收合格的分项工程，不得进行后续施工。

② 对于多道设防的防水层，包括涂膜、卷材、刚性材料等，每一道防水层完成后，应

由专人进行检查，每道防水层均应符合质量要求、不渗水，才能进行下一道防水层的施工。使其真正起到多道设防的应有效果。

③ 检验屋面有无渗漏或积水，排水系统是否畅通，可在雨后或持续淋水 2h 以后进行；有可能做蓄水检验的屋面宜做蓄水 24h 检验。

④ 卷材屋面的节点做法、接缝密封的质量是屋面防水的关键部位，是质量检查的重点部位，节点处理不当会造成渗漏；接缝密封不好会出现裂缝、翘边、张口，最终导致渗漏；保护层质量低劣或厚度不够，会出现松散脱落、龟裂爆皮，失去保护作用，导致防水层过早老化而降低使用年限。所以对这些项目，应进行认真的外观检查，不合格的应重做。

⑤ 找平层的平整度，用 2mm 直尺检查，面层与直尺间的最大空隙不应超过 5mm，空隙应允许平缓变化，每米长度内不多于一处。

⑥ 对于用卷材做防水层的蓄水屋面、种植屋面应做蓄水 24h 检验。

2. 涂膜屋面防水的施工(图 4.22)质量控制与验收

图 4.22　涂膜屋面防水施工

1) 材料质量检查

进场的防水涂料和胎体增强材料抽样复验应符合下列规定。

(1) 同一规格、品种的防水涂料，每 10t 为一批，不足 10t 者按一批进行抽检；胎体增强材料，每 3 000m² 为一批，不足 3 000m² 的按一批进行抽检。

(2) 防水涂料应检查延伸或断裂延伸率、固体含量、柔性、不透水性和耐热度；胎体增强材料应检查拉力和延伸率。

2) 施工质量检查

(1) 涂膜防水屋面的质量要求如下。

① 屋面不得有渗漏和积水现象。

② 为保证屋面涂膜防水层的使用年限，所用防水涂料应符合质量标准和涂膜防水的设计要求。

③ 屋面坡度应准确，排水系统应通畅。

④ 找平层表面平整度应符合要求，不得有酥松、起砂、起皮、尖锐棱角现象。

⑤ 细部节点做法应符合设计要求，封固应严密，不得开缝、翘边，水落口及突出屋面设施与屋面连接处应固定牢靠、密封严实。

⑥ 涂膜防水层不应有裂纹、脱皮、流淌、鼓包、胎体外露和皱皮等现象，与基层应黏结牢固，厚度应符合规范要求。

⑦ 胎体材料的铺设方法和搭接方法应符合要求；上下层胎体不得互相垂直铺设，搭接缝应错开，间距不应小于幅宽的 1/3。

⑧ 松散材料保护层、涂料保护层应覆盖均匀严密、黏结牢固；刚性整体保护层与防水层间应设置隔离层，其表面分格缝的留设应正确。

(2) 涂膜防水屋面的质量检查。

① 屋面工程施工中应对结构层、找平层、细部节点构造，施工中的每遍涂膜防水层、附加防水层、节点收头、保护层等做分项工程的交接检查；未经检查验收合格，不得进行后续施工。

② 涂膜防水层或与其他材料进行复合防水施工时，每一道涂层完成后，应由专人进行检查，合格后方可进行下一道涂层和防水层的施工。

③ 检验涂膜防水层有无渗漏和积水、排水系统是否通畅，应雨后或持续淋水 2h 以后进行；有可能做蓄水检验的屋面宜做蓄水检验，其蓄水时间不宜少于 24h。淋水或蓄水检验应在涂膜防水层完全固化后再进行。

④ 涂膜防水屋面的涂膜厚度，可用针刺或测厚仪控测等方法进行检验：每 100m^2 的屋面不应少于 1 处；每一屋面不应少于 3 处，并取其平均值评定。

涂膜防水层的厚度应避免采用破坏防水层整体性的切割取片测厚法。

⑤ 找平层的平整度，应用 2m 直尺检查；面层与直尺间最大空隙不应大于 5mm；空隙应平缓变化，每米长度内不应多于一处。

 应用案例 4-9

某一单层金属材料库，建筑面积 2 500m^2，坡屋顶、内檐沟有组织排水，1984 年 11 月完工。1985 年 7 月有一天晚上下大雨，第二天上班时还没有停，只见雨水顺内墙大量地流向室内，地面有 5cm 深的积水。上屋面观察，檐沟积满雨水，雨水口全部被粉煤灰和豆石堵死，雨水顺檐沟卷起上口流淌，将雨水口疏通后，积水逐步排净，漏雨现象停止。

原因分析：防水卷材收口处设计不合理，只用模板条压，即便雨水口不堵死，也容易发生渗漏现象；时间一长，压条也要损坏，渗漏会更严重。应该用砂浆将收口封住，在檐沟垂直面上用豆石混凝土压油毡效果更好。

施工质量不好的主要原因是：

(1) 豆石保护层施工不好。在坡屋面上有一层浮着的豆石，被雨水一冲刷，就冲到檐沟里；檐沟垂直面上，也用同样的豆石，几乎全部脱落。再加上很厚一层粉煤灰，将雨水口堵死。

(2) 卷材收口不好。一是高度不够，有一部分没有达到设计高度；二是压顶抹灰时没有将滴水做好，没有将收口堵严，留下了后患。

(引自王赫. 建筑工程质量事故百问[M]. 北京：中国建筑工业出版社，2000)

4.5.2　地下室防水工程质量控制

地下防水工程是防止地下水对地下构筑物或建筑物基础的长期浸透，保证地下构筑物或地下室使用功能正常使用发挥的一项重要工程。由于地下工程常年受到地表水、潜水、上层滞水、毛细管水等的作用。所以对地下工程防水的处理比屋面防水工程要求更高、防水技术难度更大，一般应遵循"防、排、截、堵"结合、刚柔相济、因地制宜、综合治理

的原则，根据使用要求、自然环境条件及结构形式等因素确定。地下工程的防水应采用经过试验、检测和鉴定并经实践检验质量可靠的材料，以及行之有效的新技术、新工艺。一般可采用钢筋混凝土结构自防水、卷材防水和涂膜防水等技术措施，现就后两种措施的质量控制和验收加以介绍。

1. 地下工程卷材防水施工(图 4.23)质量控制与验收

图 4.23 地下工程卷材防水施工

(1) 地下工程卷材防水所使用的合成高分子防水卷材和新型沥青防水卷材的材质证明必须齐全。

(2) 防水卷材进场后，应对材质分批进行抽样复检，其技术性能指标必须符合所用卷材规定的质量要求。

(3) 防水施工的每道工序必须经检查验收，合格后方能进行后续工序的施工。

(4) 卷材防水层必须确认无任何渗漏隐患后方能覆盖隐蔽。

(5) 卷材与卷材之间的搭接宽度必须符合要求。搭接缝必须进行嵌缝，宽度不得小于10mm，并且必须用封口条对搭接缝进行封口和密封处理。

(6) 防水层不允许有皱折、孔洞、脱层、滑移和虚粘等现象存在。

(7) 地下工程防水施工必须做好隐蔽工程记录，预埋件和隐蔽物需变更设计方案时必须有工程洽商单。

2. 地下工程涂膜防水质量控制与验收

(1) 涂膜防水材料的技术性能指标必须符合合成高分子防水涂料的质量要求和高聚物改性沥青防水涂料的质量要求。

(2) 进场防水涂料的材质证明文件必须齐全，这些文件中所列出的技术性能数据必须和现场取样进行检测的试验报告以及其他有关质量证明文件中的数据相符合。

(3) 涂膜防水层必须形成一个完整的闭合防水整体，不允许有开裂、脱落、气泡、粉裂点和末端收头密封不严等缺陷存在。

(4) 涂膜防水层必须均匀固化，不应有明显的凹坑凸起等现象存在，涂膜的厚度应均匀一致：合成高分子防水涂料的总厚度不应小于 2mm；无胎体硅橡胶防水涂膜的厚度不宜小于 1.2mm，复合防水时不应小于 1mm；高聚物改性沥青防水涂膜的厚度不应小于 3mm，复合防水时不应小于 1.5mm。涂膜的厚度，可用针刺法或测厚法进行检查，针眼处用涂料覆盖，以防基层结构发生局部位移时将针眼拉大，留下渗漏隐患，必要时也可选点割开检查，割开处用同种涂料刮平修复，固化后再用胎体增强材料补强。

 **综合案例**

某承包商承接工程位于某市路南区，占地面积 2.15hm²，建筑层数地上 23 层，地下 3 层，基础类型为桩基筏式承台板，结构形式为现浇剪力墙结构体系，混凝土采用商品混凝土，强度等级有 C25、C30、C35、C40 级，钢筋采用 HPB 300、HRB 335 级。屋面防水采用 SBS 改性沥青防水卷材，外墙采用玻璃幕墙，内墙面和顶棚刮腻子喷大白，屋面保温采用憎水珍珠岩，外墙保温采用聚苯保温板。根据要求，该工程委托本市一家监理公司进行施工监理。

问题：
(1) 对该工程土方工程施工应控制哪些质量要点？
(2) 对该工程钢筋安装工程应如何进行验收？
(3) 该工程混凝土施工过程中应如何控制施工质量？
(4) 简述此工程屋面防水工程质量检验标准。

 **本章小结**

本章中着重介绍了建筑工程中地基与基础、钢筋混凝土、砌体、装饰以及防水工程中常见分项工程的质量控制及质量验收标准。因篇幅有限，无法面面俱到地将所有分项工程的质量验收标准及质量控制要点讲清楚。同学们应以本章内容为基础，扩展学习施工质量验收规范中的其他内容，并以求做到学以致用。

习题

一、单项选择题

1. 下列关于深基坑开挖技术要求说法错误的是（　　）。
   A. 应有经过评审的基坑围护结构设计及施工方案
   B. 降水应达到基坑设计标高以下 500mm
   C. 开挖时应对周边建筑物、地下管线进行检测
   D. 基坑内只需检测围护结构位移

2. 下列适用于挤密松散的砂土、素填土和杂填土复合地基改良方法的是（　　）。
   A. 水泥粉煤灰碎石桩　　　　　B. 砂石桩
   C. 振冲桩　　　　　　　　　　D. 灰土挤密桩

3. 下列不属于灰土地基质量检验主控项目的是（　　）。
   A. 地基承载力　　　　　　　　B. 配合比
   C. 含水率　　　　　　　　　　D. 压实度

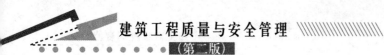

3．灌注桩主筋净距必须大于混凝土粗骨料粒径(　　)倍以上，以确保桩体混凝土浇筑密实。

    A．2　　　　　　　　　　　　　　B．3

    C．4　　　　　　　　　　　　　　D．5

4．下列关于泥浆护壁灌注桩施工清孔的要求说法不正确的是(　　)。

    A．孔底 500mm 以内泥浆相对密度不应小于 1.25

    B．孔底 500mm 以内泥浆含砂率不大于 8%

    C．孔底 500mm 以内泥浆黏度不大于 28Pa·s

    D．端承桩孔底沉渣应不大于 100mm

5．水下灌注混凝土，第一斗混凝土灌下后应使导管一次埋入混凝土面以下(　　)。

    A．0.5m　　　　　　　　　　　　B．0.6m

    C．0.7m　　　　　　　　　　　　D．0.8m

6．下列说法不符合电渣压力焊外观质量检查要求的是(　　)。

    A．焊包应均匀，不得有裂纹

    B．钢筋轴线偏移不得超过 0.1d

    C．焊包四周凸出钢筋表面不小于 5mm

    D．接头处弯曲不得大于 40°

7．下列有关梁绑扎钢筋骨架质量偏差中合乎质量标准要求的是(　　)。

    A．-4mm　　　　　　　　　　　　B．6mm

    C．-8mm　　　　　　　　　　　　D．10mm

8．跨度为 6m，混凝土强度为 C30 的现浇阳台板，当混凝土强度至少达到(　　)时方可拆除底模。

    A．15N/mm^2　　　　　　　　　　B．21N/mm^2

    C．22.5N/mm^2　　　　　　　　　D．30N/mm^2

9．砖砌体留直槎时应加设拉结筋，拉结筋沿墙高每(　　)设一层。

    A．300mm　　　　　　　　　　　　B．500mm

    C．700mm　　　　　　　　　　　　D．1 000mm

10．采用条粘法粘贴屋面卷材时，每幅卷材两边的粘贴宽度不应小于(　　)。

    A．20mm　　　　　　　　　　　　B．100mm

    C．150mm　　　　　　　　　　　　D．200mm

二、多项选择题

1．下列关于灌注桩钢筋笼主筋保护层偏差应满足的标准说法正确的是(　　)。

    A．水下灌注±10mm　　　　　　　B．水下灌注±20mm

    C．非水下灌注±10mm　　　　　　D．非水下灌注±20mm

2．下列关于水下浇筑混凝土的要求说法正确的是(　　)。

    A．坍落度宜为 180～220mm　　　　B．水泥用量不少于 360kN/m^3

    C．含砂率控制在 40%～45%　　　　D．粗骨料粒径应小于 40mm

3．下列关于预制桩施工质量控制的说法正确的是( )。

　　A．预制桩达到设计强度 70% 时方可起吊和运输

　　B．根据施工经验，预制桩沉桩应做到强度和龄期双控制

　　C．摩擦桩终止沉桩以标高控制为主，贯入度控制为辅

　　D．施打大规模群桩可以设置袋装砂井消除部分空隙水压力

4．下列关于钢筋直螺纹连接构造要求的说法正确的是( )。

　　A．受拉区的受力钢筋接头百分率不宜超过 25%

　　B．接头末端距钢筋弯起点不得小于钢筋直径的 10 倍

　　C．不同直径钢筋连接时，一次对接钢筋直径规格不宜超过两级

　　D．连接套管之间的横向净距不宜小于 25mm

5．下列关于钢筋绑扎连接的要求说法正确的是( )。

　　A．HPB300 级钢筋在受拉区应设置弯钩

　　B．搭接长度末端与钢筋弯曲处的距离不小于 10d

　　C．HPB300 级钢筋在受压区不须设置弯钩

　　D．搭接钢筋受拉时，其箍筋间距应大于 5d，且应不大于 100mm

6．下列关于钢筋代换应符合的要求的说法正确的是( )。

　　A．不同种类钢筋的代换应按承载力相等原则进行

　　B．由裂缝控制的构件，钢筋代换后应重新验收

　　C．梁的纵向受力钢筋与弯曲钢筋在代换后应统一

　　D．钢筋代换后应满足混凝土结构设计规范中的构造要求

7．下列关于施工缝的设置与处理的说法正确的是( )。

　　A．大截面梁施工缝应留置在板底面以下 20～30mm

　　B．单向板留置在平行于板的长边的任何位置

　　C．施工缝可留置成与模板成任意角度

　　D．施工缝处已浇筑混凝土强度应大于 1.2MPa 才能后续混凝土

8．下列哪些位置不得留置脚手眼？( )

　　A．120mm 厚墙、清水墙、料石墙、独立柱和附墙柱

　　B．过梁上与过梁成 45° 角的三角形范围及过梁跨度 1/2 高度范围内

　　C．宽度小于 1m 的窗间墙

　　D．梁或梁垫下及其左右 500mm 范围内

三、简答题

1．土方工程施工前应进行哪些方面的检查工作？

2．砖砌体的转角处和交接处如何进行砌筑？

3．模板拆除工程质量检验标准和检查方法是什么？

4．屋面卷材防水层施工过程应检查哪些项目？

5．饰面砖粘贴工程验收主控项目有哪些？

第 5 章

施工质量验收

学习目标

通过本章的学习，学生应掌握建筑工程施工中质量验收的验收层次、组织程序、评定标准。

学习要求

知识要点	能力目标	相关知识	权重
验收基本知识	1. 施工质量验收的依据 2. 施工质量验收的层次 3. 施工质量验收的基本规定	质量验收与质量检验	20%
验收层次划分	1. 验收层次划分的作用 2. 验收层次的划分	竣工验收的准备工作	20%
验收程序与组织	1. 检验批验收程序与组织 2. 分项工程验收程序与组织 3. 分部工程验收程序与组织 4. 单位工程验收程序与组织	隐蔽工程验收程序与组织	30%
验收标准	1. 检验批验收标准与要求 2. 分项工程验收标准与要求 3. 分部工程验收标准与要求 4. 单位工程验收标准与要求	隐蔽工程验收程序与组织	30%

引　例

某矿区综合楼的一部分为两层砖混结构。跨度 12m，总长 27.6m，层高 4.8m，承重的窗间墙厚 370mm，宽 1.2m，并设 120mm×490mm 的附墙壁柱，楼面大梁截面 250mm×1 000mm，大梁与外墙的圈梁现浇。

该楼 1984 年 4 月开工，8 月主体基本完工，进行室内粉刷时发生整体倒塌。其主要原因是不按验收规范规定办事，施工质量低劣，具体表现如下。

(1) 混凝土和砂浆配合比严重失调，砂的含泥量过大，使砂浆实际强度达不到设计要求。

(2) 没有严格按施工验收规范规定组织施工。基础轴线放线偏差，致使墙体底部悬空 30mm。另将附墙壁柱尺寸放错，将 120mm×490mm 砌成 120mm×370mm。砌至窗台才发现，将基础以上墙体拆除重砌，但未按规范规定的方法咬槎，形成施工铰。

(3) 砖墙砌筑不符合规范，用半块断砖替代丁砖，原外墙厚度方向无咬砌，形成两张皮，降低了承载能力；山墙与纵向墙不同时砌筑，又缺少必要的拉结钢筋。

(引自李保全. 常见施工质量事故的案例与分析[J]. 山西建筑，2003，1)

5.1　施工质量验收基本知识

施工质量管理离不开质量验收，质量验收是质量管理活动效果的验证。因为建筑产品的形成是一个复杂的动态过程，在施工过程中，由于受到各种波动因素的影响，工程质量不可避免地存在不同程度的波动，当其超过规范允许的偏差范围时，就会产生不合格品。所以，在施工过程中对建筑产品(检验批、分项、分部、单位工程)进行检验，把工程质量从"事后把关"转移到"事先预防"上来，把不合格品消灭在形成过程中，这是企业实施质量方针的需要，也是确保国家利益和顾客利益的需要，还是企业减少经济损失、提高市场竞争力的需要，更是确保人民生命财产安全的需要。

5.1.1　施工质量验收的依据

1. 工程施工承包合同

工程施工承包合同所规定的有关施工质量方面的条款，既是发包方所要求的施工质量目标，也是承包方对施工质量责任的明确承诺，理所当然成为施工质量验收的重要依据。

2. 工程施工图纸

由发包方确认并提供的工程施工图纸，以及按规定程序和手续实施变更的设计和施工变更图纸，是工程施工合同文件的组成部分，也是直接指导施工和进行施工质量验收的重要依据。

3. 工程施工质量验收统一标准(简称"统一标准")

工程施工质量验收统一标准是国家标准，如由住房和城乡建设部、国家质量监督检验检疫总局联合发布的《建筑工程施工质量验收统一标准》(GB 50300—2013)，规范了全国建筑工程施工质量验收的基本规定、验收的划分、验收的标准以及验收的组织和程序。根据我国现行的工程建设管理体制，国务院各工业交通部门负责对全国专业建设工程质量进行监督管理，因此，其相应的专业建设工程施工质量验收统一标准，是各专业工程建设施工质量验收的依据。

4. 专业工程施工质量验收规范(简称"验收规范")

专业工程施工质量验收规范是在工程施工质量验收统一标准的指导下，结合专业工程的特点和要求进行编制的，它是施工质量验收统一标准的进一步深化和具体化，作为专业工程施工质量验收的依据，"验收规范"和"统一标准"必须配合使用。

5. 建设法律法规、管理标准和技术标准

现行的建设法律法规、管理标准和相关的技术标准是制定施工质量验收"统一标准"和"验收规范"的依据，而且其中强调了相应的强制性条文。因此，也是组织和指导施工质量验收、评判工程质量责任行为的重要依据。

5.1.2 施工质量验收的层次

建筑工程项目往往体型较大，需要的材料种类和数量也较多，施工工序和工程项目多，如何使验收工作具有科学性、经济性及可操作性，合理确定验收层次十分必要。根据《建筑工程施工质量验收统一标准》(GB 50300—2013)的规定，一般将工程项目按照独立使用功能划分为若干单位(子单位)工程；每一个单位工程按照专业、建筑部位划分为地基基础、主体等若干个分部工程；每一个分部工程按照主要工种、材料、施工工艺、设备类别划分为若干个分项工程；每一个分项工程按照楼层、施工段、变形缝等划分为若干检验批。

上述过程逆向就构成了工程施工质量验收层次，即检验批、分项工程、分部(子分部)工程、单位(子单位)工程四个验收层次。其中检验批是工程验收的最小单位，是分项工程乃至整个建筑工程质量验收的基础。另外，建筑工程采用的主要材料、半成品、成品、建筑构配件、器具和设备应进行现场验收；隐蔽工程要求在隐蔽前由施工单位通知相关单位进行隐蔽工程验收。

单位(子单位)工程质量验收即为该项目的竣工验收，是项目建设程序的最后一个环节，是全面考核项目建设成果、检查设计与施工质量、确认项目能否投入使用的重要步骤。

5.1.3 施工质量验收的基本规定

1. 施工质量验收规范体系

为加强建筑工程质量管理，保证工程质量，约束和规范建筑工程质量验收方法、程序和质量标准。我国现行的《建筑工程施工质量验收统一标准》和15个专业工程施工质量验收规范组成了完整的工程质量验收规范体系。

1) 《建筑工程施工质量验收统一标准》(GB 50300—2013)

(1) 提出了工程施工质量管理和质量控制的要求。

(2) 提出了检验批质量检验的抽样方案要求。

(3) 确定了建筑工程施工质量验收项目划分、判定的依据及验收程序的原则。

(4) 规定了各专业验收规范编制的统一原则。

(5) 对单位工程质量验收的内容、方法和程序等做出了具体规定。

2) 15 个建筑工程专业施工质量验收规范

(1)《建筑地基与基础工程施工质量验收规范》(GB 50202)。

(2)《砌体工程施工质量验收规范》(GB 50203)。

(3)《混凝土结构工程施工质量验收规范》(GB 50204)。

(4)《钢结构工程施工质量验收规范》(GB 50205)。

(5)《木结构工程施工质量验收规范》(GB 50206)。

(6)《屋面工程质量验收规范》(GB 50207)。

(7)《地下防水工程质量验收规范》(GB 50208)。

(8)《建筑地面工程施工质量验收规范》(GB 50209)。

(9)《建筑装饰装修工程质量验收规范》(GB 50210)。

(10)《建筑给水排水及采暖工程施工质量验收规范》(GB 50242)。

(11)《通风与空调工程施工质量验收规范》(GB 50243)。

(12)《建筑电气工程施工质量验收规范》(GB 50243)。

(13)《电梯工程施工质量验收规范》(GB 50310)。

(14)《智能建筑工程施工质量验收规范》(GB 50339)。

(15)《建筑节能工程施工质量验收规范》(GB 50411)。

3) 现行建筑工程施工质量验收规范体系的特点

(1) 体现了"验评分离、完善手段、过程控制"的指导思想。

(2) 同一对象只有一个标准，避免了交叉干扰，便于执行。

(3) 自 2001 版规范开始，验收结论只设"合格"一个质量等级，取消了"优良"等级。

2. 建筑工程施工质量验收的基本规定

1) 建筑工程施工质量验收的要求

(1) 工程质量验收均应在施工单位自行检查评定的基础上进行。

(2) 参加工程施工质量验收的各方人员应该具备规定的资格。

(3) 检验批的质量应按主控项目和一般项目验收。

(4) 对涉及结构安全、节能、环境保护和主要使用功能的试块、试块及材料，应在进场时或施工中按规定进行见证检验。

(5) 隐蔽工程应在隐蔽前由施工单位通知监理单位进行验收，并应形成验收文件，验收合格后方可继续施工。

(6) 对涉及结构安全、节能、环境保护和使用功能的重要分部工程应按在验收前按规定进行抽样检验。

(7) 工程外观质量应由验收人员通过现场检查后共同确认。

2) 对专项验收要求的规定

专项验收按相应专业验收规范的要求进行。为适应建筑工程行业的发展，鼓励新技术的推广应用，保证建筑工程验收的顺利进行，当专业验收规范对工程中的验收项目未作出相应规定时，应由建设单位组织监理、设计、施工等相关单位制定专项验收要求。涉及结构安全、节能、环境保护等项目的专项验收要求应由建设单位组织专家论证。

3) 特殊情况下调整抽样复验、试验数量的规定

符合下列条件之一时，可按相关专业验收规范的规定适当调整抽样复验、试验数量，调整后的抽样复验、试验方案应由施工单位编制，并报监理单位审核确定。

(1) 同一项目中由相同施工单位施工的多个单位工程，使用同一生产厂家的同品种、同规格、同批次的材料、构配件、设备等，如果按每一个单位工程分别进行复验，势必造成重复而浪费人力、物力，因此可适当调整抽样复检、试验的数量。

(2) 同一施工单位在现场加工的成品、半成品、构配件用于同一项目中的多个单位工程中，对这样的情况可适当调整抽样复验、试验数量。但对施工安装后的工程质量应按分部工程的要求进行检测试验，不能减少抽样数量。

(3) 在同一项目中，针对同一抽样对象的已有检验成果可以重复利用。如混凝土结构的隐蔽工程检验批和钢筋工程检验批，就有很多相同之处，可以重复利用检验成果，但须分别填写验收资料。

5.2　施工质量验收层次划分

建筑工程质量检查与验收工作是一项十分重要的工作，工程从合同签订后进行施工准备到竣工交付使用，要经过若干阶段、若干工序、多种专业工种的配合。如前所述，一般可按结构分解的原则将工程施工质量验收划分为单位(子单位)工程、分部(子分部)工程、分项工程、检验批四个层次。

5.2.1　施工质量验收层次划分的作用

1. 有利于工程质量处于受控状态

由于划分了验收层次，有利于工程施工质量的过程控制和最终把关，确保工程质量符合有关标准，使工程质量处于受控状态。

2. 有利于工程质量管理有序、验收步骤分明

根据工程特点，将整个过程按结构分解的原则分解成各个相对独立的单元体，这使得整个过程易于管理，便于验收。

3. 有利于提高工程质量验收的科学性、规范性和准确性

经过划分后的工程，在一个工程中，各工种及设备机组、各系统、各区段的划分相对统一，验收起来也就更有条理了。

4. 有利于为工程竣工验收提供真实有效的资料

由于划分了验收层次，施工质量得到了有效的控制，发现质量问题能容易分清责任并及时分析、解决，同时便于进行质量评定。

5.2.2　施工质量验收层次划分

1. 单位工程的划分

对于房屋建筑工程，单位工程的划分应按下列原则确定。

(1) 具备独立施工条件并能形成独立使用功能的建筑物或构筑物为一个单位工程。如一所学校中的一栋教学楼、办公楼、传达室，某城市的广播电视塔等。

(2) 对于规模较大的单位工程，可将其能形成独立使用功能的部分划分为一个子单位工程。子单位工程的划分一般可根据工程的建筑设计分区、使用功能的显著差异、结构缝的设置等实际情况来确定。施工前，应由建设、监理、施工单位商定划分方案，并据此收集整理施工技术资料和验收。如一个公共建筑有 20 层塔楼及 4 层裙房，该业主计划在裙房施工竣工后立即投入使用，就可以将裙房划分为一个子单位工程。

(3) 室外工程可根据专业类别和工程规模划分单位工程或子单位工程、分部工程。室外工程的单位工程、分部工程可按表 5-1 划分。

表 5-1　室外工程的划分

单位工程	子单位工程	分部工程
室外设施	道路	路基、基层、面层、广场与停车场、人行道、人行地道、挡土墙、附属构筑物
	边坡	土石方、挡土墙、支护
附属建筑及室外环境	附属建筑	车棚、围墙、大门、挡土墙
	室外环境	建筑小品、亭台、水景、连廊、花坛、场坪绿化、景观桥

2. 分部工程的划分

分部工程是单位工程的组成部分。对于建筑工程，分部工程的划分参见《建筑工程施工质量验收统一标准》(GB 50300—2013)附录 B。划分应按下列原则确定。

(1) 分部工程的划分可按专业性质、工程部位确定。如建筑工程划分为地基与基础、主体结构、建筑装饰装修、屋面工程、建筑给水排水及供暖、通风与空调、建筑电气、建筑智能化、建筑节能、电梯 10 个分部工程，但有的单位工程中，不一定全有这些分部工程。

(2) 分部工程较大且较复杂时，为方便验收，可将其中相同部分的工程或能形成独立专业体系的工程划分为若干子分部工程。如可按材料种类、施工特点、施工程序、专业系统及类别将分部工程划分为若干子分部工程。

【参考图文】

3. 分项工程的划分

分项工程是分部工程的组成部分，是工程质量验收的基本单元，是工程质量管理的基础。分项工程可由一个或若干个检验批组成。分项工程的划分参见《建筑工程施工质量验收统一标准》(GB 50300—2013)附录 B。

(1) 建筑工程的分项工程一般应按主要工种来划分，也可按材料、施工工艺、设备类别来划分。如建筑工程主体结构分部工程中，混凝土结构子分部工程按主要工种分为模板、钢筋、混凝土等分项工程；按施工工艺又分为预应力结构、现浇结构、装配式结构等分项工程。

(2) 要根据不同的工程特点，按系统或区段来划分各自的分项工程。如住宅楼的照明，可把每个单元的照明系统划分为一个分项工程。对于大型公共建筑的通风管道工程，一个楼层可分为数段，每段即为一个分项工程。

(3) 在一个工程中，各工种、各系统、各区段的划分应相应统一。为了使质量能收到有效的控制，发现质量问题能容易分清责任并及时分析、解决，同时便于进行质量评定，要求划分的范围不宜太大，即分项工程不能太大。

4. 检验批的划分

检验批是指按同一生产条件或按规定的方式汇总起来供检验用的、由一定数量样本组成的检验体。它是工程验收的最小单位，也是分项工程乃至整个建筑工程质量验收的基础。

检验批可根据施工、质量控制和专业验收的需要，按工程量、楼层、施工段、变形缝进行划分。施工前，应由施工单位制定分项工程和检验批的划分方案并提交项目监理机构审核。

检验批的划分原则如下。

(1) 多层及高层建筑的分项工程可按楼层或施工段来划分检验批，单层建筑的分项工程可按变形缝等来划分检验批；地基基础的分项工程一般划分为一个检验批，有地下室的基础工程可按不同地下层划分检验批；屋面工程的分项工程可按不同楼层屋面划分为不同检验批；其他分部工程中的分项工程一般按楼层划分检验批；对于工程量较少的分项工程可划分为一个检验批；安装工程一般按一个设计系统或设备组别划分为一个检验批；室外工程一般划分为一个检验批；散水、台阶、明沟等含在地面检验批中。

(2) 地基基础中的土方工程、基坑支护工程及混凝土结构工程中的模板工程，虽不构成建筑工程实体，但因其是建筑工程施工中不可缺少的重要环节和必要条件，其质量关系到建筑工程的质量和施工安全，因此将其列入施工验收的内容。

《建筑工程施工质量验收统一标准》(GB 50300—2013)明确规定：施工前，应由施工单位制定分项工程和检验批的划分方案，并由监理单位审核。对于附录 B 及相关专业验收规范未涵盖的分项工程和检验批，可由建设单位组织监理、施工等单位协商确定。

5.3　施工质量验收程序和组织

质量检验与验收是按照施工的顺序进行评定的，即先验收检验批、分项工程的质量，再验收分部工程的质量，最后验收单位工程的质量。质量验收的程序和组织是依法、依规保证工程质量的重要手段，必须严格遵守。

5.3.1　检验批工程质量验收程序与组织

(1) 验收前，施工单位应对施工完成的检验批进行自检，合格后由项目专业质量检查员填写××检验批质量验收记录(《建筑工程施工质量验收统一标准》附录 E)及检验批报审、报验表。

(2) 施工单位将上述记录及报验表报送项目监理机构申请验收。专业监理工程师对所报资料进行审查，并组织施工单位项目专业质量检查员、专业工长等到现场对主控项目和一般项目进行实体检查、验收。

(3) 由于检验批的检查数量较多，当不能进行全数检查时，因此应当进行随机抽样检验。满足分布均匀、具有代表性的要求，抽样数量不应低于有关专业验收规范的规定。

(4) 对验收合格的检验批，专业监理工程师应在上述检验批质量验收记录、检验批报审表的相应位置上签字确认，准许进行下道工序施工；对验收不合格的检验批，专业监理工程师应要求施工单位进行整改，并在自检合格后重新进行复验。

5.3.2　隐蔽工程质量验收程序与组织

隐蔽工程是指在下道工序施工后将被覆盖或掩盖，不易进行质量检验的工程，如钢筋混凝土中的钢筋工程、地基与基础工程中的混凝土基础和桩基础等。隐蔽工程可能是一个检验批、也可能是一个分项工程或子分部工程，因此可以对应地按检验批或分项工程、子分部工程进行验收。

(1) 隐蔽工程在下一道工序开工前必须进行验收，并按照《隐蔽工程验收控制程序》办理。隐蔽工程自检合格后，施工单位以书面形式报送项目监理机构申请验收。

(2) 专业监理工程师对施工单位递交的隐蔽工程质量验收记录、隐蔽工程报审和报验表进行审查。当隐蔽工程为检验批时，专业监理工程师可组织施工单位项目专业质量检查员、专业工长等到现场进行实体检查、验收，同时应保留有照片、影像资料。而对基底、基槽、桩基础等这类隐蔽工程还要有勘察单位、设计单位相关负责人员和相关检测单位负责人参加。

(3) 对验收合格的隐蔽工程，专业监理工程师应在施工单位所填报的隐蔽工程质量验收记录、检验批报审表的相应位置签字确认，准许进行下道工序施工；对验收不合格的隐蔽工程，专业监理工程师应要求施工单位进行整改，并在自检合格后重新组织复验。

5.3.3　分项工程质量验收程序与组织

(1) 验收前，施工单位应先对施工完成的分项工程进行自检，合格后填写××分项工程质量验收记录(《建筑工程施工质量验收统一标准》附录 F)、分项工程报审表，并报送项目监理机构申请验收。

(2) 由专业监理工程师组织施工单位项目专业技术负责人等进行分项工程质量验收。

(3) 专业监理工程师应对施工单位填报的资料逐项进行审查，若对分项工程所含某些检验批验收结论有怀疑或异议，应进行相应的检查核实。

(4) 对符合要求的分项工程，施工单位项目专业质量检查员和项目专业技术负责人在相应的质量检验记录、分项工程报审表中相关栏目签字，然后由专业监理工程师签字通过验收。

5.3.4　分部(子分部)工程质量验收程序与组织

(1) 施工单位先对施工完成的分部(子分部)工程进行自检，合格后填写分部(子分部)工程质量验收记录(《建筑工程施工质量验收统一标准》附录 G)、分部(子分部)工程报审表，并报送项目监理机构申请验收。

(2) 总监理工程师组织相关人员进行验收。其中，施工单位的项目负责人和项目技术负责人等均应参加各类分部(子分部)工程质量验收。考虑到地基与基础、主体结构工程要求严格，技术性强，关系到整个工程的安全；而建筑节能是基本国策，直接关系到国家资源策略、可持续发展等，因此规定勘察、设计单位项目负责人和施工单位技术、质量部门负责人应参加地基与基础分部工程的质量验收；设计单位项目负责人和施工单位技术、质量部门负责人还应参加主体结构、节能分部工程的验收。

(3) 施工单位汇报分部(子分部)工程完成情况，验收人员审查监理、勘察、设计、施工单位的工程验收资料并实地查验工程质量。验收过程中所发现的问题由施工单位进行答复。

(4) 工程参见各方对本分部(子分部)工程的施工活动进行总结并分别阐明各自的验收结论。

(5) 当验收意见一致时，在工程质量监督机构的监督下验收人员应分别在相应的分部(子分部)工程质量验收记录表上签字。当参加验收的各方对工程质量的验收意见不一致时，应当协商提出解决办法，也可申请有关行政主管部门或工程质量监督机构协调办理。

(6) 对验收不合格的分部(子分部)工程，应要求施工单位进行整改，自检合格后重新申请验收。

5.3.5　单位(子单位)工程质量验收程序与组织

1. 工程预验收

(1) 单位(子单位)工程完工后，施工单位首先要依据施工合同、质量标准、设计图纸等组织有关人员进行自检并对检查结果进行评定。符合要求的单位(子单位)工程可填写单位工程竣工验收报审表(《建筑工程施工质量验收统一标准》附录 H)，以及质量竣工验收记录、质量控制资料核查记录、安全和功能检验资料核查及观感质量检查记录等资料，并将单位工程竣工验收报审表及有关竣工资料报送项目监理机构申请工程预验收。

【参考图文】

(2) 项目监理机构收到预验收申请后，总监理工程师应组织各专业监理工程师审查施工单位提交的单位工程竣工验收报审表及其他有关竣工资料，并对工程质量进行竣工预验收。存在质量问题时，应由施工单位及时整改，整改合格后总监理工程师签认单位工程竣工验收报审表及有关资料。

(3) 单位工程竣工资料应提前报请城建档案馆验收并获得预验收许可。

2. 竣工验收

(1) 施工单位向建设单位提交工程竣工验收报告和完整的工程资料，申请工程竣工验收。

(2) 建设单位收到施工单位提交的工程竣工报告后，应由建设单位项目负责人组织监理、设计、施工、勘察等单位项目负责人进行单位(子单位)工程验收。

(3) 在整个单位工程进行验收时，已验收的子单位工程的验收资料应作为单位工程验收的附件。

(4) 单位工程中的分包工程完工后，分包单位应对所承包的工程项目进行自检并应按验收统一标准的程序进行验收。验收时，总包单位应派人参加。分包单位应将所分包工程的质量控制资料整理完整，并移交给总包单位。在竣工验收时，分包单位负责人也应参加验收。

(5) 参建各方当验收意见一致时，验收人员应分别在单位工程质量验收记录表上签字确认。当参建各方对工程质量验收意见不一致时，可请当地建设行政主管部门或工程质量监督机构(也可以是其委托的部门、单位或各方认可的咨询单位)协调处理。

(6) 单位工程质量验收合格后，建设单位应在规定时间内将工程竣工验收报告和竣工资料报县级以上人民政府建设行政主管部门或其他有关部门备案。

某市阳光花园高层住宅 1 号楼，由两个地上 24 层、地下 2 层的塔楼和一个连体建筑组成，总建筑面积 31 100m²，全现浇钢筋混凝土剪力墙结构，施工组织采用总分包管理模式。

1998 年 9 月中旬挖槽，11 月中旬完成基础底板混凝土浇筑，12 月中旬完成地下两层墙体、顶板支模、钢筋绑扎及混凝土浇筑工作，1 月中旬基础工程全部完工。

该工程按照质量检验评定的程序，钢筋分项工程应由监理工程师组织施工单位项目专业质量(技术)负责人进行验收；基础工程应由总监理工程师组织施工单位项目负责人和技术质量负责人，勘察、设计单位工程项目负责人和施工单位技术、质量部门负责人进行工程验收；该住宅楼完工后，施工单位应自行组织有关人员进行检查评定，并向建设单位提交工程验收报告；建设单位收到工程验收报告后，由建设单位(项目)负责人组织施工(含分包单位)、设计、监理等单位(项目)负责人进行单位工程验收；分包单位对所承包工程项目检查评定，总包方派人参加，分包单位完成后，将资料交给总包方；当参加验收各方对工程质量验收不一致时，可请当地建设行政主管部门或工程质量监督机构协调处理；单位工程质量验收合格后，建设单位应在规定时间内将工程竣工验收报告和有关文件报建设行政管理部门备案。

(引自全国一级建造师执业资格考试用书编写委员会. 建筑工程管理与实务[M]. 北京: 中国建筑工业出版社, 2007)

5.4　施工质量验收标准

5.4.1　检验批工程质量验收

1. 检验批质量验收的内容

为了使检验批的质量满足安全和功能的基本要求，保证建筑工程质量，各专业验收规范都从以下三个方面进行检验批验收。

1) 资料核查

质量控制资料反映了检验批从原材料到最终验收的各施工工序的操作依据、检查情况以及保证质量所必需的管理制度等，其完整性的检查是对过程控制的确认，是检验批合格的前提。

2) 主控项目

主控项目是对检验批的基本质量起决定性影响的检验项目，是对安全、卫生、环境保护和公众利益起决定性作用的检验项目，是确定该检验批主要性能的项目，因此要求主控项目必须全部符合有关专业验收规范的规定。如混凝土、砂浆的强度等级是保证混凝土结构、砌体工程强度的重要性能，其指标必须全部达到设计要求。如果达不到规定的质量指标，降低要求就相当于降低该工程项目的性能指标，就会严重影响工程的安全性能；如果提高要求，则会增加工程造价。

主控项目包括的内容如下。

(1) 重要材料、构件及配件、成品及半成品、设备性能及附件的材料、技术性能等。如水泥、钢材，预制楼板、墙板、门窗等构配件，风机等设备应检查出厂证明，其技术数据、项目应符合有关技术标准规定。

(2) 结构的强度、刚度和稳定性等检验数据、工程性能的检测。如混凝土、砂浆的强度，钢结构的焊缝强度，管道的压力试验，风管的系统测定与调整，电气设备的绝缘、接地测试，电梯的安全保护、试运转结果等应检查测试记录，其数据及项目要符合设计要求和验收规范规定。

(3) 一些重要的允许偏差项目，必须控制在允许偏差限值之内。对一些有龄期的检测项目，在其龄期未到，不能提供数据时，可先将其他评价项目先评价，并根据施工现场的质量保证和控制情况，暂时验收该项目，待检测数据出来后，再填入数据。如果数据达不到规定数值，以及对一些材料、构配件质量及工程性能的测试数据有疑问时，应进行复试、鉴定及实地检验。

3) 一般项目

一般项目是除主控项目以外的检验项目，应该达到其所要求的条文规定，只不过对不影响工程安全和使用功能的少数条文可以适当放宽一些。这些项目在验收时，绝大多数抽查处(件)，其质量指标都必须达到要求，虽然允许存在一定数量的不合格点，但某些不合格点的指标与合格要求偏差较大或存在严重缺陷时，仍将影响使用功能或观感质量，对这些部位应进行维修处理。

一般项目包括的内容如下。

(1) 允许有一定偏差的项目，而放在一般项目中，用数据规定的标准，可以有个别偏差范围，最多不超过20%的检查点可以超过允许偏差值，但也不能超过允许值的150%。

(2) 对不能确定偏差值而又允许出现一定缺陷的项目，则以缺陷的数量来区分。如砖砌体预埋拉结筋，其留置间距偏差；混凝土钢筋漏筋，漏出一定长度等。

(3) 一些无法定量的而采用定性的项目。如碎拼大理石地面颜色协调，应无明显裂缝和坑洼；油漆工程中，油漆应光亮和光滑；卫生器具给水配件安装项目，应接口严密，启闭部分应灵活；管道接口项目，应无外漏油麻等。这些要求只能在实际检查中来把握。

2. 检验批质量验收标准

(1) 主控项目的质量经抽样检验均应合格。

(2) 一般项目的质量抽样检验合格。当采用计数抽样时，合格点率应符合有关专业验收规范的规定，且不得存在严重缺陷。对于计数抽样的一般项目，正常检验一次、二次抽样可按表 5-2 和表 5-3 判定。

(3) 具有完整的施工操作依据、质量验收记录。

表 5-2　一般项目正常检验一次抽样判定(标准)

样本容量	合格判定数	不合格判定数	样本容量	合格判定数	不合格判定数
5	1	2	32	7	8
8	2	3	50	10	11
13	3	1	80	14	15
20	5	6	125	21	22

表 5-3　一般项目正常检验二次抽样判定(标准)

抽样次数	样本容量	合格判定数	不合格判定数	抽样次数	样本容量	合格判定数	不合格判定数
(1)	3	0	2	(1)	20	3	6
(2)	6	1	2	(2)	40	9	10
(1)	5	0	3	(1)	32	5	9
(2)	10	3	4	(2)	61	12	13
(1)	8	1	3	(1)	50	7	11
(2)	16	4	5	(2)	100	18	19
(1)	13	2	5	(1)	80	14	16
(2)	26	6	7	(2)	160	26	27

注：(1)和(2)表示抽样次数，(2)对应的样本容量为两次抽样的累计数量。样本容量在上述表格所给数值之间时，合格判定数可通过插值并四舍五入取整确定。

3. 检验批质量检验方法

1) 检验批的质量检验抽样方案

抽样方案可根据检验项目的特点从下列方案中选取。

(1) 计量、计数或计量-计数的抽样方案。

(2) 一次、二次或多次抽样方案。

(3) 对重要的检验项目，当有简易快速的检验方法时，选用全数检验方案。

(4) 根据生产连续性和生产控制稳定性情况，采用调整型抽样方案。

(5) 经实践证明有效的抽样方案。

2) 计数抽样的最小抽样数量

检验批的质量检验抽样样本应随机抽取，满足分布均匀、具有代表性的要求，抽样数量应符合有关专业验收规范的规定。明显不合格的个体不可以纳入检验批，但应进行处理，使其满足有关专业验收规范的规定，对处理的情况应予以记录并重新验收。当采用计数抽样时，最小抽样数量应符合表 5-4 的要求。

表 5-4　检验批最小抽样数量

检验批容量	最小抽样数量	检验批容量	最小抽样数量
2～15	2	151～280	13
16～25	3	281～500	20
26～90	5	501～1 200	32
91～150	8	1 201～3 200	50

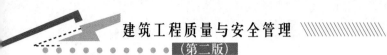

3) 抽样检验风险控制

要求通过抽样检验的检验批 100%合格是不合理的，也是不可能的。故抽样检验必然存在两类风险。

(1) 错判概率 α，是指合格批被判为不合格的概率，即合格批被拒收的概率。

(2) 漏判概率 β，是指不合格批被判为合格的概率，即不合格批被误收的概率。

在抽样检验中，两类风险一般控制范围如下。

(1) 主控项目：对应于合格质量水平的 α 和 β 均不宜超过 5%。

(2) 一般项目：对应于合格质量水平的 α 不宜超过 5%，β 不宜超过 10%。

5.4.2 隐蔽工程质量验收

1. 隐蔽工程质量验收制度

为进一步加强工程的质量管理，避免隐蔽工程可能造成的质量隐患，确保工程质量满足设计和规范要求，特制定《隐蔽工程验收制度》。

(1) 验收人员：工程部分管人员、监理单位人员、施工单位施工员和质量检查员。

(2) 验收时间：隐蔽工程应提前一天报验。

(3) 验收内容：建筑各分部分项工程中所包含的隐蔽工程项目。

2. 常见隐蔽工程验收方法

(1) 基坑、基槽验收。

① 建筑物基坑或管道基槽按设计标高开挖后，工程项目部要求监理单位组织验槽工作。

② 建设单位项目工程部工程师、监理工程师、施工单位、勘察单位、设计单位按约定时间到现场确认土质是否满足承载力的要求，如土质不满足设计要求需要进行地基处理或更改基础设计的，可通过工程联系单或设计变更单等进行处理。

③ 基坑或基槽验收记录要经过上述五方会签，验收后应尽快隐蔽，避免被环境扰动。

(2) 基础回填隐蔽验收。

基础回填工作要按设计文件要求的土质或材料分层夯实，而且按规范的相关要求请质量检测单位进行取样，检查其密实度是否达到设计要求，确保回填土填筑质量，不产生过大沉降变形。

(3) 钢筋隐蔽工程验收。

① 检查钢筋级别、规格、数量、间距是否符合设计文件的要求，同一截面接头数量及搭接长度是否满足设计规范的要求，对焊接接头的箍筋，先检验焊接接头的焊接外观质量，然后按规范要求取样抽检，确保焊接接头质量满足要求。

② 按设计文件要求验收钢筋保护层。

③ 对验收中存在不满足要求的，监理工程师应要求施工单位立即整改；存在严重质量问题的，监理工程师应发出监理工程师通知单，直到完全合格后方可在《隐蔽工程记录表》及《混凝土浇灌令》上签署同意意见。

(4) 混凝土结构上预埋管、预埋铁件及水电管线的隐蔽工程验收。

混凝土结构上通常有防水套管、预埋铁件、电气管线、给排水管线需隐蔽，在混凝土浇筑封模板前要对其进行隐蔽工程验收。

① 验收其原材料是否有合格证，是否有见证取样检验，只有合格材料才允许使用。

② 检查套管，铁件所用材料规格及加工是否符合设计要求。

③ 核对其放置的标高、轴线等具体位置是否准确无误；并检查其固定方法是否可靠，能否确保混凝土浇筑过程中不变形、不移位。

④ 检查水电管线埋设位置是否合理，能否满足要求。

(5) 混凝土结构及砌体结构工程在装饰前均要进行隐蔽工程验收。

① 混凝土结构需要查验所有材料合格证及混凝土试验报告，要进行现场强度回弹试验或钻孔取样试验，要检验混凝土表面密实度及结构几何尺寸是否符合设计要求。

② 砌体结构需要查验原材料合格证、砂浆配合比、砂浆试验报告等有关材料是否齐全，现场查验抗震构造拉结钢筋设置是否妥当，砌体砌筑方法及灰缝是否满足设计要求，砌体轴线、位置、厚度等是否符合设计文件的规定。

3. 隐蔽工程验收的相关责任

隐蔽工程在隐蔽后难于再进行质量检查，若因隐蔽工程验收不到位造成隐蔽工程质量缺陷或事故的须重新揭开修补处理，这种返工造成的损失往往很大，部分质量缺陷甚至无法完全修复。因此，必须高度重视隐蔽工程验收活动。

施工单位在隐蔽工程隐蔽以前应先进行自检，自检合格后提前一天通知监理工程师(建设单位现场代表)，说明隐蔽的内容、检查的时间和地点并提交自检记录。监理工程师(建设单位现场代表)接到通知后，应当在要求的时间内到达隐蔽现场，对隐蔽工程的条件进行检查，检查合格的签发《隐蔽工程记录表》，进入下道工序施工。

监理工程师(建设单位现场代表)接到通知后，没有按期对隐蔽工程条件进行检查的，施工单位应当催告对方在合理期限内进行检查。监理工程师(建设单位现场代表)不在规定时间内进行检查验收的，施工单位可在自行进行隐蔽工程验收后进行隐蔽施工。

若施工单位未通知监理工程师(建设单位现场代表)检查而自行进行隐蔽的，监理工程师(建设单位现场代表)有权要求施工单位对已隐蔽的工程进行揭开检查，所发生的费用包括检查费用、返工费用、材料费用等由施工单位承担。

5.4.3　分项工程质量验收

分项工程质量验收是在检验批验收合格的基础上进行的。一般情况下，检验批和分项工程两者具有相同或相近的性质，只是批量的大小不同而已。因此，只需先将相关的检验批汇集成一个分项工程，再进行验收即可。

分项工程质量验收合格应符合下列规定。

(1) 分项工程所含的检验批均应验收合格。

(2) 分项工程所含的检验批质量检查记录应完整。

在分项工程质量验收时应着重注意以下几个方面。

(1) 核对检验批的部位、区段是否全部覆盖分项工程的范围，有没有缺漏的部位。

(2) 一些在检验批中无法检验的项目，在分项工程中直接验收。如砖砌体工程中的全高垂直度、砂浆强度的评定等。

(3) 检验批验收记录的内容及签字人是否正确、齐全。

5.4.4 分部（子分部）工程质量验收

分部（子分部）工程由若干分项工程组成。在一个分部工程中只有一个子分部工程时，子分部工程就是分部工程。当一个分部工程中有不止一个子分部工程时，可以先按各子分部工程进行质量验收，然后再对各子分部工程的质量控制资料进行核查；对地基基础、主体结构和设备安装等分部工程中有关安全和功能的检验和抽样检查结果进行核查；对分部工程的观感质量进行综合评价。最后对该分部工程的质量给出验收结论。

分部工程质量验收合格应符合下列规定。

(1) 分部（子分部）工程所含分项工程的质量均应验收合格。

(2) 质量控制资料应完整。

(3) 有关安全、节能、环境保护和主要使用功能的抽样检验结果应符合相应规定。

(4) 观感质量验收应符合要求。

由于各分项工程的性质不尽相同，因此作为分部工程质量验收，不能将其所包含的各分项工程简单地组合，尚需增加以下两类检查项目。

(1) 涉及安全、节能、环境保护和主要使用功能的地基基础、主体结构和设备安装等分部工程应进行有关见证取样检验或抽样检验。

(2) 观感质量验收。这类检查往往难以定量，只能以观察、触摸或简单量测的方式进行，并由个人的主观印象判断，检查结果并不给出"合格"或"不合格"的结论，而是综合给出"好""一般"或"差"的质量评价。

观感质量的评价方法：由检查评价人员进行宏观评价，如果没有明显达不到要求的方面，就可以评为一般；如果某些部位质量较好，细节处理到位，就可评为好；如果有的部位达不到要求，或有明显的缺陷，但不影响安全或使用功能的，则可评为差，评为差的项目能进行返修的应进行返修，不能修理的双方可协商解决。不能返修但不影响结构安全和使用功能的可通过验收，有影响安全或使用功能的项目，不能评价，应修理后再评价。

5.4.5 单位（子单位）工程质量验收

单位（子单位）工程质量验收也称质量竣工验收，是工程建设的最后一个程序，是全面检验工程建设是否符合设计要求和施工质量的重要环节；也是检查承包合同执行情况，促进建设项目及时投产和交付使用，发挥投资效益的必要环节；同时，通过竣工验收，可以总结建设经验，全面考核建设成果，为今后的建设工作积累经验；此外，它也是建设投资效益转入生产和使用的标志，是工程项目管理的一项重要工作。

(1) 工程具备以下条件时，建设单位可以同意进行单位工程（竣工）验收。

① 完成施工图设计文件和合同约定的内容，建筑物达到使用要求，环境条件具备安全和绿化要求。

② 施工单位对质量进行了检查，确认竣工验收条件达到，向建设单位提交竣工报告。

③ 监理单位组织进行了工程竣工预验收，并对质量进行了检查和评估，提出了质量评估报告。

④ 勘察、设计单位对工程进行了质量检查，提出了符合设计要求的质量检查报告。

⑤ 有完整的竣工技术资料和施工、监理管理资料，经城建档案管理机构审核符合要求。

⑥ 工程所用材料、构件的安全和功能检测报告齐全并合格。

⑦ 公安消防、环境保护、城市建设档案、规划等部门专项验收已进行，并出具验收合格证明文件或准许使用文件。

⑧ 建设行政主管部门或质量监督机构责令整改的问题经整改并符合技术标准要求。

⑨ 施工单位已签署《工程质量保修书》《建筑使用说明书》《住宅使用说明书》并齐全。

⑩ 有地下人防工程的应有经人防主管部门检查验收的合格文件。

(2) 单位工程(竣工)验收合格应符合下列规定。

① 单位(子单位)工程所含分部(子分部)工程的质量均应验收合格。

② 质量控制资料应完整。

③ 单位(子单位)工程所含分部工程中有关安全、节能、环境保护和主要使用功能的检验资料应完整。

④ 主要使用功能的抽查结果应符合相关专业验收规范的规定。

⑤ 观感质量验收应符合要求。

(3) 单位工程(竣工)验收会议的程序如下。

① 建设、勘察、设计、承包、监理单位分别汇报工程合同履行情况和在工程建设各个环节执行法律法规和工程建设强制性标准的情况。

② 审阅建设、勘察、设计、施工、监理单位的工程档案资料。

③ 实地查验工程质量。

④ 对工程勘察、设计、施工、设备安装质量和各管理环节等方面做出全面评价，形成经验收组成员签署的工程竣工验收意见。参与工程竣工验收的建设、勘察、设计、施工、监理等各方不能形成一致意见时，应当协商提出解决方法，待意见统一后重新组织工程竣工验收，必要时可提请建设行政主管部门或质量监督站调解。正式验收完成后，验收委员会应形成《竣工验收鉴定证书》，对验收做出结论，并确定交工日期及办理承发包双方工程价款的结算手续等。

⑤ 《竣工验收鉴定证书》的主要内容包括：验收的时间、验收工作概况、工程概况、项目建设情况、生产工艺及水平、生产设备及试生产情况、竣工决算情况、工程质量的总体评价、经济效果评价、遗留问题及处理意见、验收委员会对项目(工程)的验收结论。

 综合案例

某锅炉厂拟建 6 层砖混结构办公楼，该市建筑公司通过招标方式承接该项施工任务，某监理公司接受业主委托，承担监理任务。该办公楼建筑平面形状为 L 形，设计采用混凝土小型砌块砌筑，墙体加构造柱，本工程于 1995 年 10 月 10 开工建设，1996 年 6 月 15 日竣工。

问题：

(1) 该办公楼达到什么条件方可竣工验收？

(2) 该办公楼竣工验收应如何组织？

(3) 该工程施工过程中隐蔽工程验收应如何组织？

本章小结

进行建筑工程施工质量验收，是质量管理工作的重要内容，本章我们主要希望让学生对建筑工程质量验收的标准、方法、程序有一定程度的了解和掌握。

习题

一、单项选择题

1. 现场混凝土试件取样时，留置一组标准养护试件每组不少于(　　)个。
　　A. 1　　　　　　　　　　　　B. 2
　　C. 3　　　　　　　　　　　　D. 4

2. 地基与基础工程按照施工质量验收层次划分属于(　　)。
　　A. 检验批　　　　　　　　　　B. 分项工程
　　C. 分部工程　　　　　　　　　D. 单位工程

3. 涂膜防水屋面中的找平层按质量验收层次划分属于(　　)。
　　A. 检验批　　　　　　　　　　B. 分项工程
　　C. 分部工程　　　　　　　　　D. 单位工程

4. 工程竣工验收过程中，参加验收各方对工程验收意见不一致时，应(　　)。
　　A. 由工程质量监督机构裁定　　B. 由建设单位协调处理
　　C. 由工程质量监督机构协调处理　D. 由监理单位协调处理

5. 监理工程师对模板安装的结构轮廓尺寸的检验应采用(　　)。
　　A. 抽样检验　　　　　　　　　B. 普遍检验
　　C. 二次检验　　　　　　　　　D. 随机检验

6. 建筑工程施工质量验收中，经返工重做或更换器具、设备的检验批应(　　)。
　　A. 予以验收合格　　　　　　　B. 重新进行验收
　　C. 鉴定后再验收　　　　　　　D. 随机检验

7. 分部工程观感质量的验收，由各方按主观判断按(　　)给出综合质量评价。
　　A. 合格、基本合格、不合格　　B. 基本合格、合格、良好
　　C. 优、良、中、差　　　　　　D. 好、一般、差

8. 下列关于单位工程质量验收的描述，不妥当的是(　　)。
　　A. 总体上讲是一个统计性的审核和综合性的评价
　　B. 要对有关安全、功能检查资料进行必要的复查和抽测
　　C. 不需要组织人员到现场进行总体工程观感质量检验
　　D. 需要核查分部工程验收质量控制资料

二、简答题

1. 建筑工程质量验收规范体系包括哪些？在验收中如何使用？
2. 检验批质量验收程序和组织有什么规定？
3. 分部工程质量验收程序和组织有什么规定？
4. 竣工验收可分为哪几个阶段？各阶段具体内容是什么？
5. 竣工验收需要满足哪些条件？验收标准是什么？

三、案例分析题

【案例 1】

背景：

某工程位于某市的东二环和东三环之间，建筑面积超过 4 万 m²，由 30 层塔楼及裙房组成，采用箱形基础，地下 3 层，基础埋深 12.8m。裙房具备独立使用功能，主体结构由市建筑公司施工，混凝土基础工程则分包给某专业基础公司组织施工，装饰装修工程分包给市某装饰公司施工。其中基础工程于 2008 年 8 月开工建设，同年 10 月基础完工。混凝土强度等级为 C35，在施工过程中发现部分试块混凝土强度达不到设计要求，但对实际强度经测试论证能够达到设计要求。主体和装修于 2008 年 12 月工程竣工。

问题：

1. 施工质量验收划分为哪几个层次？其中最小的单元是什么？
2. 将裙房先行完工验收，单独办理竣工备案手续，在裙房施工竣工后，业主先投入使用，是否符合要求？
3. 对于该工程施工过程中发现部分试块混凝土强度达不到设计要求，但对实际强度经测试论证能够达到设计要求，能否予以验收？为什么？
4. 分包工程完工后，基础公司和装饰公司将工程资料交给建设单位，申请进行质量验收，其做法是否正确？为什么？
5. 基础分部工程质量的程序和组织分别是什么？

【案例 2】

背景：

某办公楼工程地上 8 层，采用钢筋混凝土框架结构，设计图中有一层地下车库，中间部位均为框架结构。填充墙砌体采用混凝土小型空心砌块砌体。本工程基础底板为整体筏板，混凝土设计强度等级为 C30，抗渗等级为 P8，总方量约 1 300m³，施工时采用 2 台 HBT60 混凝土拖式地泵连续作业，全部采用同一配合比混凝土、一次性浇筑完成。

填充墙砌体施工过程一切正常，在对砌体子分部工程进行验收时，发现地上 5 层砌体某处开裂，对于如何进行验收各方存在争议，故验收未能继续进行。后因监理工程师要求返工，故将开裂处拆除重砌，再次验收通过。

本工程竣工验收时，质量监督部门认为竣工验收过程中勘察单位没有参加，视为竣工验收过程组织不符合程序，责成建设单位重新组织竣工验收。

问题：

1. 针对本案例，基础底板混凝土强度标准养护试件应取多少组？并简述其过程。

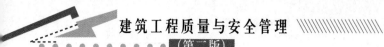

2．本案例中基础底板混凝土抗渗性能试件应如何留置？简述其过程(精确到个数)。

3．砌体结构子分部工程质量验收前，应提供哪些文件和记录？

4．对有裂缝的砌体应如何进行验收？针对本案例中的裂缝，应如何处理？

5．质量监督部门对竣工验收过程的说法是否正确？并简述其理由。

【案例3】

背景：

某城市花园高层住宅楼，由某房地产集团公司投资开发，总建筑面积 2.7 万 m^2，地上 18 层，剪力墙结构，基础采用筏板基础。该工程项目由某建筑施工企业承接，该建筑施工企业经建设单位同意，将安装工程分包给另一家专业安装单位施工。该工程自 2012 年 2 月上旬动工，4 月下旬完成基础工程，5 月开始主体结构工程施工。在主体工程施工过程中，发现第三层柱子混凝土强度不符合要求。该工程主体结构在 2013 年 4 月完成，整个工程项目竣工经竣工验收合格后，才交付投入使用。

问题：

1．该基础工程质量验收的内容是什么？

2．该高层住宅楼达到什么条件方可竣工验收？

3．对第三层柱子混凝土强度不符合设计要求，应如何进行处理？

第6章

施工质量事故处理

学习目标

通过本章的学习，学生应了解建筑工程施工中质量事故的特点和分类，工程质量事故分析，处理工程质量事故的依据、程序和方法，以及事故处理后的验收。

学习要求

知识要点	能力目标	相关知识	权重
质量事故的分类	质量事故等级划分标准	质量事故的界定	50%
质量事故的处理	质量事故处理程序、方法	质量事故处理后的资料整理	50%

引 例

南京某单位办公大楼混凝土浇筑质量事故

1. 质量事故概况

南京某单位办公大楼为 5 层现浇框架，当 2 层框架柱浇筑后，拆模时发现有 6 根柱存在空洞、烂根、露筋等严重缺陷，属于严重的质量事故。

2. 质量事故发生的原因

经有关专家分析，事故的主要原因有以下两点。

(1) 柱浇注时分层厚度太大。

(2) 混凝土浇筑后漏振或振捣不实。

3. 质量事故处理措施

由于空洞、烂根、漏筋十分严重，根据现场实际情况分析，混凝土内部质量也得不到保证，因此决定立即全部拆除，绑扎钢筋后，重新浇筑混凝土。

由于影响建筑产品质量的因素有很多，在施工过程中稍有不慎，就极易引起系统性因素的质量变异，从而产生质量问题、质量事故，甚至发生严重的工程质量事故，因此，必须采取有效的措施，对常见的质量问题和事故事先加以预防，并对已经出现的质量事故及时进行分析和处理。

6.1 工程质量事故的特点与分类

6.1.1 工程质量事故的特点

工程质量事故具有复杂性、严重性、可变性和多发性的特点。

1. 复杂性

【参考图文】

建筑生产与一般工业生产相比具有：产品固定，生产流动；产品多样，结构类型不一；露天作业多，自然条件复杂多变；材料品种、规格多，材料性能各异；多工种、多专业交叉施工，相互干扰大；工艺要求不同、施工方法各异、技术标准不一等特点。因此，影响工程质量的因素很多，造成质量事故的原因错综复杂，即使是同一类质量事故，原因也可能截然不同。例如，就墙体开裂质量事故而言，其产生的原因就可能有好几种：设计计算有误，地基不均匀沉降，或温度应力、地震力、冻张力的作用；也可能是施工质量低劣、偷工减料或材料不良等。因此，这也增加了对质量事故进行分析，判断其性质、原因及发展，确定处理方案与措施等的难度和复杂性。

2. 严重性

工程项目出现质量事故，其影响较大：轻者影响工程顺利进行、拖延工期、增加工程费用，重者则会留下使之成为危险建筑的隐患，影响使用功能或不能使用，更严重的还会引起建筑物的失稳、倒塌，造成人民生命、财产的巨大损失。所以，对于建筑工程质量事故问题不能掉以轻心，必须高度重视，加强对工程建筑质量的监督管理，防患于未然，力争将事故消灭在萌芽之中，以确保建筑物的安全。

3. 可变性

许多建筑工程质量事故出现后，其质量状态并非稳定于发现时的初始状态，而是有可能随时间、环境、施工情况等而不断地发展、变化。例如，地基基础或桥墩的超量沉降可能随上部荷载的不断增大而继续发展；混凝土结构出现的裂缝可能随环境温度的变化而变化，或随荷载的变化及持续时间的变化而变化等。因此，有些在初始阶段并不严重的质量问题，如不及时处理和纠正，就有可能发展成严重的质量事故。例如，开始时微细的裂缝可能发展为结构断裂或建筑物倒塌事故。所以在分析、处理工程质量事故时，一定要注意质量事故的可变性，应及时采取可靠的措施，防止事故进一步恶化，或加强观测与试验，取得可靠数据，预测未来发展的趋向。

4. 多发性

建筑工程质量事故多发性有两层意思：一是有些事故像"常见病""多发病"一样经常发生，而成为质量通病，如混凝土、砂浆强度不足，预制构件裂缝等；二是有些同类事故一再发生，如悬挑结构断塌事故，近几年在全国十几个省市先后发生数十起，一再重复出现。

6.1.2 质量事故产生的原因

1. 违背建设程序

有些建设项目未经可行性研究、论证，不做调研就拍板定案，未做地质勘查就仓促设计、盲目开工；或无证设计、无图施工；施工中任意修改设计图纸；竣工验收前不做预验收或未经竣工验收就交付使用，致使工程项目从一开始就埋下质量隐患。

2. 工程地质方面的原因

有些建设项目未进行认真的地质勘查，所提供的地质资料有误；未能查清地下软弱土层、滑坡、墓穴、孔洞等地层构造等，均会导致设计人员采取错误的地基处理和基础设计方案，造成地基不均匀沉降、失稳等，使上部主体结构和墙体开裂、倾斜、破坏甚至倒塌。

【参考图文】

3. 设计计算方面的问题

某些建设单位未经公开招标，擅自请无相应资质的设计单位甚至私人进行设计，致使因设计考虑不周，计算简图错误，计算荷载取值过小，结构构造不合理，变形缝设置不当，或悬挑结构未进行抗倾覆验算等，导致工程项目施工过程中质量问题接二连三地出现，使工程项目变成烂尾楼、豆腐渣工程。

【参考图文】

4. 建筑材料和构配件不合格

有些工程项目由于施工企业质量意识淡薄，唯利是图，采购工程所需建筑材料和构配件时，未通过公开招标方式选择有相应资质的正规厂家所生产的合格产品，而是采购质次价廉、以次充好甚至假冒伪劣产品。比如，物理力学性能不符合国家标准的劣质钢材，小窑小厂生产的廉价水泥，受潮、过期、结块和安定性不合格的处理水泥，砂石级配不合理且含泥量超标，外加剂和掺合料性能不良，掺量不符合要求等，均会严重影响混凝土拌合物的和易性、密实性、抗渗性和强度，最终导致混凝土结构构件出现裂缝、蜂窝麻面等质量问题；预制构件断面尺寸不足、支承或锚固长度不够、板面开裂等质量缺陷。

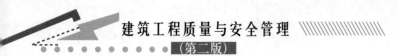

5. 施工管理不到位

施工管理人员缺乏基本的结构常识，错误施工，不按图施工或未经设计单位同意擅自修改设计。施工组织管理紊乱，不熟悉图纸，盲目施工；施工方案考虑不周，施工顺序颠倒；图纸未经会审，仓促施工；技术交底不清，违章作业；疏于检查、验收等，均可能导致质量缺陷。

6. 违反法规行为

法律观念淡薄易产生违反法规的行为。例如，无证设计；无证施工；越级设计；越级施工；工程招、投标中的不公平竞争；超常的低价中标；非法分包；转包、挂靠；擅自修改设计等行为，因此要深入开展法治宣传教育，增强全民法治观念[①]。

6.1.3 工程质量问题与事故的界定

1. 质量不合格

根据我国 GB/T 19000 质量管理体系标准的规定，凡工程产品没有满足某个规定的要求，就称为质量不合格；而没有满足某个预期使用要求或合理的期望要求，称为质量缺陷。

2. 质量问题

凡是工程质量不合格，必须进行返修、加固或报废处理，由此造成直接经济损失低于规定数额的称为质量问题。

3. 质量事故

工程施工质量不符合标准的规定而引发或造成规定数额以上经济损失、工期延误或造成设备人身安全，影响使用功能的即构成质量事故。

工程质量缺陷分为三种：一是致命缺陷，根据判断或经验，对使用、维护产品与此有关的人员可能造成危害或不安全状况的缺陷，或可能损坏最终产品的基本功能的缺陷；二是严重缺陷，是指尚未达到致命缺陷的程度，但会显著地降低工程预期性能的缺陷；三是轻微缺陷，是指会显著降低工程产品预期性能的缺陷或偏离标准但轻微影响产品的有效使用或操作的缺陷。前两种一般已构成质量事故，而最后一种一般可归为质量问题。

6.1.4 重大事故与一般事故的界定

1. 重大事故

凡是有下列情况之一者，为重大事故。

(1) 建筑物、构筑物或其他主要结构倒塌。

(2) 超过规范规定或设计要求的基础严重不均匀沉降、建筑物倾斜、结构开裂或主体结构强度严重不足，影响建(构)筑物的寿命，造成不可补救的永久性质量缺陷或事故。

(3) 影响建筑设备及其相应系统的使用功能，造成永久性质量缺陷。

(4) 直接经济损失在 10 万元以上的事故。

(5) 重大事故分为 4 个等级。

---

① 引自党的二十大报告第七条坚持全面依法治国，推进法治中国建设"（四）加快建设法治社会"。

①　一级重大事故，直接经济损失大于 300 万元。

②　二级重大事故，直接经济损失 100 万～300 万元。

③　三级重大事故，直接经济损失 30 万～100 万元。

④　四级重大事故，直接经济损失 10 万～30 万元。

2. 一般事故

通常是指造成的直接经济损失在 5 000～100 000 元(包含 5 000 元)额度内的质量事故。

应用案例

　　某工厂综合楼建筑面积为 2 900m²，总长 41.3m，总宽 13.4m，高 23.65m，5 层现浇框架结构，柱距为 4m×9m、4m×5m，共两跨，首层标高为 8.5m，其余为 4m，采用梁式满堂钢筋混凝土基础，在浇筑 9m 跨度两层肋梁楼板时，因模板支撑系统失稳，使两层楼板全部倒塌，造成直接经济损失 20 万元。

　　按照事故的性质及严重程度划分，该工程事故属于重大事故。因为楼板倒塌属于建筑工程主要结构倒塌，且经济损失超过 10 万元。

(引自王赫. 建筑工程质量事故百问[M]. 北京：中国建筑工业出版社，2000)

6.1.5　质量事故的分类

1. 按事故责任分类

1) 指导责任事故

指在工程实施指导过程中或因领导失误而造成的质量事故。例如，由于工程负责人片面追求施工进度，放松或不按质量标准进行控制和检验，降低施工质量标准等。

2) 操作责任事故

指在施工过程中，由于操作者不按规程和标准实施操作而造成的质量事故。例如，浇筑混凝土时随意加水；混凝土拌合料产生了离析现象仍浇筑入模；压实土方含水量及压实遍数未按要求控制操作等。

2. 按事故原因分类

1) 技术原因引发的质量事故

是指在工程项目实施中由于设计、施工在技术上的失误而造成的事故。例如，结构设计计算错误；地质情况估计错误；采用了不适宜的施工方法或施工工艺等。

2) 管理原因引发的质量事故

主要指管理上的不完善或失误引发的质量事故。例如，施工单位或监理方的质量体系不完善；检验制度不严密；质量控制不严格；质量管理措施落实不利；检测仪器设备管理不善而失准；进场材料检验不严等原因引起的质量事故。

3) 社会、经济原因引发的质量事故

主要指由于社会、经济因素及社会上存在的弊端和不正之风引起的建设中的错误行为而导致出现的质量事故。例如，某些施工企业盲目追求利润而置工程质量于不顾，在建筑市场上随意压价投标，中标后则依靠违法手段或修改方案追加工程款，或偷工减料，或层层转包等，这些因素常常是导致重大工程质量事故的主要原因，应当给予充分的重视。

6.2　质量事故的处理依据和程序

6.2.1　质量事故的处理依据

工程质量事故发生后，事故处理的基本要求是：查明原因，落实措施，妥善处理，消除隐患，界定责任，其中核心及关键是查明原因。

工程质量事故发生的原因是多方面的，引发事故的原因不同，事故责任的界定与承担也不同，事故处理的措施也不同。总之，对于所发生的质量事故，无论是分析原因、界定责任，还是做出处理决定，都需要以切实可靠的客观依据为基础。概括起来进行工程质量事故处理的主要依据有以下 4 个方面。

1．质量事故的实况资料

包括质量事故发生的时间、地点；质量事故状况的描述；质量事故发展变化的情况；有关质量事故的观测记录、事故现场状态的照片或录像；事故调查组研究所获得的第一手资料。

2．有关合同及合同文件

包括工程承包合同、设计委托合同、设备与器材购销合同、监理合同及分包合同等。

3．有关的技术文件和档案

主要是有关的设计文件(如施工图纸和技术说明)，与施工有关的技术文件、档案和资料(如施工方案、施工计划、施工记录、施工日志、有关建筑材料的质量证明资料、现场制备材料的质量证明资料)，质量事故发生后，对事故状况的观测记录、试验记录或试验报告等。

4．相关建设法规

主要包括《中华人民共和国建筑法》及与工程质量及质量事故处理有关的勘察、设计、施工、监理等单位资质管理方面的法规，从业者资格管理方面的法规，建筑市场方面的法规，建筑施工方面的法规，关于标准化管理方面的法规。

6.2.2　质量事故的处理程序

1．事故调查

事故发生后，施工企业项目负责人应按规定的时间和程序，及时向企业报告事故的状况，积极对事故组织调查。事故调查应力求及时、客观、全面，以便为事故的分析与处理提供正确的依据。调查结果要整理撰写成事故调查报告，其主要内容包括：工程概况；事故情况；事故发生后所采取的临时防护措施；事故调查中的有关数据、资料；事故原因分析与初步判断；事故处理的建议方案与措施；事故涉及人员与主要责任者的情况等。

2. 事故的原因分析

要建立在事故情况调查的基础上，避免情况不明就主观分析推断事故的原因，特别是对涉及勘察、设计、施工、材质、使用管理等方面的质量事故，往往事故的原因错综复杂，因此，必须对调查所得到的数据、资料进行仔细的分析，去伪存真，找出造成事故的主要原因。

3. 制定事故处理的方案

事故的处理要建立在原因分析的基础上，并广泛地听取专家及有关方面的意见，经科学论证，决定是否对事故进行处理。在制定事故处理方案时，应做到安全可靠，技术可行，不留隐患，经济合理，具有可操作性，满足建筑功能和使用要求。

4. 事故处理

根据制定的质量事故处理方案，对质量事故进行仔细的处理，处理的内容主要包括：事故的技术处理，以解决施工质量不合格和缺陷问题；事故的责任处罚，根据事故的性质、损失大小、情节轻重，对事故的责任单位和责任人做出相应的行政处分乃至追究刑事责任。

5. 事故处理的鉴定验收

质量事故的处理是否达到预期的目的，是否依然存在隐患，应当通过检查鉴定和验收做出确认。事故处理的质量检查鉴定，应严格按施工验收规范和相关质量标准的规定进行，必要时还应通过实际量测、试验和仪器检测等方法获取必要的数据，以便准确地对事故处理的结果做出鉴定。事故处理后，必须尽快提交完整的事故处理报告，其内容包括：事故调查的原始资料、测试的数据；事故原因分析、论证；事故处理的依据；事故处理的方案及技术措施；实施质量处理中有关的数据、记录、资料；检查验收记录；事故处理的结论等。

6.2.3　工程质量缺陷成因的分析

由于影响工程质量的因素众多，一个工程质量问题的发生既可能是因为设计计算和施工图纸中存在错误，也可能是因为施工中出现不合格或质量问题，还可能是因为使用不当，或者由于设计、施工甚至使用、管理、社会体制等多种原因的复合作用。要分析究竟是哪种原因引起的工程质量缺陷，必须对质量问题的特征表现，以及其在施工中和使用中所处的实际情况和条件进行具体分析。

1. 分析步骤

(1) 进行细致的现场调查研究，观察记录全部实况，充分了解与掌握引发质量问题的现象和特征。

(2) 收集调查与质量问题有关的全部设计和施工资料，分析摸清工程在施工或使用过程中所处的环境及面临的各种条件和情况。

(3) 找出可能产生质量问题的所有因素。

(4) 分析、比较和判断，找出最可能造成质量问题的原因。

(5) 进行必要的计算分析或模拟试验予以论证确认。

2. 分析方法(逻辑推理法)

(1) 确定质量问题的初始点(原点)，它是一系列独立原因集合起来形成的爆发点。因其反映出质量问题的直接原因，而在分析过程中具有关键性作用。

(2) 围绕原点对现场各种现象和特征进行分析，区别导致同类质量问题的不同原因，逐步揭示质量问题萌生、发展和最终形成的过程。

(3) 综合考虑原因复杂性，确定诱发质量问题的起源点(即真正原因)。工程质量问题原因分析是对一堆模糊不清的事物和现象客观属性和联系的反映，它的准确性和管理人员的能力学识、经验和态度有极大关系，其结果不是简单的信息描述，而是逻辑推理的产物，其推理可用于工程质量的事前控制。

6.2.4 质量事故技术处理方案的确定

制定工程质量事故技术处理方案，其目的是消除质量隐患，以达到建筑物的安全可靠和正常使用各项功能及寿命要求，并保证施工的正常进行。其一般处理原则是：正确确定事故性质，分清是表面性还是实质性、是结构性还是一般性；正确确定处理范围，包括直接发生部位和相邻影响作用范围。其处理基本要求是：满足设计要求和用户期望；安全可靠，不留隐患；技术上可行，经济上合理。

1. 确定质量事故技术处理方案的一般方法

1) 修补处理

【参考图文】

这是最常用的一类处理方案。通常当工程的某个检验批、分项或分部工程质量虽未达到规定的规范、标准或设计要求，存在一定缺陷，但通过修补或更换器具、设备后还可达到要求的标准，又不影响使用功能和外观要求，在此情况下，可以进行修补处理。如对混凝土构件表面裂缝以及不影响使用的外观的表面蜂窝、麻面进行剔凿、抹灰等表面封闭处理；对梁、柱等构件的复位纠偏；因材料强度不足需要结构补强等。

2) 加固处理

【参考图文】

对较严重的质量问题，可能影响结构的安全性和使用功能，必须按一定的技术方案进行加固补强处理。加固往往会造成一些永久性缺陷，如改变结构外形尺寸，影响一些次要的使用功能等。但为了避免建筑物的整体或局部拆除，避免社会财富更大的损失，在不影响安全和主要使用功能的条件下，虽可按技术处理方案和协商文件进行验收，但责任方应按法律法规承担相应的经济责任和接受处罚。这种处理方法不能作为降低质量要求、变相通过验收的一种出路。

3) 返工处理

某些严重质量事故，对结构的使用和安全构成重大影响，且又无法通过修补处理的情况下，可对检验批、分项工程、分部工程甚至整个工程返工处理。例如预应力构件的预应力严重偏差，影响结构安全；构件定位偏差过大不能满足正常使用等。有的工程存在严重质量缺陷，若采用加固补强的处理费用比原工程造价还高，则不如进行整体拆除，全面返工。

4) 限制使用

当工程质量缺陷按修补方法处理后仍无法保证达到规定的使用要求和安全要求，而又无法返工处理的情况下，不得已时可经原设计单位核算后，做出诸如结构卸荷或减荷以及限制使用的决定。

5）不做处理

有些工程由于某些方面的质量不符合规定的要求和标准，已构成了质量缺陷。但针对具体问题经过分析、论证、法定检测单位鉴定和设计单位验算，认定可不做专门处理。通常有以下几种情况。

(1) 不影响结构的安全、生产工艺和使用要求。例如，有的建筑物在施工中发生错位事故，若进行彻底纠正，难度很大，还将会造成重大的经济损失，经过分析论证后，只要不影响生产工艺和使用要求，可不做处理。

(2) 较轻微的质量缺陷，这类质量缺陷通过后续工程可以弥补的，可不做处理。例如，混凝土墙板面出现了轻微的蜂窝、麻面质量问题，该缺陷可通过后续工程抹灰、喷涂进行弥补即可，不需要对墙板缺陷进行专门的处理。

(3) 经法定检测单位鉴定合格。例如，某检验批混凝土试块强度值不满足规范要求，在法定检测单位对混凝土实体采用非破损检验等方法测定其实际强度已达规范允许和设计要求值时，可不做处理。对经检测未达要求值，但相差不多，经分析论证，只要使用前经再次检测达到设计强度，也可不做处理，但应严格控制施工荷载。

(4) 出现质量缺陷经检测鉴定达不到设计要求，但经设计单位核算仍能满足结构安全和使用功能的，可不做处理。例如，某一结构构件截面尺寸不足或材料强度不足，影响结构承载力，但经按实际检测所得截面尺寸和材料强度复核计算，尚能满足设计承载力，可不进行专门处理。这种处理办法实质是挖掘了设计安全储备，实际使用时应特别谨慎。

6）报废处理

通过分析或实践，采用上述处理方法后仍不能满足规定要求或标准的，必须予以报废处理。

2. 确定质量事故技术处理方案的辅助方法

某些较为复杂的工程质量事故，其技术处理方案不太容易做出决策，采取的处理方案要做到既经济合理又不留安全隐患，往往需要依靠下列辅助决策方法来进一步论证所做出的决策。

1）试验验证

对某些留有严重质量缺陷的事故，可采取合同规定的常规试验以外的试验方法进一步进行验证，以便确定缺陷的严重程度。例如，混凝土构件的试件强度低于要求的标准不大(10%以下)时，可进行加载试验，以证明其是否满足使用要求。可根据对试验验证结果的分析、论证，再研究选择最佳的处理方案。

2）定期观测

某些工程在发生质量缺陷时其状态可能尚未稳定，仍会继续发展。在这种情况下一般不宜过早做出处理决定。可以对其进行一段时间的观测，然后再根据情况做出决定。例如，建筑物的基础在施工期间发生沉降超过预计的或规定的标准；混凝土表面发生裂缝，并处于发展状态等。有些工程的缺陷短期内其影响可能不十分明显，需要较长时间的观测才能得出结论。

3) 专家论证

对某些工程质量事故，可能涉及的技术领域比较广泛，或问题很复杂，有时仅根据合同规定难以决策，这时可提请专家论证。而采用这种办法时，应事先做好充分准备，尽早为专家提供尽可能详尽的情况和资料，以便使专家能够进行较充分的、全面的和细致的分析、研究，提出切实的意见与建议。实践证明，采取这种方法，对于正确选择重大工程质量缺陷的处理方案十分有益。

4) 方案比较

这种方法比较常用。同类型和同一性质的事故可先设计多种处理方案，然后结合当地的资源情况、施工条件等逐项给出权重，做出对比，从而选择具有较高处理效果又便于施工的处理方案。例如，结构构件承载力达不到设计要求时，可采用改变结构构造来减少结构内力、结构卸荷或结构补强等不同处理方案，可将各方案按经济、工期、效果等指标列项并分配相应权重值，进行对比分析，辅助做出决策。

 综合案例

某市篷布沙发厂是一座改造的建筑，正在兴建家具展销厅，该展厅为一层，跨度 9m，总长约 53m，由 16 榀钢屋架组成，在进行室内施工时，屋盖结构坍落，造成 1 人死亡、3 人重伤，直接经济损失 30 万元。经调查发现该工程钢屋架制作不符合规范要求，纵向未设剪刀撑，采用的部分材料材质不符合要求，建设单位在开工前未办理规划许可证、开工报告及质量监督手续。

问题：

(1) 分析该工程质量事故发生的原因。

(2) 依据事故的严重程度，工程质量事故可分为哪两类？该事故属于哪一类？为什么？

(3) 该质量事故的处理应遵循的程序是什么？

 本 章 小 结

本章主要介绍了建筑工程质量事故的特点、分类、成因，事故处理的依据、程序、方法等内容。

习 题

一、单项选择题

1. 工程质量事故的分类，一般可分为( )。

    A. 一般质量事故，严重质量事故，重大质量事故

    B. 重大质量事故，一般质量事故

    C. 特大质量事故，严重质量事故，一般质量事故

    D. 一般质量事故，严重质量事故，重大质量事故，特大质量事故

2. 建筑工程质量事故按其后果分类，可分为(　　)事故。

  A. 未遂或已遂   B. 一般和重大

  C. 一级和二级   D. 经常和突发

3. 工程质量事故调查完成后，应组织事故原因分析，事故原因分析由(　　)组织。

  A. 上级主管部门   B. 建设单位

  C. 监理单位   D. 质量监督站

4. 某工程在施工过程中发现于第 8 层楼面板的混凝土出现细微干缩裂缝。造成该质量缺陷的原因是(　　)。

  A. 设计不合理   B. 施工控制不良

  C. 外部环境因素影响   D. 材料质量不合格

5. 某小高层住宅楼在第 16 层东部楼面框架梁的混凝土施工时，现场取样制作混凝土试块经检测达不到设计要求。对于这一问题下一步应该(　　)。

  A. 立即加固补强   B. 返工重做

  C. 降低使用标准   D. 视法定检测单位实体检测结论而定

6. 对质量缺陷的处理应由(　　)单位负责实施。

  A. 责任主体   B. 施工承包单位

  C. 监理单位   D. 业主

二、简答题

1. 质量不合格、质量缺陷和质量事故的含义是什么？

2. 如何区分工程质量事故中的质量问题、一般事故和重大事故？

3. 进行工程质量事故处理主要应当依据哪些方面的文件或资料？

4. 简要说明工程质量事故处理的程序。

5. 常见的质量事故原因有哪几类？

三、案例分析题

【案例 1】

背景：

某建筑公司承建一栋框架结构的综合楼工程，由于该工程地质条件复杂，基础施工难度大，因此建设单位直接将基础工程发包给某基础公司。该工程建筑面积 3.6 万 m^2。在施工过程中，对柱子质量进行检查，发现 10 根柱子质量存在问题。

事件一：其中两根柱子经有资质的检测单位检测鉴定，能够达到设计要求。

事件二：其中两根柱子经有资质的检测单位检测鉴定，达不到设计要求，于是请原设计单位核算，结果表明这两根柱子能够满足结构安全和使用功能。

事件三：其中三根柱子经有资质的检测单位检测鉴定，能够达到设计要求，于是请原设计单位核算，不能够满足结构安全和使用功能，经协商进行加固补强，在柱子外再设置部分钢筋，然后浇筑混凝土，补强后能够满足安全使用要求。

事件四：还有三根柱子混凝土强度与设计要求相差甚远，加固补强仍不能满足安全使用要求。

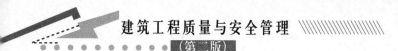

工程于 2014 年 4 月开工建设，2015 年 5 月竣工。竣工验收后，建设单位要求施工单位将资料直接移交给城建档案馆。

问题：

1．对事件一至事件四中描述的柱子情况在验收中如何处理？请说明理由。

2．在基础施工时发生质量事故，建筑公司和基础施工公司应分别承担什么责任？

3．符合工程竣工质量验收合格的条件有哪些？

4．竣工验收资料由施工单位移交给市城建档案馆是否妥当？应该如何做？

【案例 2】

背景：

某单位工程为单层钢筋混凝土排架结构，共有 60 根柱子，32m 空腹屋架。业主委托某监理单位对施工阶段进行监理。在施工过程中，监理工程师发现刚拆模的钢筋混凝土柱子中有 10 根存在工程质量问题。其中 6 根柱子蜂窝、露筋较严重；4 根柱子蜂窝、麻面轻微，且截面尺寸小于设计要求。截面尺寸小于设计要求的 4 根柱子经设计单位验算，可以满足结构安全和使用功能要求，可不加固补强。在监理工程师组织的质量事故分析会议上，施工单位提出了如下几个处理方案。

方案一：6 根柱子加固补强，补强后不改变外形尺寸，不造成永久性缺陷；4 根柱子不加固补强。

方案二：10 根柱子全部砸掉重做。

方案三：6 根柱子砸掉重做；4 根柱子不加固补强。

工程竣工后，承包方组织了该单位工程的预验收，在组织正式验收前，业主已提前使用该工程。业主使用中发现屋面漏水，要求承包商修理。

问题：

1．合同要求承包方保证地基与基础、主体结构两个分部工程不允许存在永久缺陷，以上三种处理方案中哪种可以满足要求？

2．该工程项目的分项工程如何组织验收？

3．该工程项目的主体结构分部工程如何组织验收？

4．在工程未正式验收前，业主提前使用是否可认为该单位工程已验收？对出现的质量问题，承包商是否应承担保修责任？

第 7 章

施工质量的政府监督

⚙ 学习目标

通过本章的学习，学生应了解建筑工程中政府监督的法律地位、基本原则，政府监督的职能，以及工程质量政府监督的实施。

⚙ 学习要求

知识要点	能力目标	相关知识	权重
工程质量政府监督职能	质量事故监督管理部门职责划分标准	政府监督管理的职能	50%
工程质量政府监督的实施	政府监督的程序、方法	政府监督在各阶段的实施	50%

引 例

【参考图文】

顺德区政府关于天佑城购物饮食娱乐广场工程监督管理

1. 天佑城购物饮食娱乐广场工程的概况

天佑城购物饮食娱乐广场(以下简称天佑城)工程，是顺德区招商引资活动的重点工程之一，其建设列入建设局绿色通道项目。为配合经济建设工作，加快推进工程建设，建设局提前介入监督，对工程的桩基础及初步设计图纸先行审查，并派出质量、安全两个监督小组对该工程进行监督、提供指导和服务，以确保工程建设的质量和安全。天佑城工程由天佑城房产有限公司(以下简称建设单位)开发，顺德建筑设计院设计，诚业建筑集团有限公司施工。2003 年 5 月办理政府提前介入监督手续，于 2003 年 6 月开工。2004 年 5 月底完成土建工程施工图审查手续，同年 7 月办理土建工程施工许可手续，报建面积 92 610m²，工程为 6 层框架。施工过程中，建设单位不断对工程进行变更，并逐步增加了建筑面积，至 2005 年 6 月为止，建筑面积近 10.4 万 m²。因施工大量变更，经过顺德区建设局的督促，建设单位于 2005 年 6 月申请对建筑专业、钢结构施工图重新审查，但给水排水、消防专业设计文件，仍未送审，正在施工的幕墙、消防、通风空调等专业工程未办理施工许可手续。

2. 工程实施中存在的主要问题

由于工程变更太大，设计图纸滞后，以及工程协调工作不落实等原因，该工程实施存在不少问题，主要有下列几点。

(1) 工程报建严重滞后。该工程 2003 年 6 月开工，建设单位至 2004 年 7 月才办理好土建工程报监报建手续；由于不断的增建，增建面积达 1.1 万 m²，增建部分未办理报建手续，期间图纸也不断地变更，修改图纸也无正常的手续(如设计院的变更通知)，也无审图手续。顺德区建设局质监部门没有得到一套完整的图纸，如此，将会严重影响工程的竣工验收及备案。

此外，幕墙及天面防雨棚工程、网架工程、消防工程、通风空调工程等专业工程分别由建设单位直接发包给另外 4 个承建单位，至今仍未办理报监报建手续。

(2) 设计图纸跟不上进度。原设计施工图纸于 2004 年 6 月才通过审查并用于报监报建，2004 年 8 月后却使用重新设计并未经审查的施工图。在工程建设过程中，建设单位在没有设计修改的情况下，频繁地要求对工程的主体结构、外立面、网架等做出各种大量的修改，使其建筑面积变大、部分使用功能改变。图纸的滞后，带来一系列的不良后果：新旧图纸在已建结构上的配筋不同，造成施工单位、监理单位无所适从，并给工程验收带来难以预料的影响。

(3) 随意变更造成质量隐患。施工过程中不断对已捣制的混凝土结构进行改动，无修改图纸作依据或图纸不完善，施工缝处理不当，造成出现工程上的结构质量隐患，如 3 层 8 区㊵~㊶轴交㉗~㉚轴更改为手扶电梯位置，造成多条柱、梁改动，影响整体结构。

(4) 工程技术资料缺失。工程技术资料的收集整理严重滞后，包括在新图纸、新修改通知方面，与设计单位、监理单位和甲方的联系不足，施工技术资料断断续续、无连贯性，中间资料不可避免地产生缺失。

(5) 专业工程分别发包造成管理混乱。由于建设单位将部分安装工程直接发包给各专业队伍，专业工程的施工无总承包单位或总协调单位统筹管理，建设单位的协调又不到位，导致工地无统一的质量安全管理，施工秩序混乱，各单位责任不清，出现问题互相推诿，现场的施工质量安全隐患不能及时消除。

(6) 工地存在较严重的安全隐患。工地内外脚手架、"三宝四口"、施工用电、消防设施等的防护措施严重不足。

(7) 施工单位、监理单位、设计单位及建设单位产生矛盾。监理单位对部分结构隐蔽不签认，施工单位在施工与不施工之间徘徊；施工单位要求设计单位确认修改内容的真实性，修改通知尽快落实，结果修改通知却迟迟未到等。

以上存在的问题，导致工程无法顺利竣工验收及通过备案，也影响了招商引资工作的进一步落实。

3．案例的政府管理工作角色

1）政府在工程建设中的建议

为了确保工程的质量安全，保证工程的顺利推进，政府可采取以下建议。

(1) 增加面积的部分，应尽快办理规划报建手续以及施工许可手续，并尽快办理、完善其他专业工程的施工许可手续。

(2) 建设单位应对工程的质量高度重视，尽快完善设计图纸，复核结构变更的安全性，整理完整的图纸送审，包括给排水、消防工程图纸的送审。

(3) 尽快进行原材料及结构试验，整理完善工程技术资料。

(4) 工程量不大的专业工程由总承包施工企业统筹，或建设单位在现场成立专门的指挥小组，统筹处理各专业工种间的协调、沟通，统筹施工现场的安全管理。

2）政府对工程具体监督的措施建议

(1) 加强工程施工图审查和监督。

① 第一次预批桩基础审查情况。

2003 年 6 月 24 日，建设单位向审图中心送交天佑城基础图、建筑专业初步设计等有关设计文件及消防审核意见书，要求预批基础。因初步设计不满足疏散安全条件，存在严重的消防疏散安全隐患，主要问题如下：溜冰场可容纳 439 人，而消防审核意见书规定最多不应超过 100 人；二层疏散楼梯总宽度为 38.6m，而规范规定应为 51.65m 等。鉴于存在严重的疏散安全隐患，审图中心要求建设单位对设计做修改调整后再报预批基础，而建设单位不愿修改。2003 年 7 月 4 日，建设局组织公安消防大队、建设单位、设计院及审图中心召开协调会，要求在建筑物核心部位增设疏散楼梯，以满足安全要求，建设单位和设计院在设计文件增设一个疏散楼梯后，于 2003 年 9 月 25 日第二次送审预批基础。此时，疏散梯总宽度仍与规范要求相差 15%左右，但鉴于消防大队已批准初步设计，甲方又一再坚持，考虑当时的实际情况，建设局于 2003 年 9 月 28 日预批桩基础。

② 预批基础后到土建审查的审查和监督。

2004 年 1 月 18 日，建设单位送来设计修改文件的全栋基础图、变形缝左半边①～⑭轴 3 层(标高 10.50m)以下的结构部分以及全栋建筑图，要求按新设计重新审查。与原设计相比，原半地下层溜冰场改为地下商场，并增加 1 万多平方米的地下车库，在三层天台花园增设健身中心、美容美发及小型商铺共 1 993m²。此时的设计与原设计相比，在功能，荷载，桩数及承台、柱、梁、板的截面与配筋方面均有较大不同，特别是桩、柱、梁原设计图已无效，需按新批准的设计文件施工。在 5 月 31 日前，相继对全栋基础、①～⑭轴 3 层以下结构的建筑、结构专业全部完成审查，发出审查批准书。

③ 土建工程完成后重新送审的情况。

工程施工期间，建设单位对设计文件做诸多修改，此前送审批准的设计文件已面目全非，经建设局监督人员多次催促，建设单位于 2005 年 6 月 10 日重新报建筑专业和钢结构的施工图设计文件审查，根据所送图纸，重新审查发现该工程疏散安全存在 4 点主要问题：一是由于建设单位将原设计中第 3 层的商铺、健身中心改为人员密集的放映、歌舞娱乐场所，且增加面积约 3 200m²，致使第 3 层及第 2 层的设计人数及疏散宽度大增，第 2 层疏散梯总宽度为 38.5m，而规范要求为 50.3m；第 3 层疏散梯总宽度为 40m，而规范要求为 58m。二是第 2 层、第 3 层的疏散距离，大量存在 30～50m 的区域，不满足规范 30m 的要求。三是在第 2 层中空处没设防火卷帘，首层、第 2 层防火分区面积叠加后多处达 9 000m²，超出规范 5 000m² 的规定近一倍。四是第 2 层、第 3 层多数防火分区只有 1 个独立安全出口，第二出口要借用另一防火分区的出口，与规范要求 1 个分区两个独立出口不符。鉴于此，2005 年 6 月 17 日(星期五)，建设局向公安消防大队出具工作联系单，通报审查出的主要问题，同时将 4 点主要问题向甲方通报，于 6 月 20 日(星期一)正式出具建筑专业审查意见。

2005 年 6 月 18 日，建设单位约请有关区领导、建设局、审图中心召开工作会议。会上审图中心汇报解释 4 点主要问题，提出解决问题的建议为：将第 3 层的大部分人员密集的放映、歌舞娱乐功能改为普通商场，以减少计算人数和疏散宽度；从首层到第 3 层，将一座 3m 的双跑梯改为剪刀梯，增加 3m 宽度；将多座原仅到第 2 层的楼梯升高到第 3 层，增加第 3 层的疏散宽度等。

(2) 工程实施过程中的质量监督。

2003 年 6 月至 2004 年 7 月期间，工程主要以桩基础和主体结构施工为主，2004 年 6 月前，建设局仅预批准桩基础施工。设计图纸多次做出大修改，增加了施工难度，工程进展缓慢。

2004 年 8 月 17 日检查此前完成的工程，与审核刚通过的设计图纸相比，发现首层柱实际配筋与新审核通过的设计图纸有较多出入，主要集中在柱 1、3 号钢筋上。经建设局、质监站、审图中心、设计院研究达成共识，因首层柱实际配筋是用旧有已审核的图纸，用旧设计软件计算，2004 年 6 月审核通过的设计图纸是用新设计软件计算，新软件普遍加大了首层、顶层柱钢筋，造成了新旧图纸梁柱配筋的出入。因此决定：8 月 17 日后施工的部位用新图纸，以前施工的部位用旧图纸，并对旧图纸认真保存。以后在工程实施过程中经过 PIT 检测桩身质量，发现 5 条钻孔桩为三类桩，在桩底附近存在明显缺陷。5、6 区首层结构平面与 4 区首层结构平面交接处的新旧混凝土处理不当，未淋水、未凿磨旧混凝土。之后复检，已整改。

2004 年 12 月 3 日检查发现因图纸的改动比较大，施工单位在资料的整理上跟不上进度，资料整理比较乱，要求施工单位尽快完善资料的整理工作。同时，监理单位对施工现场监管力度不够，人员数量不够，监理日志记录不全，部分隐蔽签证未做。之后复检，监理单位及施工单位已跟进、整改。

2005 年 1 月 17 日，二层柱安装检验。三层结构平面的设计图纸改动比较大，要求施工单位注意，避免施工错误，并要求资料员注意收集施工资料。施工现场新捣制的混凝土与旧有楼层的接口比较差。因为图纸方面的缺陷，施工单位技术资料在收集及整理方面严重滞后。因建设单位将天面的钢架等工程独立发包给 58 家其他单位，造成总包单位对分包单位的管理脱节，并影响监理单位对分包单位的监督。施工安全方面非常差。且图纸未完善，钢架施工的质量安全问题无从监督。

2005 年 4 月 9 日，建设局会同各方开会，指出：图纸问题，边修改边施工，对将来的工程验收会带来非常大的影响；网架图纸仍未审批，涉及结构改动性比较大的位置要及时处理；图纸未完善，对现场梁、板、柱的改动，不可避免地会对主体结构造成影响，要求设计单位完善设计图纸；工地存在多处安全隐患，包括部分网架钢结构施工平台无满铺、工地多处预留洞口、预留井口防护不严等。

2005 年 6 月 6 日，在施工现场检查质量保证资料，发现：无同条件养护混凝土试件试验报告；试桩报告的总桩数不明确(有几个数值)；7 号冲孔桩未做 PIT 试验；2004 年 3 月施工的冲孔桩 PIT 试验不足；桩基竣工图不全；基础分部验收不及时；施工现场无网架和幕墙资料。

2005 年 6 月 8 日，对天佑城进行了一次全面的平面改动大检查，核对发现工程实际施工与 2004 年 5 月 31 日审查通过的图纸，每层均有不同程度的改动：首层平面有 20 处变更，第 2 层平面有 20 处变更，第 3 层平面有 18 处变更，第 4 层平面增加网架。

(3) 工程安全监督情况。

从 2003 年 6 月至 2005 年 5 月底，在土建施工初期，施工现场质量安全管理到位，现场安全生产状况较好，之后陷入混乱状态，监督组多次对存在重大安全隐患的内外脚手架、高支模、高处作业、钢结构吊装、施工用电等项目提出整改，但有关责任单位整改落实不力，使得较大的安全隐患始终存在：第 3 层楼面部分外墙砌体工程使用单排竹脚手架，部分外墙门式脚手架无搭设方案，脚手架拉结不足并且未按照规范要求设置水平加固杆、剪刀撑，平桥没有满铺；钢结构安装使用的脚手架平桥无满铺，部分工人未戴安全带；各楼层多处临边、预留洞口防护不严；工地多处有严重积水，较多电缆有浸水拖地现象；施工现场消防器材严重不足；多个施工班组(由建设单位分包)新工人无安全教育资料；工地使用的混凝土搅拌机下料斗无挂钩。

　　针对天佑城存在的质量安全问题，建设局会同建设单位、施工单位、设计单位召开协调、理顺处理会议，指出问题、提出处理方案：由设计单位出具完整的施工图纸进行施工图审查，落实结构安全修改；建设单位协调各单位，完善处理存在问题，会同甲方、施工单位、设计单位对该工程的部分工程进行子单位工程验收，现场要求施工单位对工程存在的质量问题进行及时跟进，并对施工质量保证资料存在的问题提出建议，要求施工单位及甲方尽快处理。

（引自肖志勇. 政府在建筑工程质量管理中的角色转变研究[D]. 重庆: 重庆大学, 2007）

　　中华人民共和国成立以来，建筑工程质量始终受到国家的高度重视。为了保证人民生命和财产安全，使建筑工程质量管理规范化、法制化，1997 年全国人大常委会第 28 次会议审议通过了《中华人民共和国建筑法》，并于 1997 年 11 月 1 日正式颁布，1998 年 3 月 1 日起正式实施。国务院也立即制定了相关的配套法规《建筑工程质量管理条例》，以求在建筑工程质量管理领域使《中华人民共和国建筑法》更加完善，更加具有可操作性；政府监督职能的作用和地位更加显现；建筑工程质量管理相关方的法律责任更加明确。

【参考图文】

7.1　监督管理部门职责划分

　　(1) 国务院建设行政主管部门对全国的建设工程质量实施统一监督管理。国家铁路、交通、水利等有关部门按照国务院规定的职责分工，负责对全国有关专业建设工程质量的监督管理。

　　(2) 县级以上地方人民政府建设行政主管部门对本行政区域内的建设工程质量实施监督管理。县级以上地方人民政府交通、水利等有关部门在各自的职责范围内，负责对本行政区域内的专业建设工程质量进行监督管理。

7.2　监督管理的基本原则

　　(1) 监督的主要目的是保证建设工程使用安全和环境质量。

　　(2) 监督的基本依据是法律法规和工程建设强制性标准。

　　(3) 监督的主要方式是政府认可的第三方，即质量监督机构的强制监督。

　　(4) 监督的主要内容是地基基础、主体结构、环境质量和与此相关的工程建设各方主体的质量行为。

　　(5) 监督的主要手段是施工许可制度和竣工验收备案制度。

7.3　质量监督的性质与法律地位

　　(1) 政府质量监督的性质是政府为了确保建设工程质量、保障公共卫生、保护人民群众生命和财产，按国家法律法规、技术标准、规范及其他建设市场行为管理规定的一种监督、检查、管理及执法机构实施行为。政府的监督管理行为是宏观性质的，具体的技术监督可以委托给具有资质的工程质量监督机构进行。

(2) 按国务院《建设工程质量管理条例》及住房和城乡建设部的有关规范性文件规定，建设工程质量监督机构具有以下执法权限。

① 接受政府委托，对建设工程质量进行监督，有权对建设工程建设参与各方行为进行检查。

② 有权对工程质量检查情况进行通报，有权对差劣工程采取开具质量整改单及局部停工通知单等行政措施。

③ 接受政府委托，有权对建设参与各方的违法行为进行行政处罚。

④ 收取建设工程质量监督费，用于建设工程质量监督建设。

7.4 监督管理的职能

政府对建设工程质量监督的职能主要包括以下几个方面。

(1) 监督检查施工现场工程建设参与各方主体的质量行为。检查施工现场工程建设各方主体及有关人员的资质或资格；检查勘察、设计、施工、监理单位的质量管理体系和质量责任落实情况；检查有关质量文件、技术资料是否齐全并符合规定。

(2) 监督检查工程实体的施工质量，特别是基础、主体结构、主要设备安装等涉及结构安全和使用功能的施工质量。

(3) 监督工程质量验收。监督建设单位组织的工程竣工验收的组织形式、验收程序以及在验收过程中提供的有关资料和形成的质量评定文件是否符合有关规定，实体质量是否存在严重缺陷，工程质量验收是否符合国家标准。

7.5 工程质量政府监督的实施

1. 受理建设单位对工程质量监督的申报

在工程项目开工前，监督机构接受建设单位有关建设工程质量监督的申报手续，并对建设单位提供的有关文件进行审查，审查合格，签发有关质量监督文件。建设单位凭工程质量监督文件，向建设行政主管部门申领施工许可证。

【参考图文】

2. 开工前的质量监督

在工程项目开工前，监督机构首先在施工现场召开由参与工程建设各方代表参加的监督会议，公布监督方案，提出监督要求，并进行第一次监督检查工作。检查的重点是参与工程建设各方主体的质量行为，检查的主要内容有下列几条。

(1) 检查参与工程项目建设各方的质量保证体系建立情况，包括组织机构、质量控制方案、措施及质量责任制等制度。

(2) 审查参与建设各方的工程经营资质证书和相关人员的资格证书。

(3) 审查按建设程序规定的开工前必须办理的各项建设行政手续是否齐全完备。

(4) 审查施工组织设计、监理规划等文件以及审批手续。

(5) 检查的结果记录保存。

3. 施工过程的质量监督

(1) 监督机构按照监督方案对工程项目全过程施工的情况进行不定期的检查。检查的内容主要是：参与工程建设各方的质量行为及质量责任制的履行情况；工程实体质量和质量控制资料的完成情况，其中对基础和主体结构阶段的施工应每月安排监督检查。

【参考图文】

(2) 对工程项目建设中结构的主要部位(如桩基、基础、主体结构等)，除进行常规检查外，应在分部工程验收时进行监督，监督检查验收合格后，方可进行后续工程的施工。建设单位应将施工、设计、监理和建设单位各方分别签字的质量验收证明在验收后 3 天内报送工程质量监督机构备案。

(3) 对在施工过程中发生的质量问题、质量事故进行查处。根据质量监督检查的状况，对查实的问题可签发"质量问题整改通知单"或"局部暂停施工指令单"，对问题严重的单位也可根据问题的性质签发"临时收缴资质证书通知书"等处理意见。

4. 竣工阶段的质量监督

主要是按规定对工程竣工验收备案工作进行监督。

(1) 竣工验收前，就对质量监督检查中提出的质量问题的整改情况进行复查，了解其整改的情况。

【参考图文】

(2) 竣工验收时，参加竣工验收的会议，对验收的程序及验收的过程进行监督。

(3) 编制单位工程质量监督报告，在竣工验收之日起 5 天内提交到竣工验收备案部门。对不符合验收要求的责令改正，对存在的问题进行处理，并向备案部门提出书面报告。

5. 建立工程质量监督档案

建设工程质量监督档案按单位工程建立。要求归档及时，资料记录等各类文件齐全，经监督机构负责人签字后归档，按规定年限保存。

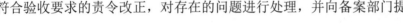

知 识 链 接

《中华人民共和国建筑法》中对工程质量的总要求有哪些？

《中华人民共和国建筑法》不仅把保证质量和安全作为立法的根本目的，而且还把确保质量和安全作为建筑活动的基本原则。此外，还明确规定，建筑工程的政府质量监督制度是一项基本法律制度。

《中华人民共和国建筑法》规定的确保质量和安全的原则贯穿该法律的各个环节，主要确立了以下制度予以体现。

(1) 承包方资质管理制度。

(2) 建筑工程施工许可制度。

(3) 招标投标制度。

(4) 禁止肢解发包和转包工程制度。

(5) 建筑工程监理制度。

(6) 工程质量监督管理制度。

(7) 建筑安全生产管理制度。

(8) 竣工验收制度和保修制度。

(9) 建筑工程质量责任制度。

本 章 小 结

本章介绍了建筑工程质量政府监督方面的内容，希望学生掌握政府监督的职能、依据、实施等方面的内容。

习 题

一、单项选择题

1. 政府质量监督机构对工程项目的第一次监督检查应该在( )进行。
   A. 工程开工前
   B. 工程开工之日起 7 天内
   C. 工程开工当天
   D. 工程开工之日起 3 天内

2. 建设工程项目结构主要部位质量验收证明需要在各方分别签字验收后( )报监督机构备案。
   A. 3 天内
   B. 5 天内
   C. 7 天内
   D. 10 天内

3. 建设工程质量监督档案是按( )建立的。
   A. 分项工程
   B. 分部工程
   C. 单位工程
   D. 检验批

4. 政府质量监督机构根据质量检查状况，对于质量问题特别严重的单位可以发出( )进行处理。
   A. 质量问题整改通知单
   B. 局部暂停施工指令单
   C. 吊销营业执照通知书
   D. 临时收缴资质证书通知书

5. 编制单位工程质量监督报告属于政府质量监督机构在( )所进行的一项工作。
   A. 开工前
   B. 施工过程中
   C. 竣工阶段
   D. 质量保修阶段

二、简答题

1. 施工过程中政府质量监督内容是什么？
2. 简述政府质量监督的职能。
3. 简述政府质量监督的实施过程。

第8章

建筑工程安全管理相关知识

🎕 学习目标

通过本章的学习，学生应正确认识建筑工程安全的特点，熟悉施工安全控制的程序与基本环节，掌握建筑施工安全技术的主要措施，同时应掌握《建设工程安全生产管理条例》的主要条款。

🎕 学习要求

知识要点	能力目标	相关知识	权重
施工安全控制的程序	1. 熟悉施工安全控制的特点 2. 掌握施工安全控制的程序方法 3. 熟悉建筑工程安全事故的诱因	1. 安全控制 2. 危险源识别 3. 危险源控制	30%
施工安全措施	1. 熟悉建设工程施工安全技术措施计划 2. 掌握施工安全管理体系和保障体系 3. 熟悉安全技术交底内容 4. 掌握安全检查主要内容	1. 施工安全管理、保障体系 2. 安全管理制度 3. 三级安全教育 4. 安全技术交底 5. 安全检查	40%
建设工程安全法律制度	1. 了解建设工程安全相关法律制度 2. 掌握建设工程安全生产管理条例的有关条款	1. 安全管理制度 2. 参建单位的安全责任	30%

引 例

某一施工工程现场安全管理存在许多隐患，如现场布置杂乱无序、视线不畅、机械无防护装置，电器无漏电保护，现场管理人员及施工操作人员安全知识缺乏，相关专业技术人员没有上岗证件等。

思考：

(1) 施工现场安全有哪些特点？安全管理如何着手？

(2) 施工现场安全应检查哪些内容？

(3) 特种作业人员需要取得什么证件才能上岗？

8.1 建筑工程安全管理概述

8.1.1 建筑工程安全生产管理的基本概念

【参考图文】

安全生产是指生产过程处于避免人身伤害、设备损坏及其他不可接受的损害风险(危险)的状态。不可接受的损害风险(危险)是指：超出了法律、法规和规章的要求；超出了方针、目标和企业规定的其他要求；超出了人们普遍接受的(通常是隐含)要求。

建筑工程安全生产管理是指建设行政主管部门、建筑安全监督管理机构、建筑施工企业及有关单位对建筑安全生产过程中的安全工作，进行计划、组织、指挥、控制、监督、调节和改进等一系列致力于满足生产安全的管理活动。

8.1.2 施工安全管理的任务

(1) 正确贯彻执行国家和地方的安全生产、劳动保护和环境卫生的法律法规、方针政策和标准规程，使施工现场安全生产工作做到目标明确，组织、制度、措施落实，保障施工安全。

(2) 建立完善施工现场的安全生产管理制度，制定本项目的安全技术操作规程，编制有针对性的安全技术措施。

(3) 组织安全教育，提高员工的安全生产素质，促进员工掌握生产技术知识，遵章守纪地进行施工生产。

(4) 运用现代管理和科学技术，选择并实施实现安全目标的具体方案，对本项目的安全目标的实现进行控制。

(5) 按"四不放过"的原则对事故进行处理，并向政府有关安全管理部门汇报。

8.1.3 建筑工程安全生产管理的特点

1. 安全生产管理涉及面广、涉及单位多

由于建设工程规模大，生产工艺复杂、工序多，在建造过程中流动作业多，高处作业多，作业位置多变，遇到不确定因素多，所以安全管理工作涉及范围大，控制面广。安全管理不仅是施工单位的责任，还包括建设单位、勘察设计单位、监理单位，这些单位也要为安全管理承担相应的责任与义务。

2. 安全生产管理的动态性

(1) 由于建设工程项目的单件性，使得每项工程所处的条件不同，所面临的危险因素和防范措施也会有所改变。例如，员工在转移工地后，熟悉一个新的工作环境需要一定的时间，有些制度和安全技术措施会有所调整，员工同样需要有个熟悉的过程。

(2) 工程项目施工的分散性。因为现场施工是分散于施工现场的各个部位，尽管有各种规章制度和安全技术交底的环节，但是面对具体的生产环境时，仍然需要自己的判断和处理，有经验的人员必须适应不断变化的情况。

3. 安全生产管理的交叉性

建设工程项目是开放系统，受自然环境和社会环境影响很大，安全生产管理需要将工程系统和环境系统及社会系统相结合。

4. 安全生产管理的严谨性

安全状态具有触发性，安全管理措施必须严谨，一旦失控，就会造成损失和伤害。

8.1.4　建筑工程安全生产管理的方针

自 2004 年 2 月 1 日开始执行的《建设工程安全生产管理条例》第二章总则第三条规定"建设工程安全生产管理，坚持安全第一、预防为主的方针"。

"安全第一"是原则和目标，是把人身安全放在首位，安全为了生产，生产必须保证人身安全，充分体现了"以人为本"的理念。"安全第一"的方针，就是要求所有参与工程建设的人员，包括管理者和操作人员以及对工程建设活动进行监督管理的人员，都必须树立安全的观念，不能为了经济的发展牺牲安全，当安全与生产发生矛盾时，必须先解决安全问题，在保证安全的前提下从事生产活动，也只有这样才能使生产正常进行，促进经济的发展，保持社会的稳定。

【参考图文】

"预防为主"是实现"安全第一"的最重要的手段，在工程建设活动中，根据工程建设的特点，对不同的生产要素采取相应的管理措施，从而减少甚至消除事故隐患，尽量把事故消灭在萌芽状态，这是安全生产管理的最重要的思想。

8.1.5　建筑工程安全生产管理的原则

1. "管生产必须管安全"的原则

"管生产必须管安全"的原则是指建设工程项目各级领导和全体员工在生产过程中必须坚持在抓生产的同时抓好安全工作。它体现了安全与生产的统一，生产与安全是一个有机的整体，两者不能分割更不能对立起来，应将安全寓于生产之中。

2. "安全具有否决权"的原则

"安全具有否决权"的原则是指安全生产工作是衡量建设工程项目管理的一项基本内容，它要求在对项目各项指标考核、评优创先时，首先必须考虑安全指标的完成情况。安全指标没有实现，其他指标顺利完成，仍无法实现项目的最优化，安全具有一票否决的作用。

3. 职业安全卫生"三同时"的原则

"三同时"原则是指一切生产性的基本建设和技术改造建设工厂项目，必须符合国家的职业安全卫生方面的法规和标准。职业安全卫生技术措施及设施应与主体同时设计、同时施工、同时投产使用，以确保项目投产后符合职业安全卫生要求。

4. 事故处理"四不放过"的原则

在处理事故时必须坚持和实施"四不放过"的原则，即事故原因分析不清不放过；事故责任者和群众没受到教育不放过；没有整改措施、预防措施不放过；事故责任者和责任领导不处理不放过。

8.1.6 安全生产管理常用术语

1. 安全

安全(Safety)是一个相对的概念。对于一个组织，经过风险评价，确定了不可接受的风险，那么它就要采取措施，将不可接受的风险降低至可容许的程度，使得人们避免受到不可接受风险的伤害。随着组织可容许风险标准的提高，安全的相对程度也在提高。没有危险是安全的特有属性，因而可以说安全就是没有危险的状态。从另一个角度来讲，安全就是安稳，其含义是：人——平安无恙；物——安稳可靠；环境——安定良好。

2. 安全生产管理

安全生产管理是指为了保证生产顺利进行，防止伤亡事故发生，确保安全生产，而进行的策划、组织、指挥、协调、控制和改进等一系列活动的总称。其目的是保证生产经营活动中的人身安全、财产安全，促进生产的发展，保证社会稳定。

3. 安全生产管理体制

为适应社会主义市场经济的需要，1993年将原来的"国家监察、行政管理、群众监督"的安全生产管理体制，发展为"企业负责、行业管理、国家监察、群众监督"。同时，又考虑到许多事故发生的原因是由于劳动者不遵守规章制度，违章违纪造成的，所以增加了"劳动者遵章守纪"这一条规定。实践证明，完善后的安全生产管理体制更加符合社会主义市场经济条件下，加强企业安全生产工作的要求。

【参考图文】

(1) 企业负责。企业负责这条原则，最先是由国务院领导提出实行，并通过国务院(1993)50号文正式发布的。这条原则的确立，进一步完善了自1985年以来，我国实行的"国家监察、行政管理、群众监督"的管理体制，明确了企业应认真贯彻执行国家安全生产的法律法规和规章制度，并对本企业的劳动保护和安全生产工作负责。从而改变了以往安全生产工作由政府包办代替，企业责任不明确的情况，健全了社会主义市场经济条件下的新的安全生产管理体制。

(2) 行业管理。行政主管部门根据"管生产必须管安全"的原则，管理本行业的安全生产工作，建立安全生产管理机构，配备安全生产管理人员，组织贯彻执行国家安全生产方针、法律法规，制定行业的规章制度和规范标准，负责对本行业安全生产管理工作的策划、组织实施和监督检查、考核。

(3) 国家监察。安全生产行政主管部门按照国务院要求实施国家劳动安全监察。国家监察是一种执法监察，主要是监察国家法律法规的执行情况，预防和纠正违反法规、政策的偏差。它不干预企事业遵循法律法规、制定的措施和步骤等具体事务，也不能替代行业管理部门日常管理和安全检查。

(4) 群众监督。保护员工的安全健康是工会的主要职责之一，工会对危害员工安全健康的现象有抵制、纠正以至控告的权力，这是一种自下而上的群众监督。这种监督是与国家安全监察和行政管理相辅相成的，应密切配合、相互合作、互通情况，共同做好安全生产工作。

(5) 劳动者遵章守纪。许多事故发生的原因，大都与员工的违章行为有直接关系。因此，劳动者在生产过程中应该自觉遵守安全生产规章制度和劳动纪律，严格执行安全技术操作规程，不违章操作。劳动者遵章守纪也是减少事故、实现安全生产的重要保证。

4. 安全生产管理制度

安全生产管理制度是根据国家法律、行政法规制定的，项目全体员工在生产经营活动中必须贯彻执行，同时也是企业规章制度的重要组成部分。通过建立安全生产管理制度，可以把企业员工组织起来，围绕安全目标进行生产建设。同时我国的安全生产方针和法律法规也是通过安全生产管理制度去实现的。安全生产管理制度既有国家制定的，也有企业制定的。1963 年 3 月 30 日在总结了我国安全生产管理经验的基础上，由国务院发布了《关于加强企业生产中安全工作的几项规定》，在这个规定中，规定了企业必须建立的 5 项基本制度，即安全生产责任制、安全技术措施、安全生产教育、安全生产定期检查、伤亡事故的调查和处理。尽管我们在安全生产管理方面已取得了长足进步，但这 5 项制度仍是今天企业必须建立的安全生产管理基本制度。此外，随着社会和生产的发展，安全生产管理制度也在不断发展，国家和企业在 5 项基本制度的基础上又建立和完善了许多新制度，如安全卫生评价，易燃、易爆、有毒物品管理，防护用品使用与管理，特种设备及特种作业人员管理，机械设备安全检修以及文明生产等制度。

5. "管生产必须管安全"的原则

"管生产必须管安全"原则是指项目各级领导和全体员工在生产过程中，必须坚持在抓生产的同时抓好安全工作。

"管生产必须管安全"原则是工程项目必须坚持的基本原则。国家和企业就是要保护劳动者的安全与健康，保证国家财产和人民生命财产的安全，尽一切努力在生产和其他活动中避免一切可以避免的事故；其次，项目的最优化目标是高产、低耗、优质、安全，忽视安全，片面追求产量、产值是无法达到最优化目标的。伤亡事故的发生，不仅会给企业，还可能给环境、社会，乃至在国际上造成恶劣影响，造成无法弥补的损失。

"管生产必须管安全"的原则体现了安全和生产的统一，生产和安全是一个有机的整体，两者不能分割、更不能对立起来，应将安全寓于生产之中，生产组织者在生产技术实施过程中，应当承担安全生产的责任，把"管生产必须管安全"原则落实到每个员工的岗位责任制上去，从组织上、制度上固定下来，以保证这一原则的实施。

6. 安全生产管理目标

安全生产管理目标是指项目根据企业的整体目标，在分析外部环境和内部条件的基础上，确定安全生产所要达到的目标，并采取一系列措施去努力实现这些目标的活动过程。安全生产目标通常以千人负伤率、万吨产品死亡率、尘毒作业点合格率、噪声作业点合格率及设备完好率其预期达到的目标值来表示，推行安全生产目标管理能进一步优化企业安全生产责任制，强化安全生产管理，体现"安全生产、人人有责"的原则，使安全生产工作实现全员管理，有利于提高企业全体员工的安全素质。

(1) 安全生产目标管理的任务是：确定奋斗目标，明确责任，落实措施，实行严格的考核与奖惩，以激励企业员工积极参与全员、全方位、全过程的安全生产管理，严格按照安全生产的奋斗目标和安全生产责任制的要求，落实安全措施，消除人的不安全行为和物的不安全状态。

(2) 项目要制订安全生产目标管理计划，经项目分管领导审查同意，由主管部门与实行安全生产目标管理的单位签订责任书，将安全生产目标管理纳入各单位的生产经营或资产经营目标管理计划，主要领导人应对安全生产目标管理计划的制订与实施负第一责任。

(3) 安全生产目标管理的基本内容包括：目标体系的确立，目标的实施及目标成果的检查与考核。主要包括以下几方面。

① 确定切实可行的目标值。采用科学的目标预测法，根据需要和可能，采取系统分析的方法，确定合适的目标值，并研究围绕达到目标应采取的措施和手段。

② 根据安全目标的要求，制订实施办法，做到有具体的保证措施，力求量化，以便于实施和考核：包括组织技术措施，明确完成程序和时间、承担具体责任的负责人，并签订承诺书。

③ 规定具体的考核标准和奖惩办法，要认真贯彻执行《安全生产目标管理考核标准》。考核标准不仅应规定目标值，而且要把目标值分解为若干具体要求来考核。

④ 安全生产目标管理必须与安全生产责任制挂钩。层层分解，逐级负责，充分调动各级组织和全体员工的积极性，保证安全生产管理目标的实现。

⑤ 安全生产目标管理必须与企业生产经营、资产经营承包责任制挂钩，作为整个企业目标管理的一个重要组成部分，实行经营管理者任期目标责任制、租赁制和各种经营承包责任制的单位负责人，应把安全生产目标管理实现与他们的经济收入和荣誉挂起钩来，严格考核，兑现奖惩。

7. 安全检查

安全检查是指对工程项目贯彻安全生产法律法规的情况、安全生产状况、劳动条件、事故隐患等所进行的检查。安全生产检查按组织者的不同可以分为下列两大类。

(1) 安全大检查，指由项目经理部组织的各种安全生产检查或专业检查。安全生产大检查通常是在一定时期内有目的、有组织地进行，一般规模较大，检查时间较长，揭露问题较多，判断较准确，有利于促使项目重视安全，并对安全生产中的一些"老大难"问题进行剖析整改。

(2) 自我检查，由劳务层组织对自身安全生产情况进行的各种检查。自我检查通常采取经常性检查与定期检查、专业检查与群众检查相结合的安全检查制度。经常性检查是指安全技术人员、专职或兼职人员会同班组对安全的日查、周查和月查；定期检查是项目组织的定期(每月、每季、半年或一年)全面的安全检查；专业检查是指根据设备和季节特点进行的专项的专业安全检查，如防火、防爆、防尘、防毒等检查；群众检查指发动全体员工普遍进行的安全检查，并对员工进行安全教育。此外，还有根据季节性特点所进行的季节性检查，如冬季防寒、夏季防暑降温以及雨季防洪等检查。

安全生产检查的主要内容包括：查思想，查制度，查机械设备，查安全设施，查安全教育培训，查操作行为，查防护用品使用，查伤亡事故处理等。

安全生产检查的方法常用的有：深入现场实地观察，召开汇报会、座谈会、调查会以及个别访问，查阅安全生产记录等。

8. "三同时"

"三同时"指凡是我国境内新建、改建、扩建的基本建设工程项目、技术改造项目和引进的建设项目，其劳动安全卫生设施必须符合国家规定的标准，必须与主体工程同时设计、同时施工、同时投入生产和使用。

9. "三不伤害"

"三不伤害"是指在施工中每个参建人员都要增强安全意识和自我保护意识，做到"自己不伤害别人，自己不被别人伤害，自己不伤害自己"。

10. "三个同步"

"三个同步"是指安全生产与经济建设、企业深化改革、技术改造同步策划、同步发展、同步实施的原则。"三个同步"要求把安全生产内容融入生产经营活动的各个方面中，以保证安全与生产的一体化，克服安全与生产"两张皮"的弊病。

11. "四不放过"

"四不放过"是指在处理事故时必须坚持和实施"四不放过"的原则，即事故原因分析不清不放过；事故责任者和群众没受到教育不放过；没有整改措施、预防措施不放过；事故责任者和责任领导不处理不放过。

12. 正确处理"五种"关系

(1) 安全与危险并存。安全与危险在同一事物的运动中是相互对立的，也是相互依赖而存在的，因为有危险，所以要进行安全生产过程控制，以防止或减少危险。安全与危险并非是等量并存、平静相处的，随着事物的运动变化，安全与危险每时每刻都在起变化，彼此进行斗争，事物的发展将向斗争的胜方倾斜。可见，事物的运动中，都不会存在绝对的安全或危险。保持生产的安全状态，必须采取多种措施，以预防为主。危险因素是可以控制的，因危险因素是客观地存在于事物运动之中的，是可知的，也是可控的。

(2) 安全与生产的统一。生产是人类社会存在和发展的基础，如果生产中的人、物、

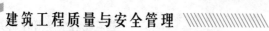

环境都处于危险状态，则生产无法顺利进行，因此，安全是生产的客观要求，当生产完全停止，安全也就失去意义，就生产目标来说，组织好安全生产就是对国家、人民和社会的最大的负责。有了安全保障，生产才能持续、稳定、健康发展。若生产活动中事故不断发生，生产势必陷于混乱，甚至瘫痪，当生产与安全发生矛盾，危及员工生命或资产时，应停止生产经营活动，进行整治，等危险因素消除以后，生产经营形势会变得更好。

(3) 安全与质量同步。质量和安全工作，交互作用，互为因果。安全第一、质量第一，两个第一并不矛盾，安全第一是从保护生产经营因素的角度提出的，而质量第一则是从关心产品成果的角度而强调的，安全为质量服务，质量需要安全保证。生产过程中哪一头都不能丢掉，否则将陷于失控状态。

(4) 安全与速度互促。生产中违背客观规律，盲目蛮干、乱干，在侥幸中求得的进度，缺乏真实与可靠的安全支撑，往往容易酿成不幸，不但无速度可言，反而会延误时间，影响生产。速度应以安全作保障，安全就是速度，我们应追求安全加速度，避免安全减速度。安全与速度成正比关系。一味强调速度，置安全于不顾的做法是极其有害的。当速度与安全发生矛盾时，暂时减缓速度，保证安全才是正确的选择。

(5) 安全与效益同在。安全技术措施的实施，会不断改善劳动条件，调动员工的积极性，提高工作效率，带来经济效益；从这个意义上说，安全与效益是完全一致的，安全促进了效益的增长。在实施安全措施中，投入要精打细算、统筹安排，既要保证安全生产，又要经济合理，还要考虑力所能及。为了省钱而忽视安全生产，或追求资金的盲目高投入，都是不可取的。

13. "五同时"

"五同时'是指企业的领导和主管部门在策划、布置、检查、总结、评价生产经营的时候，应同时策划、布置、检查、总结、评价安全工作。把安全工作落实到每一个生产组织管理环节中去，促使企业在生产工作中把对生产的管理与对安全的管理结合起来，并坚持"管生产必须管安全"的原则。使得企业在管理生产的同时必须贯彻执行我国的安全生产方针及法律法规，建立健全企业的各种安全生产规章制度，包括根据企业自身特点和工作需要设置安全管理专门机构，配备专职人员。

14. "六个坚持"

(1) 坚持管生产同时管安全。安全寓于生产之中，并对生产发挥促进与保证作用，因此，安全与生产虽有时会出现矛盾，但在安全、生产管理的目标上，却表现出高度的一致和完全的统一。安全管理是生产管理的重要组成部分，安全与生产在实施过程中，两者存在着密切的联系，存在着进行共同管理的基础。国务院在《关于加强企业生产中安全工作的几项规定》中明确指出，"各级领导人员在管理生产的同时，必须负责管理安全工作"，"企业中各有关专职机构，都应该在各自业务范围内，对实现安全生产的要求负责"。管生产同时管安全，不仅是对各级领导人员明确了安全管理责任，同时也向一切与生产有关的机构、人员，明确了业务范围内的安全管理责任，由此可见，一切与生产有关的机构、人员，都必须参与安全管理，并在管理中承担责任。认为安全管理只是安全部门的事，是一种片面的、错误的认识。各级人员安全生产责任制度的建立、管理责任的落实，体现了管生产同时管安全的原则。

(2) 坚持目标管理。安全管理的内容是对生产中的人、物、环境因素状态的管理，有效地控制人的不安全行为和物的不安全状态，消除或避免事故，达到保护劳动者的安全与健康的目标。没有明确目标的安全管理是一种盲目行为，盲目的安全管理，往往劳民伤财，危险因素依然存在；在一定意义上，盲目的安全管理，只能纵容威胁人的安全与健康的状态向更为严重的方向发展或转化。

(3) 坚持预防为主。安全生产的方针是"安全第一、预防为主"，安全第一，是从保护生产力的角度和高度，表明在生产范围内，安全与生产的关系，肯定安全在生产活动中的位置和重要性。进行安全管理不是处理事故，而是在生产经营活动中，针对生产的特点，对生产要素采取管理措施，有效地控制不安全因素的发生与扩大，把可能发生的事故消灭在萌芽状态，以保证生产经营活动中，人的安全与健康。预防为主，首先是要端正对生产中不安全因素的认识和消除不安全因素的态度，选准消除不安全因素的时机；在安排与布置生产经营任务的时候，针对施工生产中可能出现的危险因素，采取措施予以消除是最佳选择；在生产活动过程中，经常检查，及时发现不安全因素，采取措施，明确责任，尽快地、坚决地予以消除，是安全管理应有的鲜明态度。

(4) 坚持全员管理。安全管理不是少数人和安全机构的事，而是一切与生产有关的机构人员共同的事，缺乏全员的参与，安全管理就不会有生气、不会出现好的管理效果。当然，这并非否定安全管理第一责任人和安全监督机构的作用，他们在安全管理中的作用固然重要，但全员参与安全管理更为重要。安全管理涉及生产经营活动的方方面面，涉及从开工到竣工交付的全部过程、生产时间、生产要素，因此，生产经营活动中必须坚持全员、全方位的安全管理。

(5) 坚持过程控制。通过识别和控制特殊关键过程，达到预防和消除事故，防止或消除事故伤害的目的。在安全管理的主要内容中，虽然都是为了达到安全管理的目标，但是对生产过程的控制，与安全管理目标关系更直接，显得更为突出。因此，对生产中人的不安全行为和物的不安全状态的控制，是动态的安全管理的重点。事故发生往往是由于人的不安全行为运动轨迹与物的不安全状态运动轨迹的交叉所造成的，从事故发生的原因看，也说明了对生产过程的控制，应该作为安全管理重点。

(6) 坚持持续改进。安全管理是在变化着的生产经营活动中的管理，是一种动态管理。其管理就意味着是不断改进发展的、不断变化的，以适应变化的生产活动，消除新的危险因素。需要的是不间断地摸索新的规律，总结控制的办法与经验，指导新的变化后的管理，从而不断提高安全管理水平。

15. 人的不安全行为

人既是管理的对象，又是管理的动力，人的行为是安全控制的关键。人与人之间有不同，即使是同一个人，在不同地点、不同时期、不同环境，他的劳动状态、注意力、情绪、效率也会有变化，这就决定了管理好人是难度很大的工作。人不单纯是自然人，而更重要的是法人。由于受到政治、经济、文化、技术条件的制约和人际关系的影响，以及受企业管理形式、制度、手段、生产组织、分工、条件等的支配，所以，要管好人，避免产生人的不安全行为，应从人的生理和心理特点来分析人的行为；必须结合社会因素和环境条件对人的行为影响进行研究。

（1）人的不安全行为现象。人的不安全行为是人的生理和心理特点的反映，主要表现在身体缺陷、错误行为和违纪违章三方面。

① 身体缺陷：指疾病、职业病、精神失常、智商过低(呆滞、接受能力差、判断能力差等)、紧张、烦躁、疲劳、易冲动、易兴奋、精神迟钝、对自然条件和环境过敏、不适应复杂和快速工作、应变能力差等。

② 错误行为：指嗜酒、吸毒、吸烟、打赌、玩耍、嬉笑、追逐、错视、错听、错嗅、误触、误动作、误判断、突然受阻、无意相碰、意外滑倒、误入危险区域等。

③ 违纪违章：指粗心大意、漫不经心、注意力不集中，不懂装懂、无知而又不虚心、不履行安全措施、安全检查不认真、随意乱放东西、任意使用规定外的机械设备、不按规定使用防护用品、碰运气、图省事、玩忽职守、有意违章、只顾自己而不顾他人等。

（2）人的行为与事故。据统计资料分析，88%的事故是由人的不安全行为所造成，而人的生理和心理特点又直接影响人的不安全行为，因为整个劳动过程是依靠人的骨骼肌肉的运动和人的感觉、知觉、思维、意识，最后表现为人的外在行为过程。但由于人存在着某些生理和心理缺陷，都有可能导致人的不安全行为的发生，从而导致事故，例如以下几个方面。

① 人的生理疲劳与安全。人的生理疲劳，表现为动作紊乱而不稳定，不能支配正常状况下所能承受的体力，易产生重物失手、手脚发软、致使人和物从高处坠落等事故。

② 人的心理疲劳与安全。人的心理疲劳是指劳动者由于动机和态度改变，引起工作能力的波动，或从事单调、重复劳动时的厌倦，或遭受挫折后的身心乏力等，这会使劳动者感到心情不安、身心不支、注意力转移而产生操作失误。

③ 人的视觉、听觉与安全。人的视觉是接受外部信息的主要通道，80%以上的信息是由视觉获得，但人的视觉存在视错觉，而外界的亮度、色彩、对比度，物体的大小、形态、距离等又支配视觉效果，当视器官将外界环境转化为信号输入时，有可能产生错视、漏视的失误而导致安全事故。同样，人的听觉也是接受外部信息的通道，但常由于机械轰鸣，噪声干扰，不仅使注意力分散、听力减弱、听不清信号，还会使人产生头晕、头痛、乏力失眠，引起神经紊乱而致心率加快等病症，若不预防和治理都会有害于安全。

④ 人的气质与安全。人的气质、性格不同，产生的行为各异：意志坚定，善于控制自己，注意力稳定性好，行动准确，不受干扰，安全度就高；感情激昂，喜怒无常，易动摇，对外界信息的反应变化多端，常易引起不安全行为；自作聪明，自以为是，将常常会发生违章操作；遇事优柔寡断，行动迟缓，则对突发事件应变能力差。此类不安全行为，均与发生事故密切相关。

⑤ 人际关系与安全。群体的人际关系直接影响着个体的行为，当彼此遵守劳动纪律，重视安全生产的行为规范，相互友爱和信任时，无论做什么事都充满信心和决心，安全就有保障；若群体成员把工作中的冒险视为勇敢予以鼓励、喝彩，无视安全措施和操作规程，在这种群体动力作用下，不可能形成正确的安全观念；个人某种需要未得到满足，带着愤懑和怨气的不稳定情绪工作，或上下级关系紧张，产生疑虑、畏惧、抑郁的心理时，注意力发生转移，也极容易发生事故。

综上所述，在工程项目安全控制中，一定要抓住人的不安全行为这一关键因素；而在制定纠正和预防措施时，又必须针对人的生理和心理特点对不安全的影响因素，培养提高劳动者自我保护能力，能结合自身生理、心理特点来预防不安全行为发生，增强安全意识，乃是搞好安全管理的重要环节。

16. 物的不安全状态

人的生理、心理状态能适应物质、环境条件，而物质、环境条件又能满足劳动者生理、心理需要时，则不会产生不安全行为；反之，就可能导致伤害事故的发生。

(1) 物的不安全状态。

① 设备、装置的缺陷，是指机械设备和装置的技术性能降低，刚度不够，结构不良，磨损、老化、失灵、腐蚀、物理和化学性能达不到规定等。

② 作业场所的缺陷，是指施工现场狭窄，组织不当，多工种立体交叉作业，交通道路不畅，机械车辆拥挤，多单位同时施工等。

③ 物质和环境的危险源，如化学方面的氧化、自燃、易燃、毒性、腐蚀等；机械方面的重物、振动、冲击、位移、倾覆、陷落、旋转、抛飞、断裂、剪切、冲压等；电气方面的漏电、短路、火花、电弧、电辐射、超负荷、过热、爆炸、绝缘不良、高压带电作业等；环境方面的辐射线、红外线、强光、雷电、风暴、暴雨、浓雾、高低温、洪水、地震、噪声、冲击波、粉尘、高压气体、火源等。

(2) 物质、环境与安全。综上所述，物质和环境均具有危险源，也是产生安全事故的主要因素，因此，在工程项目安全控制中，应根据工程项目施工的具体情况，采取有效的措施减少或断绝危险源。

如发生起重伤害事故的主要原因有两类：一是起重设备的安全装置不全或失灵；二是起重机司机违章作业或指挥失误。因此，预防起重伤害事故也要从这两方面入手，即第一，保证安全装置(行程、高度、变幅、超负荷限制装置，其他保险装置等)齐全可靠，并经常检查、维修，使其转动灵敏，严禁使用带"病"的起重设备。第二，起重机指挥人员和司机必须经过操作技术培训和安全技术考核，持证上岗，不得违章作业。要坚持十个"不准吊"，此外，还有一些安全措施，如起吊容易脱钩的大型构件时，必须用卡环；严禁吊物在高压线上方旋转；严禁在高压线下面从事起重作业等。同时，在分析物质、环境因素对安全的影响时，也不能忽视劳动者本身生理和心理的特点。如一个生理和心理素质好、应变能力强的司机，他注意范围较大，几乎可以在同一时间，既注意到吊物和它周围的建筑物、构筑物的距离，又顾及起升、旋转、下降、对中、就位等一系列差异较大的操作，这样就不会发生安全事故。所以在创造和改善物质、环境的安全条件时，也应从劳动者生理和心理状态出发，使其能相互适应。实践证明，采光照明、色彩标志、环境温度和现场环境对施工安全的影响都不可低估。

① 采光照明问题。施工现场的采光照明，既要保证生产正常进行，又要减少人的疲劳和不舒适感，还应适应视觉明暗的生理反应。这是因为当光照条件改变时，眼睛需要通过一定的生理过程对光的强度进行适应，方能获得清晰的视觉，所以当由强光下进入暗环境，或由暗环境进入强光现场时，均需经过一定时间，以使眼睛逐渐适应光照强度的改变，然后才能正常工作。因此，让劳动者懂得这一生理现象，当光照强度产生极大变化时作短暂停留；在黑暗场所加强人工照明；在耀眼强光下操作戴上墨镜，可减少事故的发生。

② 色彩的标志问题。色彩标志可提高人的辨别能力，控制人的心理，减少工作差错和人的疲劳：红色，在人的心理定势中标志危险、警告或停止；绿色，使人感到凉爽、舒适、轻松、宁静，能调节人的视觉，消除炎热高温时烦躁不安的心理；白色，给人整洁清新的感觉，有利于观察检查缺陷，消除隐患；红白相间，则对比强烈，分外醒目。所以，根据不同的环境采用不同的色彩标志，如用红色警告牌，绿色安全网，白色安全带，红白相间的栏杆等，都能有效地预防事故。

③ 环境温度问题。环境温度接近体温时，人体热量难以散发，就会感到不适、头昏、气喘，活动稳定性差，手脑配合失调，对突发情况缺乏应变能力，在高温环境、高处作业时，就可能导致安全事故；反之，低温环境，人体散热量大，手脚冻僵，动作灵活性、稳定性差，也易导致事故发生。

④ 现场环境问题。现场布置杂乱无序，视线不畅，沟渠纵横，交通阻塞，机械无防护装置，电气设备无漏电保护，粉尘飞扬，噪声刺耳等，使劳动者生理、心理难以承受，或不能满足操作要求时，则必然诱发事故。

综上所述，在工程项目安全控制中，必须将人的不安全行为，物的不安全状态与人的生理和心理特点结合起来综合考虑，制定安全技术措施，才能确保安全的目标。

17. 安全标志

安全标志是指在操作人员容易产生错误而造成事故的场所，为了确保安全，提醒操作人员注意所采用的一种特殊标志。

制定安全标志的目的是引起人们对不安全因素的注意，预防事故的发生，安全标志不能代替安全操作规程和保护措施。

根据国家有关标准，安全标志应由红色、几何图形和图形符号构成。必要时，还需要补充一些文字说明与安全标志一起使用。国家规定的安全标志有红、蓝、黄、绿 4 种颜色，其含义是：红色表示禁止、停止(也表示防火)；蓝色表示指令或必须遵守的规定；黄色表示警告、注意；绿色表示提示、安全状态、通行。安全标志按其用途可分为：禁止标志、警告标志、指示标志 3 种。安全标志根据其使用目的的不同，可以分为以下 9 种。

(1) 防火标志(有发生火灾危险的场所，有易燃易爆危险的物质及位置，防火、灭火设备位置)。

(2) 禁止标志(所禁止的危险行动)。

(3) 危险标志(有直接危险性的物体和场所，并对危险状态作警告)。

(4) 注意标志(由于不安全行为或不注意就有危险的场所)。

(5) 救护标志。

(6) 小心标志。

(7) 放射性标志。

(8) 方向标志。

(9) 指示标志。

施工现场常用安全标志、标牌如图 8.1 所示。

紧急出口	紧急出口	紧急出口	紧急出口	当心落物
推开	疏通通道方向	拉开	疏通通道方向	注意危险	慢行	当心机械伤人

推开　疏通通道方向　拉开　疏通通道方向　注意危险　慢行　当心机械伤人

施工　禁止乘人　禁止停留　禁止通行　限制高度　当心坑洞　当心坠落　当心吊物

禁止攀登　禁止车辆临时或长时停放　禁止车辆长时停放　禁止驶入　必须戴防护眼镜　必须穿防护服　必须戴安全帽　必须系安全带

图 8.1　施工现场常用安全标志、标牌

8.2　建筑工程施工安全生产管理

8.2.1　建筑工程施工安全生产的特点

1. 建筑产品的固定性和生产的流动性

建筑工程在有限的场地上集中了大量的工人、建筑材料、设备零部件和施工机具进行作业，这样的情况有的需要持续几个月或一年，有的需要几年工程才能完成。一个项目完成后，施工队伍就要转移到新的地点完成另一个项目，同时在承建工程项目时，施工队人员也发生变化，从结构施工人员到装修施工人员等。建筑产品生产过程中生产人员、工具与设备的流动性，主要表现如下。

(1) 同一工地不同建筑之间流动。

(2) 同一建筑不同建筑部位上流动。

(3) 一个建筑工程项目完成后，又要向另一新项目动迁的流动。

2. 受外部环境影响的因素多、工作条件差

建筑产品受外部环境影响的因素多，主要表现如下。

(1) 露天作业多。

(2) 气候条件变化的影响。

(3) 工程地质和水文条件的变化。

(4) 地理条件和地域资源的影响。

由于生产人员、工具和设备的交叉和流动作业，受不同外部环境的影响因素多，使安全管理很复杂，稍有考虑不周就会出现问题。一栋建筑物从基础、主体结构到屋面工程、室外装修等，露天作业约占整个工程的 70%，建筑都是由低到高建起来的，绝大部分工人，都在十几米或几十米甚至上百米的高空露天作业，夏天热冬天冷，风吹日晒，工作条件差。

3. 产品的多样性和生产的单件性

建筑产品的多样性：施工过程变化大，规则性差，各类建设工程(民用住宅、工业厂房、道路、桥梁、水库、管线、航道、码头、港口、医院、剧院、博物馆、园林、绿化等)使用功能均不完全一致；每栋建筑物从基础、主体到装修，每道工序不同，不安全因素也不同，即使同一道工序，由于工艺和施工方法不同，生产过程也不相同；而随着工程进度的发展，施工现场的施工状况和不安全因素也随着变化。建筑产品的多样性决定了生产的单件性。每一个建筑产品都要根据其特定要求进行施工，主要表现如下。

(1) 不能按同一图纸、同一施工工艺、同一生产设备进行批量重复生产。

(2) 施工生产组织及机构变动频繁，生产经营的"一次性"特征特别突出。

(3) 生产过程中所碰到的新技术、新工艺、新设备、新材料给安全管理带来不少难题。

因此，对于每个建设工程项目都要根据其实际情况，制订不同安全管理计划。

8.2.2 建筑工程施工安全生产管理的基本要求

(1) 必须取得安全行政主管部门颁发的《安全施工许可证》后才可开工。

(2) 总承包单位和每一个分包单位都应持有《施工企业安全资格审查认可证》。

(3) 各类人员必须具备相应的执业资格才能上岗。

(4) 所有新员工必须经过三级安全教育，即施工人员进场作业前进行公司、项目部、作业班组的安全教育。

(5) 特种作业人员(指对操作者本人和其他工种作业人员以及对周围设施的安全有重大危险因素的作业)，必须经过专门培训，并取得特种作业资格，并严格按规定定期进行复查。

(6) 对查出的安全隐患要做到"五定"，即定整改责任人、定整改措施、定整改完成时间、定整改完成人、定整改验收人。

(7) 必须把好安全生产"六关"，即措施关、交底关、教育关、防护关、检查关、改进关。

(8) 施工现场安全设施齐全，并符合国家及地方有关规定。

(9) 施工机械(特别是现场安设的起重设备等)必须经安全检查合格后方可使用。

8.2.3 建筑工程施工安全生产管理的程序

施工安全管理的程序如图 8.2 所示。

1. 确定项目的安全目标

按"目标管理"方法在以项目经理为首的项目管理系统内进行分解，从而确定每个岗位的安全目标，实现全员安全控制。

2. 编制项目安全技术措施计划

对生产过程中的不安全因素，用技术手段加以消除和控制，并用文件化的方式表示，这是落实"预防为主"方针的具体体现，是进行工程项目安全控制的指导性文件。

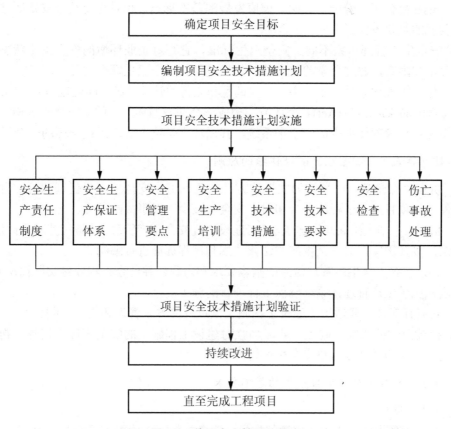

图 8.2　施工安全管理的程序

3. 安全技术措施计划的落实和实施

包括建立健全安全生产责任制、设置安全生产设施、进行安全教育和培训、沟通和交流信息，通过安全控制使生产作业的安全状况处于受控状态。

4. 安全技术措施计划的验证

包括安全检查、纠正不符合情况，并做好检查记录工作。根据实际情况补充和修改安全技术措施。

5. 持续改进，直至完成建设工程项目的所有工作

8.2.4　建立建筑工程施工安全生产管理体系

建筑工程安全生产管理体系是为确保"安全第一、预防为主"方针，以及安全管理目标实现所需要的组织机构、程序、过程和资源。可以理解为：安全生产管理体系是以安全生产为目的，由确定的组织结构形式，明确的活动内容，配备必需的人员、资金、设施和设备，按规定的技术要求和方法，去展开安全管理工作，这样一个系统的整体。

1. 建设工程安全生产管理体系的作用

(1) 职业安全卫生状况是经济发展和社会文明程度的反映，它使所有劳动者获得安全与健康，是社会公正、安全、文明、健康发展的基本标志，也是保持社会安定团结和经济可持续发展的重要条件。

(2) 安全生产管理体系不同于安全卫生标准，它是对企业环境的安全卫生状态规定了具体的要求和限定，通过科学的管理使工作环境符合安全卫生标准的要求。

安全生产管理体系是一个动态、自我调整和完善的管理系统，即通过策划(Plan)、实施(Do)、检查(Check)和改进(Act)4 个环节，构成一个动态循环上升的系统化管理模式。安全管理体系是项目管理体系中的一个子系统，其循环也是整个管理系统循环的一个子系统。

2. 建立建筑工程安全生产管理体系的原则

(1) 贯彻"安全第一、预防为主"的方针，建立健全安全生产责任制和群防群治制度等，确保工程项目施工过程的人身和财产安全，减少一般事故的发生。

【参考图文】

(2) 依据《中华人民共和国建筑法》《建设工程安全生产管理条例》《劳动合同法》《环境保护法》以及国家有关安全生产的法律法规和规程标准进行编制。

(3) 必须包含安全生产管理体系的基本要求和内容，并结合工程项目实际情况和特点，加以充实、完善生产管理体系，确保工程项目的施工安全。

(4) 具有针对性，要适用于建设工程施工全过程的安全管理和安全控制。

【参考图文】

(5) 持续改进的原则，施工企业应加强对建设工程施工的安全管理，指导、帮助项目经理部建立、实施并持续改进安全生产管理体系。

3. 建筑工程安全生产管理体系的基本要求

1) 管理职责

(1) 安全管理目标。明确伤亡控制指标、安全指标、文明施工目标等内容。

(2) 安全管理组织机构。项目部建立以项目经理为现场安全管理第一责任人的安全生产领导小组；明确安全生产领导小组的主要职责；明确现场安全管理组织机构网络。

(3) 安全职责与权限。明确项目部主要管理人员的职责与权限，主要有项目经理、项目技术负责人、项目工长、项目安全员、项目质检员、项目技术员、项目核算员、项目材料员、班组兼职安全员、保卫消防员、机械管理员、班组长、生产工人等的安全职责，并让责任人履行签字手续。

2) 安全生产管理体系是由以下若干子体系来保证

(1) 施工安全的组织保证体系。负责施工安全工作的组织管理系统，一般包括最高权力机构、专职管理机构的设置和专兼职安全管理人员的配备(如企业的主要负责人，专职安全管理人员，企业、项目部主管安全的管理人员以及班组长、班组安全员)。

(2) 施工安全的制度保证体系。它是为贯彻执行安全生产法律法规、强制性标准、工程施工设计和安全技术措施，确保施工安全而提供制度的支持与保证。

(3) 施工安全的技术保证体系。施工安全是为了达到工程施工的作业环境和条件安全、施工技术安全、施工状态安全、施工行为安全以及安全生产管理到位的安全目的。施工安全的技术保证，就是为上述 5 个方面的安全要求提供安全技术的保证，确保在施工中准确判断其安全的可靠性，对避免出现危险状况、事态做出限制和控制规定，对施工安全保险与排险措施给予规定，以及一切施工安全生产给予技术保证。

(4) 施工安全投入保证体系。施工安全投入保证体系是确保施工安全应有与其要求相适应的人力、物力和财力投入，并发挥其投入效果的保证体系。其中，人力投入可在施工安全组织保证体系中解决，而物力和财力的投入则需要解决相应的资金问题，其资金来源为工程费用中的机械装备费、措施费(如脚手架费、环境保护费、安全文明施工费、临时设施费等)、管理费和劳动保险支出等。

(5) 施工安全信息保证体系。施工安全工作中的信息主要有文件信息、标准信息、管理信息、技术信息、安全施工状况信息及事故信息等，这些信息对于企业搞好安全施工工作具有重要的指导和参考作用。

3) 检查、检验的控制

明确对现场安全设施进行安全检查、检验的内容、程序及检查验收责任人等问题。

4) 事故隐患的控制

明确现场控制事故隐患所采取的管理措施。

5) 纠正和预防措施

根据现场实际情况制定预防措施；针对现场的事故隐患进行纠正，并制定纠正措施，明确责任人。

6) 教育和培训

明确现场管理人员及生产工人必须进行的安全教育和安全培训的内容及责任人。

7) 内部审核

建筑业企业应组织对项目经理部的安全活动是否符合安全管理体系文件有关规定的要求进行审核，以确保安全生产管理体系运行的有效性。

8) 奖惩制度

明确施工现场安全奖惩制度的有关规定。

8.2.5　建筑工程施工安全生产责任制

1. 一般规定

安全生产责任制是各项管理制度的核心，是企业岗位责任制的重要组成部分，是企业安全管理中最基本的制度，是保障安全生产的重要组织措施。

安全生产责任制是根据"管生产必须管安全""安全生产、人人有责"等原则，明确各级领导、各职能部门、岗位、各工种人员在生产中应负有的安全职责。有了安全生产责任制，就能把安全与生产从组织领导上结合起来，把"管生产必须管安全"的原则从制度上固定下来，从而增强了各级管理人员的安全责任心，使安全管理纵向到底、横向到边，专管成线，群管成网，责任明确，协调配合，共同努力，真正把安全生产工作落到实处。

企业应以文件的形式颁布企业安全生产责任制，责任制的制定参照《中华人民共和国建筑法》《中华人民共和国安全生产法》及国务院第 302 号令《国务院关于特大安全事故行政责任追究的规定》制定本企业的安全生产责任制。

制定各级各部门安全生产责任制的基本要求如下。

(1) 企业负责人是企业安全生产的第一责任人，各副经理对分管部门的安全生产负直接领导责任。具体应认真贯彻执行国家安全生产方针政策、法令、规章制度，定期向企业员工代表会议报告企业安全生产情况和措施；制定企业各级各部门的责任制等制度，定期

【参考图文】

向企业员工代表会议报告企业安全生产情况和措施；制定企业各级负责人的安全责任制等制度，定期研究解决安全生产中的问题；组织或授权委托审批安全技术措施计划并贯彻实施，定期组织安全检查和开展安全竞赛等活动；对员工进行安全和遵章守纪教育；督促各级负责人和各职能部门所属人员做好本职范围内安全工作；总结与推广安全生产先进技术、新设备、新工艺、新经验；主持重大伤亡事故的调查分析，提出处理意见和改进措施，并督促实施。

(2) 企业总工程师(主任工程师或技术负责人)对本企业安全生产的技术工作负总的责任。在组织编制和审批施工组织设计(施工方案)及在采用新技术、新工艺、新设备时，必须制定相应的安全技术措施；负责提出改善劳动条件的项目和实施措施，并付诸实现；进行安全技术教育；及时解决施工中的安全技术问题，参加重大伤亡事故的调查分析，提出技术鉴定意见和改进措施。

(3) 项目经理应对本项目的安全生产工作负领导责任。认真执行安全生产规章制度，不违章指挥，制定和实施安全技术措施，经常进行安全生产检查，消除事故隐患，制止违章作业；对员工进行安全技术和安全纪律教育；发生伤亡事故要及时上报，并认真分析事故原因，提出并实现改进措施。

(4) 工长、施工员、工程项目技术负责人对所管工程的安全生产负直接责任。组织实施安全技术措施，进行安全技术交底，对施工现场搭设的架子和安装电气、机械设备等安全防护装置，都要组织验收，合格后方能使用；不违章指挥，组织工人学习安全操作规程，教育工人不违章作业；认真消除事故隐患，发生工伤事故时应保护现场并立即上报。

(5) 班组长要模范遵守安全生产规章制度，带领本班组安全作业，认真执行安全交底，有权拒绝违章指挥；班前要对所使用的机具、设备、防护用具及作业环境进行安全检查；组织班组安全活动日；开班前安全生产会；发生工伤事故时应保护现场并立即向工长报告。

(6) 企业中的生产、技术、机械设备、材料、财务、教育、劳资、卫生等各职能机构，都应在各自业务范围内，对实现安全生产的要求负责。

① 生产部门要合理组织生产，贯彻安全规章制度和施工组织设计(施工方案)；加强现场平面管理，建立安全生产、文明生产的秩序。

② 技术部门要严格按照国家有关安全技术规程、标准编制设计、施工、工艺等技术文件，提出相应的安全技术措施；编制安全技术规程；负责安全设备、仪表等技术鉴定和安全技术科研项目的研究工作。

③ 设备部门对一切机电设备，必须配齐安全防护保险装置，加强机电设备、锅炉和压力窗口的经常检查、维修、保养，确保安全运转。

④ 财务部门要按照规定提供实现安全措施的经费，并监督其专款专用。

⑤ 教育部门负责将安全教育纳入全员培训计划，组织定期、不定期的员工安全技术学习；同时要配合安全部门做好新工人、调换岗位工人、特殊工种工人的培训、考核、发证工作；贯彻劳逸结合，严格控制加班加点；对因工伤残和患职业病员工及时安排适合的工作。

(7) 安全机构和专职人员应做好安全管理工作和监督检查工作。

2．企业各级部门及管理人员的安全责任

1）企业法人代表安全生产责任制

(1) 认真贯彻执行国家和市有关安全生产的方针政策和法规、规范，掌握本企业安全生产动态，定期研究安全工作，对本企业安全生产负全面领导责任。

(2) 领导编制和实施本企业中长期整体规划，以及年度、特殊时期安全工作实施计划。建立健全和完善本企业的各项安全生产管理制度及奖惩办法。

(3) 建立健全安全生产的保证体系，保证安全技术措施经费及奖惩办法。

(4) 领导并支持安全管理人员或部门的监督检查工作。

(5) 在事故调查组的指导下，领导、组织本企业有关部门或人员，做好特大、重大伤亡事故调查处理的具体工作，监督防范措施的制定和落实，预防事故重复发生。

2）企业技术负责人安全生产责任制

(1) 贯彻执行国家和上级的安全生产方针、政策，协助法定代表人做好安全方面的技术领导工作，在本企业施工安全生产中负技术领导责任。

(2) 领导制订年度和季节性施工计划时，要确定指导性的安全技术方案。

(3) 组织编制和审批施工组织设计、特殊复杂工程项目或专业性工程项目施工方案时，应严格审查是否具备安全技术措施及其可行性，并提出决定性意见。

(4) 领导安全技术攻关活动，确定劳动保护研究项目，组织鉴定验收。

(5) 对本企业使用的新材料、新技术、新工艺从技术上负责，组织审查其使用和实施过程中的安全性，组织编制或审定相应的操作规程，重大项目应组织安全技术交底工作。

(6) 参加特大、重大伤亡事故的调查，从技术上分析事故原因，制定防范措施。

3）企业安全生产负责人安全生产责任制

(1) 对本企业安全生产工作负直接领导责任，协助法定代表人认真贯彻执行安全生产方针、政策、法规，落实本企业各项安全生产管理制度。

(2) 组织实施本企业中长期、年度、特殊时期安全工作规划、目标及实施计划，组织落实安全生产责任制。

(3) 参与编制和审核施工组织设计、特殊复杂工程项目或专业性工程项目施工方案。审批本企业工程生产建设项目中的安全技术管理措施，制订施工生产安全技术措施经费的使用计划。

(4) 领导组织本企业的安全生产宣传教育工作，确定安全生产考核指标；领导、组织外包工队长的培训、考核与审查工作。

(5) 领导组织本企业定期、不定期的安全生产检查，及时解决施工中的不安全生产问题。

(6) 认真听取、采纳安全生产的合理化建议，保证本企业安全生产保障体系的正常运转。

(7) 在事故调查组的指导下，组织特大、重大伤亡事故的调查、分析及处理中的具体工作。

4）质安部门安全生产责任制

(1) 贯彻执行"安全第一、预防为主"的安全生产方针和国家、政府部门及公司关于安全生产和劳动保护法规及安全生产规章制度；贯彻落实安全生产操作规程，做好安全管理和监督工作；负责生产过程安全控制；辅导工地完善落实各项安全技术措施。

(2) 经常深入施工现场，定期组织进行安全生产和劳动纪律的检查监督和宣传教育工作，掌握安全生产工作状况，并提出建议意见。

(3) 杜绝违章指挥和违章作业。发现险情及时处理，有权责令工地和个人暂停生产，迅速报告上级领导处理。

(4) 参加事故的调查处理，制定仓库危险品和有毒材料的保管和保卫制度，严防不法分子扰乱生产秩序，依法打击危及工地安全和生产的违法事件，做好与当地公安部门及街道社区的横向联系，搞好社会治安综合治理工作。

(5) 对各工程施工组织设计中的安全生产技术措施进行审查，对不符合安全要求和不够针对性的，提出完善意见。

(6) 督促分公司、项目部完善施工现场的保险设施，对违章作业的单位和个人按制度进行处罚，对安全生产工作有显著成绩的单位与个人按制度给予奖励，组织特殊工种上岗培训和员工的三级安全教育，定期对安全员进行监督考核和继续教育。

(7) 在安全生产工作上，质安部门权数分配可为 70%，全权执行公司安全生产工作要求和安全生产奖惩制度。

(8) 贯彻执行国家及市有关消防保卫的法规、规定，协助领导做好消防保卫工作。

(9) 制订年、季消防保卫工作计划和消防安全管理制度，并对执行情况进行监督检查，参加施工组织设计、方案的审批，提出具体建议并监督实施。

(10) 经常对员工进行消防安全教育，会同有关部门对特种作业人员进行消防安全考核。

(11) 组织消防安全检查，督促有关部门对火灾隐患进行解决。

(12) 负责调查火灾事故的原因，提出处理意见。

(13) 参加新建、改建、扩建工程项目的设计、审查和竣工验收。

5) 技术部门安全生产责任制

(1) 认真学习、贯彻执行国家和上级有关安全技术及安全操作规程规定，保障施工生产中的安全技术措施的制定与实施。

(2) 严格按照国家安全技术规定、规程、标准，组织编制施工现场的安全技术措施方案，编制适合本公司实际的安全生产技术规程，确保针对性。

(3) 检查施工组织设计和施工方案安全措施的实施情况，对施工中涉及安全方面的技术性问题提出解决办法。

(4) 对施工现场的特殊设施进行技术鉴定和技术数据的换算，负责安全设施的技术改造和提高。

(5) 同机械设备部门、质安部门一起，共同审核工程项目的安全施工组织设计，指导工地的安全生产工作。

(6) 与质安部门一起，编制单位工程建筑面积在 10 000m^2 以上的安全施工组织设计，并与公司总工程师和其他各生产管理部门一起会审；10 000m^2 以下的单位工程安全组织设计由分公司、项目部的技术、安全等职能部门负责编制，经公司总工程师和技术、安全管理部门会审批准后执行。

(7) 对新技术、新材料、新工艺，必须制定相应的安全技术措施和安全操作规程。

(8) 对改善劳动条件，减轻重体力劳动，消除噪声等方面的治理，进行研究解决。

(9) 参加伤亡事故和重大已发生、未遂事故中技术性问题的调查，分析事故原因，从技术上提出防范措施。

6) 材料设备部门安全生产责任制

(1) 凡购置的各种机、电设备，脚手架，新型建筑装饰，防水等料具或直接用于安全防护的料具及设备，必须执行国家、市有关规定，必须有产品介绍或说明的资料，严格审查其产品合格证明材料，必要时做抽样试验，回收的必须检修。

(2) 采购的劳动保护用品，必须符合国家标准及市有关规定，并向主管部门提供情况，接受对劳动保护用品的质量监督检查。

(3) 认真执行《建筑工程施工现场管理标准化》的规定，以及施工现场平面布置图要求，做好材料堆放和物品储存，对物品运输应加强管理，保证安全。

(4) 对机、电、起重设备、锅炉、受压容器及自制机械设备的安全运行负责，按照安全技术规范经常进行检查，并监督各种设备的维修、保养的进行。

(5) 对设备的租赁，要建立安全管理制度，确保租赁设备完好、安全可靠。

(6) 对新购进的机械、锅炉、受压容器及大修、维修、外租回厂后的设备，必须严格检查和把关，新购进的要有出厂合格证及完整的技术资料，使用前制定安全操作规程，组织专业技术培训，向有关人员交底，并进行鉴定验收。

(7) 参加施工组织设计、施工方案的会审，提出涉及安全的具体意见，同时负责督促下级落实，保证实施。

(8) 对特种作业人员定期培训、考核。

(9) 参加因工伤亡及重大未遂事故的调查，从事故设备方面认真分析事故原因，提出处理意见，制定防范措施。

7) 财务部门安全生产责任制

(1) 根据本企业实际情况及企业安全技术措施经费的需要，按计划及时提取安全技术措施经费、劳动保护经费及其他安全生产所需经费，保证专款专用。

(2) 按照国家及市对劳动保护用品的有关标准和规定，负责审查购置劳动保护用品的合法性，保证其符合标准。

(3) 协助安全主管部门办理安全奖、罚款等手续。

(4) 按照安全生产设施需要，制定安全设施的经费预算。

(5) 对审定的安全所需经费列入年度预算，落实好资金，并专项立账使用，督促、检查安全经费的使用情况。

(6) 负责安全生产奖惩的收付工作，保证奖惩兑现。

3. 工程项目管理人员及生产人员的安全责任

1) 项目经理安全生产责任制

(1) 项目经理是工程项目安全生产第一负责人，全面负责工程项目全过程的安全生产、文明卫生、防火工作，应遵守国家法令，执行上级安全生产规章制度，对劳动保护全面负责。

【参考图文】

（2）组织落实各级安全生产责任制，贯彻上级部门的安全规章制度，并落实到施工过程管理中，把安全生产提到日常议事日程上。

（3）负责搞好员工安全教育，支持安全员工作，组织检查安全生产。

（4）发现事故隐患，及时按"定整改责任人、定整改措施、定整改完成时间、定整改完成人、定整改验收人"的"五定"方针，及时落实整改。

（5）发生工伤事故时，及时抢救，保护现场，上报上级部门。

（6）不准违章指挥与强令员工冒险作业。

2）项目技术负责人安全生产责任制

（1）遵守国家法令，学习熟悉安全生产操作规程，执行上级安全部门的规章制度。

（2）根据施工技术方案中的安全生产技术措施，提出技术实施方案和改进方案中的技术措施要求。

（3）在审核安全生产技术措施时，发现不符合技术规范要求的，有权提出更改、完善意见，使之完善纠正。

（4）按照技术部门编制的安全技术措施，根据施工现场实际，补充编制分项分类的安全技术措施，使之完善和充实。

（5）在施工过程中，对现场安全生产有责任进行管理，发现隐患，有权督促纠正、整改，通知安全员落实整改并汇报项目经理。

（6）对施工设施和各类安全保护、防护物品，进行技术鉴定和提出结论性意见。

3）安全员安全生产责任制

（1）负责施工现场的安全生产、文明卫生、防火管理工作，遵守国家法令，认真学习熟悉安全生产规章制度，努力提高专业知识和管理水准，加强自身建设。

（2）经常及时检查施工现场的安全生产工作，发现隐患及时采取措施进行整改，并及时汇报项目经理处理。

（3）坚持原则，对违章作业、违反安全操作规程的人和事，决不姑息，敢于阻止和教育。

（4）对安全设施的配置提出合理意见，提交项目经理解决；如得不到解决，应责令暂停施工，报公司处理。

（5）安全员有权根据公司有关制度，进行监督，对违纪者进行处罚，对安全先进者上报公司奖励。

（6）发生工伤事故时，及时保护现场，组织抢救及立即报告项目经理和上报公司。

（7）做好安全技术交底工作，强化安全生产、文明卫生、防火工作的管理。

4）施工员安全生产责任制

（1）遵守国家法令，学习熟悉安全技术措施，在组织施工过程中同时安排落实安全生产技术措施。

（2）检查施工现场的安全工作是施工员本身应尽的职责，在施工中同时检查各安全设施的规范要求和科学性，发现不符规范要求和科学性的，及时调整，并向项目经理汇报。

（3）施工过程中，发现违章现象或冒险作业，协同安全员共同做好工作，及时阻止和纠正，必要时暂停施工，并向项目经理汇报。

(4) 在施工过程中，生产与安全发生矛盾时，必须服从安全，暂停施工，待安全整改和落实安全措施后，方准再施工。

(5) 施工过程中，发现安全隐患，及时告诉安全员和项目经理，采取措施，协同整改，确保施工全过程中的安全生产。

5) 质检员安全生产责任制

(1) 遵守国家法令，执行上级有关安全生产规章制度，熟悉安全生产技术措施。

(2) 在质量监控的同时，顾及安全设施的状况与使用功能和各部位洞口保护状况，发现不安全之处，及时通知安全员，落实整改。

(3) 悬空结构的支撑，应考虑安全系数，避免由于支撑质量不佳，引起坍塌，造成安全事故。

(4) 在施工中，结构安装的预制构件的质量，应严格控制与验收，避免因构件不合格造成断裂坍塌，带来安全事故的发生。

(5) 在质量监控过程中，发现安全隐患，立即通知安全员或项目经理，同时有权责令暂停施工，待处理好安全隐患后再行施工。

6) 防火消防员安全生产责任制

(1) 遵守国家法令，学习熟悉安全防火法令、法规，宣传执行有关安全防火的规章制度。

(2) 经常检查施工现场、宿舍、食堂、仓库等地的安全、防火工作，发现火险隐患，立即采取有效措施整改。

(3) 对于各类防火器械的配备布置要求，及时提出合理意见，并按期更换药物和维修保养。

(4) 发现火灾隐患，通知立即整改，同时有权暂停施工，待消除火灾隐患，再行施工。

(5) 发生火灾，立即会同工地负责人组织指挥灭火，并报火警"119"，使损失减少到最低限度。

7) 资料员安全生产责任制

(1) 遵守国家法令，学习熟悉安全生产技术操作规程和安全资料的编制要求。

(2) 按时、按规定做好安全技术资料，使之真实完整。

(3) 深入施工现场，配合安全员检查安全生产，做好记录，使安全资料符合施工现场实际。

(4) 如实做好资料，不准不了解施工现场情况便做记录，导致安全资料空虚不切实际。

(5) 坚持原则，杜绝作假，并可以报告上级处理。

8) 材料员安全生产责任制

(1) 学习熟悉安全技术规范，遵守国家法令，执行上级部门关于安保方面的有关规定。

(2) 在采购安全设施、材料物品、劳动保护用品时，应保证产品质量，绝不能以次充好和采购伪劣产品入库；安全防护用品必须有"三证一票"，即生产许可证、产品合格证、安鉴证和正式发票。

(3) 购买安全设施和劳保用品及防护材料时，应认准国家批准的，同时取得合格品证件的设施和物品。

(4) 对上门销售的安全设施和劳保防护物品，除国家与有关部门认可的外，一律不准采购，以防次品与伪劣产品危害安全。

(5) 应廉洁奉公，不贪小利，坚持原则，保证设施与物品的质量，有权拒绝指令购买次品与伪劣物品，并报告上级处理。

9) 各生产班组和施工作业人员安全生产责任制

(1) 遵守国家法令和安全生产操作规程与规章制度，不违章作业；有权拒绝违章指挥和安全设施不完善的危险区域施工；无有效安全措施的有权停止其作业，汇报项目经理提出整改意见。

(2) 正确使用劳动保护用品和安全设施，爱护机械电器等施工设备，不准没有上岗证或非本工种人员操作机械、电器。

(3) 学习熟悉安全技术操作规程和上级安全部门的规章制度，遵守安全生产"六大纪律"和相关安全技术措施，努力提高自我保护意识和增强自我保护能力。

(4) 施工作业人员之间应相互监督，制止违章作业和冒险作业，发现隐患及时报告项目经理和安全员立即整改，在确保安全的前提下安全作业。

(5) 发生工伤事故，及时抢救，并立即报告领导，保护现场，如实向上级反映情况。

4. 安全管理目标责任考核制度及考核办法

企业应根据自己的实际情况制定安全生产责任制及其考核办法。企业应成立责任制考核领导小组，并制定责任制考核的具体办法，进行考核并有相应考核记录。工程项目部项目经理由企业考核，各管理人员由项目经理组织有关人员考核，考核可为每月一小考，半年一中考，一年一总考。

1) 考核办法的制定

(1) 组织领导成立安全生产责任制考核领导小组。

(2) 以文件的形式建立考核的制度，确保考核工作认真落实。

(3) 严格考核标准、考核时间、考核内容。

(4) 要和经济效益挂钩，奖罚分明。

(5) 不走过场，要加强透明度，实行群众监督。

(6) 考核依据为《管理人员安全生产责任目标考核表》。

2) 项目考核办法

(1) 项目工程开工后，企业安全生产责任制考核领导小组，应负责对项目各级各部门及管理人员安全生产责任目标考核。

(2) 考核对象：项目经理、项目技术负责人、施工现场管理人员、班组长等。

(3) 考核程序：项目经理和安全员由公司(分公司)考核，其他管理人员由项目经理组织有关人员进行考核。

(4) 考核时间：可根据企业和项目部实际情况进行，每月至少一次。

(5) 考核内容：根据安全生产责任制，结合安全管理目标，按考核表中内容进行考核。

(6) 考核结果应及时张榜公示，同时根据考核结果对优秀者及不合格者给予奖励或处罚。

8.2.6　建筑工程施工安全管理制度

在建立施工安全生产责任制的基础上，还应建立相应的配套的安全管理制度，使安全管理工作纵向到底，横向到边，群防成网，使安全管理工作真正落到实处。安全管理制度有以下几个方面。

1. 各岗位、各工种安全操作规程

建立约束人的不安全行为、规范操作动作、严格工作程序、建立消除物的不安全状态以及劳动保护、环境安全评价等安全制度。

2. 群防群治制度

群防群治制度是员工群众进行预防和治理安全的一种制度，这一制度也是"安全第一、预防为主"的具体体现，同时也是群众路线在安全工作中的具体体现，是企业进行民主管理的重要内容；这一制度要求建筑企业施工作业人员在施工中应当遵守有关生产的法律法规和建筑行业安全规章、规程，不得违章作业，对于危及生命安全和身体健康的行为，有权提出批评、检举和控告。

3. 安全生产教育培训制度

安全生产教育培训制度是对广大建筑企业管理及作业人员进行安全教育培训，提高安全意识，增加安全知识和技能的制度。"安全生产、人人有责"，只有通过对广大参建者进行安全教育、培训，才能使广大参建者真正认识到安全生产的重要性、必要性，才能使广大参建者掌握更多、更有效的安全生产的科学技术知识，牢固树立"安全第一"的思想，自觉遵守各项安全生产和规章制度。分析许多建筑安全事故，一个重要的原因就是，有关人员安全意识不强，安全技能不够，这些都是没有做好安全教育培训工作的后果。

4. 安全生产检查制度

安全生产检查制度是上级管理部门或企业自身对安全生产状况进行定期或不定期检查的制度。通过检查可以发现问题，查出隐患，从而采取有效措施，堵塞漏洞，把事故消灭在发生之前，做到防患于未然，是"预防为主"的具体体现。通过检查，还可总结出好的经验加以推广，为进一步搞好安全工作打下基础，安全检查制度是安全生产的保障。

5. 伤亡事故处理报告制度

施工中发生事故时，建筑企业应当采取紧急措施，减少人员伤亡和事故损失，并按照国家有关规定及时向有关部门报告的制度。事故处理必须遵循一定的程序，做到"四不放过"。

6. 安全责任追究制度

法律责任中规定建设单位、设计单位、施工单位、监理单位，由于没有履行职责造成人员伤亡和事故损失的，视情节给予相应处理；情节严重的，责令停业整顿，降低资质等级或吊销资质证书；构成犯罪的，依法追究刑事责任。

8.3 建筑工程施工安全技术措施

8.3.1 施工安全技术措施的基本概念

安全技术措施是指为防止工伤事故和职业病的危害，从技术上采取的措施。在工程施工中，是指针对工程特点、环境条件、劳动组织、作业方法、施工机械、供电设施等制定确保安全施工的措施，安全技术措施也是建设工程项目管理实施规划或施工组织设计的重要组成部分。

施工安全技术措施包括安全防护设施的设置和安全预防措施，主要有 17 个方面的内容，如防火、防毒、防爆、防汛、防尘、防坍塌、防物体打击、防机械伤害、防溜车、防高空坠落、防交通事故、防寒、防暑、防疫、防环境污染等方面的措施。

8.3.2 施工安全技术措施的编制依据和编制要求

1. 编制依据

建设工程项目施工组织或专项施工方案中，必须有针对性的安全技术措施，特殊和危险性大的工程必须编制专项施工方案或安全技术措施，安全技术措施或专项施工方案的编制依据如下。

(1) 国家和地方有关安全生产、劳动保护、环境保护和消防安全等的法律法规和有关规定。

(2) 建设工程安全生产的法律和标准规程。

(3) 安全技术标准、规范和规程。

(4) 企业的安全管理规章制度。

2. 编制要求

1) 及时性

(1) 安全技术措施在施工前必须编制好，并且审核审批后正式下达项目经理部以指导施工。

(2) 在施工过程中，发生设计变更时，安全技术措施必须及时变更或做补充，否则不能施工。施工条件发生变化时，必须变更安全技术措施内容，并及时经原编制、审批人员办理变更手续，不得擅自变更。

2) 针对性

(1) 针对工程项目的结构特点，凡在施工生产中可能出现的危险源，必须从技术上采取措施，消除危险，保证施工安全。

(2) 针对不同的施工方法和施工工艺制定相应的安全技术措施。不同的施工方法要有不同的安全技术措施，技术措施要有设计、有安全验算结果、有详图、有文字说明。

根据不同分部分项工程的施工工艺可能给施工带来的不安全因素，从技术上采取措施保证其安全实施。按《建设工程安全生产管理条例》规定，土方工程、基坑支护、模板工程、起重吊装工程、脚手架工程及拆除、爆破工程等必须编制专项施工方案，深基坑、地下暗挖工程、高大模板工程的专项施工方案，还应当组织专家进行论证审查。

编制施工组织设计或施工方案在使用新技术、新工艺、新设备、新材料的同时，必须制定相应的安全技术措施。

(3) 针对使用的各种机械设备、用电设备可能给施工人员带来的危险，从安全保险装置、限位装置等方面采取安全技术措施。

(4) 针对施工中有毒、有害、易燃、易爆等作业可能给施工人员造成的危害，制定相应的防范措施。

(5) 针对施工现场及周围环境中可能给施工人员及周围居民带来的危险，以及材料、设备运输的困难和不安全因素，制定相应的安全技术措施。

(6) 针对季节性、气候施工的特点，编制施工安全措施，具体有：雨期施工安全措施；冬期施工安全措施；夏季施工安全措施；等等。

3) 可操作性、具体性

(1) 安全技术措施及方案必须明确具体、有可操作性，能具体指导施工，绝不能一般化和形式化。

(2) 安全技术措施及方案中必须有施工总平面图，在图中必须对危险的油库、易燃材料库、变电设备以及材料、构件的堆放位置，塔式起重机、井字架或龙门架、搅拌机的位置等按照施工需要和安全堆放的要求明确定位，并提出具体要求。

(3) 参与安全技术措施编制的：劳动保护、环保、消防等管理人员必须掌握工程项目概况、施工方法、场地环境等第一手资料，并熟悉有关安全生产法规和标准，具有一定的专业水平和施工经验。

8.3.3　施工安全技术措施的编制内容

1. 一般工程

场内运输道路及人行通道的布置；一般基础和桩基础施工方案；主体结构施工方案。主体装修工程施工方案；临时用电技术方案；临边、洞口及交叉作业、施工防护安全技术措施；安全网的架设范围及管理要求；防水施工安全技术方案；设备安装安全技术方案；防火、防毒、防爆、防雷安全技术措施；临街防护、临近外架供电线路、地下供电、供气、通风、管线、毗邻建筑物防护等安全技术措施；群塔作业安全技术措施；中小型机械安全技术措施；冬、夏、雨期施工安全技术措施；新工艺、新技术、新材料施工安全技术措施等。

【参考图文】

2. 单位工程安全技术措施

对于结构复杂、危险性大、特性较多的特殊工程，应单独编制专项施工方案，如土方工程、基坑支护、模板工程、起重吊装工程、脚手架工程及拆除、爆破工程等，专项施工方案中要有设计依据、有安全验算结果、有详图、有文字说明。

3. 季节性施工安全技术措施

高温作业安全措施：夏季气候炎热，高温时间持续较长，制定防暑降温等安全措施。雨期施工安全方案：雨期施工，制定防止触电、防雷、防塌、防台风等安全技术措施。冬

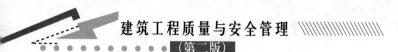

期施工安全方案：冬期施工，制定防火、防风、防滑、防煤气中毒、防冻等安全措施。

4. 危险源的控制措施

危险源是可能导致人身伤害或疾病、财产损失、工作环境破坏或这些情况组合的危险因素和有害因素；危险因素强调突发性和瞬间作用的因素，有害因素强调在一定时期内的慢性损害和累积作用；危险源是安全控制的主要对象，所以有人把安全控制也称为危险控制或安全风险控制。

危 险 源

1. 危险源的分类

在实际生活和生产过程中的危险源是以多种多样的形式存在的，危险源导致事故可归结为能量的意外释放或有害物质的泄漏。根据危险源在事故发生发展中的作用可以把危险源分为两大类，即第一类危险源和第二类危险源。

1) 第一类危险源

可能发生意外释放的能量的载体或危险物质称作第一类危险源(如"炸药"是能够产生能量的物质，"压力容器"是拥有能量的载体)。能量或危险物质的意外释放是事故发生的物理本质。通常把产生能量的能量源或拥有能量的能量载体作为第一类危险源来处理。

2) 第二类危险源

造成约束、限制能量措施失效或破坏的各种不安全因素称作第二类危险源(如"电缆绝缘层""脚手架""起重机钢绳"等)。在生产生活中，为了利用能源，人们制造了各种机器设备，让能量按照人们的意图在系统中流动、转换和做功，为人类服务，而这些设备设施又可看成是限制约束能量的工具。正常情况下，生产过程的能量或危险物质受到约束或限制，不会发生意外释放，即不会发生事故；但是，一旦这些约束或限制能量或危险物质的措施受到破坏或失效(故障)，则将发生事故。第二类危险源包括人的不安全行为、物的不安全状态和不良环境条件3个方面。

2. 危险源与事故

事故的发生是两类危险源共同作用的结果：第一类危险源是事故发生的前提，第二类危险源的出现是第一类危险源导致事故的必要条件。在事故的发生和发展过程中，两类危险源相互依存、相辅相成，第一类危险源是事故的主体，决定事故的严重程度；第二类危险源出现的难易，决定事故发生的可能性大小。

3. 危险源辨识和控制的方法

1) 危险源辨识的方法

(1) 专家调查法。专家调查法是通过向有经验的专家咨询、调查，辨识、分析和评价危险源的一类方法。其优点是简便、易行，缺点是受专家的知识、经验和占有资料的限制，可能出现遗漏。常用的专家调查法有：头脑风暴(Brainstorming)法和德尔菲(Delphi)法。

① 头脑风暴法是通过专家创造性的思考，从而产生大量的观点、问题和议题的方法。其特点是多人讨论，集思广益，可以弥补个人判断的不足，常采取专家会议的方式来相互启发、交换意见，使危险、危害因素的辨识更加细致、具体。常用于目标比较单纯的议题，如果涉及面较广，包含因素多，可以分解目标，再对单一目标或简单目标使用本方法。

② 德尔菲法是采用背对背的方式对专家进行调查，其特点是避免了集体讨论中的从众性倾向，更代表专家的真实意见。德尔菲法要求对调查的各种意见进行汇总统计处理，再反复反馈给专家征求意见。

(2) 安全检查表(SCL)法。安全检查表(Safety Check List)实际上就是实施安全检查和诊断项目的明细表。运用已编制好的安全检查表,进行系统的安全检查,辨识工程项目存在的危险源。检查表的内容一般包括分类项目、检查内容及要求、检查以后的处理意见等。可以用"是""否"作回答或"√""×"符号做标记,同时注明检查日期,并由检查人员和被检单位同时签字。

安全检查表法的优点是,简单易懂、容易掌握,可以事先组织专家编制检查项目,使安全检查做到系统化、完整化;其缺点是一般只能做出定性评价。

2) 危险源控制的方法

(1) 第一类危险源的控制方法如下。

① 制定防止事故发生的方法:采取消除危险源、限制能量或危险物质隔离的有效措施。

② 制定避免或减少事故损失的方法:采取隔离、个体防护措施,设置薄弱环节、使能量或危险物质按人们的意图释放,避难与援救应急措施。

(2) 第二类危险源的控制方法如下。

① 制定减少故障保障措施:如增加安全系数、提高可靠性、设置安全监控系统。

② 搞好减少故障,保证安全预案设计包括:故障-消极方案(即故障发生后,设备、系统处于最低能量状态,直到采取校正措施之前不能运转);故障-积极方案(即故障发生后,在没有采取校正措施之前使系统、设备处于安全的能量状态之下);故障-正常方案(即保证在采取校正行动之前,设备、系统正常发挥功能)。

8.3.4　施工安全技术措施及方案审批、变更管理

1. 施工安全技术措施及方案审批管理

(1) 一般工程安全技术措施及方案由项目经理部项目工程师审核,项目经理部技术负责人审批,报公司质量安全部门备案。

(2) 重要工程安全技术措施及方案由项目经理部技术负责人审批,公司质量安全部门复核,由公司总工程师审批,并在公司管理部、安全部备案。

(3) 大型、特大工程安全技术措施及方案,由项目经理部技术负责人组织编制,报公司质量安全部门审核,并由公司总工程师审批。按《建设工程安全生产管理条例》规定,深基坑、高大模板工程、地下暗挖工程等必须进行专家论证审查,经同意后方可实施。

2. 施工安全技术措施及方案变更管理

(1) 施工过程中如发生设计变更,原定的安全技术措施也必须随着变更,否则不准施工。

(2) 施工过程中确实需要修改拟定的安全技术措施时,必须经编制人同意,并办理修改审批手续。

8.3.5　施工安全技术交底

施工安全技术交底是指导工人安全施工的技术措施,是工程项目安全技术方案的具体落实。施工安全技术交底一般由项目经理部技术管理人员根据分部分项工程的具体要求、特点和危险因素编写,是操作者的指令性文件,因而要具体、明确、针对性强。

1. 施工安全技术交底应符合的规定

(1) 施工安全技术交底实行分级交底制度。开工前，项目技术负责人要将工程概况、施工方法、安全技术措施等情况向工地负责人、工长交底，必要时可扩大交底范围；工长安排班组长工作前，必须进行书面的安全技术交底，两个以上施工队和工种配合时，工长应按工程进度定期或不定期向有关班组长进行交叉作业的安全交底；班组长应每天对工人进行施工要求、作业环境等的全方面交底。

(2) 结构复杂的分部分项工程施工前，项目经理、技术负责人应有针对性地进行全面、详细的安全技术交底。

2. 施工安全技术交底的基本要求

(1) 项目经理部必须实行逐级安全技术交底制度，纵向延伸到班组全体作业人员。

(2) 技术交底必须具体、明确、针对性强。

(3) 技术交底的内容应针对分部分项工程施工中，给作业人员带来的潜在隐含危险因素和存在问题。

(4) 应优先采用新的安全技术措施。

(5) 应将工程概况、施工方法、施工程序、安全技术措施等向工长、班组长、作业人员进行详细交底。

(6) 定期向由两个以上作业队伍和多工种进行交叉施工的作业队伍进行书面交底。

(7) 保留书面安全技术交底等签字记录。

3. 施工安全技术交底的主要内容

(1) 本工程项目的施工作业特点和危险点。

(2) 针对危险点的具体预防措施。

(3) 应注意安全事项。

(4) 相应的安全操作规程和标准。

(5) 发生事故后应及时采取的避难和急救措施。

8.4 建筑工程施工安全教育

8.4.1 施工安全教育的意义与目的

安全是生产赖以正常进行的前提，也是社会文明与进步的重要尺度之一，而安全教育又是安全管理工作的重要环节，安全教育的目的是提高全员安全素质、安全管理水平和防止事故，实现安全生产。

安全教育是提高全员安全素质，实现安全生产的基础。通过安全教育，提高企业各级生产管理人员和广大参建者搞好安全工作的责任感和自觉性，增强安全意识，掌握安全生产的科学知识，不断提高安全管理水平和安全操作技术水平，增强自我防护能力。

安全工作是和生产活动紧密联系的，与经济建设、生产发展、企业深化改革、技术改造同步进行，只有加强安全教育工作才能使安全工作不断适应改革形势的要求。企业实行承包经营责任制，促进了经济发展，给企业带来了活力；但是，一些企业在承包中片面追求经济效益的短期行为，以包代管，出现拼设备、拼体力，违章指挥、违章作业，尤其是大批的农民工进城从事建筑施工，伤亡事故增多，其中重要原因之一，就是安全教育没有跟上，安全意识淡薄、安全素质差。因此，在经济改革中，强化安全教育是十分重要的。

8.4.2　安全教育的内容

安全教育，主要包括安全生产思想、安全知识、安全技能和法制教育 4 个方面的内容。

1) 安全生产思想教育

(1) 安全生产重要意义、生产方针、政策教育。首先要提高各级领导和全体员工对安全生产重要意义的认识，从思想上认识搞好安全生产的重要意义，以增强关心人、保护人的责任感，树立牢固的群众观念；其次是通过安全生产方针、政策教育，提高各级领导和全体员工的政策水平，使他们正确全面地理解国家的安全生产方针政策，严肃认真地执行安全生产法律法规和规章制度。

(2) 劳动纪律教育。使全体员工懂得严格执行劳动纪律对实现安全生产的重要性，劳动纪律是劳动者进行共同劳动时必须遵守的规则和秩序。反对违章指挥、违章作业，严格执行安全操作规程。遵守劳动纪律是贯彻"安全第一、预防为主"的方针，减少伤亡事故，实现安全生产的重要保证。

2) 安全知识教育

企业所有员工都应具备安全基本知识，因此全体员工必须接受安全知识教育和每年按规定学时进行安全培训。安全基本知识教育的主要内容有：企业的生产经营概况，施工生产流程，主要施工方法，施工生产危险区域及其安全防护的基本知识和注意事项，机械设备场内运输知识，电气设备(动力照明)、高处作业、有毒有害原材料等安全防护基本知识，以及消防器材使用和个人防护用品的使用知识等。

3) 安全技能教育

安全技能教育，就是结合本工种专业特点，实现安全操作、安全防护所必须具备的基本技能知识要求。每个员工都要熟悉本工种、本岗位专业安全技能知识，安全技能知识是比较专门、细致和深入的知识，它包括安全技术、劳动卫生和安全操作规程。国家规定建筑业从事登高架设、起重、焊接、电气、爆破、压力容器、锅炉等特种作业人员必须进行专门的安全技能培训，经考试合格，持证上岗。

4) 法制教育

法制教育就是要采取各种有效形式，对员工进行安全生产法律法规、行政法规和规章制度方面的教育，从而提高全体员工学法、知法、懂法、守法的自觉性，以达到安全生产的目的。

8.4.3　施工现场常用的几种安全教育形式

1. 新工人三级安全教育

(1) 三级安全教育是企业必须坚持的安全生产基本教育制度，对新工人(包括新招收的合同工、临时工、学徒工、劳务工及实习和代培人员)都必须进行公司、项目、班组的三级安全教育。

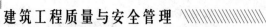

(2) 三级安全教育一般由安全、教育和劳资等部门配合组织进行，经教育考试合格者才准许进入生产岗位，不合格者必须补课、补考。

(3) 对新工人的三级安全教育，要建立档案、员工安全生产教育卡等，新员工工作一个阶段后还应进行重复性的安全再教育，以加深安全的感性和理性认识。具备条件的项目应建立农民工学校，加强对农民工的培训教育。

(4) 三级安全教育的主要内容如下。

① 公司进行安全基本知识、法规、法制教育，主要内容如下。

(a) 党和国家的安全生产方针。

(b) 安全生产法规、标准和法制观念。

(c) 本单位施工(生产)过程及安全生产规章制度、安全纪律。

(d) 本单位安全生产的形势及历史上发生的重大事故及应吸取的教训。

(e) 发生事故后如何抢救伤员、排险、保护现场和及时报告。

② 项目部进行现场规章制度和遵章守纪教育，主要内容如下。

(a) 本项目施工安全生产基本知识。

(b) 本项目安全生产制度、规定及安全注意事项。

(c) 本工种的安全技术操作规程。

(d) 机械设备、电气安全及高空作业安全基本知识。

(e) 防毒、防尘、防火、防爆知识及紧急情况安全处置和安全疏散知识。

(f) 防护用品发放标准及防护用具用品使用的基本知识。

③ 班组安全生产教育由班组长主持进行，或由班组安全员及指定技术熟练、重视安全生产的老工人讲解，进行本工种岗位安全操作班组安全制度、纪律教育，主要内容包括下列几点。

(a) 本班组作业特点及安全操作规程。

(b) 班组安全生产活动制度及纪律。

(c) 爱护和正确使用安全防护装置(设施)及个人劳动防护用品。

(d) 本岗位易发生事故的不安全因素及防范对策。

(e) 本岗位的作业环境及使用的机械设备、工具的安全要求。

2. 特种作业人员的培训

(1) 依据国家安全生产监督管理总局令第 30 号，新《特种作业人员安全技术培训考核管理规定》自 2010 年 7 月 1 日起施行。1999 年 7 月 12 日由原国家经济贸易委员会发布的《特种作业人员安全技术培训考核管理办法》同时废止。

(2) 特种作业的定义是"对操作者本人，尤其是对他人和周围设施的安全有重大危害因素的作业，称为特种作业"，直接从事特种作业者，称为特种作业人员。

(3) 特种作业的范围：电工、电(气)焊工、架子工、司炉工、爆破工、机械操作工、起重工、塔式起重机司机及指挥人员、人货两用电梯司机、信号工、起重机机械拆装作业人员、物料提升机操作员等。

(4) 从事特种作业的人员，必须经国家规定的有关部门进行安全教育和安全技术培训，并经考核合格取得操作证者，方准予独立作业。

【参考图文】

3. 经常性教育

(1) 经常性的普及教育贯穿于管理工作的全过程，并根据接受教育对象的不同特点，采取多层次、多渠道和多种方法进行，可以取得良好的效果。经常性教育主要内容如下。

① 上级的劳动保护、安全生产法规及有关文件指示。

② 各部门、科室和每个员工的安全责任。

③ 遵章守纪。

④ 事故案例及教育和安全技术先进经验、革新成果等。

(2) 采用新技术、新工艺、新设备、新材料和调换工作岗位时，要对操作人员进行新技术操作和新岗位的安全教育，未经教育者不得上岗操作。

(3) 班组应每周安排一次安全活动日，可利用班前和班后进行，其内容如下。

① 学习党、国家和上级主管部门及企业随时下发的安全生产规定文件和操作规程。

② 回顾上周安全生产情况，提出下周安全生产要求。

③ 分析班组工人安全思想动态及现场安全生产形势，表扬好人好事并总结需吸取的教训。

(4) 适时安全教育。根据建筑施工的生产特点进行"五抓紧"的安全教育。

① 工程突击赶任务，往往不注意安全，要抓紧安全教育。

② 工程接近收尾时，容易忽视安全，要抓紧安全教育。

③ 施工条件好时，容易麻痹，要抓紧安全教育。

④ 季节气候变化，外界不安全因素多，要抓紧安全教育。

⑤ 节假日前后，思想不稳定，要抓紧安全教育，使之做到警钟长鸣。

(5) 纠正违章教育。企业对由于违反安全规章制度而导致重大险情或未遂事故的，进行违章纠正教育。教育内容为：违反的规章条文，它的意义及其危害，务必使受教育者充分认识自身的过失和吸取教训，至于情节严重的违章事件，除教育责任者本人外，还应通过适当的形式以现身说法，扩大教育面。

8.5 建筑工程施工安全检查

8.5.1 施工安全检查的目的及分类

1. 施工安全检查的目的

工程项目安全检查是为了消除隐患、防止事故、改善劳动条件及提高员工安全生产意识的重要手段，是安全控制工作的一项重要内容。通过安全检查可以发现工程中的危险因素，以便有计划地采取措施，保证安全生产。工程项目的安全检查应由项目经理组织，定期进行。

2. 安全检查的类型

安全检查可分为日常性检查、专业性检查、季节性检查、节假日前后的检查和不定期检查。

1) 日常性检查

日常性检查即经常的、普遍的检查。企业一般每年进行 1~4 次；工程项目部每月至少进行一次；班组每周、每班次都应进行检查。专职安全技术人员的日常检查应该有计划，针对重点部位周期性地进行。

2) 专业性检查

专业性检查是针对特种作业、特种设备、特殊场所进行的检查：如电焊、气焊、起重设备、运输车辆、锅炉压力容器、易燃易爆场所等。

3) 季节性检查

季节性检查是指根据季节特点，为保障安全生产的特殊要求所进行的检查：如春季风大，要着重防火、防爆；夏季高温、多雨、雷电，要着重防暑、降温、防汛、防雷击、防触电；冬季着重防寒、防冻等。

4) 节假日前后的检查

节假日前后的检查是针对节假日期间容易产生麻痹思想的特点而进行的安全检查，包括节日前进行安全生产综合检查，节日后要进行遵章守纪的检查等。

5) 不定期检查

不定期检查是指在工程或设备开工和停工前、检修中、工程或设备竣工及试运转时进行的安全检查。

3. 安全检查的注意事项

(1) 安全检查要深入基层、紧紧依靠员工，坚持领导与群众相结合的原则，组织好检查工作。

(2) 建立检查的组织领导机构，配备适当的检查力量，挑选具有较高技术业务水平的专业人员参加。

(3) 做好检查的各项准备工作，包括思想、业务知识、法规政策、检查设备和奖金的准备。

(4) 明确检查的目的和要求。既要严格要求，又要防止"一刀切"，要从实际出发，分清主次矛盾，力求实效。

(5) 把自查与互查有机结合起来，基层以自检为主，企业内相应部门间互相检查，取长补短，相互学习和借鉴。

(6) 坚持查改结合。检查不是目的，只是一种手段，整改才是最终目的，发现问题，要及时采取切实有效的防范措施。

(7) 建立检查档案。结合安全检查表的实施，逐步建立健全检查档案，收集基本数据，掌握基本安全状况，为及时消除隐患提供数据，同时也为以后的职业健康安全检查奠定基础。

8.5.2 安全检查的主要内容

1. 查思想

主要检查企业的领导和员工对安全生产工作的认识。

2. 查管理

主要检查工程的安全生产管理是否有效，主要内容包括：安全生产责任制，安全技术措施计划，安全组织机构，安全保证措施，安全技术交底，安全教育，持证上岗，安全设施，安全标志，操作规程，违规行为，安全记录等。

3. 查隐患

主要检查作业现场是否符合安全生产、文明生产的要求。

4. 查整改

主要检查对过去提出问题的整改情况。

5. 查事故处理

对安全事故的处理应达到查明事故原因、明确责任并对责任者做出处理、明确和落实整改措施等要求，同时还应检查对伤亡事故是否及时报告、认真调查、严肃处理。

安全检查的重点是违章指挥和违章作业，安全检查后应编制安全检查报告，说明已达标项目、未达标项目，存在问题，原因分析，纠正和预防措施。

8.5.3　检查分项及评分方法

目前，工程建筑施工现场安全检查执行国标《建筑施工安全检查标准》(JGJ 59—2011)。

(1) 对建筑施工中易发生伤亡事故的主要环节、部位和工艺等的完成情况做安全检查评价时，应采用检查评分表的形式，分为安全管理、文明工地、脚手架、基坑工程、模板支架、高处作业、施工用电、物料提升机与施工升降机、塔式起重机与起重吊装、施工机具共 10 项分项检查评分表和一张检查评分汇总表。

(2) 各分项检查评分表中，满分为 100 分，表中各检查项目得分应为按规定检查内容所得分数之和。每张表总得分应为各自表内各检查项目实得分数之和。

(3) 在检查评分中，当保证项目中有一项不得分或保证项目小计得分不足 40 分时，此检查评分表不应得分。

(4) 汇总满分为 100 分，各分项检查表在汇总表中所占的满分分值应分别为：安全管理 10 分、文明施工 15 分、脚手架 10 分、基坑工程 10 分、模板支架 10 分、高处作业 10 分、施工用电 10 分、物料提升机与施工升降机 10 分、塔式起重机与起重吊装 10 分、施工机具 5 分，在汇总表中各分项项目实得分数应按下式计算：

分项实得分=(分项在汇总表中应得分×该分项在检查评分表中实得分)/100

汇总表总得分应为表中各分项项目实得分数之和。

【参考图文】

(5) 建筑施工安全检查评分，应以汇总表的总得分及保证项目达标与否，作为对一个施工现场安全生产情况的评价依据，分为优良、合格、不合格 3 个等级。

① 优良。分项检查评分表无零分，汇总表得分值应在 80 分及其以上。

② 合格。分项检查评分表无零分，汇总表得分值应在 70 分及其以上。

③ 不合格。汇总表得分值不足 70 分，或有一分项检查评分表得零分时。

(6) 分值的计算方法。

① 汇总表中各项实得分数计算方法：

分项实得分=(该分项在汇总表中应得分×该分项在检查评分表中实得分)/100

 应用案例 8-1

"安全管理检查评分表"实得 85 分，换算在汇总表中"安全管理"分项实得分为多少？

【案例点评】

分项实得分=(10×85)/100=8.5(分)

② 汇总表中遇有缺项时，汇总表总分计算方法：

缺项的汇总表分=(实查项目实得分值之和/实查项目应得分值之和)×100

 应用案例 8-2

如工地没有塔式起重机，则塔式起重机在汇总表中有缺项，其他各分项检查在汇总表实得分 82 分，计算该工地汇总表实得分为多少？

【案例点评】

缺项的汇总表分=(82/90)×100=91.1(分)

③ 分表中遇有缺项时，分表总分计算方法：

缺项的分表分=实查项目实得分值之和/实查项目应得分值之和×100

 应用案例 8-3

"施工用电检查评分表"中，"外电防护"缺项(该项应得分值为 20 分)，其他各项检查实得分为 60 分，计算该分表实得多少分？换算到汇总表中应为多少分？

【案例点评】

缺项的分表分=60/(100-20)×100=75(分)

汇总表中施工用电分项实得分=10×75/100=7.5(分)

④ 分表中遇保证项目缺项时，"保证项目小计得分不足 40 分，评分表得 0 分"，计算方法即：实行分与应得分之比<66.7%时，评分表得 0 分(40/60=66.7%)。

 应用案例 8-4

如施工用电检查表中，外电防护这一保证项目缺项(该项为 20 分)，另有其他"保证项目"检查实得分合计为 20 分(应得分值为 40 分)，该分项检查表是否能得分？

【案例点评】

20/40=50%<66.7%，则该分项检查表计 0 分

⑤ 在各汇总表的各分项中，遇有多个检查评分表分值时，则该分项得分应为各单项实得分数的算术平均值。

应用案例 8-5

某工地多种脚手架和多台塔式起重机，落地式脚手架实得分为 86 分、悬挑脚手架实得分为 80 分；甲塔式起重机实得分为 90 分、乙塔式起重机实得分为 85 分。计算汇总表中脚手架、塔式起重机实得分值为多少？

【案例点评】

脚手架实得分=(86+80)/2=83(分)

换算到汇总表中分值=10 × 83/100=8.3(分)

塔式起重机实得分=(90+85)/2=87.5(分)

换算到汇总表中分值=10 × 87.5/100=8.75(分)

(7) 检查评分表：建筑施工安全检查评分表可以分为汇总表和评分表。

① 建筑施工安全检查评分汇总表主要内容应包括：安全管理、文明施工、脚手架、基坑工程、模板支架、高处作业、施工用电、物料提升机与施工升降机、塔式起重机与起重吊装、施工机具 10 项，该表所示得分作为对一个施工现场安全生产情况的评分依据。

② 建筑施工安全检查评分表可根据建筑施工安全检查评分汇总表所含检查项目，列出控制点的评分表。

8.5.4　安全检查的方法

建筑工程安全检查在正确使用安全检查表的基础上，可以采用"听""问""看""量""测""运转试验"等方法进行。

(1)"听"。听取基层管理人员或施工现场安全员汇报安全生产情况，介绍现场安全工作经验、存在的问题、今后的发展方向。

(2)"问"。主要是指通过询问、提问，对以项目经理为首的现场管理人员和操作工人进行的应知应会抽查，以便了解现场管理人员和操作工人的安全意识和安全素质。

(3)"看"。主要是指查看施工现场安全管理资料和对施工现场进行巡视。例如：查看项目负责人、专职安全管理人员、特种作业人员等的持证上岗情况；现场安全标志设置情况；劳动防护用品使用情况；现场安全防护情况；现场安全设施及机械设备安全装置配置情况等。

(4)"量"。主要是指使用测量工具对施工现场的一些设施、装置进行实测实量。例如：对脚手架各种杆件间距的测量；对现场安全防护栏杆高度的测量；对电气开关箱安装高度的测量；对在建工程与外电边线安全距离的测量等。

(5)"测"。主要是指使用专用仪器、仪表等监测器具对特定对象关键特性技术参数的测试。例如：使用漏电保护器测试仪对漏电保护器漏电动作电流、漏电动作时间的测试；使用地阻仪对现场各种接地装置接地电阻的测试；使用兆欧表对电机绝缘电阻的测试；使用经纬仪对塔式起重机、外用电梯安装垂直度的测试等。

(6)"运转试验"。主要是指由具有专业资格的人员对机械设备进行实际操作、试验，检验其运转的可靠性或安全限位装置的灵敏性。例如：对塔式起重机力矩限制器、变幅限位器、起重限位器等安全装置的试验；对施工电梯制动器、限速器、上下极限限位制、门连锁装置等安全装置的试验；对龙门架超高限位器、断绳保护器等安全装置的试验等。

8.6 建设工程安全生产管理条例

8.6.1 建设工程安全法律制度介绍

【参考图文】

《中华人民共和国建筑法》《中华人民共和国安全生产法》《安全生产许可证条例》《建设工程安全生产管理条例》等与建设工程有关的法律法规和部门规章，对政府部门、有关企业及相关人员的建设工程安全生产和管理行为进行了全面的规范，确立了一系列建设工程安全生产管理制度，除此之外，还有许多与建筑工程施工相关的制度。

(1) 建筑施工企业安全生产许可制度。

(2) 三类人员考核任职制度。

(3) 特种作业人员持证上岗制度。

(4) 政府安全监督检查制度。

(5) 危及施工安全的工艺、设备、材料淘汰制度。

【参考图文】

(6) 生产安全事故报告制度。

(7) 施工起重机械使用登记制度。

(8) 安全生产教育培训制度。

(9) 专项施工方案专家论证审查制度。

(10) 施工现场消防安全责任制度。

(11) 意外伤害保险制度。

(12) 生产安全事故应急救援制度等。

安全管理和制度，是个"鸡生蛋，蛋生鸡"的问题，安全管理离不开制度，制度是安全管理的保证。

8.6.2 建设工程安全生产管理条例介绍

《建设工程安全生产管理条例》于 2003 年 11 月 12 日国务院第 28 次常务会议通过，自 2004 年 2 月 1 日起施行。

该条例的颁布，是我国工程建设领域安全生产工作发展历史上具有里程碑意义的一件大事，也是工程建设领域贯彻落实《中华人民共和国建筑法》和《中华人民共和国安全生产法》的具体表现，标志着我国建设工程安全生产管理进入法制化、规范化发展的新时期；该条例较为详细地规定了建设单位、勘察、设计、工程监理、其他有关单位的安全责任和施工单位的安全责任，以及政府部门对建设工程安全生产实施监督管理的责任等。

1. 建设单位安全生产管理的主要责任和义务

1) 建设单位应当向施工单位提供有关资料

《建设工程安全生产管理条例》第六条规定，建设单位应当向施工单位提供施工现场及毗邻区域内供水、排水、供电、供气、供热、通信、广播电视等地下管线资料，气象和水文观测资料，相邻建筑物和构筑物地下工程的有关资料，并保证资料的真实、准确、完整；

建设单位因建设工程需要，向有关部门或者单位查询前款规定的资料时，有关部门或者单位应当及时提供。

2) 不得向有关单位提出影响安全生产的违法要求

《建设工程安全生产管理条例》第七条规定，建设单位不得对勘察、设计、施工、工程监理等单位提出不符合建设工程安全生产法律法规和强制性标准规定的要求，不得压缩合同约定的工期。

3) 建设单位应当保证安全生产投入

《建设工程安全生产管理条例》第八条规定，建设单位在编制工程概算时，应当确定建设工程安全作业环境及安全施工措施所需费用。

4) 不得明示或暗示施工单位使用不符合安全施工要求的物资

《建设工程安全生产管理条例》第九条规定，建设单位不得明示或者暗示施工单位购买、租赁、使用不符合安全施工要求的安全防护用具、机械设备、施工机具及配件、消防设施和器材。

5) 办理施工许可证或开工报告时应当报送安全施工措施

《建设工程安全生产管理条例》第十条规定，建设单位在申请领取施工许可证时，应当提供建设工程有关安全施工措施的资料。依法批准开工报告的建设工程，建设单位应当自开工报告批准之日起 15 日内，将保证安全施工的措施报送建设工程所在地的县级以上人民政府建设行政主管部门或者其他有关部门备案。

6) 应当将拆除工程发包给具有相应资质的施工单位

《建设工程安全生产管理条例》第十一条规定，建设单位应当将拆除工程发包给具有相应资质等级的施工单位。建设单位应当在拆除工程施工 15 日前，将下列资料报送建设工程所在地的县级以上地方人民政府主管部门或者其他有关部门备案。

(1) 施工单位资质等级证明。

(2) 拟拆除建筑物、构筑物，以及可能危及毗邻建筑的说明。

(3) 拆除施工组织方案。

(4) 堆放、清除废弃物的措施。

实施爆破作业的，还应当遵守国家有关民用爆炸物品管理的规定。根据《中华人民共和国民用爆炸物品管理条例》第二十七条的规定，使用爆破器材的建设单位，必须经上级主管部门审查同意，并持说明使用爆破器材的地点、品名、数量、用途、四邻距离的文件和安全操作规程，向所在地县、市公安局申请领取《爆炸物品使用许可证》，方准使用。根据《中华人民共和国民用爆炸物品管理条例》第三十条的规定，进行大型爆破作业，或在城镇与其他居民聚居的地方、风景名胜区和重要工程设施附近进行控制爆破作业，施工单位必须事先将爆破作业方案，报县、市以上主管部门批准，并征得所在地县、市公安局同意，方准爆破作业。

2. 建设工程监理企业安全生产管理的主要责任和义务

1) 安全技术措施及专项施工方案审查义务

《建设工程安全生产管理条例》第十四条第一款规定，工程监理单位应当审查施工组织设计中的安全技术措施或者专项施工方案是否符合工程建设强制性标准。

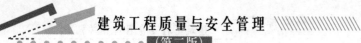
2）安全生产事故隐患报告义务

《建设工程安全生产管理条例》第十四条第二款规定，工程监理单位在实施监理过程中，发现存在安全事故隐患的，应当要求施工单位整改；情况严重的，应当要求施工单位暂时停止施工，并及时报告建设单位。施工单位拒不整改或者不停止施工的，工程监理单位应当及时向有关主管部门报告。

3）应当承担监理责任

工程监理单位和监理工程师应当按照法律法规和工程建设强制性标准实施监理，并对建设工程安全生产承担监理责任。

3. 施工企业安全生产管理的主要责任和义务

1）施工单位应当具备的安全生产资质条件

《建设工程安全生产管理条例》第二十条规定，施工单位从事建设工程的新建、扩建和拆除等活动，应当具备国家规定的注册资本、专业技术人员、技术装备和安全生产等条件，依法取得相应等级的资质证书，并在其资质等级许可的范围内承揽工程。

2）施工总承包单位与分包单位安全责任的划分

《建设工程安全生产管理条例》第二十四条规定，建设工程实行施工总承包的，由总承包单位对施工现场的安全生产负总责。总承包单位应当自行完成建设工程主体结构的施工。总承包单位依法将建设工程分包给其他单位的，分包合同中应当明确各自的安全生产方面的权利、义务。总承包单位和分包单位对分包工程的安全生产承担连带责任。分包单位应当接受总承包单位的安全生产管理，分包单位不服从管理导致生产安全事故的，由分包单位承担主要责任。

3）施工单位安全生产责任制度

《建设工程安全生产管理条例》第二十一条规定，施工单位主要负责人依法对本单位的安全生产工作全面负责。施工单位应当建立健全安全生产责任制度和安全生产教育培训制度，制定安全生产规章制度和操作规程，保证本单位安全生产条件所需资金的投入，对所承担建设工程进行定期和专项安全检查，并做好安全检查记录。

施工单位的项目负责人应当由取得相应执业资格的人员担任，对建设工程项目的安全施工负责，落实安全生产责任制度、安全生产规章制度和操作规程，确保安全生产费用的有效使用，并根据工程的特点，组织制定安全施工措施，消除安全事故隐患，及时、如实报告生产安全事故。

4）施工单位安全生产基本保障措施

(1) 安全生产费用应当专款专用。

《建设工程安全生产管理条例》第二十二条规定，施工单位对列入建设工程概算的安全作业环境及安全施工措施所需费用，应当用于施工安全防护用具及设施的采购和更新、安全施工措施的落实、安全生产条件的改善，不得挪作他用。

(2) 安全生产管理机构及人员的设置。

《建设工程安全生产管理条例》第二十三条规定，施工单位应当设立安全生产管理机构，配备专职安全生产管理人员。

专职安全生产管理人员负责对安全生产进行现场监督检查。发现安全事故隐患，应当及时向项目负责人和安全生产管理机构报告；对违章指挥、违章操作的，应当立即制止。

(3) 编制安全技术措施及专项施工方案的规定。

《建设工程安全生产管理条例》第二十六条规定，施工单位应当在施工组织设计中，编制安全技术措施和施工现场临时用电方案，对下列达到一定规模的危险性较大的分部分项工程编制专项施工方案，并附具安全验算结果，经施工单位技术负责人、总监理工程师签字后实施，由专职安全生产管理人员进行现场监督。

① 基坑支护与降水工程。

② 土方开挖工程。

③ 模板工程。

④ 起重吊装工程。

⑤ 脚手架工程。

⑥ 拆除、爆破工程。

国务院建设行政主管部门或者其他有关部门规定的其他危险性较大的工程。

对上述工程中涉及深基坑、地下暗挖工程、高大模板工程的专项施工方案，施工单位还应当组织专家进行论证、审查。

施工单位还应当根据施工阶段和周围环境及季节、气候的变化，在施工现场采取相应的安全施工措施。施工现场暂时停止施工的，施工单位应当做好现场防护，所需费用由责任方承担，或按照合同约定执行。

(4) 对安全施工技术要求的交底。

《建设工程安全生产管理条例》第二十七条规定，建设工程施工前，施工单位负责项目管理的技术人员应当对有关安全施工的技术要求向施工作业班组、作业人员做出详细说明，并由双方签字确认。

(5) 危险部位安全警示标志的设置。

《建设工程安全生产管理条例》第二十八条规定，施工单位应当在施工现场入口处、施工起重机械、临时用电设施、脚手架、出入通道口、楼梯口、电梯井口、孔洞口、桥梁口、隧道口、基坑边沿、爆破物及有害危险气体和液体存放处等危险部位，设置明显的安全警示标志，安全警示标志必须符合国家标准。

(6) 对施工现场生活区、作业环境的要求。

《建设工程安全生产管理条例》第二十九条规定，施工单位应当将施工现场的办公、生活区与作业区分开设置，并保持安全距离；办公、生活区的选址应当符合安全性要求。员工的膳食、饮水、休息场所等应当符合卫生标准。施工单位不得在尚未竣工的建筑物内设置员工集体宿舍。

(7) 环境污染防护措施。

《建设工程安全生产管理条例》第三十条规定，施工单位对因建设工程施工可能造成损害的毗邻建筑物、构筑物和地下管线等，应当采取专项保护措施。

施工单位应当遵守有关环境保护法律、法规的规定，在施工现场采取措施，防止或减少粉尘、废气、废水、固体废物、噪声、振动和施工照明对人和环境的危害和污染。

(8) 消防安全保障措施。

消防安全是建设工程安全生产管理的重要组成部分，是施工单位现场安全生产管理的工作重点之一。《建设工程安全生产管理条例》第三十一条规定，施工单位应当在施工现

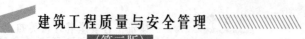

场建立消防安全责任制度，确定消防安全责任人，制定用火、用电、使用易燃易爆材料等各项消防安全管理制度和操作规程，设置消防通道、消防水源，配备消防设施和灭火器材，并在施工现场入口处设置明显标志。

(9) 劳动安全管理规定。

《建设工程安全生产管理条例》第三十二条规定，施工单位应当向作业人员提供安全防护用具和安全防护服装，并书面告知危险岗位的操作规程和违章操作的危害。作业人员有权对施工现场的作业条件、作业程序和作业方式中存在的安全问题提出批评、检举和控告，有权拒绝违章指挥和强令冒险作业。在施工中发生危及人身安全的紧急情况时，作业人员有权立即停止作业或者在采取必要的应急措施后撤离危险区域。

《建设工程安全生产管理条例》第三十三条规定，作业人员应当遵守安全施工的强制性标准、规章制度和操作规程，正确使用安全防护用具、机械设备等。

《建设工程安全生产管理条例》第三十八条规定，施工单位应当为施工现场从事危险作业的人员办理意外伤害保险。意外伤害保险费由施工单位支付，实行施工总承包的，由总承包单位支付意外伤害保险费。意外伤害保险期限自建设工程开工之日起至竣工验收合格止。

(10) 安全防护用具及机械设备、施工机具的安全管理。

《建设工程安全生产管理条例》第三十四条规定，施工单位采购、租赁的安全防护用具、机械设备、施工机具及配件，应当具有生产(制造)许可证、产品合格证，并在进入施工现场前进行查验。施工现场的安全防护用具、机械设备、施工机具及配件必须由专人管理，定期进行检查、维修和保养，建立相应的资料档案，并按照国家有关规定及时报废。

《建设工程安全生产管理条例》第三十五条规定，施工单位在使用施工起重机械和整体提升脚手架、模板等自升式架设设施前，应当组织有关单位进行验收，也可以委托具有相应资质的检验检测机构进行验收；使用承租的机械设备和施工机具及配件的，由施工总承包单位、分包单位、出租单位和安装单位共同进行验收，验收合格的方可使用。

5) 安全教育培训制度

(1) 特种作业人员培训和持证上岗。

《建设工程安全生产管理条例》第二十五条规定，垂直运输机械作业人员、安装拆卸工、爆破作业人员、起重信号工、登高架设作业人员等特种作业人员，必须按照国家有关规定经过专门的安全作业培训，并取得特种作业操作资格证书后，方可上岗作业。

(2) 安全管理人员和作业人员的安全教育培训和考核。

《建设工程安全生产管理条例》第三十六条规定，施工单位的主要负责人、项目负责人、专职安全生产管理人员应当经建设行政主管部门或者其他有关部门考核合格后方可任职。

施工单位应当对管理人员和作业人员每年至少进行一次安全生产教育培训，其教育培训情况记入个人工作档案。安全生产教育培训考核不合格的人员不得上岗。

(3) 作业人员进入新岗位、新工地或采用新技术时的上岗教育培训。

《建设工程安全生产管理条例》第三十七条规定，作业人员进入新的岗位或者新的施工现场前，应当接受安全生产教育培训，未经教育培训或者教育培训考核不合格的人员，不得上岗作业。

施工单位在采用新技术、新工艺、新设备、新材料时，应当对作业人员进行相应的安全生产教育培训。

4. 建设工程相关单位安全生产管理的主要责任和义务

1) 勘察单位的安全责任

根据《建设工程安全生产管理条例》第十二条的规定，勘察单位的安全责任包括如下两点。

(1) 勘察单位应当按照法律、法规和工程建设强制性标准进行勘察，提供的勘察文件应当真实、准确，满足建设工程安全生产的需要。

(2) 勘察单位在勘察作业时，应当严格按照操作规程，采取措施保证各类管线、设施和周边建筑物、构筑物的安全。

2) 设计单位的安全责任

根据《建设工程安全生产管理条例》第十三条的规定，设计单位的安全责任包括如下4点。

(1) 设计单位应当按照法律、法规和工程建设强制性标准进行设计，防止因设计不合理导致安全生产事故的发生。

(2) 设计单位应当考虑施工安全操作和防护的需要，对涉及施工安全的重点部位和环节在设计文件中注明，并对防范安全生产事故提出指导意见。

(3) 采用新结构、新材料、新工艺的建设工程和特殊结构的建设工程，设计单位应当在设计中提出保障施工作业人员安全和预防生产安全事故的措施建议。

(4) 设计单位和注册建筑师等注册执业人员应当对其设计负责。

3) 机械设备和配件供应单位的安全责任

《建设工程安全生产管理条例》第十五条规定，为建设工程提供机械设备和配件的单位，应当按照安全施工的要求配备齐全有效的保险、限位等安全设施和装置。

4) 机械设备、施工机具和配件出租单位的安全责任

《建设工程安全生产管理条例》第十六条规定，出租的机械设备和施工工具及配件，应当具有生产(制造)许可证、产品合格证。

出租单位应当对出租的机械设备和施工工具及配件的安全性能进行检测，在签订租赁协议时，应当出具检测合格证明。

禁止出租检测不合格的机械设备和施工工具及配件。

5) 起重机械和自升式架设设施的安全管理

(1) 在施工现场安装、拆卸施工起重机械和整体提升脚手架、模板等自升式架设设施，必须由具有相应资质的单位承担。

(2) 安装、拆卸施工起重机械和整体提升脚手架、模板等自升式架设设施，应当编制拆装方案、制定安全施工措施，并由专业技术人员现场监督。

(3) 施工起重机械和整体提升脚手架、模板等自升式架设设施安装完毕后，安装单位应当自检，出具自检合格证明，并向施工单位进行安全使用说明，办理验收手续并签字。

(4) 施工起重机械和整体提升脚手架、模板等自升式架设设施的使用达到国家规定的检验检测期限的，必须经具有专业资质的检验检测机构检测，检测不合格的，不得继续使用。

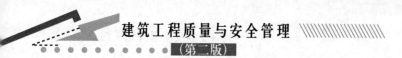

（5）检验检测机构对检测合格的施工起重机械和整体提升脚手架、模板等自升式架设设施，应当出具安全合格证明文件，并对检测结果负责。

8.6.3 建筑施工安全的法律责任

1. 政府建设行政主管部门或其部门的工作人员

建设工程安全生产管理条例关于法律责任的规定县级以上人民政府建设行政主管部门或者其他有关行政管理部门的工作人员，有下列行为之一的，给予降级或者撤职的行政处分；构成犯罪的，依照刑法有关规定追究刑事责任。

（1）对不具备安全生产条件的施工单位颁发资质证书的。

（2）对没有安全施工措施的建设工程颁发施工许可证的。

（3）发现违法行为不予查处的。

（4）不依法履行监督管理职责的其他行为。

2. 建设单位

建设单位未提供建设工程安全生产作业环境及安全施工措施所需费用的，责令限期改正；逾期未改正的，责令该建设工程停止施工。

建设单位未将保证安全施工的措施或者拆除工程的有关资料报送有关部门备案的，责令限期改正，并给予警告。

建设单位有下列行为之一的，责令限期改正，处 20 万元以上 50 万元以下的罚款；造成重大安全事故，构成犯罪的，对直接责任人员，依照刑法有关规定追究刑事责任；造成损失的，依法承担赔偿责任。

（1）对勘察、设计、施工、工程监理等单位提出不符合安全生产法律、法规和强制性标准规定的要求的。

（2）要求施工单位压缩合同约定的工期的。

（3）将拆除工程发包给不具有相应资质等级的施工单位的。

3. 勘察单位、设计单位

勘察单位、设计单位有下列行为之一的，责令限期改正，处 10 万元以上 30 万元以下的罚款；情节严重的，责令停业整顿，降低资质等级，直至吊销资质证书；造成重大安全事故，构成犯罪的，对直接责任人员，依照刑法有关规定追究刑事责任；造成损失的，依法承担赔偿责任。

（1）未按照法律、法规和工程建设强制性标准进行勘察、设计的。

（2）采用新结构、新材料、新工艺的建设工程和特殊结构的建设工程，设计单位未在设计中提出保障施工作业人员安全和预防生产安全事故的措施建议的。

4. 工程监理单位

工程监理单位有下列行为之一的，责令限期改正；逾期未改正的，责令停业整顿，并处 10 万元以上 30 万元以下的罚款；情节严重的，降低资质等级，直至吊销资质证书；造成重大安全事故，构成犯罪的，对直接责任人员，依照刑法有关规定追究刑事责任；造成损失的，依法承担赔偿责任。

(1) 未对施工组织设计中的安全技术措施或者专项施工方案进行审查的。

(2) 发现安全事故隐患未及时要求施工单位整改或者暂时停止施工的。

(3) 施工单位拒不整改或者不停止施工，未及时向有关主管部门报告的。

(4) 未依照法律法规和工程建设强制性标准实施监理的。

5. 注册执业人员

注册执业人员未执行法律法规和工程建设强制性标准的，责令停止执业 3 个月以上 1 年以下；情节严重的，吊销执业资格证书，5 年内不予注册；造成重大安全事故的，终身不予注册；构成犯罪的，依照刑法有关规定追究刑事责任。

6. 为建设工程提供机械设备和配件的单位

为建设工程提供机械设备和配件的单位，未按照安全施工的要求配备齐全有效的保险、限位等安全设施和装置的，责令限期改正，并处合同价款 1 倍以上 3 倍以下的罚款；造成损失的，依法承担赔偿责任。

7. 机械设备和施工机具及配件出租单位

出租单位出租未经安全性能检测或者经检测不合格的机械设备和施工机具及配件的，责令停业整顿，并处 5 万元以上 10 万元以下的罚款；造成损失的，依法承担赔偿责任。

8. 施工机械安装和拆卸单位

施工起重机械和整体提升脚手架、模板等自升式架设设施安装、拆卸单位有下列行为之一的，责令限期改正，处 5 万元以上 10 万元以下的罚款；情节严重的，责令停业整顿，降低资质等级，直至吊销资质证书；造成损失的，依法承担赔偿责任。

(1) 未编制拆装方案、制定安全施工措施的。

(2) 未由专业技术人员现场监督的。

(3) 未出具自检合格证明或者出具虚假证明的。

(4) 未向施工单位进行安全使用说明，办理移交手续的。

施工起重机械和整体提升脚手架、模板等自升式架设设施安装、拆卸单位有前款规定的第(1)项、第(3)项行为，经有关部门或者单位员工提出后，对事故隐患仍不采取措施，因而发生重大伤亡事故或者造成其他严重后果，构成犯罪的，对直接责任人员，依照刑法有关规定追究刑事责任。

9. 施工单位

施工单位有下列行为之一的，责令限期改正；逾期未改正的，责令停业整顿，依照《中华人民共和国安全生产法》的有关规定处以罚款；造成重大安全事故，构成犯罪的，对直接责任人员，依照刑法有关规定追究刑事责任。

(1) 未设立安全生产管理机构、配备专职安全生产管理人员或者分部分项工程施工时无专职安全生产管理人员现场监督的。

(2) 施工单位的主要负责人、项目负责人、专职安全生产管理人员、作业人员或者特种作业人员，未经安全教育培训或者经考核不合格即从事相关工作的。

(3) 未在施工现场的危险部位设置明显的安全警示标志，或者未按照国家有关规定在施工现场设置消防通道、消防水源、配备消防设施和灭火器材的。

(4) 未向作业人员提供安全防护用具和安全防护服装的。

(5) 未按照规定在施工起重机械和整体提升脚手架、模板等自升式架设设施验收合格后登记的。

(6) 使用国家明令淘汰、禁止使用的危及施工安全的工艺、设备、材料的。

施工单位挪用列入建设工程概算的安全生产作业环境及安全施工措施所需费用的，责令限期改正，处挪用费用 20%以上 50%以下的罚款；造成损失的，依法承担赔偿责任。

施工单位有下列行为之一的，责令限期改正；逾期末改正的，责令停业整顿，并处 5 万元以上 10 万元以下的罚款；造成重大安全事故，构成犯罪的，对直接责任人员，依照刑法有关规定追究刑事责任。

(1) 施工前未对有关安全施工的技术要求做出详细说明的。

(2) 未根据不同施工阶段和周围环境及季节、气候的变化，在施工现场采取相应的安全施工措施，或者在城市市区内的建设工程的施工现场未实行封闭围挡的。

(3) 在尚未竣工的建筑物内设置员工集体宿舍的。

(4) 施工现场临时搭建的建筑物不符合安全使用要求的。

(5) 未对因建设工程施工可能造成损害的毗邻建筑物、构筑物和地下管线等采取专项防护措施的。

施工单位有前款规定第(4)项、第(5)项行为，造成损失的，依法承担赔偿责任。

施工单位有下列行为之一的，责令限期改正；逾期未改正的，责令停业整顿，并处 10 万元以上 30 万元以下的罚款；情节严重的，降低资质等级，直至吊销资质证书；造成重大安全事故，构成犯罪的，对直接责任人员，依照刑法有关规定追究刑事责任；造成损失的，依法承担赔偿责任。

(1) 安全防护用具、机械设备、施工机具及配件在进入施工现场前未经查验或者查验不合格即投入使用的。

(2) 使用未经验收或者验收不合格的施工起重机械和整体提升脚手架、模板等自升式架设设施的。

(3) 委托不具有相应资质的单位承担施工现场安装、拆卸施工起重机械和整体提升脚手架、模板等自升式架设设施的。

(4) 在施工组织设计中未编制安全技术措施、施工现场临时用电方案或者专项施工方案的。

10. 施工单位的主要负责人

施工单位的主要负责人、项目负责人未履行安全生产管理职责的，责令限期改正；逾期未改正的，责令施工单位停业整顿；造成重大安全事故、重大伤亡事故或者其他严重后果，构成犯罪的，依照刑法有关规定追究刑事责任。

11. 作业人员

作业人员不服管理、违反规章制度和操作规程冒险作业造成重大伤亡事故或者其他严重后果，构成犯罪的，依照刑法有关规定追究刑事责任。

12. 施工单位主要负责人、项目负责人

施工单位的主要负责人、项目负责人有前款违法行为，尚不够刑事处罚的，处 2 万元以上 20 万元以下的罚款或者按照管理权限给予撤职处分；自刑罚执行完毕或者受处分之日起，5 年内不得担任任何施工单位的主要负责人、项目负责人。

13. 施工单位

施工单位取得资质证书后，降低安全生产条件的，责令限期改正；经整改仍未达到与其资质等级相适应的安全生产条件的，责令停业整顿，降低其资质等级直至吊销资质证书。

14. 违反消防安全管理规定的行为由公安消防机构依法处罚

 综合应用案例 8-1

某工程项目实行总承包，施工单位没有在电梯井口设置安全警示标志，导致劳务分包单位的一名农民工坠落井中，造成重伤。据此背景材料，现提出如下问题，请讨论。

(1)《建设工程安全生产管理条例》对施工总承包单位与分包单位的安全责任是怎样划分的？

(2) 安全生产责任制在建设工程安全生产管理 6 项基本制度中的地位是怎样的？包括哪些内容？

(3) 此安全事故发生后，施工单位和监理单位是否应承担责任？为什么？

分析如下。

(1)《建设工程安全生产管理条例》第二十四条规定，建设工程实行施工总承包的，由总承包单位对施工现场的安全生产负总责。总承包单位应当自行完成建设工程主体结构的施工。总承包单位依法将建设工程分包给其他单位的，分包合同中应当明确各自的安全生产方面的权利义务。总承包单位和分包单位对分包工程的安全生产承担连带责任。特别要注意的是，分包单位应当接受总承包单位的安全生产管理，分包单位不服从管理导致生产安全事故的，由分包单位承担主要责任。

(2) 安全生产责任制度是建筑生产中最基本的安全管理制度，是所有安全规章制度的核心。它主要包括 3 个层次的内容：一是从事建筑活动单位的负责人的责任制；二是从事建筑活动单位的职能机构或职能处室负责人及其工作人员的安全生产责任制；三是岗位人员的安全生产责任制。

(3) 施工单位和监理单位都要为此承担责任。

《建设工程安全生产管理条例》第二十八条规定，施工单位应当在施工现场入口处、施工起重机械、临时用电设施、脚手架、出入通道口、楼梯口、电梯井口、孔洞口、桥梁口、隧道口、基坑边沿、爆破物及有害危险气体和液体存放处等危险部位，设置明显的安全警示标志。安全警示标志必须符合国家标准。

施工单位没有在电梯井口设置安全警示标志，属于违法行为。

《建设工程安全生产管理条例》第十四条规定，工程监理单位应当审查施工组织设计中的安全技术措施或者专项施工方案是否符合工程建设强制性标准。

工程监理单位在实施监理过程中，发现存在安全事故隐患的，应当要求施工单位整改；情况严重的，应当要求施工单位暂时停止施工，并及时报告建设单位。施工单位拒不整改或者不停止施工的，工程监理单位应当及时向有关主管部门报告。

工程监理单位和监理工程师应当按照法律、法规和工程建设强制性标准实施监理，并对建设工程安全生产承担监理责任。

本案例中，如果监理单位未采取第十四条中的措施，则也要为此承担责任。

综合应用案例 8-2

施工单位向下挖基坑的时候将地下的通信缆线挖断了，主要原因在于建设单位提供的图纸中没有标出这里有缆线。请分析相关单位所应承担的责任。

分析如下。

首先，施工单位要向电信局承担赔偿责任。

其次，施工单位可以就此损失向建设单位索赔。因为根据《建设工程安全生产管理条例》第六条，建设单位应当向施工单位提供施工现场及毗邻区域内供水、排水、供电、供气、供热、通信、广播电视等地下管线资料，气象和水文观测资料，相邻建筑物和构筑物、地下工程的有关资料，并保证资料的真实、准确、完整。

最后，建设单位可以就此向勘察单位索赔。因为根据《建设工程安全生产管理条例》第十二条，勘察单位应当按照法律、法规和工程建设强制性标准进行勘察，提供的勘察文件应当真实、准确，满足建设工程安全生产的需要。

综合应用案例 8-3

某施工现场发生了生产安全事故，工人郑某从拟建工程的三楼向下抛钳子，导致地面的工人黄某受重伤。经过调查，发现施工单位存在下列问题。

(1) 郑某从未经过安全教育培训。

(2) 该施工单位只设置了安全生产管理机构，而没有配备专职安全生产管理人员。

(3) 现场的工人没有一个戴了安全帽。

请根据《建设工程安全生产管理条例》分析上述情况所存在的安全管理问题。

分析如下。

对于(1)：《建设工程安全生产管理条例》第三十六条规定，施工单位应当对管理人员和作业人员每年至少进行一次安全生产教育培训，其教育培训情况记入个人工作档案。安全生产教育培训考核不合格的人员，不得上岗。

对于(2)：《建设工程安全生产管理条例》第二十三条规定，施工单位应当设立安全生产管理机构，配备专职安全生产管理人员。

对于(3)：《建设工程安全生产管理条例》第三十三条规定，作业人员应当遵守安全施工的强制性标准、规章制度和操作规程，正确使用安全防护用具、机械设备等。

本 章 小 结

本章介绍了建筑工程安全控制的特点，施工安全控制的程序与基本要求，施工安全控制的方法；着重介绍了施工安全技术措施、安全技术交底、建设工程施工安全检查，同时对《建设工程安全生产管理条例》中各有关方的责任和义务做了较详细的阐述。

⌐习⌐题⌐

一、填空题

1. 安全就是安稳，其含义是：人——(　　)；物——(　　)；环境——(　　)。
2. 安全生产管理是确保安全生产而进行的(　　)、(　　)、(　　)、(　　)、(　　)和(　　)的一系列活动的总称。
3. 我国安全生产管理体制是(　　)，(　　)，(　　)，(　　)和(　　)。
4. 搞好安全生产管理必须处理好(　　)，(　　)，(　　)，(　　)和(　　)的关系。
5. 安全生产检查的主要内容包括：(　　)，(　　)，(　　)，(　　)和(　　)等。

二、多项选择题

1. 建筑施工安全生产的特点有(　　)等。
   A. 建筑产品的固定性和生产的流动性
   B. 受外部环境影响的因素多、工作条件差
   C. 产品的多样性和生产的单件性
   D. 规模大，周期长
2. 安全生产的目的包括(　　)。
   A. 防止和减少生产事故　　　　　B. 保障人民群众生命财产安全
   C. 减少项目成本　　　　　　　　D. 促进经济发展
3. 以下管理制度属于安全管理制度的是(　　)。
   A. 安全生产教育培训制度　　　　B. 安全生产检查制度
   C. 伤亡事故处理报告制度　　　　D. 各岗位、各工种岗位安全操作规程
4. 安全教育，主要包括(　　)方面的内容。
   A. 安全生产思想　　　　　B. 安全知识　　　　C. 安全技术技能
   D. 安全法制教育　　　　　E. 岗位质量教育

三、简答题

1. 建筑施工安全具有什么特点？
2. 施工安全控制有哪些基本要求？
3. 诱发建筑工程安全事故的因素有哪些？
4. 施工安全保障体系有哪些内容？
5. 安全技术交底的主要内容包括哪些？
6. 安全检查的主要内容有哪些？
7. 我国现行的安全生产法律法规有哪些？
8. 建设单位安全生产管理的主要责任和义务有哪些？
9. 建设工程监理企业安全生产管理的主要责任和义务有哪些？
10. 施工企业安全生产管理的主要责任和义务包括哪些内容？

第9章

施工过程安全技术与控制

学习目标

通过本章的学习，学生应掌握地基基础和主体结构施工过程中常用安全技术和安全措施，熟悉高处作业安全技术及临边作业安全技术。

学习要求

知识要点	能力目标	相关知识	权重
地基基础工程	1. 掌握基坑开挖安全技术 2. 熟悉回填安全技术 3. 掌握桩基础工程安全技术	1. 基坑支护及边坡处理 2. 钢筋混凝土预制桩 3. 钢筋混凝土灌注桩	30%
结构主体工程	1. 掌握钢筋加工安全技术 2. 掌握模板安拆安全技术 3. 掌握混凝土浇筑安全技术 4. 熟悉砌筑工程安全技术 5. 熟悉脚手架工程安全技术	1. 钢筋加工方法 2. 模板拆除施工要点 3. 模板专项方案 4. 扣件式钢管模板支架的设计与施工	40%
高处作业安全技术	1. 高处作业安全技术 2. 临边作业安全技术 3. 外檐洞口作业安全技术	1. 高处作业环境 2. 临边防护 3. 洞口防护	30%

引　例

某建筑集团公司承接了市区某高层建筑工程的施工任务，工程总建筑面积 12 万 m², 地面以上共 40 层，总高度 138m。地质条件较差，基础采用的是钢筋混凝土灌注桩，地下室 3 层，基坑开挖深度 10m，项目经理对施工安全及现场管理做了相应部署。

思考：

(1) 基坑支护有哪些形式？

(2) 钢筋混凝土灌注桩施工安全应注意哪些问题？

(3) 主体结构施工容易出现哪些安全问题？

(4) 高空作业应注意哪些安全问题？

9.1　土石方工程安全技术

建筑工程施工中，土方工程量很大，特别是城市大型高层建筑深基础的施工，土方工程施工的对象和条件又比较复杂，如土质、地下水、气候、开挖深度、施工现场与设备等，对于不同的工程都不相同。施工安全在土方工程施工中是一个很突出的问题。历年来发生的工伤事故不少，而其中大部分是土方坍塌造成的，如应用案例 9-1。

【参考视频】

应用案例 9-1

一、事故概况

2002 年 12 月 29 日，在上海某建筑安装工程有限公司承建的某旧区改造工程的工地上，正在进行基础工程的挖土施工作业。其中 6 号房位于施工现场道路东侧，基础开挖后为防止基坑边坡塌方，瓦工班长邱某安排瓦工张某等砌筑边坡挡土墙。12 月 29 日晚 8 时 30 分左右，正在 6 号房基坑西北角砌筑挡土墙的张某被突然坍塌下来的部分土体压住，事故发生后，现场立即组织人员将其救出，并随即送往医院紧急抢救，但张某因脑部挫裂伤势过重，经抢救无效于当晚死亡。

二、事故原因分析

1. 直接原因

张某等人在 6 号房基础内砌筑边坡挡土墙的过程中，偏西北角的部分松弛的土体突然坍塌，将正在低头砌墙的张某压住，头部碰撞挡土墙，是本次造成事故的直接原因。

2. 间接原因

夜间施工作业场所照明不足，张某等人在施工时，未对现场周围土体松弛脱落现象引起重视，没有及时发现和消除事故隐患，自我保护意识不强，是本次造成事故的间接原因。

3. 主要原因

项目部在进行 6 号房基础开挖施工时，对临近施工道路一侧，未设置有效的安全防护隔离栏，致使道路侧基坑边坡在车辆碾压下严重变形，造成土体松弛，在未对该部位进行临时加固措施情况下，安排未进行安全技术交底的员工张某等进行砌筑墙施工，以致松弛的土体坍塌，压住张某致死。因此，施工现场对危险作业部位监控不力，安全防护措施不到位，对员工未进行有效的安全技术交底，是造成本次事故的主要原因。

因此，搞好土石方施工安全是十分重要的。

9.1.1 基坑开挖安全技术

1. 基坑开挖的安全作业条件

基坑开挖包括人工开挖和机械开挖两类。

1) 适用范围

人工开挖适用范围：一般工业与民用建筑物、构筑物的基槽和管沟等。

机械开挖适用范围：工业与民用建筑物、构筑物的大型基坑(槽)及大面积平整场地等。

2) 作业条件

(1) 人工开挖安全作业条件。

① 土方开挖前，应摸清地下管线等障碍物，根据施工方案要求，清除地上、地下障碍物。

② 建筑物或构筑物的位置或场地的定位控制线、标准水平桩及基槽的灰线尺寸，必须经检验合格。

③ 在施工区域内，要挖临时排水沟。

④ 夜间施工时，在危险地段应设置红色警示灯。

⑤ 当开挖面标高低于地下水位时，在开挖前应采取降水措施，一般要求降至开挖面下500mm，再进行开挖作业。

(2) 机械开挖安全作业条件。

① 对进场挖土机械、运输车辆及各种辅助设备等应进行维修，按平面图要求堆放。

② 清除地上、地下障碍物，做好地面排水工作。

③ 建筑物或构筑物的位置或场地的定位控制线、标准水平桩及基槽的灰线尺寸，必须经检验合格。

④ 机械或车辆运行坡度应大于 1∶6，当坡道路面强度偏低时，应填筑适当厚度的碎石或渣土，以免出现塌陷。

2. 土方开挖施工安全的控制措施

施工安全是土方施工中一个很突出的问题，土方塌方是伤亡事故的主要原因。为此，在土方施工中应采取以下措施预防土方坍塌。

(1) 土方开挖前要做好排水处理，防止地表水、施工用水和生活用水侵入施工现场或冲刷边坡。

(2) 开挖坑(槽)、沟深度超过 1.5m 时，一定要根据土质和开挖深度按规定进行放坡或加可靠支撑。如果既未放坡，也不加支撑，不得施工。如 1995 年 9 月 4 日，某建筑公司承接房地产经营开发公司住宅楼土方施工时，因未按规定放坡，造成东南侧边坡坍塌，塌落约 30m³ 土方，将孟某等 3 名河北农民埋住，经抢救，1 人脱险，2 人死亡。

(3) 坑(槽)、沟边 1m 以内不得堆土、堆料或停放机具；1m 以外堆土，其高度不超过1.5m。坑(槽)、沟与附近建筑物的距离不得小于 1.5m，危险时必须采取加固措施。

(4) 挖土方不得在石头的边坡下或贴近未加固的危险楼房基底下进行。操作时应随时注意上方土壤的变动情况，如发现有裂缝或部分塌落应及时放坡或加固。

(5) 操作人员上下深坑(槽)应预先搭设稳固安全的阶梯，避免上下时发生人员坠落事故。

(6) 开挖深度超过 2m 的坑(槽)、沟边沿处，必须设置两道 1.2m 高的栏杆和悬挂危险标志，并在夜间挂红色标志灯。任何人严禁在深坑(槽)、悬崖、陡坡下面休息。

(7) 在雨季挖土方时，必须保持排水畅通，并应特别注意边坡的稳定，大雨时应暂停土方工程施工。

(8) 夜间挖土方时，应尽量安排在地形平坦、施工干扰较少和运输道路畅通的地段，施工场地应有足够的照明。

【参考图文】

(9) 人工挖大孔径桩及扩底桩施工前，必须制定防坠入落物、防坍塌、防止人员窒息的安全措施，并指定专人负责实施。

(10) 机械开挖后的边坡一般较陡，应用人工进行修整，达到设计要求后再进行其他作业。

(11) 土方施工中，施工人员要经常注意边坡是否有裂缝、滑坡迹象，一旦发现情况有异，应该立即停止施工，待处理和加固后方可继续进行施工。

3. 边坡的形式、放坡条件及坡度规定

边坡可做成直坡式、折线式和阶梯式 3 种形式。

当地下水位低于基坑，含水量正常，且敞露时间不长，基坑(槽)深度不超过表 9-1 的规定时，可挖成直壁。

表 9-1　基坑(槽)做成直立壁不加支撑的深度规定

土的类别	深度不超过/m
密实、中密的砂土和碎石类(砂填充)	1.00
硬塑、可塑的轻亚黏土及亚黏土	1.25
硬塑、可塑的黏土及碎石类(黏土填充)	1.50
坚硬的黏土	2.00

当地质条件较好，且地下水位低于基坑，深度超过上述规定，但开挖深度在 5m 以内时，不加支护的最大允许坡度规定见表 9-2。

表 9-2　基坑不加支护坡度规定

土的类别	密实度或状态	坡度允许值(高宽比)
碎石土(硬塑黏性土填充)	密实	1∶0.35～1∶0.50
	中密	1∶0.50～1∶0.75
	稍密	1∶0.75～1∶1.00
粉性土	土的饱和度小于或等于 0.5	1∶1.00～1∶1.25
粉质黏土	坚硬	1∶0.75
	硬塑	1∶1.00～1∶1.25
	可塑	1∶1.25～1∶1.50
黏土	坚硬	1∶0.75～1∶1.00
	硬塑	1∶1.00～1∶1.25
花岗岩残积黏性土		1∶0.75～1∶1.00
		1∶0.85～1∶1.25
杂填土	中密或密实的建筑垃圾	1∶0.75～1∶1.00
砂土		1∶1.00 或自然休止角

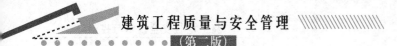

对深度大于 5m 的土质边坡，应分级放坡并设置过渡平台。

4. 土钉墙支护安全技术

1) 适用范围

土钉墙由密集的土钉群、被加固的原位土体、喷射的混凝土面层和必要的防水系统组成，适用范围如下。

(1) 可塑、硬塑或坚硬的黏性土；胶结或弱胶结的粉土、砂土和角砾；填土、风化岩层等。

(2) 深度不大于 12m 的基坑支护或边坡加固。

(3) 基坑侧壁安全等级为二、三级。

2) 安全作业条件

(1) 有齐全的技术文件和完整的施工方案，并已进行交底。

(2) 挖除工程部位地面以下 3m 内的障碍物。

(3) 土钉墙墙面坡度不宜小于 1∶0.1。

(4) 注浆材料强度等级不宜低于 M10。

(5) 喷射的混凝土面层宜配置钢筋网，钢筋直径宜为 6～10mm，间距宜为 150～300mm，混凝土强度等级不宜低于 C20，面层厚度不宜小于 80mm。

(6) 当地下水位高于基坑底时，应采取降水或截水措施，坡顶和坡脚应设排水措施。

如图 9.1 所示为土钉支护施工。

图 9.1　土钉支护施工

3) 基坑开挖

基坑要按设计要求严格分层开挖，在完成上一层作业面土钉，且达到设计强度的 70% 时，方可进行下一层土层的开挖。每层开挖最大深度取决于在支护投入工作前，土壁可以自稳而不发生滑移破坏的能力，实际工程中，常取基坑每层挖深与土钉竖向间距相等。每层开挖的水平分段也取决于土壁的自稳能力，一般多为 10～20m。当基坑面积较大时，允许在距离基坑四周边坡 8～10m 的基坑中部自由开挖，但应注意与分层作业区的开挖相协调。

挖土要选用对坡面土体扰动小的挖土设备和方法，严禁边壁出现超挖或造成边壁土体松动。坡面经机械开挖后，要采用小型机械或人工进行切削清坡，以使坡度与坡面平整度达到设计要求。

4) 边坡处理

为防止基坑边坡的裸露土体塌陷，对易塌的土体可采取下列措施。

(1) 对修整后的边坡，立即喷上一层薄的混凝土，混凝土强度等级不宜低于 C20，凝结后再进行钻孔。

(2) 在作业面上先构筑钢筋网喷射混凝土面层，后进行钻孔和设置土钉。

(3) 在水平方向上分小段间隔开挖。

(4) 先将作业深度上的边壁做成斜坡，待钻孔并设置土钉后再清坡。

(5) 开挖前，沿开挖垂直面击入钢筋或钢管，或注浆加固土体。

5) 土钉作业监控要点

(1) 土钉作业面应分层分段开挖和支护，开挖作业面应在 24h 内完成支护，不宜一次挖两层或全面开挖。

(2) 锚杆钻孔前在孔口设置定位器，使钻孔与定位器垂直，钻孔的倾斜角与设计相符。土钉打入前按设计斜度制作一操作平台，钢管或钢筋沿平台打入，保证土钉与墙的夹角与设计相符。

(3) 孔内无堵塞，用水冲出清水后，再按下一节钻杆；最后一节遇有粗砂、砂卵土层时，为防止堵塞，孔深应比设计深 100～200mm。

(4) 做土钉的钢管要打扁，钢管伸出土钉墙面 100mm 左右，钢管四周用井钢筋架与钢管焊接，并固定在土钉墙钢筋网上。

(5) 压浆泵流量经鉴定计量正确，灌浆压力不低于 0.4MPa，不宜大于 2MPa。

(6) 土钉灌浆、土钉墙钢筋网及端部连接通过隐蔽验收后，可进行混凝土喷射施工。

(7) 土钉抗拔力达到设计要求后，方可开挖下部土方。

5. 内支撑系统基坑开挖安全技术

基坑土方开挖是基础工程中的重要分项工程，也是基坑工程设计的主要内容之一。当有支护结构时，支护结构设计先完成，而对土方开挖方案提出一些限制条件，土方开挖必须符合支护结构设计的工况条件。

基坑开挖前，根据基坑设计及场地条件，编写施工组织设计，确定挖土机械的通道布置、挖土顺序、土方驳运等；应避免对围护结构、基坑内的工程桩、支撑立柱和周围环境等的不利影响。

施工机械进场前必须经验收合格后方能使用。

机械挖土，应严格控制开挖面坡度和分层厚度，防止边坡和挖土机下的土体滑移。挖土机的作业半径内不得进人，司机必须持证作业。

当基坑开挖深度较大，坑底土层的垂直渗透系数也相应较大时，应验算坑底土体的抗隆起、抗管涌和抗承压水的稳定性。当承压含水层较浅时，应设置减压井，降低承压水头或其他有效的坑底加固措施。

6. 地下基坑施工安全控制措施

(1) 核查降水土方开挖、回填是否按施工方案实施。

(2) 检查施工单位对落实基坑施工的作业交底记录和开挖、支护记录。

(3) 检查监测工作包括基坑工程和附属建筑物，基坑边地下管线的地下位移，如监测数据超出报警值应有应急措施。

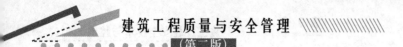

(4) 严禁超挖，削坡要规范，严禁坡顶和基坑周边超重堆载。

(5) 必须具备良好的排水措施，边挖土边做好纵横明排水沟的开挖工作，并设置足够的排水井及时抽水。

(6) 基坑作业时，施工单位应在施工方案中确定攀登设施及专用通道，作业人员不得攀登模板脚手架等临时设施。

(7) 各类施工机械与基坑(槽)、边坡和基础孔边的距离应根据设备重量、基坑(槽)边坡和基础桩的支护土质情况确定。

9.1.2 土方回填安全技术

1. 安全作业条件

(1) 回填前，应清除基底的垃圾等杂物，清除积水、淤泥，对基底标高以及相关基础、墙或地下防水层、保护层等进行验收，并要办好隐蔽工程检验手续。

(2) 施工前应根据工程特点、填方土料种类、密实度要求、施工条件等，合理确定填方土料含水率控制范围、虚铺厚度和压实遍数等参数；重要回填土方工程，其回填土的最大干密度参数应通过试验来确定。

(3) 房心和管沟的回填，应在完成上下水管道的安装或墙间加固后再进行。

(4) 施工前，应做好水平高程标志的设置：如在基坑(槽)或管沟边坡上，每隔 3m 土钉上水平桩；或在室内和散水的边墙上弹水平线或在地坪上钉上标高控制木桩。

2. 安全控制要点

(1) 管道下部应按要求夯实回填土，如果漏夯或夯不实会造成管道下方空虚，造成管道折断而渗漏。

(2) 夜间施工时，应合理安排施工顺序，设有足够的照明设施，防止铺填超厚，严禁汽车直接倒土入槽。

(3) 基坑(槽)或管沟的回填土应连续进行，尽快完成。施工中注意雨情，雨前应及时夯完已填土层或将表面压光，并做成一定坡势，以利排除雨水。

(4) 施工时应有防雨措施，要防止地面水流入基坑(槽)内，以免边坡塌方或基土遭到破坏。

(5) 在地形、工程地质复杂地区内的填方，且对填方密实度要求较高时，应采取相应措施，如设排水暗沟、护坡桩等，以防填方土粒流失，造成不均匀下沉和坍塌等事故。

(6) 填方基土为杂填土时，应按设计要求加固地基，并要妥善处理基底下的软硬点、空洞、旧基及暗塘等。

9.2 基础工程安全技术

随着城市建设用地和人口密集矛盾不断加剧，同时为满足规划和建筑物本身的功能和结构要求，在建设大批高层或超高层建筑的同时，开发地下空间(如地下室、停车库、地下商业及娱乐设施等)已成为一种趋势，高层或超高层建筑的基础设计也越来越深，基础施工的难度也越来越大；与此同时，深基础施工技术也不断发展。

在高层建筑施工中，基础工程已成为影响建筑施工总工期和总造价的重要因素。在软土地区，高层建筑基础工程的造价往往要占到工程总造价的 25%～40%，工期要占 1/3 左右，尤其在深基础施工时，如果结构设计与施工、土方开挖及降低地下水位等处理不当，或者未采取适当的措施，很容易造成对周围建(构)筑物、道路、地下管线以及已完工的工程桩的有害影响，严重的其后果不堪设想。尤其是在软土地区，高层建筑施工的难点相当部分已转向基础工程施工。近年来，设计和施工中已将很大的注意力集中在解决深基础的施工技术上，从而促进了深基础施工技术的迅速发展。

9.2.1 桩基础工程安全技术

1. 一般规定

(1) 进场施工前必须根据建设方提供的施工场地及附近的高、低压输电线路、地下管线、通信电缆及周围构筑物等分布情况的资料进行现场踏勘；在山谷、河岸或水上施工，应收集了解地质地形、历年山洪和最高水位、最大风力、雷雨季节及年雷暴日数等气象和水文资料，并制定专项安全施工组织设计。

(2) 自制或改装的机械设备，必须有设计方案、设计图纸、设计计算书、保证使用安全的防护装置，以及保证制作质量的技术措施、使用前对机械设备进行鉴定和验收的技术标准、使用说明书及安全操作技术规程，并必须经企业总工程师审核批准。各种自制或改装的机械设备，在投入使用前，必须经企业设计、制作、安装、设备管理、技术及安全管理、施工现场等各方有关人员按设计要求进行鉴定验收合格后，方可投入使用。

(3) 桩基工程施工现场临时用电线路应采用电缆敷设，临时用电线路的敷设应符合专项安全用电施工组织设计及规程规定的要求，对经常需要移动的电缆线路，应敷设在不易被车辆碾轧、人踩及管材、工件碰撞的地方，且不得置于泥土和水中。电工每周至少必须停电检查一次电缆外层磨损情况，发现问题必须及时处理。电缆通过临时道路时，应用钢管做护套，挖沟埋地敷设，并设置牢固、明显的方位标志。

(4) 每台机械设备用电必须设置专用的开关柜或开关箱，柜(箱)内必须安装过流、过载、短路及漏电保护等电器装置。机械设备和开关柜应设置保护接零或接地，开关柜(箱)应有防雨、防潮措施。电器开关柜(箱)内的电器设置及开关柜(箱)的安装等应符合《施工现场临时用电安全技术规范》(JGJ 46—2005)的有关规定。

(5) 夜间施工应有安全和足够的照明，手持式行灯应使用安全电压。在遇突然停电作业人员需要及时撤离作业点时，必须装设自备电源的应急照明装置。照明灯具的选择、安装、使用应符合《施工现场临时用电安全技术规范》(JGJ 46—2005)的有关规定。

(6) 各型钻机应由熟练钻工操作，主操作人员应持证上岗，所有孔口作业人员必须戴好安全帽，穿防滑鞋。

(7) 设备运转时，严禁任何人触摸或跨越转动、传动部位和钢丝绳。钻盘上严禁站人。

(8) 升降钻具(或冲抓作业)时，孔口作业人员应站在钻具起落范围之外。

(9) 升降钻具前，必须检查升降机制动装置、离合器及操作把工作状况是否正常，检查提引器及防脱钩锁是否牢靠。

(10) 升降作业时，不得用手直接清洗钻具。在钻具悬吊情况下，不得检查和更换钻头翼片。

(11) 用转盘扭卸钻杆时，垫叉应有安全钩，禁止使用快速挡。遇扭卸不动情况应改用人力大锤敲打振动，禁止使用机械或液压系统强行扭卸。

(12) 放倒、卸下钻具时，禁止人员在钻具倒下的范围内站立或通过，同时不得碰撞孔口附近的电缆、电线。向下拖拉卸下钻具时，只能用手托住钻杆向外拉，禁止将钻杆放在肩上拖拉。

(13) 塔上作业人员必须系好安全带，钻架平台上禁止放置材料和工具。

(14) 处理孔内事故应遵守下列规定。

① 应先了解分析孔内情况，包括下入孔内钻杆、工具的连接牢固程度等情况。同时，必须对现场有关设备、工具等安全状况进行检查。

② 严禁超负荷强力起拔事故钻具。

③ 反钻具时，应使用钢丝绳反管器，使用链钳反管时，应有反管安全措施，在反弹范围内不得站人。不得硬用管钳反管。

④ 顶、反钻具时，除直接操作人员外，其他人员应撤至安全地带。

⑤ 严禁操作人员进入孔内。

(15) 作业中，当停机时间较长时，应将桩锤落下垫好。检修时不得悬吊桩锤。

(16) 工地内的危险区域应用围栏、盖板等设置牢固可靠的防护，并设置警告标志牌，夜间应设红灯示警。

(17) 钻机施工必备的泥浆池(水池)、沉淀池、循环槽等的布设，应遵守"需要、方便、环保、文明"的原则。

(18) 遇有雷雨、大雾和 6 级及以上大风等恶劣气候时，应停止一切作业。当风力超过 7 级或有风暴警报时，应将打桩机顺风向停置；并应增加缆风绳，或将桩立柱放倒在地面上，立柱长度在 27m 及以上时，应提前放倒。

(19) 作业后，应将打桩机停放在坚实、平整的地面上，将桩锤落下垫实，并切断动力电源。

2. 设备安装、拆卸与迁移

(1) 各种机械设备的安装和拆除应严格按照其出厂说明书及编制的专项安装、拆除方案进行。

(2) 机械设备在迁移前，应查明行驶路线上的桥梁、涵洞的上部净空，以及道路、桥梁的承载能力。承载能力不够的桥梁，必须事先制定加固措施。

(3) 机械设备必须安装在平整、坚实的场地上，遇松软的场地必须先夯实，并加奠基台木和木板。在台架上作业的钻机，钻机底盘与台架必须可靠连接。

(4) 机械设备必须安装稳固、调整水平。回转钻机的回转中心、冲击(冲抓)钻机钻架、天车滑轮槽缘的铅垂线应对准桩孔位置，偏差不得大于设计允许值(10~15mm)。

(5) 必须在机械设备的传动部分(明齿轮、万向轮、皮带和加压轮)的外部安装牢固的防护栏杆或防护罩，加压轮用的钢丝绳必须加防护套。

(6) 铺设在台架(平台)上的木板厚度不得小于 50mm；当采用钢板铺设时，钢板板面应有防滑措施。

(7) 塔架的梯子、工作台及其防护栏杆必须安装牢固、可靠,防护栏杆净高度应不低于 1.2m。滑轮与天车轮必须使用铸钢件,天车轮要有天车挡板,必须装上钢丝绳提升限位器和防止钢丝绳跳槽的安全挡板。

(8) 塔架不得安装在架空输电线路的下方,塔架竖起(安装)或放倒(拆卸)时,其外侧边缘与架空输电线的边线之间必须保持一定的安全操作距离。

(9) 安装、拆卸和迁移塔架时,必须服从机(班)长或技术人员的统一指挥,严禁作业人员上下抛掷工具和物件,严禁塔上塔下同时作业,严禁在塔上或高处位置存放拆装工具和物件。在整体竖起或放倒塔架时,施工人员应离开塔架倒俯范围。

(10) 设备在现场内迁移时,作业人员应先检查并清除途中的障碍物,必须设专人照看电缆,防止轧损。无关人员应撤至安全地带。

(11) 采用轨道、滚筒方式移动平台时,作业人员应先检查轨道、滑轮、滚筒、钢丝绳、支腿油缸等安全情况,移动时应力求平稳、匀速,防止倾倒。

(12) 车装钻机移位时,要放倒桅杆,拆除电缆、胶管,钻车到位后,立即用三角木楔紧车轮,并保证支腿坐落在基台木上。

(13) 用汽车装运机械设备时,要将物件放稳绑牢,装卸应由有经验的人指挥。禁止超荷装载。人力装卸车时所用跳板必须有足够的强度,并设有防滑隔挡,架放坡度不得大于20°,落地一端要有防滑动措施。

(14) 冲击钻、冲抓锥的三脚架或人字架的安装高度不得低于 7.5m,两腿间角度不小于75°,底腿要固定,装好平拉手,安全系数不小于 5,钢丝绳安全系数不小 6。

3. 桩位放样

(1) 测量人员在测量前应了解作业区域有无未及时回填的桩孔。测量、立尺时不得倒退行走。

(2) 在架空输电线路附近测量时,标尺定点立尺、收尺时应注意保持与四周及上空的架空输电线路的安全操作距离。

(3) 测量钉桩时不得对面使锤,并应注意周围作业人员的安全。钢钎和其他工具不得随意抛掷。

(4) 遇雷雨时不得在高压线、大树下工作及停留。

4. 埋设护筒

(1) 裸孔开挖时,挖掘深度一般不超过 2m;否则,必须采取护筒跟进或浇筑混凝土护壁围壁等措施。如图 9.2 所示为钻孔桩钻头及护筒。

(2) 挖掘深度超过 2m 时,应在孔边设置防护栏杆。

(3) 孔内有人挖掘作业,孔口必须有人监护。如孔内出现异常情况,应及时将作业人员提升到地面,并立即报告施工负责人处理。排除险情后,方可继续作业。

(4) 在腐殖土较厚地层挖孔时,应采取有效的通风措施,并应有专人监测有毒有害气体。如孔内散发出异味,应立即暂停作业撤至地面,并报告施工负责人,查明原因,采取有效措施后方可继续施工。

(5) 孔内挖掘遇有大石块需要吊运清出时,在装好石块后,孔内人员必须上到地面后,才能吊运石块。

图9.2　钻孔桩钻头及护筒

（6）孔内需要抽水，应在挖孔作业人员上到地面后再进行，水泵必须加装漏电保护装置。

（7）在易塌的砂层宜采用双层护筒方法施工，在外层护筒内挖砂土，使护筒跟进，挖到预定深度，再安设正式护筒。

（8）停止作业时，孔口应用盖板盖严并设置围栏和警告标志牌。

9.2.2　打混凝土预制桩

1. 一按规定

（1）吊桩前应将桩锤提升到一定位置固定牢靠，防止吊桩时桩锤坠落。

（2）起吊时吊点必须正确，速度要均匀，桩身应平稳，必要时桩架应设缆风绳。

（3）桩身附着物要清除干净，起吊后，人员不准在桩下通过。

（4）吊桩与运桩发生干扰时，应停止运桩。

（5）插桩时，手脚严禁伸入桩与龙门之间。

（6）用撬棍或板舢等工具校正桩时，用力不宜过猛。

（7）打桩时应采取与桩型、桩架和桩锤相适应的桩帽及衬垫，发现损坏应及时修整或更换。

（8）锤击不宜偏心，开始时落距要小。如遇贯入度突然增大，桩身突然倾斜或位移、桩头严重损坏、桩身断裂、桩锤严重回弹等应停止锤击，采取措施后，方可继续作业。

（9）熬制胶泥要穿好防护用品。工作棚应通风良好，注意防火；容器不准用锡焊，防止熔穿泄漏；胶泥浇注后，上节桩应缓慢放下，防止胶泥飞溅。

（10）套送桩时，应使送桩、桩锤和桩三者中心在同一轴线上。

（11）拔送桩时，应选择合适的绳扣，操作时必须缓慢加力，随时注意桩架、钢丝绳的变化情况。

（12）送桩拔出后，地面孔洞必须及时回填或加盖。

2. 钻进成孔

1) 操作泵吸反循环回转钻时的有关规定

(1) 作业前检查钻机传动部位的各种安全防护装置，紧固所有螺栓，将地面管线与孔内钻具可靠连接，做到不漏不堵。

(2) 开动钻机前，应先启动砂石泵，等形成正常反循环后才能开动钻机慢速回转，下放钻头入孔，待钻头正常工作后逐渐加大转速，调整钻压。

(3) 钻机主操作手应精力集中，随时观察机械运转情况和指示仪表量值显示，感知孔内反映信息，及时调整技术参数。

(4) 加接钻杆时，应先停钻并将钻具提升至离孔底 1m 左右，让冲洗液循环 1~2min，然后停泵加接钻杆，并拧紧牢固。防止螺栓、螺母或工具等掉入孔内。

(5) 钻进成孔过程中，若孔内出现塌孔、涌砂等异常情况，应将钻具提升离开孔底控制泵量，在保持冲洗液循环的同时向孔内输送性能符合要求的泥浆。

(6) 起钻操作要轻稳，防止钻头拖刮孔壁，并向孔内补入适量冲洗液。

2) 操作正循环回转钻时的相关规定

(1) 检查冲洗液循环系统是否安全可靠，并根据钻进地层性质调配重度、黏度适宜的冲洗液(泥浆)。

(2) 应严格遵守正循环钻进启动程序。

① 下钻具入孔内，使钻头距孔底渣面 50~80mm。

② 开动泥浆泵，让冲洗液循环 2~3min。

③ 启动钻机，并先轻压慢转，逐渐增大转速、增大钻压。

(3) 正常钻进时，应随时掌握升降机、钢丝绳的松紧度，减少钻杆和水龙头晃动。

(4) 钻进过程中若遇易塌地层，应适当加大泥浆的重度和黏度。

3) 潜水电钻成孔作业的相关规定

(1) 潜水电钻的启动、钻速的控制等应符合规范的规定。电钻上应加焊吊环，拴上钢丝绳通至孔口吊住。电钻必须安设过载保护装置，其跳闸电流为 80~100A。

(2) 升降电钻或钻进过程中，要有专人负责收放电缆和进浆胶管，钻进中送放要及时，应少放、勤放；提升钻具时，卷扬机操作手与收放线人员要配合好，防止提快收慢。

4) 冲抓锥成孔作业的相关规定

(1) 应先收紧内套钢丝绳将锥提起，检查锥的中心位置是否与护筒中心一致。检查锥架、底腿是否牢固，检查卷扬机和自动挂脱部件动作是否灵活、可靠。

(2) 对卷扬机的操作要平稳，要控制好放绳量，发现钢丝绳摆动厉害时，要停止作业，查明原因。

(3) 应根据冲抓岩土的松散度选择合适的冲程：冲抓松散层宜选小冲程(0.5~1.0m)；冲抓砂卵石层宜选中等冲程(1~2m)；当砂卵石较密实时可加大冲程(2~3m)。

5) 冲击钻成孔作业的相关规定

(1) 冲击钻进时应控制好钢丝绳放松量，既要防止放得过多，也要防止放得过少，放绳要适量。若用卷扬机施工应有有效措施控制冲程。冲击钻头下到孔底后要及时收绳，提起钻头。

(2) 在基岩中冲击钻进时，宜采用高冲程(2.5~3.5m)。

(3) 每次捞渣后，应及时向孔内补充泥浆或黏土，保持孔内水位高于地下水位 1.5～2m。

(4) 作业时，孔口附近禁止站人。

6) 螺旋钻成孔作业的相关规定

(1) 开钻前，应纵横调平钻机，安装导向套。

(2) 开孔时，应缓慢回转，保持钻杆垂直。

(3) 钻进时，应保持钻具工作平稳，随时清理孔口积土。发生卡钻、夹钻时，不得强行钻进或提升，应缓慢回转，上下活动。

7) 沉管桩施工相关规定

(1) 检查桩尖埋设位置是否与设计桩位相符合，钢管套入桩尖后应保持两者轴线一致。

(2) 给钢管施加的锤击 (或振动)力应均匀，让施加力落于钢管中心，严禁打偏锤。

(3) 成孔过程要随时注意桩管沉入情况，控制好收放钢丝绳的长度。向上拔管时，要垂直向上边振动边拔，遇到卡管时，不得强行蛮拉。

(4) 采用二次"复打"方式时，应清除钢管外的泥沙，前后两次沉管的轴向应重合。

(5) 用振动沉管法成孔时，开机前操作人员必须发出信号，振动锤下禁止站人。用收紧钢丝绳加压时，应随桩管沉入随时调整钢丝绳，防止抬起机架。

(6) 在打沉管桩时，孔口和桩架附近不得有人站立或停留。

(7) 停止作业时，应将桩管底部放到地面垫木上，不得悬吊在桩架上。

(8) 在桩管打到预定深度后，应将桩锤提升到 4m 以上锁住后，才可检查桩管、浇筑混凝土。

9.2.3 人工挖孔

(1) 施工现场所有设备、设施、安全防护装置、工具、配件以及个人防护用品必须经常检查，确保完好和正确使用。

(2) 人工挖孔作业施工用电应符合 9.1 节的有关规定，桩孔内作业如需照明，必须使用安全电压，灯具应符合防爆要求，孔内电缆必须固定，并有防破损、防潮的措施。

(3) 夜间禁止人工挖孔作业。

(4) 多孔施工应间隔开挖，相邻的桩孔不能同时进行挖孔作业。如图 9.3 所示为人工挖孔桩施工。

图 9.3 人工挖孔桩施工

(5) 孔口操作平台应自成体系，防止在护壁下沉时被拉垮。

(6) 孔内作业人员必须戴安全帽，作业时不得吸烟，不得穿化纤衣裤，不得在孔内使用明火，同一人在孔内连续作业时间不得超过 2h。

(7) 班前和施工过程中，要随时检查起重设备各部件是否牢固、灵活；支腿是否牢固稳定；起重钢丝绳及其与挂钩的连接、挂钩的安全卡环、防坠保护装置等是否牢固、可靠；提桶是否完好，发现问题应及时修理或更换。

(8) 必须遵守逐节施工的原则，即必须做到挖一节土做一节混凝土护壁。孔内开挖作业必须待护壁稳定后再挖下一节。

(9) 桩孔扩底(适宜于黏土层、硬实砂土层)应采用间隔削土法，留一部分土做支撑，待浇灌混凝土前再挖支撑土。淤泥层、松散砂层(含流砂层)不宜人工扩底。

(10) 正在施工的桩孔，每天班前应将积水抽干，并用鼓风机向孔内送风至少 5min，经检测符合要求后，方可下人作业。当孔深超过 10m 时，地面应配备向孔内送风的专用设备，风量不宜少于 25L/s；孔底凿岩时尚应加大送风量。

(11) 孔内有人作业，孔口应有专人监护。发现护壁变形、涌水、流砂以及有异味气体等时，应立即停止作业，迅速将孔内作业人员撤至地面，并报告施工负责人处理，在排除隐患后方可继续施工。

(12) 开挖复杂的土层结构时，每挖 0.5～1.0m 应用手钻或不小于 $\phi16$ 钢筋对孔底做品字形探查，检查孔底面以下是否有洞穴、涌砂等，确认安全后，方可继续作业。

(13) 作业人员上下孔井，应使用安全性能可靠的吊笼或爬梯，使用吊笼时其起重机械各种保险装置必须齐全有效。不得用人工拉绳子运送作业人员和脚踩护壁凸缘上下桩孔。桩孔内壁应设置尼龙保险绳，并随挖孔深度增加放长至作业面，作为救急之备用。

(14) 桩孔内作业需要的工具应放在提桶内递送，长柄工具应将重的一头放在提桶底部，上端用绳捆绑在起重绳上。禁止向孔内抛掷，禁止工具与土方混装提升。

(15) 当桩孔探至 5m 以下时，应在孔底面 3m 左右处的护壁凸缘上设置半圆形的防护罩，防护罩可用钢(木)板做成，当装运挖出土方的提桶上下时，孔内作业人员必须停止作业，并站在防护罩下。由桩孔内往上提升大石块时，孔内不得有人，孔内作业人员在装载好物件后，必须先上到地面上后才可提升。

(16) 孔底凿岩时应采用湿式作业法，并必须加大送风量。作业人员必须穿绝缘鞋，戴绝缘手套。凿岩工具用电必须符合有关规定。

(17) 排除孔内积水应使用潜水泵，不得用内燃机放在孔内作为排水动力，排水过程孔内不得有人。排水作业结束，必须在切断潜水泵电源后，作业人员方可进入孔内。

(18) 挖出的土方应及时运走，桩孔周边 2m 范围内不得存放任何杂物或挖出的土方。

(19) 机动车辆需在作业现场内通行时，必须制定安全防护措施，对其行驶路线进行专项规划。机动车辆在作业现场内行驶时，其行驶路线近旁的桩孔内不得有人作业。

(20) 孔口地面应设置好排水系统，以防积水向孔内回灌。如孔口附近出现泥泞现象，必须及时清理。

(21) 孔内停止作业时，必须盖好孔口或设置不低于 1.2m 的防护栏杆将孔口封闭围住，并应设立醒目的警示牌，夜间应设红灯示警。

(22) 挖孔成型后，必须在当天验收，并立即下置护筒或灌筑混凝土，以防塌孔。

9.2.4 混凝土灌筑

(1) 运移钢筋笼的通道上不得有任何障碍物。多人合运钢筋笼必须保持起杠、落杠抬运动作协调，使用的绳、杠要安全可靠。

(2) 吊装钢筋笼时，吊钩与钢笼的连接要安全可靠。

(3) 起吊钢筋笼入孔前，应先检查清理孔口附近的杂物、工具等物件，起吊过程中钢筋笼不得碰、挂电缆和其他物件、设备。在钢筋笼倒俯范围内禁止站人。

(4) 向孔内下置钢筋笼时，必须吊直扶正，孔口作业人员要站在干净、清洁、无泥泞的地面上作业，下笼动作要缓慢、平稳。下笼遇阻时，应查清钢筋笼受阻原因，禁止作业人员在钢筋笼上踩踏加压或盲目采用其他加压方式强行下压钢筋笼，也不得回程提起钢筋笼盲目地向下冲、砸、墩。

(5) 采用人力搬运灌浆管时，应该用木质杠子 (长度 1.2m 以上)插入 2/3 用手托着抬运。禁止使用金属杆(管)插入管内作业抬运工具，禁止放在肩上抬运。

(6) 下置灌浆管前，应先将孔口周围的防护地板铺好，仔细检查灌浆管的接头丝扣是否完好，并清洁、上油。

(7) 起吊灌浆管时，禁止扶管人员用手托触管口底端扶送，升降机操作要平稳，防止管子甩荡伤人。

(8) 下置导管途中遇阻时，要判明受阻原因，要防止导管偶受钢筋笼箍筋阻挡出现突然下沉而伤人。提起管子转动时，禁止反向转动。

(9) 向储料斗内倒入的混凝土重量不得超过储料斗横梁及起吊绳索 U 形环、设备等允许的负荷量。

(10) 储料斗被吊起运行时，其下方严禁站人。作业人员不得用手直接扶持料斗，只能用拉绳稳定料斗。

(11) 灌浆过程中，升降机、吊车操作人员必须与孔口塔上人员紧密配合，应按孔口作业人员指令进行操作，操作动作要稳当、准确。

(12) 升降和上下抖动导管时，任何人员不得站在漏斗下方，严禁作业人员站在漏斗上面观察混凝土下泄情况。

(13) 在测定沉渣厚度和灌注高度时，孔口应停止其他作业。

(14) 灌筑完毕后，应认真做好以下工作。

① 对低于现场地面标高的桩孔孔口，要及时采取措施进行回填，不能及时回填的，应加盖并设防护栏杆和警告标志。

② 料斗应放回地面，需要拉到塔架上停放的，挂料斗的升降机一定要刹紧，并用绳子捆牢。

9.3 主体工程安全技术

主体工程施工过程比较复杂，各工种交叉作业，安全管理工作十分重要。现浇钢筋混凝土工程是主体工程施工的主要内容，现浇钢筋混凝土工程施工时，首先要进行模板的支撑、钢筋的成型与绑扎安装，最后进行混凝土的浇筑与养护等工作，涉及多工种的配合。

为了确保现浇钢筋混凝土施工过程的安全，下面重点介绍其施工过程中钢筋工程、模板工程、混凝土浇筑工程的施工安全控制技术。

9.3.1　钢筋加工与安装安全技术

1. 钢筋加工制作及连接机械

钢筋机械是用于加工钢筋和钢筋骨架等作业的机械。按作业方式可分为钢筋加工机械、钢筋焊接机械、钢筋强化机械、钢筋预应力机械几种。

常用的钢筋加工机械为钢筋切断机、钢筋弯曲机、钢筋调直机等。钢筋切断机有机械传动式和液压式两种，它是把钢筋原材料和已矫直的钢筋切断成所需长度的专用机械。钢筋弯曲机又称冷弯机，它是对经过调直、切断后的钢筋，加工成构件中所需要配置的形状，如端部弯钩、梁内弯筋、起弯钢筋等。钢筋调直机用于将成盘的钢筋和经冷拔的低碳钢筋调直，它具有一机多用的功能，能在一次操作中完成钢筋调直、输送、切断，并兼有清除表面氧化皮和污迹的作用。

钢筋焊接机械主要有对焊机、点焊机和手工弧焊机。

1) 钢筋切断机安全使用要点

(1) 接送料的工作平台应和切刀下部保持水平，工作台的长度应根据待加工材料长度设置。

(2) 机械未达到正常运转时，不可切料。切料时必须使用切刀的中小部位，紧握钢筋，对准刃口迅速投入。送料时应在固定刀片一侧握紧并压住钢筋，以防钢筋末端弹出伤人。严禁用两手分在刀片两边握住钢筋俯身送料。

(3) 不得剪切直径及强度超过机械铭牌额定的钢筋和烧红的钢筋。一次切断多根钢筋时，其截面积应在规定范围内。

(4) 切断短料时，手和切刀之间的距离应保持在 150mm 以上，如手握端小于 400mm 时，应采用套管或夹具将钢筋短头压住或夹牢。

(5) 运转中，严禁用手直接清除切刀附近的断头和杂物。钢筋摆动周围和切刀周围不得停留非操作人员。

2) 钢筋调直机安全使用要点

(1) 在调直块未固定、防护罩未盖好前不得送料。作业中严禁打开各部防护罩及调整间隙。

(2) 当钢筋送入后，手与曳轮必须保持一定的距离，不得接近。

(3) 送料前应将不直的料头切除。导向筒前应装一根 1m 长的钢管，钢筋必须先穿过钢管再送入调直筒前端的导孔内。

3) 钢筋弯曲机安全使用要点

(1) 芯轴、挡铁轴、转盘等应无裂纹和损伤。防护罩应坚固可靠。经空运转确认正常后，方可作业。

(2) 作业时，将钢筋需弯一端插入在转盘固定销的间隙内，另一端紧靠机身固定销，并用手压紧，检查机身固定销确实安放在挡住钢筋的一侧，方可开动。

(3) 作业中，严禁更换轴芯、销子和变换角度以及调速等作业，也不得进行清扫和加油。

（4）严禁在弯曲钢筋的作业半径内和机身不设固定销的一侧站人。弯曲好的半成品，应堆放整齐，弯钩不得朝上。

4）对焊机安全使用要点

（1）使用前要先检查手柄、压力机构、夹具等是否灵活可靠，根据被焊钢筋的规格调好工作电压，通入冷却水并检查有无漏水现象。

（2）调整断路限位开关，使其在焊接到达预定挤压量时能自动切断电源。

5）点焊机安全使用要点

（1）焊机通电后，应检查电气设备、操作机构、冷却系统、气路系统及机体外壳有无漏电等现象。

（2）焊机工作时，气路系统、水冷却系统应畅通。气体必须保持干燥，排水温度不应超过40℃，排水量可根据季节调整。

6）交流弧焊机安全使用要点

（1）多台弧焊机集中使用时，应分接在三相电源网络上，使三相负载平衡。多台焊机的接地装置，应分别由接地极处引接，不得串联。

（2）移动弧焊机时，应切断电源，不得用拖拉电缆的方法移动焊机。如焊接中突然停电，应立即切断电源。

7）直流弧焊机安全使用要点

（1）数台焊机需同一场地作业时，应逐台启动，避免启动电流过大，引起电源开关关掉。

（2）运行中，如需调节焊接电流和极性开关时，不得在负荷时进行。调节时，不得过快、过猛。

应用案例 9-2

一、事故概况

2002年10月1日，在上海某建筑公司承建的某别墅小区工地上，项目部钢筋组组长罗某和班组其他成员一起在F型38号房绑扎基础底板钢筋，并进行固定柱子钢筋的施工作业。因用斜撑固定钢筋柱子较麻烦，钢筋工张某(死者)就擅自把电焊机装在架子车上拉到基坑内，停放在基础底板钢筋网架上，然后将电焊机一次侧电缆线插头插进开关箱插座，准备用电焊固定柱子钢筋。当张某把电焊机焊把线拉开后，发现焊把到钢筋桩子距离不够，于是就把焊把线放在底板钢筋网架上，将电焊机二次侧接地电缆缠绕在小车扶手上，并把接地连接钢板搭在车架上，当脚穿破损鞋子的张某双手握住车扶手去拉架车时，遭电击受伤倒地。事故发生后，现场负责人立即将张某急送医院，经抢救无效死亡。

二、事故原因分析

1. 直接原因

钢筋班组工人张某在移动电焊机时，未切断电焊机一次侧电源，把焊把线放在钢筋网架上，将电焊机二次侧接地连接钢板搭在车架上，在空载电压作用下，经二次侧接地钢板、车架、人体、钢筋、焊把线形成通电回路，而张某鞋底破损不绝缘，是造成本次事故的直接原因。

2. 间接原因

员工未按规定穿着劳防用品，自我保护意识差，项目部对施工机具的管理无专人负责，对作业人员缺乏有针对性的安全技术交底，是造成本次事故的间接原因。

3. 主要原因

项目部未按规定对电焊机配置二次空载降压保护装置，在基础等潮湿部位施工未采取有效的防止触电的措施，使用前也未按规定对电焊机进行验收，致使存在安全隐患的机具直接投入施工，张某无证违章作业，是造成本次事故的主要原因。

(引自孙建平. 建筑施工安全事故警示录[M]. 北京：中国建筑工业出版社，2003)

8) 钢筋直螺纹套接安全要点

(1) 滚丝机应按规定设置，放置平稳、安全就位。

(2) 滚丝钢管架平台搭设必须牢固、平稳。

(3) 钢筋短头使用磨光机时，工人应戴安全防护用具，以免钢筋碎屑伤人。

(4) 钢筋套丝连接时，应注意螺纹正反方向，必须将一端钢筋固定不动，另一端拧紧螺纹，操作时，应相互磨合，不能单独操作，以免钢筋摆动伤人。

2. 钢筋运输、安装与绑扎安全技术要求

(1) 钢筋制作棚(图 9.4)必须符合安全要求，工作台必须稳固，制作棚内设置、照明灯具及用电线路应符合有关规定，照明灯具必须加装防护网罩。制作棚内的各种原材料、半成品、废料等应按规格、品种分别堆放整齐。

【参考视频】

图 9.4　钢筋制作棚

(2) 参加钢筋搬运和安装的人员，衣着必须灵便。人工抬运钢筋时，两人必须同肩，步伐一致；上坡和拐弯时，要前呼后应，步伐放慢，并注意钢筋头尾摆动，防止碰撞人身和电线；到达目的地时，两人同时轻轻放下，严禁反肩抛掷。多人运送钢筋时，起落、转停动作要一致。

(3) 人工垂直传递钢筋时，上下作业人员不得在同一垂直方向上，并必须有可靠的立足点，高处传递时必须搭设符合要求的操作平台。

(4) 在建筑物内堆放钢筋应分散。钢筋在模板上短时堆放，不宜集中，且不得妨碍交通，脚手架上严禁堆放钢筋。在新浇的楼板混凝土强度未达到 1.2MPa 前，严禁堆放钢筋。

(5) 人工调直钢筋时，铁锤的木柄要坚实牢固，不得使用破头、缺口的锤子，敲击时用力应适中，前后不准站人。

(6) 人工錾断钢筋时，作业前应仔细检查使用的工具，以防伤人。

(7) 钢筋除锈时，操作人员要戴好防护眼镜、口罩、手套等防护用品，并将袖口扎紧。

(8) 使用电动除锈时，应先检查钢丝刷固定有无松动，检查封闭式防护罩装置、吸尘设备和电气设备的绝缘及接零或接地保护是否良好，防止机械和触电事故。送料时，操作

人员要侧身操作，严禁在除锈机前方站人，长料除锈要两人操作，互相呼应，紧密配合。

(9) 拉直钢筋，卡头要卡牢，地锚要结实牢固，拉筋 2m 区域内禁止行人。人工绞磨钢筋拉直，要步调一致，稳步进行，缓慢松解，不得一次松开，以防回弹伤人。

(10) 在制作台上使用齿口板弯曲钢筋时，操作台必须可靠，三角板应与操作台面固定牢固。弯曲长钢筋时，应两人抬上桌面，齿口板放在弯曲处后扣紧，操作者要紧握扳手，脚站稳，用力均匀，以防扳手滑移或钢筋突断伤人。

(11) 在高处、深坑绑扎钢筋和安装骨架，须搭设脚手架和马道。圆盘展开拉直剪断时，应脚踩两端剪断，避免断筋弹起伤人。

(12) 绑扎立柱、墙体钢筋和安装骨架，不得站在骨架上和墙体上安装或攀登骨架上下。柱筋在 4m 内，重量不大，可在地面或楼面上绑扎，整体竖起；柱筋高于 4m 以上应搭设工作台。安装人员宜站在建筑物内侧，严禁操作人员背朝外侧和攀在柱筋上操作。

(13) 绑扎高层建筑圈梁、挑檐、外墙、边柱钢筋，或 2m 以上无牢固立脚点和大于 45°斜屋面、陡坡安装钢筋时，应系好安全带。

(14) 绑扎基础和楼层钢筋时，应按施工规定，摆放好钢筋支架或马凳，架起上层钢筋，不得任意减少支架或马凳。

(15) 吊运钢筋骨架和半成品时，下方禁止站人，必须待吊物降落离地 1m 以内，方准靠近，就位固定后，方可摘钩。

(16) 在操作台上安装钢筋时，工具、箍筋等离散材料必须放稳妥，以免坠落伤人。

(17) 高处安装钢筋，应避免在高处修整及扳弯粗钢筋，如必须操作，则应巡视周边环境是否安全，并系好安全带，操作时人要站稳，手应抓紧扳手或采取防止扳手脱落的措施，防止扳手脱落伤人。

(18) 安装钢筋，周边不得有电气设备及线路。需要弯曲和调头时，应巡视周边环境情况，严禁钢筋碰撞电气设备。

9.3.2 模板安拆安全技术

1. 模板工程使用材料

模板工程使用材料，一般有钢材、木材及铝合金等。

1) 钢材的选用

钢材的选用应根据设计要求、模板体系的重要性、荷载特征、连接方法等不同情况，选择其钢号和材质。钢材、钢管、钢铸件、钢管扣件连接用的焊条、混合钢模板及配件制作质量均应符合相应现行国家标准的规定。

2) 面板材料

面板材料除采用钢、木外，还可采用胶合板、复合纤维板、塑料板、玻璃钢板等，承重常用胶合板应符合《混凝土模板用胶合板》(GB/T 17656—2008)的有关规定。

3) 模板的组成

一般模板通常由 3 部分组成：模板面、支撑结构(包括水平支撑结构、垂直支撑结构)和连接配件(包括穿墙螺栓、模板面连接卡扣、模板面与支撑构件以及支承构件之间连接零配件等)。

2. 模板专项方案内容

模板使用时需要经过设计计算。模板的结构设计，必须能承受作用在支模结构上的垂直荷载和水平荷载(包括混凝土的侧压力、振捣和倾倒混凝土时产生的侧压力、风力等)。在所有可能产生的荷载中要选择最不利的组合验算模板整体结构，包括模板面、支撑结构、连接原件的强度、稳定性和刚度。在模板结构设计上首先必须保证模板支撑系统形成空间稳定的结构体系，模板设计的内容如下。

【参考图文】

(1) 根据混凝土施工工艺和季节性施工措施，确定其构造和所承受的荷载。

(2) 绘制模板设计图、支撑设计布置图、细部构造和异型模板大样图。

(3) 按模板承受荷载的最不利组合对模板进行验算。

(4) 制定模板安装及拆除的程序和方法。

(5) 编制模板及构件的规格、数量汇总表和周转使用计划。

根据《建设工程安全生产管理条例》的要求，模板工程施工前应编制专项施工方案，模板工程施工方案的内容主要有以下几个方面。

(1) 该工程现浇混凝土工程的概况。

(2) 拟选定的模板类型。

(3) 模板支撑体系的设计计算及布料点的设置。

(4) 绘制模板施工图。

(5) 模板搭设的程序、步骤及要求。

(6) 浇筑混凝土时的注意事项。

(7) 模板拆除的程序及要求。

对高度超过 8m，或跨度超过 18m，或施工总荷载大于 $10kN/m^2$，或集中线荷载大于 15kN/m 的模板支架，应组织专家论证，必要时应编制应急预案。

3. 常用扣件式钢管模板支架的设计与施工

1) 材料

模板支架的钢管应采用标准规格 $\phi48mm \times 3.5mm$，壁厚不得小于 3.0mm，钢管上严禁打孔，其质量应符合现行国家标准的规定。扣件式钢管模板支架应采用可锻铸铁制作的扣件，其材质应符合现行国家标准《钢管脚手架扣件》(GB 15831—2006)的规定。搭设模板支架用冷钢管扣件，使用前必须进行抽样检测，抽检数量按有关规定执行。未经检测或检测不合格的一律不得使用。有裂缝、变形或螺栓出现滑丝的扣件严禁使用。

【参考图文】

2) 构造要求

模板支架必须设置纵横向扫地杆：纵向扫地杆应采用直角扣件，固定在距底座上皮不大于 200mm 处的立杆上；横向扫地杆也应采用直角扣件，固定在紧靠纵向扫地杆下方的立杆上。当立杆基础不在同一高度上时，必须将高处的纵向扫地杆向低处延长两跨与立杆固定，高低差不应大于 1m。靠边坡上方的立杆轴线到边坡的距离不应小于 500mm。立杆接长除顶部可采用搭接外，其余各步接头必须采用对接扣件连接。对接、搭接应符合下列规定：立杆上的对接扣件应交错布置，两根相邻立杆的接头不应设置在同步内；搭接长度不应小于 1m，应采用不少于两个旋转扣件固定，端部扣件盖板的边缘至杆端距离不应小于

100mm。节点处必须设置一根横向水平杆，用直角扣件扣接且严禁拆除。主节点两个直角扣件的中心距离不应大于150mm。

3) 设计计算

设计计算主要内容如下。

(1) 水平杆件计算。

(2) 立杆稳定性计算。

(3) 连接扣件抗滑承载力计算。

(4) 立杆地基承载力计算。

具体方法及内容必须符合《建筑施工模板安全技术规程》(JG J162—2008)、《建筑施工扣件式钢管脚手架安全技术规范》(JGJ 130—2011)等规范的规定。属于高大模板的还必须符合《建设工程高大模板支撑系统施工安全监督管理导则》(建质[2009]254号)的规定。

4. 模板的安装

(1) 模板支架的搭设：底座、垫板均应准确地放在定位线上，垫板采用厚度不小于50mm的木垫板，也可采用槽钢。

(2) 基础及地下工程模板安装时应符合下列要求。

① 地面以下支模应先检查土壁的稳定情况，当有裂纹及塌方危险迹象时，应采取安全措施后，方可作业。当深度超过2m时，应为操作人员设置上下扶梯。如图9.5所示为钢管扣件支模架垮塌事故。

【参考视频】

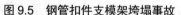
图9.5　钢管扣件支模架垮塌事故

② 距基槽(坑)边缘1m内不得堆放模板。向基槽(坑)内运料应使用起重机、溜槽或绳索；上、下人员应互相呼应，运下的模板严禁立放于基槽(坑)壁上。

③ 斜支撑与侧模的夹角不应小于45°，支撑在土壁上的斜支撑应加设垫板，底部的扶木应与斜支撑连接牢固。高大长脖基础若采用分层支模时，其下层模板应经就位校正并支撑稳固后，再进行上一层模板的安装。

④ 两侧模板间应用水平支撑连成整体。

(3) 柱模板的安装应符合下列要求。

① 现场拼装柱模时，应及时加设临时支撑进行固定，4片柱模就位组拼经对角线校正无误后，应立即自下而上安装柱箍。

② 若为整体预组合柱模，吊装时应采用卡环和柱模连接，不得用钢筋钩代替。

③ 柱模校正(用 4 根斜支撑或用连接在柱模顶四角带花篮螺栓的缆风绳，底端与楼板筋拉环固定进行校正)后，应采用斜撑或水平撑进行四周支撑，以确保整体稳定。当高度超过 4m 时，应群体或成列同时支模，并应将支撑连成一体，以形成整体框架体系。单根支模时，柱宽大于 500mm，应每边在同一标高上不得少于两根斜支撑或水平撑，与地面的夹角为 45°～60°，下端还应有防滑移的措施。

④ 边柱、角柱模板的支撑，除满足上述要求外，在模板里面还应于外边对应的点设置既能承拉又能承压的斜撑。

【参考视频】

(4) 墙模板的安装应符合下列要求。

① 用散拼定型模板支模时，应自下而上进行，必须在下一层模板全部紧固后，方准上一层安装。当下层不能独立安设支撑件时，应采取临时固定措施。

② 采用预拼装的大块墙模板进行支模安装时，严禁同时起吊两块模板，并应边就位边校正边连接，固定后方可摘钩。

③ 安装电梯井内墙模前，必须于板底下 200mm 处满铺一层脚手板。

④ 模板未安装对拉螺栓前，板面应向后倾一定角度。安装过程应随时拆换支撑或加支撑，以保证墙模随时处于稳定状态。

⑤ 拼接时的 U 形卡应正反交替安装，间距不得大于 300mm；两块模板对接接缝处的 U 形卡应满装。

⑥ 对拉螺栓与墙模板应垂直、松紧一致，并能保证墙厚尺寸正确。

⑦ 墙模板内外支撑必须坚固、可靠，应确保模板的整体稳定。当墙模板外面无法设置支撑时，应于里面设置能承受拉和压的支撑。多排并列且间距不大的墙模板，当其支撑互成一体时，应有防止浇筑混凝土时引起临近模板变形的措施。

(5) 独立梁和整体楼盖梁结构模板安装应符合下列要求。

① 安装独立梁模板时，应设操作平台，高度超过 3.5m 时，应搭设脚手架并设防护栏。严禁操作人员站在独立梁底模或柱模支架上操作及上下通行。

② 底模与横楞应拉结好，横楞与支架、立柱应连接牢固。

③ 安装梁侧模时，应边安装边与底模连接，侧模多于两块高时，应设临时斜撑。

④ 起拱应在侧模内外楞连接牢固前进行。

⑤ 单片预组合梁模，钢楞与面板的拉结应按设计规定制作，并按设计吊点，试吊无误后方可正式吊运安装，待侧模与支架支撑稳定后方准摘钩。

⑥ 支架立柱底部基土应按规定处理，单排立柱时，应于单排立柱的两边每隔 3m 加设斜支撑，且每边不得少于两根。

(6) 楼板或平台板模板的安装应符合下列要求。

① 预组合模板采用桁架支模时，桁架与支点连接应牢固可靠，同时桁架支承应采用平直通长的型钢或方木。

② 预组合模板块较大时，应加钢楞后吊运。当组合模板为错缝拼配时，板下横楞应均匀布置，并应在模板端穿插销。

③ 单块模板就位安装，必须待支架搭设稳固，板下横楞与支架连接牢固后进行。

④ U 形卡应按设计规定安装。

一、事故概况

2005 年 9 月 5 日 22 时 10 分左右，位于北京市西城区西单北大街西侧，由中国第二十二冶金建设公司施工的西西工程 4 号地项目，在进行高大厅堂顶盖模板支架预应力混凝土空心板现场浇筑施工时，发生模板支撑体系坍塌事故，造成 8 人死亡、21 人受伤的重大伤亡事故。

二、事故原因分析

中国第二十二冶金建设公司在模板施工中不按有关模板施工的法规和规范，编制专项施工方案，不按有关法规规定履行审批手续，就违章指挥施工，更为严重的是在全市进展为期一个月的安全大检查中，不按大检查要求检查模板施工的方案编制和方案的审批及专项施工的检查验收要求，最终导致这起重大事故的发生。北京希地环球建设工程顾问有限公司在对该工程实施监理时，不按法规规定认真对模板专项施工方案审核查验，对在模板方案未审批就开始施工的行为不予制止，最为严重的是在浇筑混凝土前本应有监理签字方可浇筑，但这一重要环节该监理公司也没有按规定实施。

(7) 其他结构模板的安装应符合下列要求。

① 安装圈梁、阳台、雨篷及挑檐等模板时，其支撑应独立设置，不得支搭在施工脚手架上。

② 安装悬挑结构模板时，应搭设脚手架或悬挑工作台，并应设置防护栏杆和安全网。作业处的下方不得有人通行或停留。

③ 在悬空部位作业时，操作人员应系好安全带。

5. 模板拆除

拆模时，混凝土的强度应符合设计要求。模板及其支架拆除的顺序及安全措施应按施工技术方案执行。模板及其支架拆除的顺序及相应的施工安全措施对避免重大工程事故非常重要，在制定施工技术方案时应考虑周全。模板及其支架拆除时，混凝土结构可能尚未形成设计要求的受力体系，必要时应加设临时支撑。后浇带模板的拆除及支顶易被忽视而造成结构缺陷，应特别注意。

由于过早拆模、混凝土强度不足而造成混凝土结构构件沉降变形、缺棱掉角、开裂，甚至塌陷的情况时有发生。底模拆除时的混凝土强度要求见表 9-3。

表 9-3　底模拆除时的混凝土强度要求

构件类型	构件跨度/m	达到设计的混凝土立方体抗压强度标准值的百分率/(%)
板	≤2	≥50
	>2，≤8	≥75
	>8	≥100
梁、拱、壳	≤8	≥75
	>8	≥100
悬臂构件	—	≥100

不承重的侧模板，包括梁、柱墙的侧模板，只要混凝土强度能保证其表面及棱角不因拆除模板而受损即可拆除。

拆模之前必须有拆模申请，并根据同条件养护试块强度记录达到规定时，技术负责人方可批准拆模。

模板拆除的顺序和方法，应根据模板设计的规定进行。若无设计规定，可按先支的后拆，后支的先拆，先拆非承重的模板，后拆承重的模板及支架的顺序进行拆除。

拆除的模板必须随拆随清理，以免钉子扎脚，阻碍运行，发生事故。

拆除的模板向下运行传递，不能采取猛敲，以致大片坍落的方法拆除。用起重机吊运拆除的模板时，模板应堆码整齐并捆牢，才可吊运，否则在空中造成"天女散花"是很危险的。拆除的部件及操作平台上的一切物品，均不得从高空抛下。

9.3.3 混凝土浇筑安全技术

1. 混凝土搅拌机的安全使用要点

(1) 固定式搅拌机应安装在牢固的台座上。当长期固定时，应埋置地脚螺栓；当短期使用时，应在机座上铺设枕木并找平、放稳。

(2) 固定式搅拌机的操纵台，应使操作人员能看到各部工作情况。电动搅拌机的操纵台，应垫上橡胶板或干燥木板。

(3) 移动式搅拌机的停放位置应选择平整坚实的场地，周围应有良好的排水沟渠。就位后，应放下支腿，将机架顶起达到水平位置，使轮胎离地。当使用期较长时，应将轮胎卸下妥善保管，轮轴端部用油布包扎好，并用枕木将机架垫起支牢。

(4) 对需设置上料斗地坑的搅拌机，其坑口周围应垫高夯实，应防止地面水流入坑内。上料轨道架的底端支撑面应夯实或铺砖，轨道架的后面应采用木料加以支撑，应防止作业时轨道变形。

(5) 料斗放到最低位置时，在料斗与地面之间应加垫木。

(6) 作业前重点检查项目应符合下列要求。

① 电源电压升降幅度不超过额定值的 5%。

② 电动机和电器元件的接线牢固；电动机及金属构架应按有关规定，做保护接零或保护接地。

③ 各传动机构、工作装置、制动器等均紧固可靠，开式齿轮、皮带轮等均有防护罩。

④ 齿轮箱的油质、油量应符合规定。

(7) 作业前，应先启动搅拌机空载运转。应确认搅拌筒或叶片旋转方向，与筒体上箭头所示方向一致。对反转出料的搅拌机，应使搅拌筒正、反转运转数分钟，并应无冲击抖动现象和异常噪声。

(8) 作业前，应进行料斗提升试验，应观察并确认离合器和制动器灵活、可靠。

(9) 应检查骨料规格，并应与搅拌机性能相符，超出许可范围的不得使用。

(10) 进料时，严禁将头或手伸入料斗与机架之间。运转中，严禁用手或工具伸入搅拌筒内扒料、出料。

(11) 搅拌机作业中，当料斗升起时，严禁任何人在料斗下停留或通过；当需要在料斗下检修或清理料坑时，应将料斗提升后，用保险铁链或插入销锁住。

(12) 作业中，应观察机械运转情况，当有异常或轴承温升过高等现象时，应停机检查；当需检修时，应将搅拌筒内的混凝土清除干净，然后再进行检修。

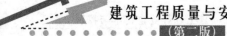

（13）加入强制式搅拌机的骨料最大粒径不得超过允许值，并应防止卡料。每次搅拌时，加入搅拌筒的物料不应超过规定的进料容量。

（14）强制式搅拌机的搅拌叶片与搅拌筒底及侧壁的间隙，应经常检查并确认符合规定，当间隙超过标准时，应及时调整。当搅拌叶片磨损超过标准时，应及时修补或更换。

（15）作业后，应对搅拌机进行全面清理；当操作人员需进入筒内清理、维修时，必须切断电源或卸下熔断器，锁好开关箱，挂上"禁止合闸"标牌，并应有专人在外监护。

（16）作业后，应将料斗降落到坑底，当需升起时，应用保险铁链或插销扣牢。

（17）冬期作业后，应将水泵、放水开关、量水器中的积水排尽。

（18）搅拌机在场内移动或远距离运输时，应将进料斗提升到上止点，用保险铁链或插销锁住。

 **应用案例 9-4**

1974 年 5 月 15 日下午，某建筑公司在北京地铁复兴门站工地施工中，26 号搅拌机的机械工王某正站在搅拌机的灰斗和滚筒的底盘上保养机器。班长刘某未等王某离开机器就开车起斗，误将王某的腿挤住，在危急情况下，刘某惊慌失措，两次错按电钮，料斗继续上升，将王某挤死。

又如 1995 年 1 月 30 日，某基础工程公司在北京市经贸委综合办公楼施工中，当河北农民工 19 岁的谭某正在一台强制式混凝土搅拌机滚筒内剔除黏结的混凝土时，另一工人却突然启动此搅拌机，谭某被搅伤致死。

案例分析如下。

要避免类似机械伤害事故发生，机械检修时应必须做到以下几点。

（1）一切检修维护机械设备工作，应有计划、有安排、有准备、有安全措施地进行。

（2）检修各种带电机械设备，应切断电源，挂检修示意牌，有人监护进行。

（3）对具有惯性运转的设备，检修时除切断电源外，还必须彻底等设备完全停止运转后进行。

（4）检修人员如因作业需要必须进入设备内的，如清理球磨机、剔搅拌机内黏结的混凝土等，应按安全管理规定，办理进入设备作业证，有关部门严格把关，落实具体安全措施，明确各有关人员安全作业责任。

（5）设备维修、清理中进行安全监护的人员，必须坚守岗位，时时刻刻注视现场作业人员动态及外来人员情况，避免有人误启动设备造成检修人员伤亡。

（6）其他人员对不属于自己操作范围的设备，一定不要任意启动，如因工作需要要开动机械设备的，必须与所在岗位人员联系，并应由岗位责任人员进行操作。

（7）在本岗位有人维修设备需开车时，必须待维修人员撤离到安全地点，并经确认安全才可操作，切莫因急于开车，误伤维修人员……为了确保维修机械设备作业安全，人人必须严格遵守有关维修与操作机械设备的安全技术规程，并要加强与周边人员必要的相互沟通联系。

（引自徐忠权. 建筑业常见事故防范手册[M]. 北京：中国建材工业出版社，2003）

2. 混凝土搅拌输送车

混凝土搅拌输送车是运输混凝土的专用车辆，由于它在运输过程中，装载混凝土的搅拌慢速旋转，有效地使混凝土不断受到搅动，防止产生分层离析现象，因而能保证混凝土的输送质量。混凝土搅拌输送车的搅拌筒驱动装置有机械式和液压式两种，当前普遍采用液压式。由于发动机的动力引出形式的不同，混凝土搅拌输送车还可分为飞轮取力、前端取力、前端卸料以及搅拌用发动机单独驱动等形式。

3. 混凝土泵及泵车

混凝土泵是将混凝土沿管道连续输送到浇筑工作面的一种混凝土输送机械。混凝土泵车是将混凝土泵装置安装在汽车底盘上，并用液压折叠式臂架(又称布料杆)管道来输送混凝土。臂架具有变幅、曲折和回转 3 个动作，在其活动范围内可任意改变混凝土浇筑，在有效幅度内进行水平和垂直方向的混凝土输送，从而降低劳动强度，提高生产率，保证混凝土质量。

混凝土泵按其移动方式可分为拖式、固定式(图 9.6)、臂架式和车载式等，其中拖式最常用。按其驱动方法分为活塞式、挤压式和风动式，其中活塞式又可分为机械式和液压式。挤压式混凝土泵适用于泵送轻质混凝土，由于其压力小，故泵送距离短。机械式混凝土泵结构笨重，寿命短，能耗大。目前使用较多的是液压活塞式混凝土泵。

图 9.6　固定式混凝土泵

混凝土泵车按其底盘结构可分为整体式、半挂式和全挂式，使用较多的是整体式。

4. 混凝土泵及泵车的安全使用要点

(1) 泵机必须放置在坚固平整的地面上，如必须在倾斜地面停放时，可用轮胎制动器车轮，倾斜度不得超过 3°。

(2) 料斗网格上不得堆满混凝土，要控制供料流量，及时清除超粒径的骨料及异物。

(3) 搅拌轴卡住不转时，要暂停泵送，及时排除故障。

(4) 供料中断时间，一般不宜超过 1h。

(5) 作业后如管路装有止流管，应插好止流插杆，防止垂直或向上倾斜管路中的混凝土倒流。

(6) 在管路末端装上安全盖，其孔口应朝下。

(7) 洗泵时，应打开分配阀阀窗，开动料斗搅拌装置，做空载推送动作。同时在料斗箱中冲水，直至料斗、阀箱、混凝土缸全部洗净，然后清洗泵的外部。若泵机几天内不用，应拆开工作缸橡胶活塞，把水放净，如果水质浑浊，必须清洗供水系统。

5. 混凝土振动器

混凝土振动器是一种借助动力，通过一定装置作为振源产生频繁的振动，并使这种振动传给混凝土，以振动捣实混凝土的设备。

混凝土振动器的种类繁多：按传递振动的方式可分为内部式(插入式)、外部式(附着式)、平板式等；按振源的振动子形式可分为行星式、偏心式、往复式等；按使用振源的动力可分为电动式、内燃式、风动式、液压式等。

6. 混凝土工程安全注意事项

(1) 搬运水泥要从上至下，呈梯形搬取，使用人员需戴防护镜、手套、口罩等防护用品。

(2) 临时堆放备用水泥，不得堆叠过高，如需堆放在平台上，应不超过平台的允许承载能力。

(3) 手推车子向料斗倒料，应有挡车措施，不得用力过猛和撒把。禁止车子堆料过多和推到挑沿、阳台上直接倒料。

(4) 用龙门架、井架运输时，小车把不得伸出笼外，车轮前后要挡牢，稳起稳落。

(5) 浇灌框架、梁、柱混凝土，应设置操作平台，不得直接站在模板或支撑上操作，浇灌深基础时，应检查边坡土质安全，如有异常，应报告施工负责人及时处理、加固。

(6) 使用混凝土振动器时，应穿绝缘胶鞋，戴绝缘手套。

(7) 泵送混凝土应遵守有关规定，管道的架子必须牢固，泵送管要自成体系，不得与脚手架等连接，作业人员不得用肩扛、手抱输送管，应使用溜绳拖曳。输送前必须试送，检修必须卸压。

(8) 浇筑养护，不得倒退工作，并注意梯口、预留洞口和建筑物边沿，防止坠落事故。覆盖养护时，应先将预留孔洞采取可靠措施封盖。

(9) 使用混凝土外加剂时，如遇有毒、有刺激性挥发性物质，要保持通风，操作人员应戴防毒防具。

(10) 预应力灌浆应严格按照规定压力进行，输浆管应畅通，阀门接头要严密、牢固。

9.3.4 砌筑工程安全技术

(1) 脚手架上堆料不得超过规定荷载，堆砖高度不得超过3块砖；在同一块脚手板上不得超过两人以上同时砌筑作业。

(2) 不准用不稳固的工具或物体垫高作业，不准使用施工用木模板、钢模板等代替脚手板。

(3) 所用工具必须放妥放稳，灰桶、吊锤、靠尺等不准乱放乱丢，防止掉落伤人。

(4) 砍砖时应注意碎砖跳出伤及他人，应蹲着面向墙面砍砖。

(5) 如遇雨天，下班时要做好防雨遮盖措施，以防大雨将砌筑砂浆冲洗，使砌体倒塌。

(6) 砌基础前必须检查槽壁土质是否稳定，如发现有土壁裂纹、水浸化冻或变形等坍塌危险时，应立即报告施工现场负责人处理，不得冒险作业。对槽边有可能坠落的危险物，应先进行清理，清理后方可作业。

(7) 在加固支撑的基槽内砌筑基础时，特别在雨后及排水过程中，应随时检查支撑有无松动、变形，如发现异状，应立即进行重新加固，加固后方可操作。

(8) 拆除基槽内的支撑，应随着基础砌筑进度由下向上逐步拆除。

(9) 在深基槽砌筑时，上下基槽必须设工作梯或斜道，不得任意攀跳基槽，更不得蹬踩砌体或加固土壁的支撑上下。

(10) 墙身砌体高度超过地坪 1.2m 以上时，应使用脚手架。在一层以上或高度超过 3.2m 时，如采用内脚手架，外面必须搭设防护栅、安全网；如采用外脚手架，应设护身栏杆和挡脚板，并架设密目网后方可砌筑。利用原架做外沿勾缝时，应对架子重新检查及加固。

(11) 不准在护身栏杆上坐人，不准在正在砌筑的墙顶上行走。

(12) 不准站在墙顶上刮缝及清扫墙面或检查墙角垂直等工作。禁止脚手板高出墙顶吊悬砌筑，以防操作人员疲劳、头晕，掉下摔伤。

(13) 砌筑山墙时，应尽量争取当天完成。如当天不能完成，应设双面支撑，以免被风吹倒或变形。

(14) 砌筑砌块时，操作人员要双手抓紧，注意防止压伤手指，当搬上墙后，要放平放稳，以防掉下，砸伤手脚。

(15) 工作完毕，要做到工完料清，及时清理工作面上的碎砖、砌块及建筑垃圾。

应用案例 9-5

一、事故概况

1987 年 5 月 7 日下午，河北省曲阳县某乡建筑公司施工员孙某，在电厂单身宿舍一号楼五层施工洞口处 0.9m 高墙上检查砌砖质量时，一脚踩在施工洞留的砖槎上，这是下午刚砌的砖墙，因砖被踩掉，他身体失重，坠落在吊车轨道北侧道砟石上，紧急送医院后抢救无效死亡。

二、事故原因分析

(1) 《建筑安装工人安全技术操作规程》中明确规定："……不准站在砖墙上做砌筑、画线(勒缝)、检查大角垂直和清扫墙面等工作。" 孙某违反了有关作业规程，是造成此次事故的直接原因。

(2) 该企业安全管理制度不健全，安全教育培训不够，安全检查不到位，是此次事故发生的主要原因。

(引自徐忠权. 建筑业常见事故防范手册[M]. 北京: 中国建材工业出版社, 2003)

9.4　脚手架搭设安全技术

脚手架是建筑施工中必不可少的临时设施，例如砖墙的砌筑、墙面的抹灰、装饰和粉刷、结构构件的安装，都需要在其近旁搭设脚手架，以便在其上进行施工操作、堆放施工用料和必要时的短距离水平运输。脚手架虽然是随着工程进度而搭设，工程完毕后拆除，但它对建筑施工速度、工作效率、工程质量以及工人的人身安全有着直接的影响。如果脚手架搭设不及时，势必会拖延工程进度；脚手架搭设不符合施工需要，工人操作就不方便，

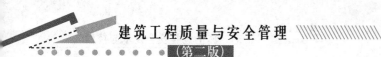

质量得不到保证，工效也提不高，脚手架搭设不牢固，不稳定，就容易造成施工中的伤亡事故。因此，脚手架的选型、构造、搭设质量等决不可疏忽大意，轻率处理。

9.4.1 扣件式钢管脚手架工程安全技术

1. 落地式脚手架

1) 一般要求

【参考视频】

(1) 落地脚手架的设计、制作、检查与验收等工作应遵守《建筑结构荷载规范》(GB 50009—2012)、《混凝土结构设计规范》(GB 50010—2010)、《建筑施工扣件式钢管脚手架安全技术规范》(JGJ 130—2011)、《建筑施工安全检查标准》(JG J59—2011)等现行国家标准、规范的规定。

(2) 脚手架施工前，应根据情况编制专项施工方案，并按规定对脚手架结构构件、立杆地基承载力进行设计计算。方案中包括脚手架立面、平面和剖面图，各构造节点详图和基础图。

(3) 作业层上的施工荷载应符合设计要求，不得超载。不得将模板支架、缆风绳、卸料平台、泵送混凝土和砂浆的输送管等固定在脚手架上；严禁悬挂起重设备。

【参考图文】

(4) 立杆间距一般不大于 2.0m，立杆横距不大于 1.5m，连墙件不少于"三步三跨"，脚手架底层满铺一层固定的脚手板，作业层满铺脚手板，自作业层往下计，每隔 12m 需满铺一层脚手板。具体尺寸应符合规范规定或进行专项设计。纵向水平杆设置在立杆内侧，其长度不宜小于三跨。

(5) 当使用冲压钢脚手板、木脚手板、竹串片脚手板时，纵向水平杆应作为横向水平杆的支座，用直角扣件固定在立杆上。横向水平杆两端均应采用直角扣件固定在纵向水平杆上。

(6) 脚手架必须设置纵、横扫地杆。纵向扫地杆应采用直角扣件固定在距底座上皮不大于 200mm 处的立杆上。横向扫地杆也应采用直角扣件固定在紧靠纵向扫地杆下方的立杆上；当立杆基础不在同一水平面上时，必须将高处的纵向扫地杆向低处延长两跨与立杆固定，高低差不应大于 1m。靠边坡上方的立杆轴线到边坡的距离不应小于 500mm。

(7) 立杆顶端应高出女儿墙上口 1m，高出檐口上口 1.5m。

(8) 双排脚手架应设剪刀撑与横向斜撑，剪刀撑的设置应符合规范要求。

(9) 在封闭型脚手架的同一步中，纵向水平杆应四周交圈，用直角扣件与内外角部立杆固定。

【参考图文】

(10) 脚手架必须配合施工进度搭设，一次搭设高度不应超过相邻连墙件以上两步。

2) 其他构造要求

(1) 纵向水平杆接长应采用对接，接长用对接扣件应交错布置：两根相邻纵向水平杆的接头不应设置在同步或同跨内；不同步或不同跨两个相邻接头在水平方向错开的距离不应小于 500mm。各接头中心至最近主节点的距离不宜大于纵距的 1/3。

(2) 立杆接长除顶层顶步可采用搭接外，其余各层各步必须采用对接连接。立杆上的对接扣件应交错布置；两根相邻立杆的接头不应设置在同步内；与同步内隔一根立杆的两个相隔接头在高度方向错开的距离不宜小于 500mm；各接头中心至主节点的距离不宜大于步距的 1/3。

(3) 连墙件宜靠近主节点设置，偏离主节点的距离不应大于 300mm；埋入混凝土深度不小于 200mm；应从底层第一步纵向水平杆处开始设置；一字形、开口形脚手架的两端必须设置连墙件，连墙件的垂直间距不应大于建筑物的层高，并不应大于 4m(两步)。

(4) 高度在 24m 以下的脚手架，宜采用刚性连墙件与建筑物可靠连接，也可采用拉筋和顶撑配合使用的柔性附墙连接方式。高度在 24m 以上的脚手架，必须采用刚性连墙件与建筑物可靠连接。

(5) 连墙件中的连墙杆或拉筋宜呈水平设置，当不能水平设置时，与脚手架连接的一端应下斜连接，不应采用上斜连接。

(6) 拆除脚手架时连墙件必须随脚手架逐层拆除，严禁先将连墙件整层或数层拆除后再拆除脚手架；分段拆除高差不应大于两步，如高差大于两步，应增设临时连墙件予以加固。

(7) 连墙件设置数量除满足设计要求外，还应符合表 9-4 的规定。

表 9-4 连墙件布置最大间距

脚手架高度		竖向间距(h)	水平间距(l_a)	每根连墙件覆盖面积/m^2
双排	≤50m	$3h$	$3l_a$	$a \leq 40$
	>50m	$2h$	$3l_a$	$a \leq 27$

(8) 一字形、开口形双排钢管扣件式脚手架的两端均必须设置横向斜撑。高度在 24m 以上的封闭型脚手架，除拐角应设置横向斜撑外，中间应每隔 6 跨设置一道。横向斜撑应在同一节间，由底至顶层呈之字形连续布置。

(9) 高度在 24m 以下的脚手架，必须在外侧立面的两端各设置一道剪刀撑(图 9.7)，并应由底至顶连续设置，中间各道剪刀撑之间的净距不应大于 15m。高度在 24m 以上的剪刀撑应在外侧立面整个长度和高度上连续布置。

【参考视频】

图 9.7 剪刀撑连接

(10) 多层建筑的脚手架，必须在首层四周固定一道 3m 宽的水平网(高层建筑支设 6m 宽双层网)，网底距下方物体表面不得小于 3m(高层建筑不小于 5m)。高层建筑每隔 12m 宜随硬质斜挑防护棚设置一道 3m 宽水平网。水平网与建筑物之间缝隙不大于 100mm，并且外沿高于内沿。楼层结构与外脚手架之间的空隙必须进行有效的封闭防护。

(11) 双管立杆和单管立杆连接时，主立杆与副立杆采用旋转扣件连接，扣件数量不应少于两个。双管立杆中副立杆的高度不应低于 3 步，钢管长度不应小于 6m。脚手架上部采用单管立杆的部分，高度应在 30m 以下。

(12) 斜道宜附着外脚手架或建筑物设置。运料斜道宽度不宜小于 1.5m，斜度宜采用 1:6。人行斜道宽度不宜小于 1m，坡度宜采用 1:3。运料斜道两侧、平台外围和端部均应按脚手架要求设置连墙件。斜道的栏杆和脚手板均应设置在外立杆的内侧，其中上栏杆上皮高度应为 1.2m，中栏杆应居中设置，挡脚板高度不应小于 180mm。

(13) 斜道脚手板宜采用横铺，应在横向水平杆下增设纵向斜杆，纵向支托间距不应大于 500mm；若采用顺铺时，接头宜采用搭接，下面的板头应压住上面的板头，板头的凸棱处应采用三角木填顺。斜道的脚手板上应每隔 250~300mm 设置一道防滑装置。

2. 悬挑式脚手架

1) 一般规定

(1) 悬挑脚手架的设计、制作、检查与验收等工作应遵守《建筑结构荷载规范》(GB 50009—2012)、《钢结构设计规范》(GB 50017—2003)、《混凝土结构设计规范》(GB 50010—2010)、《钢结构工程施工质量验收规范》(GB 50205—2012)、《建筑施工扣件式钢管脚手架安全技术规范》(JGJ 130—2011)、《建筑施工安全检查标准》(JGJ 59—2011) 等现行国家标准、规范的规定。

(2) 悬挑脚手架施工前，应根据情况编制专项施工方案，方案中应包括工程概况、设计计算书(包括对原结构的验算)、搭拆施工要点、检查方式和标准、安全和文明施工措施、材料及周转材料计划、劳动力安排计划、附图等内容。附图包括脚手架立面、平面和剖面图，悬挑承力结构构造详图和各构造节点详图。

(3) 建筑施工采用悬挑脚手架时，应将脚手架沿建筑物高度方向分成若干独立段，每段分别搭设在能可靠地将脚手架荷载传递给主体结构的悬挑支撑结构上。每段悬挑脚手架系统的搭设高度应经过设计计算确定，并不得超过 20m。

(4) 每段悬挑脚手架系统的施工荷载：按照最多满铺四层脚手板，一层结构施工荷载或两层装修施工荷载考虑。

(5) 作业层上的施工荷载应符合设计要求，不得超载。不得将模板支架、缆风绳、卸料平台、泵送混凝土和砂浆的输送管等固定在脚手架上；严禁悬挂起重设备。

(6) 型钢锚固位置设置在楼板上时，楼板的厚度不得小于 120mm。锚固型钢的主体结构混凝土必须达到设计要求的强度，且不得小于 C15。

(7) 悬挑架体每隔 12m 应沿架体纵向通长搭设一道斜挑防护棚，其超出外架外边线的水平投影根据国家标准《高处作业分级》(GB/T 3608—2008)中可能坠落半径范围应为 2~2.5m，斜挑防护棚上满铺架板并牢固固定，斜挑杆与水平面夹角为 30°左右。

2) 其他构造要求

(1) 悬挑脚手架架体的连墙件数量按照每两步三跨设置一道刚性连墙件，其余架体构造要求均按照落地脚手架的相应规定。

(2) 悬挑脚手架与架体底部立杆应连接牢靠，不得滑动或窜动。架体底部应设双向扫地杆，扫地杆距悬挑梁顶面 150~200mm；第一步架步距不得大于 1.5m。

(3) 脚手架外侧立面整个长度和高度上必须连续设置剪刀撑。

(4) 型钢悬挑梁应采用 16 号以上规格的双轴对称截面型钢，结构外的悬挑段长度不宜大于 2m，在结构内的型钢长度应为悬挑长度的 1.5 倍以上。悬挑梁尾端应在两处以上使用 HPB300 级直径 16mm 以上钢筋固定在钢筋混凝土结构上或由不少于两道的预埋 U 形螺栓固定。钢梁尾端钢筋拉环、U 形螺栓预埋位置宜为悬挑型钢尾端向里 200mm 处。

(5) 架体结构在下列部位应有加强措施，加强措施按落地式脚手架门洞的相应规定进行处理。

① 架体与外用电梯、物料提升机、卸料平台等设备或装置相交需要断开或开口处。

② 需要临时改架位置或其他特殊部位。

(6) 将型钢穿过 HPB300 钢筋倒 U 形环，倒 U 形环钢筋预埋在当层梁板混凝土内，倒 U 形环两肢应与梁板底筋焊牢。如钢筋倒 U 形环处楼板无面层钢筋，则应在该处楼板靠上表面处增加一层 $\phi6$ 加强钢筋网片。

(7) 采用双股钢芯钢丝绳穿过型钢悬挑端部进行分载，在型钢上钢丝绳穿越位置以及立杆底部位置预焊 $\phi25$HPB300 短钢筋，以防止钢丝绳和钢管滑动或窜动。

(8) 悬挑梁尾端应由不少于两道的预埋 U 形螺栓固定，U 形螺栓的直径不小于 20mm，钢梁尾端 U 形螺栓预埋位置宜为悬挑型钢尾端向里 200mm 处。U 形螺栓预埋至混凝土板、混凝土梁底部结构筋的下方，两根 1.5m 长直径 $\phi8$ 二级钢筋放置在 U 形筋上部且固定。

(9) 架体底层的防护板必须满铺，铺设应牢靠、严实，并应在防护板下满铺密目安全网，上部架体自作业层脚手板往下每 10m 满铺一道脚手板。如图 9.8 所示为悬挑架内部防护。

图 9.8　悬挑架内部防护

9.4.2　门式脚手架工程安全技术

1. 一般要求

(1) 门式脚手架施工必须符合现行行业标准《建筑施工门式钢管脚手架安全技术规范》(JGJ 128—2010) 的要求。

(2) 门式脚手架在施工前应按规范的规定对门式钢管脚手架或模板支架结构件及地基承载力进行设计计算，并编制专项施工方案。门式脚手架的计算应包括：稳定性及架设高度；脚手架的强度和刚度；连墙件的强度、稳定性和连接强度。

(3) 门式脚手架的搭设高度除应满足设计计算条件外，不宜超过表 9-5 的规定。

【参考图文】

表 9-5　门式脚手架搭设高度

序号	搭设方式	施工可变荷载标准值 $\sum Q_k/(kN/m^2)$	搭设高度/m
1	落地、密目式安全网全封闭	≤3.0	≤55
2		>3.0 且≤5.0	≤40
3	悬挑、密目式安全网全封闭	≤3.0	≤20

(4) 不同型号的门架与配件严禁混合使用。门式脚手架作业层严禁超载。

(5) 门式脚手架的搭设场地必须平整坚硬，并应符合如下规定：回填土应分层回填，逐层夯实；场地排水应畅通，不应有积水。

(6) 门式脚手架立杆离墙面净距不宜大于 150mm，上下榀门架的组装必须设置连接棒及锁臂，内外两侧均应设置交叉支撑并与门架立杆上的锁销锁牢。

(7) 门式脚手架的安装应自一端向另一端延伸，并逐层改变搭设方向，不得相对进行。交叉支撑、水平架或脚手板应紧随门架的安装及时设置；连接门架与配件的销臂、搭钩必须处于锁住状态。

(8) 连墙件的安装必须随脚手架搭设同步进行，严禁滞后安装；当脚手架操作层高出相邻连墙件以上两步时，在连墙件安装完毕前必须采用确保脚手架稳定的临时拉结措施。连墙件间距见表 9-6。

表 9-6　连墙件最大间距表

序号	脚手架搭设方式	脚手架高度/m	连墙件间距/m 竖向	连墙件间距/m 水平	每根连墙件覆盖面积/m²
1	落地、密目式安全网全封闭	≤40	3h	3L	≤40
2			2h	3L	≤27
3		>40			
4	悬挑、密目式安全网全封闭	≤40	3h	3L	≤40
5		40～60	2h	3L	≤27
6		>60	2h	2L	≤20

注：1. 序号 4～6 为架体位于地面上的高度。

　　2. 按每根连墙件覆盖面积选择连墙件设置时，连墙件的竖向间距不应大于 6m。

　　3. 表中 h 为步距；L 为跨距。

(9) 严禁将模板支架、缆风绳、混凝土泵管、卸料平台等固定在门式脚手架上。

(10) 在门式脚手架使用期间，脚手架基础附近严禁进行挖掘作业；门式脚手架的交叉支撑和加固杆，在施工期间严禁拆除。

(11) 搭拆门式脚手架作业时，必须设置警戒线、警戒标志，并应派专人看守，非作业人员严禁入内。

(12) 在门式脚手架上进行电、气焊作业时，必须有防火措施，并派专人看护。

(13) 拆除作业必须符合下列规定。

① 架体的拆除应从上而下逐层进行，严禁上下同时作业。同一层的构配件和加固杆件必须以先上后下、先外后内的顺序拆除。

② 连墙件必须随脚手架逐层拆除，严禁先将连墙件整层或数层拆除后再拆除架体。拆除作业过程中，当架体自由高度大于两步时，必须设置临时拉结。

③ 连接门架的剪刀撑等加固杆件必须在拆卸该门架时拆除。

2. 门架附件要求

门架附件包括剪刀撑、水平加固杆、扫地杆及门架脚手。

1) 剪刀撑的设置

(1) 当脚手架搭设高度在 24m 及以下时，在脚手架的转角处、两端及中间间距不超过 15m 的外侧立面必须各设置一道剪刀撑，并由底至顶连续设置。

(2) 当脚手架搭设高度超过 24m 时，在脚手架全外侧立面上必须设置连续剪刀撑。

(3) 对于悬挑脚手架，在脚手架外侧立面上必须设置连续剪刀撑。

2) 剪刀撑的构造

(1) 剪刀撑斜杆与地面的倾角宜为 45°～60°。

(2) 剪刀撑应采用旋转扣件与门架立杆扣紧。

(3) 剪刀撑斜杆应采用搭接接长，搭接长度不宜小于 1m，搭接处应采用 3 个及以上旋转扣件扣紧。

(4) 每道剪刀撑的宽度不应大于 6 个跨度，且不应大于 10m；也不应小于四个跨距，且不应小于 6m。设置连续剪刀撑的斜杆水平间距宜为 6～8m。

3) 水平加固杆的构造

门式脚手架应在门架两侧的立杆上设置纵向水平加固杆，并采用扣件与门架立杆扣紧，水平加固杆设置应符合下列规定。

(1) 在顶层、连墙件设置层必须设置。

(2) 当脚手架每步铺设扣挂式脚手板时，应至少每四步设置一道，并宜在有连墙件的水平层设置。

(3) 当脚手架搭设高度小于或等于 40m 时，应至少每两步门架设置一道；当脚手架搭设高度大于 40m 时，每步门架应设置一道。无论脚手架多高，均应在脚手架转角处、端部及间断处的一个跨距范围内每步一设。

(4) 在脚手架的转角处、开口形脚手架端部的两个跨距内，每步门架应设置一道。

(5) 悬挑脚手架每步门架应设置一道。

(6) 在纵向水平加固杆设置层面上应连续设置。

4) 扫地杆

门式脚手架的底层门架下端应设置纵、横向通长的扫地杆。纵向扫地杆应固定在距门架立杆底端不大于 200mm 处的门架立杆上，横向扫地杆宜固定在紧靠纵向扫地杆下方的门架立杆上。

5) 门式脚手架

(1) 门式脚手架通道口高度不宜大于两个门架高度，宽度不宜大于一个门架跨距。

(2) 门式脚手架通道口应采取加固措施，并应符合下列规定。

① 当通道口宽度为一个门架跨距时，在通道口上方的内外侧应设置水平加固杆，水平加固杆应延伸至通道口两侧各一个门架跨距，并在两个上角内外侧应加设斜撑杆。

② 当通道口宽为两个及以上跨距时，在通道口上方应设置经专门设计和制作的托架梁，并应加强两侧的门架立杆。

作业人员上下脚手架的斜梯应采用挂扣式钢梯，并宜采用"之"字形设置，一个梯段宜跨越两步或三步门架再行转折；钢梯规格应与门架规格配套，并应与门架挂扣牢固；钢梯应设栏杆扶手、挡脚板。

9.4.3 吊篮施工安全技术

(1) 吊篮操作人员必须身体健康，无高血压等疾病，经过培训和实习并取得合格证后，方可上岗操作，严禁在吊篮中嬉戏、打闹。

(2) 挑梁必须按设计规定与建筑结构固定牢固，挑梁挑出长度应保证悬挂吊篮的钢丝绳垂直地面，挑梁之间应用纵向水平杆连接成整体，挑梁与吊篮连接端应有防止钢丝绳滑脱的保护装置。

(3) 安装屋面支承系统时，必须仔细检查各处连接件及紧固件是否牢固，检查悬挑梁的悬挑长度是否符合要求，检查配重码放位置以及配重是否符合出厂说明书中的有关规定。

(4) 屋面支承系统安装完毕后，方可安装钢丝绳。安全钢丝绳在外侧，工作钢丝绳在里侧，两绳相距 150mm，钢丝绳应固定、卡紧，安全钢丝绳直径不得小于 13mm。

(5) 吊篮组装完毕，经过检查后运入指定位置，然后接通电源试车，同时，由上部将工作钢丝绳分别插入提升机构及安全锁中，安全锁必须可靠固定在吊篮架体上，同时套在保险钢丝绳上。工作钢丝绳要在提升机运行中插入。接通电源时要注意相位，使吊篮能按正确方向升降。

(6) 新购电动吊篮总装完毕后，应进行空载试运行 6～8h，待一切正常后，方可开始负荷运行。

(7) 吊篮内侧距建筑物间隙为 0.1～0.2m，两个吊篮之间的间隙不得大于 0.2m，吊篮的最大长度不宜超过 8.0m，宽度为 0.8～1.0m，高度不宜超过两层。吊篮外侧端部防护栏杆高 1.5m，每边栏杆间距不大于 0.5m，挡脚板不低于 0.18m；吊篮内侧必须于 0.6m 和 1.2m 处各设防护栏杆一道，挡脚板不低于 0.18m。吊篮顶部必须设防护棚，外侧与两端用密目网封严，否则也容易造成安全事故的发生。

(8) 吊篮内侧两端应装可伸缩的护墙轮等装置，使吊篮与建筑物在工作状态时能靠紧。吊篮较长时间停置一处时，应使用锚固器与建筑物拉结，需要移动时拆除。超过一层架高的吊篮要设爬梯，每层架的上下人孔要有盖板。

(9) 吊篮脚手板必须与横向水平杆绑牢或卡牢固，不得有松动或探头板。

(10) 吊篮上携带的材料和施工机具应安置妥当，不得使吊篮倾斜和超载。遇有雷雨天气或风力超过五级时，不得登吊篮操作。

(11) 当吊篮停置于空中时，应将安全锁锁紧，需要移动时，再将安全锁放松，安全锁累计使用 1 000h 必须进行定期检验和重新校正。

(12) 电动吊篮在运行中如发生异常响声和故障，必须立即停机检查，故障未经彻底排除，不得继续使用。

(13) 如必须利用吊篮进行电焊作业时，应对吊篮钢丝绳进行全面防护，不得利用钢丝绳作为导电体。

(14) 在吊篮下降着地前，应在地面垫好方木，以免损坏吊篮底脚轮。

(15) 每班作业前应做以下例行检查。

① 检查屋面支承系统、钢结构、配重、工作钢丝绳及安全钢丝绳的技术状况，有不符合规定者，应立即纠正。

② 检查吊篮的机械设备及电气设备，确保其正常工作，并有可靠的接地设施。

③ 开动吊篮反复进行升降，检查起升机构、安全锁、限位器、制动器及电机工作情况，确认正常后方可正式运行。

④ 清扫吊篮中的尘土、垃圾、积雪和冰碴。

(16) 每班作业后，应做好以下收尾工作。

① 将吊篮内的垃圾杂物清扫干净，将吊篮悬挂于离地面 3m 处，撤去上下梯。

② 使吊篮与建筑物拉紧，以防止大风骤起，刮坏吊篮和墙面。

③ 切断电源，将多余的电缆及钢丝绳存放在吊篮内。

9.5　高处作业、临边作业及洞口作业安全技术

9.5.1　高处作业安全技术

凡在坠落高度基准面 2m 以上(含 2m)有可能坠落的高处进行的作业均称为高处作业。其含义有两个：一是相对概念，可能坠落的底面高度大于或等于 2m，就是说不论在单层、多层或高层建筑物作业，即使是在平地，只要作业处的侧面有可能导致人员坠落的坑、井、洞或空间，其高度达到 2m 及其以上，就属于高处作业；二是高低差距标准定为 2m，因为一般情况下，当人在 2m 以上的高度坠落时，就很可能会造成重伤、残疾，甚至死亡。

【参考图文】

 应用案例 9-6

一、事故概况

2002 年 7 月 10 日，在浙江某建设总公司承接的某街坊工地上，1 号房外墙粉刷工黄某(死者)根据带班人黄某的要求粉刷井架东西两侧的阳台隔墙。下午 14 时 45 分左右，黄某(死者)完成西侧阳台隔墙粉刷任务后，双手拿着粉刷工具，从脚手架上准备由西侧跨越井架过道的钢管隔离防护栏杆，然后穿过井架运料通道，进入东侧脚手架继续粉刷东侧阳台隔墙。但当他走到脚手架开口处时，因脚手架缺少底笆，右脚踩在架子的钢管上一滑，导致身体倾斜失去重心，人从脚手架外侧上下两道防护栏杆中间坠落下去，碰到六层井架拉杆后，坠落在井架防护棚上。坠落高度为 28.6m，安全帽飞落至地面。事故发生后，工地员工立即将黄某送往医院，经抢救无效于 15 时 15 分死亡。

二、事故原因分析

1. 直接原因

(1) 外墙粉刷工黄某，在完成西侧粉刷任务后去东侧作业时，应走室内安全通道，不该贪图方便，违章从脚手架通道跨越防护栏杆，缺乏自我保护意识。

(2) 事故发生地点的脚手架缺少 1.1m 的底笆、1m 宽的密目安全网以及挡脚板，不符合安全要求。

2. 间接原因

(1) 项目部安全生产管理不够重视，脚手架及安全网等验收草率，执行安全检查制度不力，整改措施不到位。

(2) 项目部对员工安全宣传教育不重视，安全交底存在死角，导致员工安全意识淡薄，对类似跨越防护栏杆的违章行为杜绝不力。

3. 主要原因

安全设施存在事故隐患及违章作业，是造成本次事故的主要原因。

(引自孙建平. 建筑施工安全事故警示录[M]. 北京：中国建筑工业出版社，2003)

因此，对高处作业的安全技术措施在开工以前就须特别留意以下有关事项。

1. 一般规定

(1) 技术措施及所需料具要完整地列入施工计划。

(2) 进行技术教育和现场技术交底。

(3) 所有安全标志、工具和设备等，在施工前逐一检查。

(4) 做好对高处作业人员的培训考核等。

2. 高处作业的级别

【参考图文】

高处作业的级别可分为 4 级：即高处作业在 2.5～5m 时，为一级高处作业；5～15m 时为二级高处作业；15～30m 时，为三级高处作业；大于 30m 时，为特级高处作业；高处作业又分为一般高处作业和特殊高处作业，其中特殊高处作业又分为 8 类。

特殊高处作业的分类如下。

(1) 在阵风风力 6 级(风速 10.8m/s)以上的情况下进行的高处作业，称为强风高处作业。

(2) 在高温或低温环境下进行的高处作业，称为异温高处作业。

(3) 降雪时进行的高处作业，称为雪天高处作业。

(4) 降雨时进行的高处作业，称为雨天高处作业。

(5) 室外完全采用人工照明时进行的高处作业，称为夜间高处作业。

(6) 在接近或接触带电体条件下进行的高处作业，称为带电高处作业。

(7) 在无立足点或无牢靠立足点的条件下进行的高处作业，称为悬空高处作业。

(8) 对突然发生的各种灾害事故进行抢救的高处作业，称为抢救高处作业。

一般高处作业是指除特殊高处作业以外的高处作业。

3. 高处作业的标记

高处作业的分级，以级别、类别和种类作标记。一般高处作业作标记时，写明级别和种类；特殊高处作业作标记时，写明级别和类别，种类可省略不写。

4. 高处作业时的安全防护技术措施

(1) 凡是进行高处作业施工的，应使用脚手架、平台、梯子、防护围栏、挡脚板、安全带和安全网等。作业前应认真检查所用的安全设施是否牢固、可靠。

【参考图文】

(2) 凡从事高处作业的人员，应接受高处作业安全知识的教育；特殊高处作业人员应持证上岗，上岗前应依据有关规定进行专门的安全技术交底。采用新工艺、新技术、新材料和新设备的，应按规定对作业人员进行相关安全技术教育。

(3) 高处作业人员应经过体检，合格后方可上岗。施工单位应为作业人员提供合格的安全帽、安全带等必备的个人防护用具，作业人员应按规定正确佩戴和使用。

(4) 施工单位应按类别，有针对性地将各类安全警示标志悬挂于施工现场各相应部位，夜间应设红灯示警。

(5) 高处作业所用工具、材料严禁投掷，上下立体交叉作业确有需要时，中间须设隔离设施。

(6) 高处作业应设置可靠扶梯，作业人员应沿着扶梯上下，不得沿着立杆与栏杆攀登。

(7) 在雨雪天应采取防滑措施，当风速在10.8m/s以上和雷电、暴雨、大雾等气候条件下，不得进行露天高处作业。

(8) 高处作业上下应设置联系信号或通信装置，并指定专人负责。

(9) 高处作业前，工程项目部应组织有关部门对安全防护设施进行验收，经验收合格签字后方可作业。需要临时拆除或变动安全设施的，应经项目技术负责人审批签字，并组织有关部门验收，经验收合格签字后方可实施。

5. 高处作业时的注意事项

(1) 发现安全措施有隐患时，立即采取措施，消除隐患，必要时停止作业。

(2) 遇到各种恶劣天气时，必须对各类安全设施进行检查、校正、修理，使之完善。

(3) 现场的冰霜、水、雪等均须清除。

(4) 搭拆防护棚和安全设施，需设警戒区、有专人防护。

9.5.2 临边作业安全技术

在建筑工程施工中，施工人员大部分时间处在未完成的建筑物的各层各部位或构件的边缘处作业。临边的安全施工一般须注意3个问题。

(1) 临边处在施工过程中是极易发生坠落事故的场合。

(2) 必须明确哪些场合属于规定的临边，这些地方不得缺少安全防护设施。

(3) 必须严格遵守防护规定。

如果忽视上述问题就容易出现安全事故。

 **应用案例 9-7**

一、事故概况

2002年12月10日，在上海某建设开发公司总包、某钢结构有限公司分包的某钢结构生产车间工地上，钢结构有限公司安装班组根据施工进度，在车间7m高的钢结构屋架上进行敷设屋面板的前道工序敷贴铝箔纸作业。上午，因屋面板上有霜，脚踩上去很滑，为安全起见，未进行施工。中午12时，班长王某带领向某等8人来到屋面上进行施工。13时30分，安装班组其中一名员工向某，站在彩钢板边口由西向东做前道工序敷贴铝箔纸时，由于彩钢板侧口受力不均下垂，致使向某身体失去重心，人摔倒后穿过铝箔纸从钢结构屋面坠落，后脑着地，人当场头部出血并昏迷。事故发生后，现场施工负责人立即组织人员对向某进行抢救，并叫救护车急送医院，经院方全力抢救无效，向某于当日14时死亡。

二、事故原因分析

1. 直接原因

员工向某，在无任何防护措施的情况下，到7m高的高空进行高处作业，贴屋面铝箔纸时，身体失去重心导致坠落，是造成本次事故的直接原因。

2. 间接原因

项目部未对作业班组(包括向某在内)进行必要的安全技术交底，向某对作业环境存在的安全隐患未提出异议，自我保护意识和安全防范意识不强，是造成本次事故的间接原因。

3. 主要原因

项目部对高处危险作业未采取任何防护措施，屋面上未设置生命线，屋架下未设置防坠落网，高处作业操作人员未配备安全带，严重违反《建设施工高处作业安全技术规范》(JGJ 80)的规定，是造成本次事故的主要原因。

(引自孙建平. 建筑施工安全事故警示录[M]. 北京：中国建筑工业出版社，2003)

因此，要保证临边作业安全必须做好以下几方面的工作。

1. 临边防护

【参考图文】

在施工现场，当作业中工作面的边沿没有围护设施或围护设施的高度低于80cm时的作业称为临边作业，例如在沟、坑、槽边、深基础周边、楼层周边梯段侧边、平台或阳台边、屋面周边等地方施工。在进行临边作业时设置的安全防护设施主要为防护栏杆和安全网。

2. 防护栏杆

这类防护设施，形式和构造较简单，所用材料为施工现场所常用，不需专门采购，可节省费用，更重要的是效果较好。以下3种情况必须设置防护栏杆。

(1) 基坑周边尚未安装栏板的阳台、料台与各种挑平台周边、雨篷与挑檐边、无外脚手架的屋面和楼层边，以及水箱与水塔周边等处，都必须设置防护栏杆。

(2) 分层施工的楼梯口和梯段边，必须安装临边防护栏杆：顶层楼梯口应随工程结构的进度安装正式栏杆或者临时栏杆；梯段旁边也应设置两道栏杆作为临时护栏。

(3) 垂直运输设备如井架、施工用电梯等与建筑物相连接的通道两侧边，也需加设防护栏杆。栏杆的下部还必须加设挡脚板、挡脚竹笆或者金属网片。

3. 防护栏杆的选材和构造要求

临边防护用的栏杆是由栏杆立柱和上下两道横杆组成，上横杆称为扶手。栏杆的材料应按规范、标准的要求选择，选材时除需满足力学条件外，其规格尺寸和连接方式还应符合构造上的要求，应紧固而不动摇，能够承受突然冲击，阻挡人员在可能状态下的下跌并防止物料的坠落，还要有一定的耐久性。

搭设临边防护栏杆时要注意。

(1) 上杆离地高度为1.0～1.2m，下杆离地高度为0.5～0.6m，坡度大于1∶2.2的屋面，防护栏杆应高1.5m，并加挂安全立网。除经设计计算外，横杆长度大于2m，必须加栏杆立柱。

(2) 栏杆柱的固定应符合下列要求。

① 当在基坑四周固定时，可采用钢管并打入地面50～70cm深。钢管离边口的距离不应小于50cm。当基坑周边采用板桩时，钢管可打在板桩外侧。

② 当在混凝土楼面、屋面或墙面固定时，可用预埋件与钢管或钢筋焊牢。采用竹、木栏杆时，可在预埋件上焊接30cm长的∟50×5角钢。其上下各钻一孔，然后用10mm螺栓与竹、木杆件拴牢。

③ 当在砖或砌块等砌体上固定时,可预先砌入规格相适应的 80mm×6mm 弯转扁钢作预埋铁的混凝土块,然后用第②项的方法固定。

④ 栏杆柱的固定及其与横杆的连接,其整体构造应使防护栏杆在上杆任何处,能经受任何方向的 1 000N 外力。当栏杆所处位置有发生人群拥挤、车辆冲击或物件碰撞等可能时,应加大横杆截面或加密柱距。

⑤ 防护栏杆必须自上而下用安全立网封闭。

这些要求既是根据实践又是根据计算而做出的:如栏杆上杆的高度,是从人身受到冲击后,冲向横杆时要防止重心高于横杆,导致从杆上翻出去考虑的;栏杆的受力强度应能防止受到大个子人员突然冲击时,不受损坏;栏杆立柱的固定须使它在受到可能出现的最大冲击时,不致被冲倒或拉出,其整体构造须能经得住大冲击。

4. 防护栏杆的计算

临边作业防护栏杆主要用于防止人员坠落,能够经受一定的撞击或冲击,在受力性能上耐受 1 000N 的外力,所以除结构构造上应符合规定外,还应经过一定的计算,方能确保安全,此项计算应纳入施工组织设计。

9.5.3 洞口作业安全技术

施工现场在建筑工程上往往存在着各式各样的洞口,在洞口旁的作业称为洞口作业。在水平方向的楼面、屋面、平台等上面短边小于 25cm(大于 2.5cm)的称为孔,必须覆盖,等于或大于 25cm 的称为洞;在垂直于楼面、地面的垂直面上,高度小于 75cm 的称为孔,高度等于或大于 75cm、宽度大于 45cm 的均称为洞。凡深度在 2m 及 2m 以上的桩孔、人孔、沟槽与管道等孔洞边沿上的高处作业都属于洞口作业范围。如因特殊工序需要而产生使人与物有坠落危险及危及人身安全的各种洞口,都应该按洞口作业加以防护,否则就会造成安全事故。

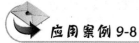
应用案例 9-8

一、事故概况

2002 年 8 月 30 日,在上海某建设总公司承包的某小区住宅楼工地上,油漆工负责人张某安排吉某、祁某两人粉刷 1 号楼阁楼。中午 12 时 20 分,他们二人到 1 号楼西单元 2 层配料,大约 10 分钟后祁某去厕所方便,吉某独自一人上 6 层阁楼操作施工,不慎摔倒,从阁楼的上人洞坠落(上人洞口尺寸为 1 000mm×1 200mm,离地高约 2.7m)。当祁某方便后,来到 6 楼时,发现吉某已摔倒在地,并侧卧在 6 楼地板上,后脑勺正在流血,祁某立即呼救,项目部闻讯后,及时组织人员派车将吉某送往医院救治,但吉某终因伤势过重抢救无效,于当天晚上 19 时 30 分死亡。

二、事故原因分析

1. 直接原因

上人洞无安全防护设施。按照建设部有关安全规定和要求,应在 6 层阁楼上人洞加盖或设置防护栏杆。而事故现场没有相应的安全防护设施,吉某摔倒后从洞口直接坠落,是造成本次事故的直接原因。

2. 间接原因

(1) 安全管理存在漏洞。工地负责人张某对油漆班在阁楼施工作业,安全技术交底不够,上岗前未全面进行技术方面、安全方面的书面交底，尤其是对上人洞口(老虎口)作业未作专门的安全教育和具体布置要求。

(2) 安全监督检查不力。工地负责人、油漆班班长对进入施工现场的作业人员安全检查不力，作业人员未佩戴安全帽就进入施工现场进行施工的违章现象未得到及时制止。对施工现场阁楼上人洞无安全防护设施，存在严重事故隐患未及时发现并按规定予以整改。

(3) 吉某本人安全意识淡薄，对安全生产存在侥幸心理。由于天气炎热，为贪图凉快，施工作业时未按六大纪律规定佩戴安全帽。从 2.7m 坠落后，直接伤及头部，导致伤害程度加大。

3. 主要原因

1 号楼 6 层阁楼上人洞无安全防护设施，吉某本人违反安全生产六大纪律未佩戴安全帽就进入施工现场进行施工，是造成本次事故的主要原因。

（引自孙建平. 建筑施工安全事故警示录[M]. 北京: 中国建筑工业出版社, 2003)

为此，做好洞口作业安全技术工作是十分重要的。

1. 洞口类型

洞口作业的防护措施，主要有设置防护栏杆、栅门、格栅及架设安全网等多种方式。不同情况下的防护设施，主要有下列几种。

【参考图文】

(1) 各种板与墙的洞口，按其大小和性质分别设置牢固的盖板、防护栏杆、安全网格或其他防坠落的防护设施。

(2) 电梯井口。根据具体情况设防护栏杆或固定栅门与工具式栅门，电梯井内每隔两层或最多 10m 设一道安全平网。也可以按当地习惯，在井口设固定的格栅或采取砌筑坚实的矮墙等措施。

(3) 钢管桩。钻孔桩等桩孔口，柱形、条形等基础上口，未填土的坑、槽口，以及天窗、地板门和化粪池等处，都要作为洞口采取符合规范的防护措施。

(4) 在施工现场与场地通道附近的各类洞口与深度在 2m 以上的敞口等处除设置防护设施与安全标志外，夜间还应设红灯示警。

(5) 物料提升机上料口，应装设有连锁装置的安全门。同时采用断绳保护装置或安全停靠装置。

(6) 通道口走道板应平行于建筑物满铺并固定牢靠。两侧边应设置符合要求的防护栏杆和挡脚板，并用密目式安全网封闭两侧。

2. 洞口安全防护措施要求

洞口作业时根据具体情况采取设置防护栏杆，加盖件、张挂安全网与装栅门等措施。

(1) 楼板面的洞口，可用竹、木等作盖板，盖住洞口。盖板须能保持四周搁置均衡，并有固定其位置的措施。

(2) 短边边长为 50cm×150cm 的洞口，必须设置以扣件扣接钢管而成的网格，并在其上满铺竹笆或脚手板，也可采用贯穿于混凝土板内的钢筋构成防护网，钢筋网格间距不得大于 20cm。

(3) 边长在 150cm 以上的洞口，四周设防护栏杆，洞口下张设安全平网。

(4) 墙面等处的竖向洞口，凡落地的洞口应加装开关式、工具式或固定式的防护门，门栅网格的间距不应大于 15cm，也可采用防护栏杆，下设挡脚板(笆)。

(5) 下边沿至楼板或底面低于 80cm 的窗台等竖向的洞口，如侧边落差大于 2m，应加设 1.2m 高的临时护栏。

3. 洞口防护的构造要求

一般来讲，洞口防护的构造形式可分为 3 类。

(1) 洞口防护栏杆，通常采用钢管。

(2) 利用混凝土楼板，采用钢筋网片或利用结构钢筋或加密的钢筋网片等。

(3) 垂直方向的电梯井口与洞口，可设木栏门、铁栅门与各种开启式或固定式的防护门。防护栏杆的力学计算和防护设施的构造形式应符合规范要求。

 应用案例 9-9

某商住楼工程，地处繁华闹市区，建筑面积 28 000m²，地下 1 层，地上 21 层，钢筋混凝土框架结构，在主体施工阶段，为保证施工安全，施工单位在建筑物的外围搭设了双排落地脚手架，脚手架的外立面用密目安全网进行了全封闭处理，作业层周边进行了硬防护。二次结构完成后，施工单位安排现场工人对脚手架进行分段拆除，在拆除至离地面还有 7 步架的时候，一名架子工因为没有系挂安全带，在拆解扣件时因用力过猛身体失去重心，从 8m 高的架子上跌落，经抢救无效死亡。请回答如下问题。

(1) 钢管脚手架主结点处两个直角扣件的中心距不允许大于(　　)mm。

    A. 100　　　　　　B. 150　　　　　　C. 200　　　　　　D. 250

(2) 高度在(　　)m 以上的双排脚手架应在外侧立面整个长度和高度上连续设置剪刀撑。

    A. 12　　　　　　　B. 24　　　　　　　C. 36　　　　　　　D. 50

(3) 发生事故时，架子工所处的高度应划定为(　　)级高处作业。

    A. 一　　　　　　　B. 二　　　　　　　C. 三　　　　　　　D. 四

(4) 架子工的操作证应由(　　)核发。

    A. 施工单位　　　　　　　　　　　　B. 建设单位

    C. 建设行政主管部门　　　　　　　　D. 技术监督部门

【案例讨论】

某省对上一年建筑工程施工事故进行统计分析，发现全省所有建筑施工事故中，以"四大伤害"为主：高处坠落、坍塌、物体打击、机具(或起重)伤害事故的死亡人数占事故总数的89.4%，其中又以高处坠落事故为主，为此开展预防高处坠落的专项整治工作，历时 8 个月。高处坠落事故的发生比上年有较大幅度下降，但高处坠落事故依然居高不下，占事故死亡总人数的 43.9%。因此，高处坠落事故仍然是全年安全生产重点防范的内容，全省建筑施工现场预防高处坠落的专项整治工作必须持之以恒地开展下去，使得预防高处坠落的专项整治工作做出成果。去年已经发生的安全事故按事故发生部位统计如下。

(1) 洞口和临边事故发生 14 起，死亡 14 人，占事故死亡总人数的 21.2%。

(2) 施工机具事故发生 10 起，死亡 10 人，占事故死亡总人数的 15.2%。

(3) 塔式起重机事故发生 4 起，死亡 6 人，占事故死亡总人数的 9.1%。

(4) 脚手架事故发生 6 起，死亡 6 人，占事故死亡总人数的 9.1%。

(5) 井架及龙门架事故发生 5 起，死亡 5 人，占事故死亡总人数的 7.6%。

(6) 模板事故发生 2 起，死亡 3 人，占事故死亡总人数的 4.5%。

(7) 现场临时用电事故发生 2 起，死亡 2 人，占事故死亡总人数的 3.0%。

(8) 地下室基坑事故发生 3 起，死亡 3 人，占事故死亡总人数的 4.5%。

(9) 外用人货梯事故发生 2 起，死亡 2 人，占事故死亡总人数的 3.0%。

(10) 临时设施事故发生 1 起，死亡 2 人，占事故死亡总人数的 3.0%。

(11) 墙板结构事故发生 1 起，死亡 1 人，占事故死亡总人数的 1.5%。

(12) 其他部位事故发生 11 起，死亡 12 人，占事故死亡总人数的 18.2%。

请讨论：

(1) 高处作业安全有哪些特点？高处作业时应如何制定安全事故防范措施？

(2) 上述统计中的各种安全事故，分别可能发生于施工过程的哪些环节？

本章小结

本章主要介绍了土石方工程及基坑开挖、基坑支护、土方回填、桩基础工程安全技术、主体工程安全技术、脚手架及模板工程安全技术、混凝土浇筑安全技术等常用建筑工程安全施工技术，同时介绍了高处作业安全技术及临边作业安全技术。

习题

一、填空题

1. 土方施工中应采取措施主要预防(　　)。

2. 开挖深度超过(　　)的坑(槽)、沟边沿处，必须设置两道 1.2m 高的(　　)和(　　)。

3. 打桩作业时遇有(　　)、(　　)和(　　)及以上大风等恶劣气候时，应停止一切作业。

4. 凡在坠落高度基准面(　　)有可能坠落的高处进行的作业均称为高处作业。

5. 洞口作业的防护措施，主要有设置(　　)、(　　)、(　　)及架设(　　)等多种方式。

二、简答题

1. 基槽开挖不设支撑时应符合哪些规定？

2. 土方回填应注意哪些事项？

3. 人工孔桩施工安全要点有哪些？

4. 模板拆除应遵循哪些原则？底模拆除时对混凝土强度有何规定？

5. 模板设计内容有哪些？

6. 高处作业是什么含义？高处作业应注意哪些问题？

7. 临边及洞口应该如何进行防护？

第 10 章

施工现场临时用电与机械安全技术

学习目标

通过本章的学习，学生应熟悉施工现场临时用电与机械安全管理的基本内容，掌握现场临时用电安全要求，熟悉临时用电检查内容，熟悉施工机械安全防护。

学习要求

知识要点	能力目标	相关知识	权重
施工现场临时用电	1. 掌握用电安全管理的主要内容 2. 掌握安全用电的技术措施 3. 熟悉临时用电的准用程序	1. 安全技术交底 2. 配电线路的相关要求 3. 安全电压的相关规定 4. 用电安全检查的内容	55%
施工机械安全	1. 了解施工机械存在的安全隐患 2. 掌握施工机械的安全防护措施 3. 熟悉垂直运输机械的安全管理	1. 常用施工机械种类及各种施工机械安全使用要求 2. 龙门架、井架物料提升机安装和拆除安全的规定 3. 塔式起重机操作使用规定及安全规程 4. 施工升降机操作使用规定机安全规程	45%

引 例

2010 年 3 月 13 日中午 12 时 52 分，在夹江县㵲城镇迎春南路豪迈洗车场外，5 名工人在市政工程施工中意外触电，导致 3 人当场死亡，2 人受伤。事故发生后，乐山市委、市政府立即做出指示，要求夹江县和市级有关部门全力救治伤员，安抚好死者家属，开展事故调查，确保不发生类似事故。

在工程施工中，触电和机械伤害在安全事故中均属多发事故，因此，必须加强对施工现场临时用电和机械设备的安全管理。施工现场临时用电与机械的安全风险控制应遵循"消除、预防、减少、隔离、个体保护"的原则，制定相应的安全技术措施以保证工程项目施工的顺利进行。安全技术措施主要包括以下方面。

10.1 施工现场临时用电安全管理

 案例引例 10-1

施工现场的临时用电，关系到施工安全和用电安全，是一项极为普遍且极为重要的工作。施工企业在施工中应十分重视临时用电的安全管理，严格按行业现行规范《施工现场临时用电安全技术规范》(JGJ 46—2005)和国家有关部门的规定执行，杜绝触电伤亡的发生。

思考：

(1) 临时用电的准用程序有哪些？

(2) 临时用电施工组织设计的主要内容有哪些？

(3) 常用用电设备有哪些？这些用电设备用电安全检查的内容有哪些？

(4) 抓好用电安全的关键是什么？

在现代建筑工程施工中，处处不能离开电源。大型起重设备必须有电源；很多中小型设备，如电葫芦、混凝土搅拌机、砂浆拌和机、振捣器、蛤蟆夯、钢筋切断机、钢筋弯曲机、电焊机、手持电焊机、手电钻、电锯、电刨、抹地面机、磨石机、套锯管机等也必须有电源才能运作；还有塔式起重机、龙门架等起重、垂直运输设备都以电为动力；晚间施工，工地一片灿烂的灯光照明，使临时电源线密布于整个作业环境。因而在建筑施工作业中，若对电使用不当，缺乏防触电知识和安全用电意识，极易引发人身触电伤亡和电气设备事故。在建筑业史上发生的触电伤害，确是屡见不鲜，多数发生在人们思想麻痹的一瞬间，而这一瞬间又必然与缺乏应有的安全用电技术管理措施和教育工作有关，这也是建筑业中常见触电伤害多发的原因。

10.1.1 临时用电安全管理基本要求

施工现场临时用电应按《建筑施工安全检查标准》(JGJ 59—2011)的要求，从用电环境、接地接零、配电线路、配电箱及开关、照明等安全用电方面进行安全管理和控制，从技术上、制度上确保施工现场临时用电安全。

1. 施工现场临时用电组织设计要求

(1) 按照《施工现场临时用电安全技术规范》(JGJ 46—2005)的规定，临时用电设备在 5 台及 5 台以上或设备总容量在 50kW 及 50kW 以上者，应编制临时施工组织设计；临时用电设备在 5 台以下和设备总容量在 50kW 以下者，应制定安全用电技术措施及电气防火措施。以上是施工现场临时用电管理应当遵循的第一项技术原则。

【参考图文】

(2) 施工现场临时用电组织设计的主要内容。

① 现场勘测。

② 确定电源进线、变电所或配电室、配电装置、用电设备位置及线路走向。

③ 进行负荷计算。

④ 选择变压器。

⑤ 设计配电系统。

(a) 设计配电线路，选择导线或电缆。

(b) 设计配电装置，选择电器。

(c) 设计接地装置。

(d) 绘制临时用电工程图纸，主要包括用电工程总平面图、配电装置布置图、配电系统接线图、接地装置设计图。

(e) 设计防雷装置。

(f) 确定防护措施。

(g) 制定安全用电措施和电气防火措施。

(3) 临时用电工程图纸应单独绘制，临时用电工程应按图施工。

(4) 临时用电组织设计及变更时，必须履行"编制、审核、批准"程序，由电气工程技术人员组织编制，经相关部门审核及具有法人资格企业的技术负责人批准后实施，变更用电组织设计时应补充有关图纸资料。

【参考图文】

(5) 临时用电工程必须经编制、审核、批准部门和使用单位共同验收，合格后方可投入使用。

(6) 临时用电施工组织设计审批手续。

① 施工组织设计必须由施工单位的电气工程技术人员编制，技术负责人审核，封面上要注明工程名称、施工单位、编制人并加盖单位公章。

② 施工单位所编制的施工组织设计，必须符合《施工现场临时用电安全技术规范》(JGJ 46—2005)中的有关规定。

③ 临时用电施工组织设计必须在开工前 15 天内报上级主管部门审核，批准后方可进行临时用电施工。施工时要严格执行审核后的施工组织设计，按图施工。当需要变更施工组织设计时，应补充有关图纸资料，同样需要上报主管部门批准，待批准后，按照修改前、后的临时用电施工组织设计对照施工。

施工现场临时用电组织设计是施工现场临时用电的实施依据、规范、程序，也是施工现场所有施工人员必须遵守的用电准则，是施工现场用电安全的保证，必须严格地、不折不扣地遵守。

2. 暂设电工及用电人员要求

由于在建筑业中发生的很多触电事故的原因与管理上的安全用电意识差及工人的安全用电知识不足有关，因此，进行全员安全用电科普教育，使人人自觉学习掌握安全用电基本知识，不断增强安全用电意识，遵守安全用电的制度和规范，对遏制触电事故频发是十分重要的。

(1) 电工必须通过按国家现行标准的考核，合格后，方可持证上岗工作；其他用电人员必须通过相关安全教育培训和技术交底，考核合格后方可上岗工作。

(2) 安装、巡检、维修或拆除临时用电设备和线路，必须由电工完成，并应有人监护。

(3) 电工等级应同工程的难易程度和技术复杂性相适应。

(4) 各类用电人员应掌握安全用电基本知识和所用设备的性能。

(5) 使用电气设备前必须按规定穿戴和配备好相应的劳动防护用品，并应检查电气装置和保护设施，严禁设备带"缺陷"运转。

(6) 用电人员保管和维护所用设备，发现问题及时报告解决。

(7) 现场暂时停用设备的开关箱必须分断电源隔离开关，并应关门上锁。

(8) 用电人员移动电气设备时，必须经电工切断电源并做妥善处理后进行。

据有关资料统计，由于人的因素造成触电伤亡事故占整个触电伤亡事故的 80% 以上，因此，抓好人的素质培养，控制人的事故行为心态，是搞好施工现场安全用电的关键。

3. 安全技术交底要求

施工现场用电人员应加强自我保护意识，特别是电动建筑机械的操作人员必须掌握安全用电的基本知识，以减少触电事故的发生。对于现场中一些固定机械设备的防护和操作，应进行如下交底。

(1) 开机前，认真检查开关箱内的控制开关设备是否齐全有效，漏电保护器是否可靠，发现问题及时向工长汇报，工长派电工处理。

(2) 开机前，仔细检查电气设备的接零保护线端子有无松动，严禁赤手触摸一切带电绝缘导线。

(3) 严格执行安全用电规范，凡一切属于电气维修、安装的工作，必须由电工来操作，严禁非电工进行电工作业。

(4) 施工现场临时用电施工，必须执行施工组织设计和安全操作规程。

应用案例 10-1

施工现场触电伤亡事故

一、事故概况

2002 年 12 月 19 日下午，在上海某总公司承包、浙江某建筑公司分包的高层工地上，木工班根据施工员和大班长的安排及 12 月 17 日的交底，在裙房 7 层进行模板的制作工作。黄某在制作梁模板。14 时 30 分左右，黄某在使用 220V 移动开关箱时，发现连接上一级分配电箱的电源插头已损坏，见现场电工不在，就没有通知电工进行维修和接线，而是自己找了一只新的单相三眼插头，将电源裸线直接缠绕在插片上，因不熟悉用电知识，而误将绿/黄双色专用保护零线的裸铜线绕在相线插片上，并将此插头插入爬式塔式起重机旁的分配电箱的插座内，然后使用开关箱去制作模板，在移动该开关箱时，黄某戴着潮湿的手套没有拎电箱的绝缘把手，而是一手抓住打开门的电箱外壳，另一手触及柱头钢筋，形成回路发生电击伤，导致休克，急送附近的上海电力医院，经抢救无效死亡。

二、事故原因分析

1. 直接原因

施工现场所使用的开关箱的电源插头损坏而未及时修复，黄某违章私接电线将绿/黄双色专用保护零线的裸铜线绕在带电的相线插片上，当黄某一手触及带电的开关箱，另一手碰及柱头钢筋时形成回路。因此，违章作业是造成本次事故的直接原因。

2. 间接原因

(1) 现场施工员和木工班长安全技术交底不够，特别是对施工中必须严格遵守安全用电的规定交底不够，而且又未能及时阻止黄某违章用电。

(2) 项目部现场安全检查不力，督促不严、不细，未在现场监督施工。

(3) 现场维修电工巡视检查不到位，未能及时发觉隐患并更换单相插头。

(4) 施工人员安全意识薄弱，自我保护意识不强，尤其是对违章作业所产生的严重后果缺乏应有的警觉。

3. 主要原因

施工现场监控不严，黄某违章作业，是造成本次事故的主要原因。

(引自孙建平. 建筑施工安全事故警示录[M]. 北京: 中国建筑工业出版社, 2003)

4. 安全技术档案要求

(1) 施工现场临时用电必须建立安全技术档案，并应包括下列内容。

① 用电组织设计的全部资料。

② 修改用电组织设计的资料。

③ 用电技术交底资料。

④ 用电工程检查验收表。

⑤ 电气设备的试验、检验凭单和调试记录。

⑥ 接地电阻、绝缘电阻和漏电保护器漏电动作参数测定记录表。

⑦ 定期检(复)查表。

⑧ 电工安装、巡检、维修、拆除工作记录。

(2) 安全技术档案应由主管该现场的电气技术人员负责建立与管理。其中"电工安装、巡检、维修、拆除工作记录"可指定电工代管，每周由项目经理审核认可，并应在临时用电工程拆除后统一归档。

(3) 临时用电工程应定期检查。定期检查时，应复查接地电阻值和绝缘电阻值。检查周期最长可为: 施工现场每月一次，基层公司每季一次。

(4) 临时用电工程定期检查应按分部分项工程进行，对安全隐患必须及时处理，并应履行复查验收手续。

5. 临时用电线路和电气设备防护

1) 外电线路防护

外电线路是指施工现场内原有的架空输电电路，施工企业必须严格按有关规范的要求，

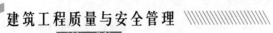
妥善处理好外电线路的防护工作，否则极易造成触电事故，而影响工程施工的正常进行。为此，外电线路防护必须符合以下要求。

(1) 在建工程不得在外电架空线路正下方施工、搭设作业棚、建造生活设施或堆放构件、架具、材料及其他杂物等。

(2) 在建工程(含脚手架)的周边与架空线路的边线之间的最小安全操作距离见表 10-1。

表 10-1 在建工程(含脚手架)的周边与架空线路的边线之间的最小安全操作距离

外电线路电压等级/kV	<1	1～10	35～110	220	330～500
最小安全操作距离/m	4.0	6.0	8.0	10.0	15.0

注：上下脚手架的斜道不宜设在有外电线路的一侧。

(3) 施工现场的机动车道与架空线路交叉时，架空线路的最低点与路面的最小垂直距离见表 10-2。

表 10-2 施工现场的机动车道与架空线路交叉时的最小垂直距离

外电线路电压等级/kV	<1	1～10	35
最小垂直距离/m	6.0	7.0	7.0

(4) 起重机严禁越过无防护设施的外电架空线路作业。在外电架空线路附近吊装时，起重机的任何部位或被吊物边缘在最大偏斜时与架空线路边线的最小安全距离见表 10-3。

表 10-3 起重机与架空线路边线的最小安全距离

电压/kV		<1	10	35	110	220	330	500
最小安全距离/m	沿垂直方向	1.5	3.0	4.0	5.0	6.0	7.0	8.5
	沿水平方向	1.5	2.0	3.5	4.0	6.0	7.0	8.5

(5) 施工现场开挖沟槽边缘与外电埋地电缆沟槽边缘之间的距离不得小于 0.5m。

(6) 当达不到第(2)～(4)条中的规定时，必须采取绝缘隔离防护措施，并应悬挂醒目的警告标志。

(7) 防护设施宜采用木、竹或其他绝缘材料搭设，不宜采用钢管等金属材料搭设。防护设施应坚固、稳定，且对外电线路的隔离防护应达到 IP30 级。

(8) 架设防护设施时，必须经有关部门批准，采用线路暂时停电或其他可靠的安全技术措施，并应有电气工程技术人员和专职安全人员监护。

(9) 防护设施与外电线路之间的安全距离不应小于表 10-4 所列数值。

表 10-4 防护设施与外电线路之间的最小安全距离

外电线路电压等级/kV	≤10	35	110	220	330	500
最小安全距离/m	1.7	2.0	2.5	4.0	5.0	6.0

(10) 在外电架空线路附近开挖沟槽时，必须会同有关部门采取加固措施，防止外电架空线路电杆倾斜、悬倒。

2) 电气设备防护

(1) 电气设备现场周围不得存放易燃易爆物、污源和腐蚀介质，否则应予清除或做防护处置，其防护等级必须与环境条件相适应。

(2) 电气设备设置场所应能避免物体打击和机械损伤，否则应做防护处置。

10.1.2　电气设备接零或接地

1. 一般规定

(1) 在施工现场专用变压器的供电的 TN-S 接零保护系统中，电气设备的金属外壳必须与保护零线连接。保护零线应由工作接地线、配电室(总配电箱)电源侧零线或总漏电保护器电源侧零线处引出，如图 10.1 所示。

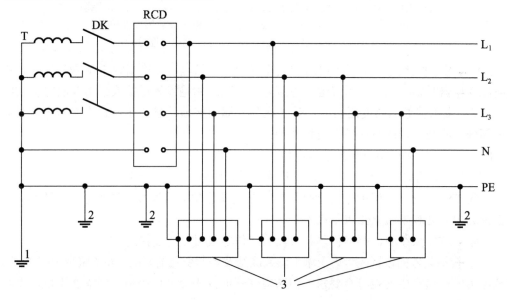

图 10.1　专用变压器供电时 TN-S 接零保护系统

1—工作接地；2—PE 线重复接地；3—电气设备金属外壳
(正常不带电的外露可导电部分)；L_1、L_2、L_3—相线；
N—工作零线；PE—保护零线；DK—总电源隔离开关；
RCD—总漏电保护器(兼有短路、过载、漏电保护功能的漏电断路器)；T—变压器

(2) 当施工现场与外电线路共用同一供电系统时，电气设备的接地、接零保护应与原系统保持一致，不得一部分设备做保护接零，另一部分设备做保护接地。

(3) 采用 TN 系统做保护接零时，工作零线(N 线)必须通过总漏电保护器，保护零线(PE线)必须由电源进线零线重复接地线处或总漏电保护器电源侧零线处，引出形成局部 TN-S 接零保护系统，如图 10.2 所示。

(4) 在 TN 接零保护系统中，通过总漏电保护器的工作零线与保护零线之间不得再做电气连接。

(5) 在 TN 接零保护系统中，PE 零线应单独敷设。重复接地线必须与 PE 线相连接，严禁与 N 线相连接。

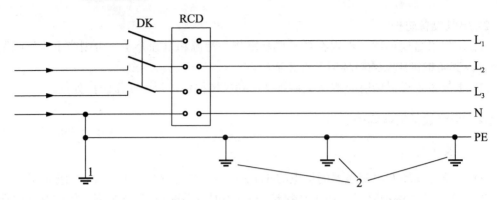

图 10.2　三相四线供电时局部 TN-S 接零保护系统保护零线引出

1—工作接地；2—PE 线重复接地；L_1、L_2、L_3—相线；N—工作零线；
PE—保护零线；DK—总电源隔离开关；RCD—总漏电保护器
（兼有短路、过载、漏电保护功能的漏电断路器）

(6) 使用一次侧由 50V 以上电压的接零保护系统供电，二次侧为 50V 及以下电压的安全隔离变压器时，二次侧不得接地，并应将二次线路用绝缘管保护或采用橡皮护套软线。

(7) 当采用普通隔离变压器时，其二次侧一端应接地，且变压器正常不带电的外露可导电部分，应与一次回路保护零线相连接。

(8) 变压器应采取防直接接触带电体的保护措施。

(9) 施工现场的临时用电电力系统严禁利用大地做相线或零线。

(10) TN 系统中的保护零线除必须在配电室或总配电箱处做重复接地外，还必须在配电系统的中间处和末端处做重复接地。

(11) 在 TN 系统中，严禁将单独敷设的工作零线再做重复接地。

(12) 接地装置的设置应考虑土壤干燥或冻结及季节变化的影响，并遵照表 10-5 的规定，接地电阻值在四季中均应符合要求，但防雷装置的冲击接地电阻值只考虑在雷雨季节中土壤干燥状态的影响。

表 10-5　接地装置的季节系数

埋深/m	水平接地体	长 2～3m 的垂直接地体
0.5	1.4～1.8	1.2～1.4
0.8～1.0	1.25～1.45	1.15～1.3
2.5～3.0	1.0～1.1	1.0～1.1

注：大地比较干燥时，取表中较小值；比较潮湿时，取表中较大值。

(13) PE 线所用材质与相线、工作零线(N 线)相同时，其最小截面见表 10-6。

表 10-6　PE 线截面与相线截面的关系　　　　　　　单位：mm^2

相线芯线截面 S	PE 线最小截面
$S \leqslant 16$	S
$16 < S \leqslant 35$	16
$S > 35$	$S/2$

(14) 保护零线必须采用绝缘导线。

(15) 配电装置和电动机械相连接的 PE 线应为截面不小于 2.5mm^2 的绝缘多股铜线，手持式电动工具的 PE 线应为截面不小于 1.5mm^2 的绝缘多股铜线。

(16) PE 线上严禁装设开关或熔断器，严禁通过工作电流，且严禁断线。

(17) 相线、N 线、PE 线的颜色标记必须符合以下规定：相线 L_1(A)、L_2(B)、L_3(C)相序的绝缘颜色依次为黄、绿、红色；N 线的绝缘颜色为淡蓝色；PE 线的绝缘颜色为绿/黄双色。任何情况下上述颜色标记严禁混用和互相代用。

(18) 移动式发电机系统接地应符合电力变压器系统接地的要求，下列情况可不另做保护接零。

① 移动式发电机和用电设备固定在同一金属支架上，且不供给其他设备用电时。

② 不超过两台的用电设备由专用的移动式发电机供电，供、用、电设备间距不超过 50m，且供、用电设备的金属外壳之间有可靠的电气连接时。

2. 安全检查要点

1) 保护接零

(1) 在 TN 系统中，下列电气设备不带电的外露可导电部分应做保护接零。

① 电机、变压器、电器、照明器具、手持式电动工具的金属外壳。

② 电气设备传动装置的金属部件。

③ 配电柜与控制柜的金属框架。

④ 配电装置的金属箱体、框架及靠近带电部分的金属围栏和金属门。

⑤ 电力线路的金属保护管、敷线的钢索、起重机的底座和轨道、滑升模板金属操作平台等。

⑥ 安装在电力线路杆(塔)上的开关、电容器等电气装置的金属外壳及支架。

(2) 城防、人防、隧道等潮湿或条件特别恶劣的施工现场的电气设备必须采用保护接零。

(3) 在 TN 系统中，下列电气设备不带电的外露可导电部分，可不做保护接零。

① 在木质、沥青等不良导电地坪的干燥房间内，交流电压 380V 及以下的电气装置金属外壳(当维修人员可能同时触及电气设备金属外壳和接地金属物件时除外)。

② 安装在配电柜、控制柜金属框架和配电箱的金属箱体上，且与其可靠电气连接的电气测量仪表、电流互感器、电器的金属外壳。

2) 接地与接地电阻

(1) 单台容量超过 $100\text{kV} \cdot \text{A}$ 或使用同一接地装置并联运行，且总容量超过 $100\text{kV} \cdot \text{A}$ 的电力变压器或发电机的工作接地电阻值不得大于 4Ω。

(2) 单台容量不超过 $100\text{kV} \cdot \text{A}$ 或使用同一接地装置并联运行，且总容量不超过 $100\text{kV} \cdot \text{A}$ 的电力变压器或发电机的工作接地电阻值不得大于10Ω。

(3) 在土壤电阻率大于$1\,000\Omega \cdot \text{m}$ 的地区，当接地电阻值达到10Ω有困难时，工作接地电阻值可提高到30Ω。

(4) 在 TN 系统中，保护零线每一处重复接地装置的接地电阻值不应大于10Ω；在工作接地电阻值允许达到10Ω的电力系统中，所有重复接地的等效电阻值不应大于10Ω。

(5) 每一接地装置的接地线应采用两根及以上导体，在不同点与接地体做电气连接。

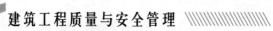

(6) 不得采用铝导体做接地体或地下接地线。垂直接地体宜采用角钢、钢管或光面圆钢，不得采用螺纹钢。

(7) 接地可利用自然接地体，但应保证其电气连接和热稳定。

(8) 移动式发电机供电的用电设备，其金属外壳或底座应与发电机电源的接地装置有可靠的电气连接。

10.1.3　配电室

1. 一般规定

(1) 配电室应靠近电源，并应设在灰尘少、潮气少、振动小、无腐蚀介质、无易燃易爆物及道路畅通的地方。

(2) 成列的配电柜和控制柜两端，应与重复接地线及保护零线做电气连接。

(3) 配电室和控制室应能自然通风，并应采取防止雨雪侵入和动物进入的措施。

(4) 配电室内的母线涂刷有色油漆，以标志相序；以柜正面方向为基准，其涂色符见表 10-7。

表 10-7　母线涂色

相别	颜色	垂直排列	水平排列	引下排列
$L_1(A)$	黄	上	后	左
$L_2(B)$	绿	中	中	中
$L_3(C)$	红	下	前	右
N	淡蓝	—	—	—

(5) 配电室的建筑物和构筑物的耐火等级不低于 3 级，室内配置砂箱和可用于扑灭电气火灾的灭火器。

(6) 配电室的门向外开，并配锁。

(7) 配电室的照明分别设置正常照明和事故照明。

(8) 配电柜应编号，并应有用途标记。

(9) 配电柜或配电线路停电维修时，应挂接地线，并应悬挂"禁止合闸、有人工作"停电标志牌。停送电必须由专人负责。

(10) 配电室应保持整洁，不得堆放任何妨碍操作、维修的杂物。

2. 安全检查要点

(1) 配电柜正面的操作通道宽度，单列布置或双列背对背布置不小于 1.5m，双列面对面布置不小于 2m。

(2) 配电柜后面的维护通道宽度，单列布置或双列面对面布置不小于 0.8m，双列背对背布置不小于 1.5m，若个别地点有建筑物结构凸出的地方，则此点通道宽度可减少 0.2m。

(3) 配电柜侧面的维护通道宽度不小于 1m。

(4) 配电室的顶棚与地面的距离不小于 3m。

(5) 配电室内设置值班或检修室时，该室边缘距配电柜的水平距离大于 1m，并采取屏障隔离。

(6) 配电室内的裸母线与地面垂直距离小于 2.5m 时，采用遮栏隔离，遮栏下面通道的高度不小于 1.9m。

(7) 配电室围栏上端与其正上方带电部分的净距不小于 0.075m。

(8) 配电装置的上端距顶棚不小于 0.5m。

(9) 配电柜应装设电度表，并应装设电流、电压表。电流表与计费电度表不得共用一组电流互感器。

(10) 配电柜应装设电源隔离开关及短路、过载、漏电保护电器。电源隔离开关分断时应有明显可见分断点。

10.1.4 配电箱及开关箱

1. 一般规定

(1) 配电箱、开关箱应装设在干燥、通风及常温场所，不得装设在有严重损伤作用的瓦斯、烟气、潮气及其他有害介质中，也不得装设在易受外来固体物撞击、强烈振动、液体浸溅及热源烘烤场所。否则，应予清除或做防护处理。

(2) 配电箱、开关箱周围应有足够两人同时工作的空间和通道，不得堆放任何妨碍操作、维修的物品，不得有灌木、杂草。

(3) 总配电箱应设在靠近电源的区域，分配电箱应设在用电设备或负荷相对集中的区域。

(4) 动力配电箱与照明配电箱若合并设置为同一配电箱时，动力和照明应分路配电；动力开关箱与照明开关箱必须分设。

(5) 配电箱、开关箱应采用冷轧钢板或阻燃绝缘材料制作，钢板厚度应为 1.2～2.0mm，其中开关箱箱体钢板厚度不得小于 1.2mm，配电箱箱体钢板厚度不得小于 1.5mm，箱体表面应做防腐处理。

(6) 配电箱、开关箱内的连接线必须采用铜芯绝缘导线。导线绝缘的颜色标志应按要求配置并排列整齐；导线分支接头不得采用螺栓压接，应采用焊接并做绝缘包扎，不得有外露带电部分。

(7) 配电箱、开关箱的金属箱体、金属电器安装板以及电器正常不带电的金属底座、外壳等必须通过 PE 线端子板与 PE 线做电气连接，金属箱门与金属箱体必须通过采用编织软铜线做电气连接。

(8) 配电箱、开关箱中导线的进线口和出线口应设在箱体的下底面。

(9) 配电箱、开关箱的进出线口应配置固定线卡，进出线应加绝缘护套并成束卡固在箱体上，不得与箱体直接接触。移动式配电箱、开关箱的进出线应采用橡皮护套绝缘电缆，不得有接头。

(10) 配电箱、开关箱外形结构应能防雨、防尘。

2. 安全检查要点

(1) 每台用电设备必须有各自专用的开关箱，严禁用同一个开关箱直接控制两台及两台以上用电设备(含插座)。

(2) 配电箱、开关箱应装设端正、牢固。固定式配电箱、开关箱的中心点与地面的垂

直距离应为 1.4～1.6m。移动式配电箱、开关箱应装设在坚固、稳定的支架上，其中心点与地面的垂直距离宜为 0.8～1.6m。

(3) 配电箱、开关箱内的电器(含插座)应先安装在金属或非木质阻燃绝缘电器安装板上，然后方可整体紧固在配电箱、开关箱箱体内。金属电器安装板与金属箱体应做电气连接。

(4) 配电箱、开关箱内的电器(含插座)应按其规定位置紧固在电器安装板上，不得歪斜和松动。

(5) 配电箱的电器安装板上必须分设 N 线端子板和 PE 线端子板。N 线端子板必须与金属电器安装板绝缘；PE 线端子板必须与金属电器安装板做电气连接。进出线中的 N 线必须通过 N 线端子板连接；PE 线必须通过 PE 线端子板连接。

(6) 配电箱、开关箱的箱体尺寸应与箱内电器的数量和尺寸相适应，箱内电器安装板板面电器安装尺寸见表 10-8。

表 10-8　配电箱、开关箱内电器安装尺寸选择值

间距名称	最小净距/mm
并列电器(含单极熔断器)间	30
电器进、出线瓷管(塑胶管)孔与电器边沿间	15A，30 20～30A，50 60A 及以上，80
上、下排电器进出线瓷管(塑胶管)孔间	25
电器进、出线瓷管(塑胶管)孔至板边	40
电器至板边	40

10.1.5　施工用电线路

1. 一般规定

(1) 架空线和室内配线必须采用绝缘导线或电缆。

(2) 架空线导线截面的选择应符合下列要求。

① 导线中的计算负荷电流不大于其长期连续负荷允许载流量。

② 线路末端电压偏移不大于其额定电压的 5%。

③ 三相四线制线路的 N 线和 PE 线截面不小于相线截面的 50%，单相线路的零线截面与相线截面相同。

④ 按机械强度要求，绝缘铜线截面不小于 $10mm^2$，绝缘铝线截面不小于 $16mm^2$。

⑤ 在跨越铁路、公路、河流、电力线路档距内，绝缘铜线截面不小于 $16mm^2$，绝缘铝线截面不小于 $25mm^2$。

(3) 架空线路相序排列应符合下列规定。

① 动力、照明线在同一横担上架设时，导线相序排列是：面向负荷从左侧起依次为 L_1、N、L_2、L_3、PE。

② 动力、照明线在两层横担上分别架设时，导线相序排列是：上层横担面向负荷从左侧起依次为 L_1、L_2、L_3；下层横担面向负荷从左侧起依次为 L_1、L_2、L_3、N、PE。

(4) 架空线路宜采用钢筋混凝土杆或木杆。钢筋混凝土杆不得有露筋、宽度大于 0.4mm 的裂纹和扭曲；木杆不得腐朽，其梢径不应小于 140mm。

(5) 电杆埋设深度宜为杆长的 1/10 加 0.6m，回填土应分层夯实。在松软土质处宜加大埋入深度或采用卡盘等加固。

(6) 电缆中必须包含全部工作芯线和用作保护零线或保护线的芯线。需要三相四线制配电的电缆线路必须采用 5 芯电缆。5 芯电缆必须包含淡蓝、绿/黄两种颜色绝缘芯线。淡蓝色芯线必须用做 N 线；绿/黄双色芯线必须用做 PE 线，严禁混用。

(7) 电缆线路应采用埋地或架空敷设，严禁沿地面明设，并应避免机械损伤和介质腐蚀。埋地电缆路径应设方位标志。

(8) 电缆埋地敷设宜选用铠装电缆，当选用无铠装电缆时，应能防水、防腐。架空敷设宜选用无铠装电缆。

(9) 埋地电缆在穿越建筑物、构筑物、道路、易受机械损伤或介质腐蚀场所，以及引出地面从 2.0m 高到地下 0.2m 处，必须加设防护套管，防护套管内径不应小于电缆外径的 1.5 倍。

(10) 在建工程内的电缆线路必须采用电缆埋地引入，严禁穿越脚手架引入。电缆垂直敷设应充分利用在建工程的竖井、垂直孔洞等，并宜靠近用电负荷中心，固定点每楼层不得少于一处。电缆水平敷设宜沿墙或门口刚性固定，最大弧垂距地不得小于 2.0m。

(11) 装饰装修工程或其他特殊阶段，应补充编制单项施工用电方案。电源线可沿墙脚、地面敷设，但应采取防机械损伤和电火措施，可采用穿阻燃绝缘管或线槽等遮护的办法。

(12) 室内配线应根据配线类型采用瓷瓶、瓷(塑料)夹、嵌绝缘槽、穿管或钢索敷设。

(13) 潮湿场所或埋地非电缆配线必须穿管敷设，管口和管接头应密封；当采用金属管敷设时，金属管必须做等电位连接，且必须与 PE 线相连接。

(14) 架空线路、电缆线路和室内配线必须有短路保护和过载保护。

① 采用熔断器做短路保护时，其熔体额定电流不应大于明敷绝缘导线长期连续负荷允许载流量的 1.5 倍。

② 采用断路器做短路保护时，其瞬动过流脱扣器脱扣电流整定值应小于线路末端单相短路电流。

③ 采用熔断器或断路器做过载保护时，绝缘导线长期连续负荷允许载流量不应小于熔断器熔体额定电流或断路器长延时过流脱扣器脱扣电流整定值的 1.25 倍。

④ 对穿管敷设的绝缘导线线路，其短路保护熔断器的熔体额定电流不应大于穿管绝缘导线长期连续负荷允许载流量的 2.5 倍。

2. 安全检查要点

1) 架空线路

(1) 架空线必须架设在专用电杆上，严禁架设在树木、脚手架及其他设施上。

(2) 架空线在一个档距内，每层导线的接头数不得超过该层导线条数的 50%，且一条导线应只有一个接头。在跨越铁路、公路、河流、电力线路的档距内，架空线不得有接头。

(3) 架空线路的档距不得大于 35m。

(4) 架空线路的线间距不得小于 0.3m，靠近电杆的两导线的间距不得小于 0.5m。

(5) 架空线路横担间的最小垂直距离不得小于表 10-9 所列数值；横担宜采用角钢或

方木,低压铁横担角钢见表 10-10,方木横担截面应按 80mm×80mm 选用;横担长度见表 10-11。

表 10-9　横担间的最小垂直距离　　　　　　　　　　　　　单位:m

排列方式	直线杆	分支或转角杆
高压与低压	1.2	1.0
低压与低压	0.6	0.3

表 10-10　低压铁横担角钢选用

导线截面/mm²	直线杆	分支或转角杆	
		二线及三线	四线及以上
16、25、35、50	∟50×5	2×∟50×5	2×∟63×5
70、95、120	∟63×5	2×∟63×5	2×∟70×6

表 10-11　横担长度　　　　　　　　　　　　　　　　　　　单位:m

二线	三线,四线	五线
0.7	1.5	1.8

(6) 架空线路与邻近线路或固定物的距离见表 10-12。

表 10-12　架空线路与邻近线路或固定物的距离　　　　　　单位:m

项目	距离类别					
最小净空距离	架空线路的过引线、接下线与邻线		架空线与架空线电杆外缘		架空线与摆动最大时树梢	
	0.13		0.05		0.50	
最小垂直距离	架空线同杆架设下方的通信、广播线路	架空线最大弧垂与地面			架空线最大弧垂与暂设工程顶端	架空线与邻近电力线路交叉
		施工现场	机动车道	铁路轨道		1kV 以下　1～10kV
	1.0	4.0	6.0	7.5	2.5	1.2　　2.5
最小水平距离	架空线电杆与路基边缘	架空线电杆与铁路轨道边缘		架空线边线与建筑物凸出部分		
	1.0	杆高+3.0		1.0		

(7) 直线杆和 15°以下的转角杆,可采用单横担单绝缘子,但跨越机动车道时应采用单横担双绝缘子;15°～45°的转角杆应采用双横担双绝缘子;45°以上的转角杆,应采用十字横担。

(8) 电杆的拉线宜采用不少于 3 根 D4.0mm 的镀锌钢丝。拉线与电杆的夹角应为 30°～45°。拉线埋设深度不得小于 1m。电杆拉线如从导线之间穿过,应在高于地面 2.5m 处装设拉线绝缘子。

(9) 因受地形环境限制,不能装设拉线时,可采用撑杆代替拉线,撑杆埋设深度不得小于 0.8m,其底部应垫底盘或石块,撑杆与电杆夹角宜为 30°。

(10) 接户线在档距内不得有接头,进线处离地高度不得小于 2.5m。接户线的最小截面见表 10-13。接户线路间及与邻近线路间的距离见表 10-14。

表 10-13　接户线的最小截面

接户线架设方式	接户线长度/m	接户线截面/mm	
		铜线	铝线
架空或沿墙敷设	10～25	6.0	10.0
	≤10	4.0	6.0

表 10-14　接户线线间及与邻近线路间的距离

接户线架设方案	接户线档距/m	接户线线间距离/mm
架空敷设	≤25	150
	>25	200
沿墙敷设	≤6	100
	>6	150
架空接户线与广播电话线交叉时的距离/mm		接户线在上部，600 接户线在下部，300
架空或沿墙敷设的接户线零线各相线交叉时的距离/mm		100

2）电缆线路

(1) 电缆直接埋地敷设的深度不应小于 0.7m，并应在电缆紧邻上、下、左、右侧均匀敷设不小于 50mm 厚的细砂，然后覆盖砖或混凝土板等硬质保护层。

(2) 埋地电缆与其附近外电电缆和管沟的平行间距不得小于 2m，交叉间距不得小于 1m。

(3) 埋地电缆的接头应设在地面上的接线盒内，接线盒应能防水、防尘、防机械损伤，并应远离易燃、易爆、易腐蚀场所。

(4) 架空电缆应沿电杆、支架或墙壁敷设，并采用绝缘子固定，绑扎线必须采用绝缘线，固定点间距应保证电缆能承受自重所带来的荷载，敷设高度应符合《施工现场临时用电安全技术规范》(JGJ 46—2005)架空线路敷设高度的要求，但沿墙壁敷设时最大弧垂距地不得小于 2.0m。

(5) 架空电缆严禁沿脚手架、树木或其他设施敷设。

3）室内配线

(1) 室内非埋地明敷主干线，距地面高度不得小于 2.5m。

(2) 架空进户线的室外端应采用绝缘子固定，过墙处应穿管保护，距地面高度不得小于 2.5m，并应采取防雨措施。

(3) 室内配线所用导线或电缆的截面应根据用电设备或线路的计算负荷确定，但铜线截面不应小于 1.5mm²，铝线截面不应小于 2.5mm²。

(4) 钢索配线的吊架间距不宜大于 12m。采用瓷夹固定导线时，导线间距不应小于 35mm，瓷夹间距不应大于 800mm；采用瓷瓶固定导线时，导线间距不应小于 100mm，瓷瓶间距不应大于 1.5m；采用护套绝缘导线或电缆时，可直接敷设于钢索上。

应用案例 10-2

有的施工单位用电安全管理制度不落实，乱拉照明临时电源，引发工人触电死亡。1995 年，吉林省长春市某建筑公司，在工地乱拉工人宿舍照明用的电源线，有一名瓦工金某一天在回工地宿舍开门时，手一握铁门把，即发生触电导致身亡。原来，该公司在建筑施工现场为了图方便，架线时将照明用电从二楼阳台接入工人临时居住的宿舍内，不料电线被碾断漏电，导致宿舍铁门带电，而使金某开门时触电身亡。

敷设施工照明线明确规定：施工现场及临时设施的照明灯线路的敷设，除护套缆线外，应分开设置或穿管敷设。由于没有按规定要求敷设临时照明灯线，夺走了无辜者的生命。为了他人安全，电气作业必须严格按规定要求施工。

（引自徐忠权. 建筑业常见事故防范手册[M]. 北京：中国建材工业出版社，2003）

10.1.6 施工照明

1. 一般规定

(1) 现场照明宜选用额定电压为 220V 的照明器，采用高光效、长寿命的照明光源。对需大面积照明的场所，应采用高压汞灯、高压钠灯或混光用的卤钨灯等。

(2) 照明变压器必须使用双绕组型安全隔离变压器，严禁使用自耦变压器。

(3) 照明系统宜使三相负荷平衡，其中每一单相回路上，灯具和插座数量不宜超过 25个，负荷电流不宜超过 15A。

(4) 路灯的每个灯具应单独装设熔断器保护。灯头线应做防水弯。

(5) 荧光灯管应采用管座固定或用吊链悬挂。荧光灯的镇流器不得安装在易燃的结构物上。

(6) 投光灯的底座应安装牢固，应按需要的光轴方向将枢轴拧紧固定。

(7) 灯具内的接线必须牢固，灯具外的接线必须做可靠的防水绝缘包扎。

(8) 灯具的相线必须经开关控制，不得将相线直接引入灯具。

(9) 对夜间影响飞机或车辆通行的在建工程及机械设备，必须设置醒目的红色信号灯，其电源应设在施工现场总电源开关的前侧，并应设置外电线路停止供电时的应急自备电源。

(10) 无自然采光的地下大空间施工场所，应编制单项照明用电方案。

2. 安全检查要点

(1) 室外 220V 灯具距地面不得低于 3m，室内 220V 灯具距地面不得低于 2.5m。

(2) 普通灯具与易燃物距离不宜小于 300mm；聚光灯、碘钨灯等高热灯具与易燃物距离不宜小于 500mm，且不得直接照射易燃物。达不到规定安全距离时，应采取隔热措施。

(3) 碘钨灯及钠、铊、铟等金属卤化物灯具的安装高度宜在 3m 以上，灯线应固定在接线柱上，不得靠近灯具表面。

(4) 螺口灯头及其接线应符合下列要求。

① 灯头的绝缘外壳无损伤、无漏电。

② 相线接在与中心触头相连的一端，零线接在与螺纹口相连的一端。

(5) 暂设工程的照明灯具宜采用拉线开关控制，开关安装位置宜符合下列要求。

① 拉线开关距地面高度为 2～3m，与出入口的水平距离为 0.15～0.2m，拉线的出口向下。

② 其他开关距地面高度为 1.3m，与出入口的水平距离为 0.15～0.2m。

(6) 携带式变压器的一次测电源线应采用橡皮护套或塑料护套铜芯软电缆，中间不得有接头，长度不宜超过 3m，其中绿/黄双色线只可作 PE 线使用，电源插销应有保护触头。

(7) 下列特殊场所应使用安全特低电压照明器。

① 隧道、人防工程、高温、有导电灰尘、比较潮湿或灯具离地面高度低于 2.5m 等场所的照明，电源电压不应大于 36V。

② 潮湿和易触及带电体场所的照明，电源电压不得大于 24V。

③ 特别潮湿场所、导电良好的地面、锅炉或金属容器内的照明，电源电压不得大于 12V。

(8) 使用行灯应符合下列要求。

① 电源电压不大于 36V。

② 灯体与手柄应坚固、绝缘良好并耐热耐潮湿。

③ 灯头与灯体结合牢固，灯头无开关。

④ 灯泡外部有金属保护网。

⑤ 金属网、反光罩、悬吊挂钩固定在灯具的绝缘部位上。

10.1.7　电动建筑机械和手持式电动工具

1. 一般规定

(1) 施工现场中电动建筑机械和手持式电动工具的选购、使用、检查和维修应遵守下列规定。

① 选购的电动建筑机械、手持式电动工具及其他用电安全装置符合相应的国家现行有关强制性标准的规定，且具有产品合格证和使用说明书。

② 建立和执行专人专机负责制，并定期检查和维修保养。

③ 接地和漏电保护符合要求，运行时产生振动的设备的金属基座、外壳与 PE 线的连接点不少于 2 处。

④ 按使用说明书使用、检查和维修。

(2) 塔式起重机、外用电梯、滑升模板的金属操作平台及需要设置避雷装置的物料提升机，除应连接 PE 线外，还应做重复接地。设备的金属结构构件之间应保证电气连接。

(3) 手持式电动工具中的塑料外壳 II 类工具和一般场所手持式电动工具中的 III 类工具可不连接 PE 线。

(4) 电动建筑机械和手持式电动工具的负荷线应按其计算负荷选用无接头的橡皮护套铜芯软电缆。

(5) 电缆芯线数应根据负荷及其控制电器的相数和线数确定：三相四线时，应选用 5 芯电缆；三相三线时，应选用 4 芯电缆；当三相用电设备中配置有单相用电器具时，应选用 5 芯电缆；单相二线时，应选用 3 芯电缆。其中 PE 线应采用绿/黄双色绝缘导线。

(6) 每一台电动建筑机械或手持式电动工具的开关箱内，除应装设过载、短路、漏电保护电器外，还应装设隔离开关或具有可见分断点的断路器和控制装置。正、反向运转控制装置中的控制电器应采用接触器、继电器等自动控制电器，不得采用手动双向转换开关作为控制电器。

2. 安全检查要点

1) 起重机械

(1) 塔式起重机的电气设备应符合现行国家标准《塔式起重机安全规程》(GB 5144—2006)中的要求。

(2) 塔式起重机应按《施工现场临时用电安全技术规范》(JGJ 46—2005)做重复接地和防雷接地。轨道式塔式起重机接地装置的设置应符合下列要求。

① 轨道两端各设一组接地装置。

② 轨道的接头处做电气连接，两条轨道端部做环形电气连接。

③ 较长轨道每隔不大于 30m 加一组接地装置。

(3) 塔式起重机与外电线路的安全距离应符合《施工现场临时用电安全技术规范》(JGJ 46—2005)第 4.1.4 条的要求。

(4) 轨道式塔式起重机的电缆不得拖地行走。

(5) 需要夜间工作的塔式起重机，应设置正对工作面的投光灯。

(6) 塔身高于 30m 的塔式起重机，应在塔顶和臂架端部设红色信号灯。

(7) 在强电磁波源附近工作的塔式起重机，操作人员应戴绝缘手套、穿绝缘鞋，并应在吊钩与机体间采取绝缘隔离措施，或在吊钩吊装地面物体时，在吊钩上挂接临时接地装置。

(8) 外用电梯梯笼内外均应安装紧急停止开关。

(9) 外用电梯和物料提升机的上下极限位置应设置限位开关。

(10) 外用电梯和物料提升机在每日工作前必须对行程开关、限位开关、紧急停止开关、驱动机构和制动器等进行空载检查，正常后方可使用。检查时必须有防坠落措施。

2) 桩工机械

(1) 潜水式钻孔机电机的密封性能应符合现行国家标准《外壳防护等级(IP 代码)》(GB 4208—2008)中的 IP68 级的规定。

(2) 潜水电机的负荷线应采用防水橡皮护套铜芯软电缆，长度不应小于 1.5m，且不得承受外力。

(3) 配电箱、开关箱内的电器配置和接线严禁随意改动。熔断器的熔体更换时，严禁采用不符合原规格的熔体代替。漏电保护器每天使用前应启动漏电试验按钮试跳一次，试跳不正常时严禁继续使用。

3) 夯土机械

(1) 夯土机械开关箱中的漏电保护器必须符合潮湿场所选用漏电保护器的要求。

(2) 夯土机械 PE 线的连接点不得少于 2 处。

(3) 夯土机械的负荷线应采用耐气候型橡皮护套铜芯软电缆。

(4) 使用夯土机械必须按规定穿戴绝缘用品，使用过程应有专人调整电缆，电缆长度不应大于 50m。电缆严禁缠绕、扭结和被夯土机械跨越。

(5) 多台夯土机械并列工作时，其间距不得小于 5m；前后工作时，其间距不得小于 10m。

(6) 夯土机械的操作扶手必须绝缘。

(7) 夯土机械检修或搬运时必须切断电源。

 应用案例 10-3

有些作业人员在搬运夯机时，操作中由于未能认真掌握规定，引发了触电死亡事故。一天，某工地在需要平整的地面上已准备好了一台夯机，后因要清理工作面，由吕某等 3 名工人把夯机暂时抬到另一地方。他们移动这台夯机时，未切断电源，未松动电线，只把钢管穿到夯机甩轮中，就要抬走夯机。3 人一用力起抬时，把夯机火线从固定的铁卡上倒拉开两小段裂缝，造成机体带电，其中两名工人顿时被电击到一边，而吕某因所抬的一头较重，人趴在电夯上触电。事后，虽工地值班医生在现场进行人工呼吸并急送县医院抢救，但吕某仍因抢救无效死亡。如果在抬运这台夯机时，工人们能掌握抬运夯机的有关规定，并严格贯彻执行，则这起触电伤亡事故完全是可以避免发生的。

(引自徐忠权. 建筑业常见事故防范手册[M]. 北京：中国建材工业出版社，2003)

4) 焊接机械

(1) 电焊机械应放置在防雨、干燥和通风良好的地方。焊接现场不得有易燃、易爆物品。

(2) 交流弧焊机变压器的一次侧电源线长度不应大于 5m，其电源进线处必须设置防护罩。发电机式直流电焊机的换向器应经常检查和维护，应消除可能产生的异常电火花。

(3) 电焊机械开关箱中的漏电保护器必须符合要求，交流电焊机械应配装防二次测触电保护器。

(4) 电焊机械的二次线应采用防水橡皮护套铜芯软电缆，电缆长度不应大于 30m，不得采用金属构件或结构钢筋代替二次线的地线。

(5) 进行焊接作业时所用的焊钳及电缆必须完整无破损，使用电焊机械焊接时必须穿戴防护用品。严禁露天冒雨从事电焊作业。

 应用案例 10-4

一、事故概况

2002 年 9 月 18 日，在江苏某公司总包、某设备安装工程公司分包的上海某联合厂房、办公楼工地上，分包单位正在进行水电安装和钢筋电渣压力焊接工程的施工。根据总包施工进度安排，下午 18 时，安装公司工地负责人施某安排电焊工宋某、李某以及辅助工张某加夜班焊接竖向钢筋。19 时 30 分左右，辅助工张某在焊接作业时，因焊钳漏电，被电击后从 2.7m 的高空坠落到基坑内不省人事。事故发生后，项目部立即派人将张某送到医院抢救，因伤势过重，抢救无效死亡。

二、事故原因分析

1. 直接原因

设备附件有缺陷，焊钳破损漏电，作业人员在进行焊接作业时，因焊钳漏电遭电击后坠地身亡，是造成本次事故的直接原因。

2. 间接原因

(1) 分包项目部，安全生产管理不严，电焊机未按规定配备二次测空载保护器。

(2) 分包单位公司对安全生产工作检查不仔细。

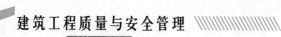

(3) 施工现场安全防护措施没有落实，作业区域未搭设操作平台，电焊工张某坐在排架钢管上操作，遭电击后，因无防护措施，从 2.7m 高处坠落到基坑内。

(4) 分包设备安装公司项目部，未按规定配备个人防护用品。

(5) 总包单位项目部，施工现场安全生产管理不严格，对分包单位安全生产监督不认真。

3. 主要原因

根据事故发生的直接原因和间接原因分析，安全设施有缺陷，是造成本次事故的主要原因。

（引自孙建平. 建筑施工安全事故警示录[M]. 北京：中国建筑工业出版社，2003）

5) 手持式电动工具

(1) 空气湿度小于 75% 的一般场所可选用 I 类或 II 类手持式电动工具，其金属外壳与 PE 线的连接点不得少于两处；除塑料外壳 II 类工具外，相关开关箱中漏电保护器的额定漏电动作电流不应大于 15mA，额定漏电动作时间不应大于 0.1s，其负荷线插头应具备专用的保护触头。所用插座和插头在结构上应保持一致，避免导电触头和保护触头混用。

(2) 在潮湿场所或金属构架上操作时，必须选用 II 类或由安全隔离变压器供电的 III 类手持式电动工具。金属外壳 II 类手持式电动工具使用时，开关箱和控制箱应设置在作业场所外面。在潮湿场所或金属构架上严禁使用 I 类手持式电动工具。

(3) 狭窄场所必须选用由安全隔离变压器供电的 III 类手持式电动工具，其开关箱和安全隔离变压器均应设置在狭窄场所外面，并连接 PE 线。漏电保护器的选择应符合使用于潮湿或有腐蚀介质场所漏电保护器的要求。操作过程中应有人在外面监护。

(4) 手持式电动工具的负荷线应采用耐气候型的橡皮护套铜芯软电缆，并不得有接头。

(5) 手持式电动工具的外壳、手柄、插头、开关、负荷线等必须完好无损，使用前必须做绝缘检查和空载检查，在绝缘合格、空载运转正常后方可使用。绝缘电阻不应小于表 10-15 的规定。

表 10-15 手持式电动工具绝缘电阻限值

测量部位	绝缘电阻/MΩ		
	I 类	II 类	III 类
带电零件与外壳之间	2	7	1

注：绝缘电阻用 500V 兆欧表测量。

(6) 使用手持式电动工具时，必须按规定穿戴绝缘防护用品。

6) 其他电动建筑机械

(1) 混凝土搅拌机、插入式振动器、平板振动器、地面抹光机、水磨石机、钢筋加工机械、木工机械、盾构机械、水泵等设备的漏电保护应符合《施工现场临时用电安全技术规范》(JGJ 46—2005)第 8.2.10 条的要求。

(2) 混凝土搅拌机、插入式振动器、平板振动器、地面抹光机、水磨石机、钢筋加工机械、木工机械、盾构机械的负荷线必须采用耐气候型橡皮护套铜芯软电缆，不得有任何破损和接头。

(3) 水泵的负荷线必须采用防水橡皮护套铜芯软电缆，严禁有任何破损和接头，不得承受任何外力。

(4) 盾构机械的负荷线必须固定牢固，距地面高度不得小于 2.5m。

(5) 对混凝土搅拌机、钢筋加工机械、木工机械、盾构机械等设备定期进行清理、检查、维修时，必须首先将其开关箱分闸断电，呈现可见电源分断点，并关门上锁。

 **应用案例 10-5**

一、事故概况

2002 年 8 月 10 日，在上海某建筑工程有限公司承建的某住宅小区工地上，油漆班正在进行装饰工程的墙面批嵌作业。下午上班后，油漆工屈某在施工现场 47 号房西南广场处，用经过改装的手电钻搅拌机(金属外壳)伸入桶内搅拌批嵌材料。下午 15 时 35 分左右，泥工何某见到屈某手握电钻坐在地上，以为他在休息而未注意。大约 1min 后，发现屈某倒卧在地上，面色发黑，不省人事。何某立即叫来油漆工班长等人用出租车将屈某急送医院，经抢救无效死亡。医院诊断为触电身亡。

二、事故原因分析

1. 直接原因

屈某在现场施工中用不符合安全使用要求的手电钻搅拌机，本人又违反规定，私接电源，加之在施工中赤脚违章作业，是造成本次事故的直接原因。

2. 间接原因

项目部对员工、班组长缺乏安全生产教育，现场管理不到位，发现问题未能及时制止，况且用自制的手电钻作搅拌机使用，在接插电源时，未经漏电保护，违反"三级配电，二级保护"原则，是造成本次事故的间接原因。

3. 主要原因

公司虽对员工进行过进场的安全生产教育，但缺乏有效的操作规程和安全检查，加之屈某自我保护意识差，是造成本次事故的主要原因。

(引自孙建平. 建筑施工安全事故警示录[M]. 北京: 中国建筑工业出版社，2003)

10.1.8 触电事故的急救

1. 触电急救首先要使触电者迅速脱离电源

1) 脱离低压电源的方法

脱离低压电源的方法可以用以下 5 个字来概括。

(1)"拉"：指就近拉开电源开关、拔出插销或瓷插熔断器。

(2)"切"：指用带有绝缘柄的利器切断电源线。

(3)"挑"：如果导线搭落在触电者身上或压在身下，这时可用干燥的木棒、竹竿等挑开导线或用干燥的绝缘绳套拉导线或触电者，使之脱离电源。

(4)"拽"：救护人可戴上手套或在手上包缠干燥的衣物等绝缘物品拖拽触电者，或直接用一只手抓住触电者不贴身的干燥衣裤，使之脱离电源。拖拽时切勿触及触电者的体肤。

(5)"垫"：如果触电者由于痉挛，手指紧握导线或导线缠绕在身上，救护人可先用干燥的木板塞进触电者身下使其与地绝缘，来隔断电源，然后再采取其他办法把电源切断。

2) 脱离高压电源的方法

立即电话通知有关供电部门拉闸停电；如电源开关离触电现场不甚远，则可戴上绝缘手套，穿上绝缘靴，拉开高压断路器，或用绝缘棒拉开高压跌落熔断器以切断电源。往架空线路抛挂裸金属软导线，人为造成线路短路，迫使继电保护装置动作，使电源开关跳闸。

如果触电者触及断落在地上的带电高压导线，且尚未确证线路无电之前，救护人不可进入断线落地点 8～10m 的范围内，以防止跨步电压触电。

2. 现场触电救护

现场救护触电者脱离电源后，应立即就地进行抢救。同时派人通知医务人员到现场，并做好将触电者送往医院的准备工作。

(1) 如果触电者所受的伤害不太严重，神志尚清醒，未失去知觉，应让触电者在通风暖和的处所静卧休息，并派人严密观察，同时请医生前来或送往医院诊治。

(2) 如果触电者已失去知觉，但呼吸和心跳尚正常，则应使其平卧，解开衣服以利呼吸，四周保持空气流通，冷天应注意保暖，同时立即请医生前来或送往医院诊察。若发现触电者呼吸困难或心跳失常，应立即施行人工呼吸或胸外心脏按压。

(3) 如果触电者呈现"假死"(电休克)现象，如心跳停止，但尚能呼吸；或呼吸停止，但心跳尚存，脉搏很弱；或呼吸和心跳均停止。"假死"症状的判定方法是"看""听""试"："看"是观察触电者的胸部、腹部有无起伏动作；"听"是用耳贴近触电者的口鼻处，听他有无呼气声音；"试"是用手或小纸条试测口鼻有无呼吸的气流，再用两手指轻压喉结旁凹陷处的颈动脉有无搏动感觉。当判定触电者呼吸和心跳停止时，应立即按心肺复苏法就地抢救。所谓心肺复苏法就是支持生命的 3 项基本措施，即通畅气道；口对口(鼻)人工呼吸；胸外按压(人工循环)。

① 采用仰头抬颏法通畅气道。若触电者呼吸停止，最重要的是让其始终保持气道通畅，其操作要领是：清除口中异物，使触电者仰躺，迅速解开其领扣和裤带。救护人的一只手放在触电者前额，另一只手的手指将其颏颌骨向上抬起，两手协同将头部推向后仰，舌根自然随之抬起，气道即可畅通。

② 口对口(鼻)人工呼吸。完成气道通畅的操作后，应立即对触电者施行口对口或口对鼻人工呼吸。口对鼻人工呼吸用于触电者嘴巴紧闭的情况。人工呼吸的操作要领如下。

(a) 先大口吹气刺激起搏。救护人蹲跪在触电者的一侧；用放在触电者额上的手的手指捏住其鼻翼，另一只手的食指和中指轻轻托住其下巴，救护人深吸气后，与触电者口对口紧合，在不漏气的情况下，先连续大口吹气两次，每次 1～1.5s；然后用手指试测触电者颈动脉是否有搏动，如仍无搏动，可判断心跳确已停止；在施行人工呼吸的同时应进行胸外按压。

(b) 正常口对口人工呼吸。大口吹气两次试测动脉搏动后，立即转入正常的口对口人工呼吸阶段。正常的吹气频率是每分钟约 12 次。正常的口对口人工呼吸操作姿势如(a)所述，但吹气量不能过大，以免引起胃膨胀，如触电者是儿童，吹气量宜小些，以免肺泡破裂。救护人换气时，应将触电者的鼻或口放松，让他借自己胸部的弹性自动吐气。吹气和放松时要注意触电者胸部有无起伏的呼吸动作。吹气时如有较大的阻力，可能是头部后仰不够，应及时纠正，使气道保持畅通。

(c) 触电者如牙关紧闭，可改行口对鼻人工呼吸。吹气时要将触电者嘴唇紧闭，防止漏气。

③ 胸外按压是借助人力使触电者恢复心脏跳动的急救方法，其操作要领简述如下。

(a) 确定正确的按压位置的步骤：右手的食指和中指沿触电者的右侧肋弓下缘向上，找到肋骨和胸骨接合处的中点，右手两手指并齐，中指放在切迹中点(剑突底部)，食指平放在胸骨下部，另一只手的掌根紧挨食指上缘置于胸骨上，掌根处即为正确按压位置。

(b) 正确的按压姿势：使触电者仰躺并解开其衣服，仰卧姿势与口对口(鼻)人工呼吸法相同。救护人员跪在触电者肩旁一侧，两肩位于触电者胸骨正上方，两臂伸直，肘关节固定不屈，两手掌相叠，手指翘起，不接触触电者胸壁。以髋关节为支点，利用上身的重力，垂直将正常成人胸骨压陷 3～5cm(儿童和瘦弱者酌减)。压至要求程度后，立即全部放松，但救护人员的掌根不得离开触电者的胸壁。按压有效的标志是在按压过程中可以触到颈动脉搏动。

(c) 恰当的按压频率：胸外按压要以均匀速度进行，操作频率以每分钟 80 次为宜，每次包括按压和放松一个循环，按压和放松的时间相等。当胸外按压与口对口(鼻)人工呼吸同时进行时，操作的节奏为：单人救护时，每按压 15 次后吹气 2 次(15∶2)，反复进行；双人救护时，每按压 15 次后由另一人吹气 1 次(15∶1)，反复进行。

10.2　施工机械安全管理

案例引例 10-2

随着施工技术的进步，施工作业的机械化程度越来越高，施工机械的复杂程度也越来越高。因而，施工企业对施工机械的安全管理也越来越重要。施工机械的安全管理会直接影响到施工企业安全目标的实现，关系到工程项目整个安全管理工作的成败。

思考：

(1) 施工机械的安全隐患有哪些？

(2) 施工机械的安全防护措施有哪些？

(3) 如何对起重机械进行安全管理？

为了避免在施工中由于施工机械造成的安全事故，就必须按照《建筑施工安全检查标准》(JGJ 59—2011)对施工机械设备进行安全检查，对施工机械进行安全管理和控制。

10.2.1　施工机械安全管理的一般规定

(1) 机械设备应按其技术性能的要求正确使用，缺少安全装置或安全装置已失效的机械设备不得使用。

(2) 严禁拆除机械设备上的自动控制机构、力矩限位器等安全装置，及监测、指示、仪表、警报器等自动报警、信号装置。其调试和故障的排除应由专业人员负责进行。施工机械的电气设备必须由专职电工进行维护和检修。电工检修电气设备时严禁带电作业，必须切断电源并悬挂"禁止合闸，有人工作"的警告牌。

(3) 新购或经过大修、改装和拆卸后重新安装的机械设备，必须按原厂说明书的要求和有关的规定进行测试和试运转。新机(进口机械按原厂规定)和大修后的机械设备执行《建筑机械走合期使用规定》。

(4) 机械设备的冬季使用，应执行《建筑机械冬季使用的有关规定》。

【参考图文】

(5) 处在运行和运转中的机械严禁对其进行维修、保养或调整等作业。

(6) 机械设备应按时进行保养，当发现有漏保、失修或超载带病运转等情况时，有关部门应停止其使用。

(7) 机械设备的操作人员必须经过专业培训考试合格，取得有关部门颁发的操作证后，方可独立操作。机械作业时，操作人员不得擅自离开工作岗位或将机械交给非本机操作人员操作。严禁无关人员进入作业区和操作室内。工作时，思想要集中，严禁酒后操作。

(8) 凡违反相关操作规程的命令，操作人员有权拒绝执行。由于发令人强制违章作业而造成事故者，应追究发令人的责任，直至追究刑事责任。

(9) 机械操作人员和配合人员都必须按规定穿戴劳动保护用品。长发不得外露。高空作业必须戴安全带，不得穿硬底鞋和拖鞋。严禁从高处往下投掷物件。

(10) 进行日作业两班及以上的机械设备均需实行交接班制。操作人员要认真填写交接班记录。

(11) 机械进入作业地点后，施工技术人员应向机械操作人员进行施工任务及安全技术措施交底。操作人员应熟悉作业环境和施工条件，听从指挥，遵守现场安全规则。

(12) 现场施工负责人应为机械作业提供道路、水电、临时机棚或停机场地等必需的条件，并消除对机械作业有妨碍或不安全的因素。夜间作业必须设置有充足的照明。

(13) 在有碍机械安全和人身健康场所作业时，机械设备应采取相应的安全措施。操作人员必须配备适用的安全防护用品，并严格贯彻执行《中华人民共和国环境保护法》。

(14) 当使用机械设备与安全发生矛盾时，必须服从安全的要求。

(15) 当机械设备发生事故或未遂恶性事故时，必须及时抢救，保护现场，并立即报告领导和有关部门听候处理。企业领导对事故应按"四不放过"的原则进行处理。

10.2.2 施工机具安全技术

1. 平刨(图 10.3)使用安全知识

图 10.3　平刨

(1) 设备进场安装后，应经有关部门组织进行检查验收。确认合格后，有关人员签字手续齐全，方可使用。

(2) 为防止木工操作人员刨料发生意外时，造成手部被刨刀伤害的事故，必须设护手安全装置。操作人员衣袖要扎紧，严禁戴手套操作。

(3) 机械传动部位的皮带上，应有防护罩以防止物料带入，影响转动而造成工伤事故。

(4) 平刨应做保护接零，开关箱内还要装置漏电保护器(30mA×0.1s)。

(5) 当作业人员准备离开机械时，应先拉闸切断电源后再走，避免误碰开关而发生事故。

(6) 禁止使用平刨和圆盘锯合用一台电机的多功能木工机具。

(7) 除专业木工外，其他工种人员不可操作。

2. 圆盘锯(图 10.4)使用安全知识

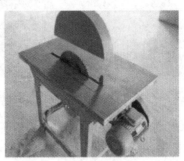

图 10.4　圆盘锯

(1) 设备进场安装后，应经有关部门组织进行检查验收。确认合格后，有关人员签字手续齐全，方可使用。设备应挂上合格证。

(2) 锯片上方必须安装防护罩、保险挡板和滴水装置。锯盘的前方安装分料器(劈刀)。在锯盘后面、作业人员的前方，设置挡网或棘爪等防倒退装置。明露的机械传动部位应有防护罩，防止物料带入，保障作业人员的安全。

(3) 操作人员应戴安全防护眼镜；不得站在和面对锯片旋转的离心力方向操作，手不得跨越锯片。

(4) 设备外壳应做保护接零(接地)，开关箱内装设漏电保护器(30mA×0.1s)。

(5) 操作必须采用单向按钮开关，当作业人员准备离开机械时，应先拉闸切断电源后再走，避免误碰开关而发生事故。

3. 手持电动工具使用安全知识

(1) 使用电动工具之前要检查一下，发现外壳有破损、导线绝缘皮有破损时，要请专职电工检修。

(2) 若使用Ⅰ类手持电动工具(额定电压超过 50V，金属外壳、电源部分具有绝缘性能，适用于干燥场所)，金属外壳必须做保护接零。

(3) 使用Ⅰ类手持电动工具，必须采用其他安全保护措施，如漏电保护器、安全隔离变压器等。同时作业人员还必须戴绝缘手套、穿绝缘鞋或站在绝缘垫板上。

(4) 手持电动工具自带的软电缆或软线不得任意接长或拆换；软电缆或软线上的插头不得任意拆除或调换。当不能满足作业距离时，应采用移动式电箱解决，避免接长电缆带来的事故隐患。

4. 钢筋机械使用安全知识

(1) 钢筋机械有切断机、除锈机、调直机、弯曲机(图 10.5)、冷拉机、冷拔丝机等。钢筋机械设备进场安装后，应经有关部门组织进行检查验收。确认合格后，有关人员签字手续齐全，方可使用。

图 10.5　钢筋弯曲机

(2) 钢筋机械设备外壳应做保护接零(接地)，开关箱内装设漏电保护器(30mA×0.1s)。

(3) 钢筋加工机械明露的机械传动部位应有牢固、适用的防护罩，防止物料带入，保障作业人员的安全。

(4) 钢筋冷拉作业区两端地锚外侧应设置警戒区，装设防护栏杆及警告标志。严禁无关人员在此停留。卷扬钢丝绳应经封闭式导向滑轮与被拉钢筋方向成直角，防止断筋后伤人。夜间工作照明设施，应设在张拉危险区外，如必须装设在场地上空时，其高度应超过5m，灯泡应加防护罩，导线不得用裸线；作业后，应放松卷扬机绳，落下配重，切断电源，锁好电闸箱。

(5) 对焊作业区要有防止火花烫伤的措施，防止作业人员及过路人烫伤。焊接设备上的电机、电器、空压机应有完整的防护外壳，第一次、第二次接线柱应有保护罩。现场使用的电焊机应有防雨、防潮、防晒的机棚，并备有消防用品。

5. 电焊机(图 10.6)使用安全知识

图 10.6　电焊机及防护

(1) 设备进场安装后，应经有关部门组织进行检查验收。确认合格后，有关人员签字手续齐全，方可使用。

(2) 设备外壳应做保护接零(接地)，开关箱内装设漏电保护器(30mA×0.1s)。

(3) 电焊机应配置二次空载降压保护器或触电保护器。它可以防止空载电压引起的触电死亡事故的发生，降低了空载损耗，起到了节约电能的作用。

(4) 电焊机一次电源线安装的长度以尽量不拖地为准(一般不超过 3m)，如需要较长的电源线时，应用架空瓷瓶布设或穿保护管。

(5) 电焊机一般容量都比较大，不应采用手动开关，要设单独的自动开关，开关应放在防雨的闸箱内，拉合时应戴手套侧面操作。

(6) 焊把线长度一般不应超过 30m，并不准有接头。

(7) 露天使用的电焊机应该设置在地势较高平整的地方，应设有可防雨、防潮、防晒的机棚，并备有消防用品。

(8) 施焊现场的 10m 范围内，不得堆放氧气瓶、乙炔发生器、木材等易燃物。作业后清理场地，灭绝火种，切断电源，锁好电闸箱，消除焊料余热后，方可离开。

6. 搅拌机(图 10.7)使用安全知识

图 10.7　搅拌机及防护

(1) 设备进场安装后，应经有关部门组织进行检查验收。确认合格后，有关人员签字手续齐全，方可使用。

(2) 设备外壳应做保护接零(接地)，开关箱内装设漏电保护器(30mA×0.1s)。

(3) 空载和满载运行时要检查离合器、制动器是否灵敏可靠。钢丝绳应完整无损，不得有磨损、断丝、断股等缺陷，绳卡应卡紧。

(4) 操作手柄轮应有锁住保险装置。

(5) 搅拌机作业场地要设有防雨棚；作业平台基础应密实坚硬。

(6) 搅拌机上料斗应设有保险挂钩。当作业停止或维修时，应将料斗降落到料斗坑上，如需升起则应用链条(挂钩)扣牢。如料斗在较长时间停止在料架中间，应插住插锁，挂牢挂钩。

(7) 传动部位应有防护罩。

(8) 操作搅拌机的司机必须经过专业安全培训持证上岗，严禁非司机人员操作。

7. 气瓶使用安全知识

(1) 焊接设备的各种气瓶均应有不同的标准色标：氧气瓶(天蓝色瓶，黑字)、乙炔瓶(白色瓶，红字)、氢气瓶(绿色瓶，红字)、液化石油气瓶(银灰色瓶，红字)。

(2) 不同类的气瓶，瓶与瓶之间的间距不小于 5m，气瓶与明火距离不小于 10m。当不能满足安全距离要求时，应用非燃烧体或难燃烧体砌成的墙进行隔离防护。

(3) 乙炔瓶使用或存放时只能直立，不能平放。乙炔瓶瓶体温度不准超过 40℃。

(4) 施工现场的各种气瓶应集中存放在具有隔离措施的场所，存放环境应符合安全要求，管理人员应经培训，存放处有安全规定和标志。班组使用过程中的零散存放，不能存放在住宿区和靠近油料、火源的地方。存放区应配备灭火器材。氧气瓶与其他易燃气瓶、油脂和其他易燃易爆物品分别存放，也不得同车运输。氧气瓶和乙炔瓶不能存放在同一仓库内。

(5) 使用和运输应随时检查气瓶防震圈的完好情况，为保护瓶阀，应装好气瓶防护帽。

8. 翻斗车使用安全知识

(1) 翻斗车应定期进行年检，并取得上级主管部门检验合格后颁发的准用证。
(2) 翻斗车的制动装置应灵敏可靠。
(3) 翻斗车司机应经有关部门培训，考核合格、取得上岗证后方可遵章驾驶。
(4) 机动翻斗车除一名司机外，车上及斗内严禁载人。

9. 潜水泵使用安全知识

(1) 潜水泵外壳必须做保护接零(接地)，开关箱中装设漏电保护装置(15mA×0.1s)，工作地点周围 30m 水面以内不得有人畜进入。

(2) 泵的保护装置应稳固灵敏。泵应放在坚固的篮筐里放入水中，或将泵的四周设立坚固的防护围网，泵应直立于水中，水深不得小于 0.5m，不得在含泥沙的混水中使用。泵放入水中或提出水面时，应先切断电源，严禁拉拽电缆或出水管。

10. 打桩机械使用安全知识

(1) 打桩机应定期进行年检并取得准用证。打桩机安装后应经有关人员检验，填写合格验收单，签字手续齐全。
(2) 打桩机应设置超高限位装置。
(3) 打桩机行走路线地耐力应符合说明书要求。
(4) 施工前应按桩机类型、场地条件和单位工程施工组织设计的要求，编制有效的专项打桩作业施工方案并经审核批准。
(5) 按照施工方案和说明书要求编写打桩操作规程并进行贯彻。

10.2.3 龙门架、井架物料提升机安全技术

1. 龙门架、井架物料提升机(图 10.8)安装和拆除安全的一般规定

(1) 物料提升机的安装位置要尽量远离架空线路，并保持在规定的安全距离以外，应避开施工现场人员活动频繁的场所。

(2) 制造提升机应先提出设计方案，有图纸、计算书和质量保证措施，并由上级主管部门和总工审批和认定。

(3) 厂家生产的提升机应有产品标牌，标明额定起重量、最大提升速度、最大架设高度、制造单位、产品编号及出厂日期。提升机出厂前，应按规定进行检验，并附产品合格证，并经建筑安全监督管理部门核验，颁发产品准用证，方可出厂。

(4) 安装与拆除提升机架体的人员，应按高处作业人员要求，经过培训持证上岗。
(5) 安装与拆除作业前，应根据现场工作条件及设备情况编制作业方案。对作业人员进行分工交底，确定指挥人员，划定安全警戒区域并设监护人员，排除作业障碍。

【参考图文】

图 10.8　物料提升机

(6) 安装作业前的检查一般包括以下内容。

① 金属结构的成套性和完好性。

② 提升结构是否完整良好。

③ 电气设备是否齐全可靠。

④ 基础位置和做法是否符合要求。

⑤ 地锚的位置、附墙架(连墙杆)连接埋件的位置是否正确和埋设牢靠。

⑥ 提升机的架体和缆风绳的位置是否靠近或跨越架空输电线路。必须靠近时，应保证最小安全距离，并应采取安全防护措施。

(7) 安装架体时，应先将地梁与基础连接牢固。每安装 2 个标准节(一般不大于 8m)，应采取临时支撑或临时缆风绳固定，并进行初校正，在确认稳定时，方可继续作业。

(8) 安装龙门架时，两边立柱应交替进行，每安装 2 节，除将单肢柱进行临时固定外，尚应将两立柱横向连接成一体。

(9) 架体各节点的螺栓必须紧固，螺栓应符合孔径要求，严禁扩孔和开孔，更不得漏装或以铅丝代替。

(10) 当提升机受到条件限制无法设置附墙架时，应采用缆风绳固定架体。提升机高度在 20m 及其以下时，缆风绳不少于 1 组(4～8 根)，高度在 30m 以下时，不少于两组。高架提升机在任何情况下均不得采用缆风绳。

(11) 缆风绳必须使用圆股钢丝绳，直径不得小于 9.3mm。在安装、拆除以及使用提升机的过程中设置的临时缆风绳，其材料也必须使用钢丝绳(安全系数 n 取 3.5)。

(12) 缆风绳与地面的夹角为 45°～60°，不应大于 60°，其下端应与地锚连接，不得拴在树木、电杆或堆放构件等物体上。

【参考图文】

(13) 缆风绳的地锚，根据土质情况及受力大小设置，应经计算确定。一般宜采用水平式地锚。如果提升机低于 20m 且土质比较坚实，地锚受力小于 15kN 时，也可选用桩式地锚。地锚的位置应满足对缆风绳的设置要求。

(14) 提升机连墙杆的设置必须符合设计要求，其竖向间隔一般不宜大于 9m，且在建筑物顶层必须设置一组。

(15) 连墙杆与架体及建筑物之间，均应采用刚性件连接，并形成稳定结构，不得连接在脚手架上。严禁使用铅丝绑扎。

(16) 连墙杆的材质应与架体的材质相同，不得使用木杆、竹竿等作连墙杆与金属架体连接。连墙杆与建筑结构的连接应进行设计，应在施工方案中有预埋(预留)措施。

(17) 物料提升机的基础应按图纸要求施工。新制作的提升机，架体安装后的垂直偏差，最大不应超过架体高度的 1.5‰；多次使用过的提升机，在重新安装时，其偏差不应超过 3‰，并不得超过 200mm。吊篮导轨与架体导轨的安装间隙应控制在 5～10mm 以内。

(18) 架体外侧应沿全高设置安全立网(不要求用密目网)保护，立网牢固严密，以防物体坠落伤人。立网防护后不应遮挡司机的视线。

(19) 提升机附设摇臂把杆时，立柱及基础需经校核计算，并应进行加固。

(20) 井架提升机的架体，在与各楼层通道相接的开口处，应采取加强措施。

(21) 固定卷扬机的锚桩应牢固可靠，卷筒上钢丝绳应顺序排列，不能产生乱绳。从卷筒中心线到第一个导向滑轮的距离，带槽卷筒应大于卷筒宽度的 15 倍，无槽卷筒应大于 20 倍。滑轮翼缘破损及时更换，滑轮应选用滚动轴承支承。滑轮组与架体(或吊篮)应采用刚性连接，严禁采用钢丝绳、铅丝等柔性连接和使用开口拉板式滑轮。卷筒边缘必须设置防止钢丝绳脱出的防护保险装置。滑轮组的滑轮直径与钢丝绳直径比例：低架提升机不应小于 25；高架提升机不应小于 30。

(22) 卷扬机应架设操作棚，有利于司机操作和机械保养。卷扬机安装位置距离施工作业区较近时，操作棚应牢固稳定，顶棚应具有一定的防落物打击的能力。

(23) 当提升机高度超出相邻建筑物的避雷装置的保护范围时，应安装避雷装置。

(24) 架体拆除前，必须察看施工现场环境，包括架空线路、外脚手架、地面的设施等各类障碍物、地锚、缆风绳、连墙杆，以及被拆架体各节点、附件、电气装置情况，凡能提前拆除的尽量拆除掉。

(25) 在拆除缆风绳或附墙架前，应先设置临时缆风绳或支撑，确保架体的自由高度不得大于 2 个标准节(一般不大于 8m)。

(26) 拆除龙门架的天梁前，应先分别对两立柱采取稳固措施，保证单柱的稳定。

(27) 拆除作业中，严禁从高处向下抛掷物件，防止伤人。

(28) 拆除作业宜在白天进行。夜间作业应有良好的照明。因故中断作业时，应采取临时稳固措施。

 **应用案例 10-6**

一、事故概况

2002 年 12 月 8 日，在上海某建设公司承包的 C 块 III 标工程工地上，根据项目经理王某的安排，架子班进行 20 号楼井架搭设作业。上午 10 时左右，该工程 20 号楼的井架在搭设到 27m 高度时，井架整体突然向东南方倾倒，并搁置在 20 号楼二层楼面上，造成 3 名井架搭设工人坠落及 20 号楼二层楼面上作业的一名钢筋工被压。事故发生后，现场负责人立即组织员工急送受伤人员到医院急救，其中井架搭设工人吴某和蓝某、钢筋工倪某 3 人经抢救无效死亡，另一人重伤。

二、事故原因分析

1. 直接原因

(1) 严重违反国家、行业规范规定。安装搭设井架时井架地梁与基础无任何连接；未按国家行业规范规定的数量设置有效、合理的缆风绳(事故发生时缆风绳设置的方向与风向约成 90° 角，倾翻瞬间未能起到有效作用)，缆风钢丝绳直径仅为 6.5mm(国家、行业规范要求缆风钢丝绳最小直径为 9.3mm)；在 7 级阵风荷载的作用下使井架整体向一侧倾倒。

(2) 违章作业，违章指挥。事故发生的当天，该地区有 7~9 级的西北大风(上海气象台提供气象资料)，承包单位架子班长杨某、现场带班聂某在没有井架搭设作业技术方案的情况下，仍安排无建筑登高架设特种作业操作资格证书的几名工人进行攀登和悬空高处作业；项目经理王某在井架搭设前未进行专项安全交底，且在得知搭设班组因气候原因停止作业时，在未采取有效措施的情况下，仍坚持要求作业人员继续搭设井架。

2. 间接原因

(1) 施工现场项目部安全管理混乱，安全隐患严重。

① 工程项目经理王某安排无建筑登高架设特种作业操作资格证书的人员进行井架搭设；没有组织人员编制井架的搭拆方案；没有对施工作业人员进行各类安全教育和有针对性的专项技术交底；没有配备工地安全员，使得工程安全管理混乱，并且对公司质安部门责令的停工整改要求不落实，不整改，最终导致工地安全管理失控。

② 架子班长杨某自身没有建筑登高架设特种作业操作资格证书，并且安排无证人员搭设井架；没有对有关人员进行安全教育，班组管理失控。

③ 项目部技术负责人范某，未按有关规定编制井架搭设技术方案，未有效实施技术监管。

(2) 施工企业安全管理失控，企业内部安全监管不力。

① 公司生产副经理兼工程部经理王某对该工程施工组织设计审核不严，没有提出需要编制井架搭拆的技术方案要求；对作业人员无证上岗等情况检查不力；对现场安全隐患严重、整改不落实的情况督查、监管不严。

② 公司质安部负责人徐某对该工程无井架搭设技术方案、作业人员无证上岗等情况检查不力；对现场隐患严重、整改不落实的情况督查、监管不严。

③ 公司安全员赵某对该工程井架搭设无方案、作业人员无证上岗等情况检查不力；对现场隐患严重、整改不落实的情况督查、监管不严。

④ 公司负责生产的副总经理黄某对公司质安部门、工程部门管理不严，对该工程安全生产失控的情况监管不力。

(3) 企业领导安全意识不强，安全监管不力。

① 公司总经理孟某对公司安全生产监督管理不严。

② 公司法人代表孟某安全意识淡薄，对王某担任该工程项目经理的资格审核不严，并且对公司安全生产监管不力。

(4) 监理单位技术审核失控，现场监控不力。

① 监理公司总监陈某对该工程施工组织设计审核不严，没有提出需编制井架搭拆技术方案的要求，未履行监理职责。

② 现场总监代表童某对当天大风情况下(7~9 级的西北大风)，工人还进行攀登和悬空高处作业，没有及时地发现和制止，又未对搭设人员的特殊工种上岗证进行核查，监控不严。

(5) 建设单位现场安全管理不严。未全面履行施工现场安全管理责任，又未委托监理单位实施现场安全监理。

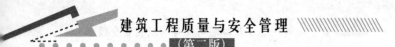

3. 主要原因

施工现场安全管理失控，在没有井架搭设技术方案和安全专项交底，无建筑登高架设特种作业操作资格证书的人员安装搭设井架时，未按国家行业规范要求将地梁与基础连接牢固；未按国家行业规范规定的数量设置有效、合理的缆风绳(事故发生时缆风绳设置的方向正好与风向约成 90°，倾翻瞬间未能起到有效作用)，缆风钢丝绳直径仅为 6.5mm(国家、行业规范要求缆风钢丝绳最小直径为 9.3mm)；因此，在 7 级阵风荷载的作用下，使井架整体向一侧倾倒，是造成本次事故的主要原因。

(引自孙建平. 建筑施工安全事故警示录[M]. 北京：中国建筑工业出版社，2003)

2. 龙门架、井架物料提升机使用安全技术

(1) 物料提升机在安装后，应进行验收，验收单应有量化验收内容并且有定量记录，参加验收的有关责任人在验收合格单上签字，确认合格并发使用证后，方可交付使用。

(2) 应根据提升机的类型制订操作规程，建立设备技术档案，建立管理制度及检修保养制度，有专职机构和专职人员管理提升机。

(3) 提升机应配备经正式考试合格持有操作证的专职司机。

(4) 提升机应具有下列安全防护装置并满足其要求。

① 安全停靠装置。当吊篮运行到位时，停靠装置能将吊篮定位。该装置能可靠地承担吊篮自重、额定荷载及运料人员和装卸物料时的工作荷载。安全装置应定型化，才能使吊篮定位安全可靠。

② 断绳保护装置。当吊篮悬挂或运行中发生断绳时，应能可靠地将其停住并固定在架体上。其最大滑落行程，在吊篮满载时不得超过 1m。

③ 各楼层通道口处，应设置常闭型的防护栏杆(门)，吊篮上料口处应装设安全门。宜采用联锁装置，只有当吊篮运行到位时，楼层防护门方可开启。只有当各层防护门全部关闭时，吊篮方可上下运行。在防护门全部关闭之前，吊篮应处于停止状态。提升机架体地面进料口上方应搭设防护棚，防止物体打击事故。防护棚两侧应挂立网，防止人员从侧面进入。

 应用案例 10-7

一、事故概况

2002 年 10 月 16 日，在上海某建筑企业总包、广东某建安总公司分包的高层工地上，下午 5 时 30 分，瓦工班普工杨某在完成填充墙上嵌缝工作后，站在建筑物 15 层施工电梯通道板中间两根道竖管边准备下班。当时施工电梯东笼装着混凝土小车向上运行，电梯操作工听到上面有人呼叫，就将电梯开到 16 层楼面，发现 16 层没有人，就再启动电梯往下运行，在下行至 15 层不到处，正好压在将头部与上身伸出道竖管探望施工电梯运行情况的瓦工班普工杨某头部左侧顶部，以致其当场昏迷。电梯笼内人员发现在 15 层连接运料平台板的电梯稳固撑上有人趴在上面，及时采取措施将伤者送往医院抢救，终因杨某头部脑颅外伤严重，抢救无效死亡。

二、事故原因分析

1. 直接原因

死者杨某在完成填充墙上嵌缝工作后，擅自拆除道竖管的邻边防护措施，将头部与上身伸入正在运行的施工电梯轨迹中，是造成本次事故的直接原因。

2. 间接原因

(1) 分包项目部施工电梯管理制度不健全、安全教育培训不够、安全检查不到位。

(2) 作业班长安排工作时，未按规定做好安全监护工作。

(3) 总包单位对施工现场的安全管理力度不够，未严格实施总包单位对现场管理的具体要求，对安全隐患整改的监督不力。

3. 主要原因

施工企业安全管理松懈，安全措施的安装不牢固，对施工人员的安全教育培训工作不够深入，是造成本次事故的主要原因。

(引自孙建平. 建筑施工安全事故警示录[M]. 北京：中国建筑工业出版社，2003)

④ 上限位器(超高限位装置)：该装置应安装在吊篮允许提升的最高工作位置，吊篮的越程，即从吊篮的最高位置到天梁最低处的距离，应不小于 3m。当动力采用摩擦式卷扬机时，吊篮超高限位应采用自动报警方法，不能采用切断提升电源的方法。

⑤ 紧急断电开关应设在司机便于操作的位置，在紧急情况下，应能及时切断提升机的总控制电源。

⑥ 信号装置：该装置是由司机控制的一种音响装置，其音量应能使各楼层使用提升机装卸物料人员清晰地听到。

⑦ 高架提升机(提升高度 31～151m)除应具备低架提升机的安全防护装置外，还应增设以下装置：下极限限位器(当吊篮下降达到最低限定位置时，限位器自动切断电源，使吊篮停止下降)、缓冲器(当吊篮以额定荷载和规定的速度作用到缓冲器时，应能承受相应的冲击力)、超载限制器(在荷载达到额定荷载的 90%时，发出报警信号提示司机；荷载达到和超过额定荷载时，切断起升电源)、通信装置(当司机不能清楚地看到操作者和信号指挥人员时，必须加装通信装置。通信装置必须是一个闭路的双向电气通信系统，司机应能听到每一层站的联系，并能向每一层站讲话)。

(5) 钢丝绳磨损超过报废标准的不得继续使用。钢丝绳应经常维护保养，防止钢丝锈蚀、缺油。钢丝绳端部的固定当采用绳卡时，应符合有关规定。钢丝绳过路绳段不得外露，应采用挖沟盖板等措施保护。钢丝绳运行时与地面应保持一定间距，避免钢丝绳外绳股磨损。

(6) 物料提升机在任何情况下都严禁人员攀登、穿越提升架体和乘吊篮、吊笼上下。

(7) 物料在吊篮内应均匀分布，不得超出吊篮。当长料在吊篮中立放时，应采取防滚落措施；散料应装箱或装笼。严禁超载运行。

(8) 高架提升机作业时，应使用通信装置联系。低架提升机在多工种、多楼层同时使用时，应专设指挥人员，信号不清不得开机。作业中不论任何人发出紧急停车信号，应立即执行。

(9) 闭合主电源前或作业中突然断电时，应将所有开关扳回零位。在重新恢复作业前，应在确认提升机动作正常后方可继续使用。

(10) 发现安全装置、通信装置失灵时，应立即停机修复。作业中不得随意使用极限限位装置。

(11) 使用中要经常检查钢丝绳、滑轮的工作情况。如发现磨损严重，必须按照有关规定及时更换。

(12) 使用摩擦式卷扬机为动力装置的提升机，吊篮下降时，应在吊篮行至离地面 1～2m 处，控制缓缓落地，不允许吊篮自由落下直接降至地面。

(13) 装设摇臂把杆的提升机，作业时，吊篮与摇臂把杆不得同时使用。

(14) 作业后，应将吊篮降至地面，各控制开关扳至零位，切断主电源，锁好闸箱。

10.2.4 塔式起重机安全技术

1. 塔式起重机(图 10.9)安装、拆卸和使用管理的一般规定

图 10.9 塔式起重机

【参考图文】

(1) 塔式起重机的安装拆卸和使用管理应满足《建筑施工塔式起重机安装、使用、拆卸安全技术规程》(JGJ 196—2010)和《建筑起重机械安全监督管理规定》(建设部第 166 号令)等法规标准的要求，并加强设备的产权备案和使用登记。

(2) 塔式起重机在安装、拆卸前应编制专项施工方案并由本单位技术、安全、设备等部门审核，技术负责人审批后经监理单位批准实施。

(3) 塔式起重机的安装、拆卸必须由具备建设主管部门颁发的相应资质的安装、拆卸单位进行施工，并严格按照塔式起重机安装、拆卸专项施工方案执行。

(4) 塔式起重机的附着、顶升、加节要按专项施工方案及应急救援预案要求进行，附着顶升加节后安装单位要自检并组织验收合格后才能投入使用。

(5) 当多台塔式起重机在同一施工现场交叉作业时，应编制专项方案，并应采取防碰撞的安全措施，任意两台塔机之间的最小架设距离应符合下列规定。

【参考图文】

① 低位塔机的起重臂端部与另一台塔机的塔身之间的距离不得小于 2m。

② 高位塔机的最低位置的部件(或吊钩升到最高点或平衡重的最低部位)与低位塔机中处于最高位置部件之间的垂直距离不得小于 2m。

(6) 高塔基础应根据高塔自身重量及其作业时的动荷载进行设计，其承载力应满足设计要求。对路基、轨道的安装质量应在设备安装前进行验收，并办理好交接手续。

(7) 固定式塔式起重机的基础施工应按设计图纸进行，其设计计算和施工详图应列入塔式起重机的专项施工组织设计内容，施工后经验收并做好记录。

(8) 基础和轨道铺好后，需使用单位主管部门验收合格后，方可安装起重机。塔机的装拆工人必须严格按照说明书的装拆程序作业，严禁做任何改动。

(9) 安装塔式起重机过程中，对所有的螺栓都要拧紧，并紧固到规定的预紧力值。

(10) 在装拆起重机的作业过程中，必须指定专门的指挥人员，并在其指挥下工作。指挥人员必须经过专门培训，取得指挥证，严禁无证人员指挥。

(11) 塔机安装完毕后，应试运转及验收，检测结果应有详细如实的记录，由有关人员和负责人填写检查验收记录并签字。塔机安装验收合格后，才能交付使用。

(12) 验收单上应有量化验收内容，应包括：塔机钢结构各部位安装正确，连接螺栓、销轴紧固可靠；对起升、变幅、回转、行走机构检查和调试，机构运转平稳可靠、灵敏；对"四限位"和"两保险"检查和调试，必须安全、准确、可靠、灵敏；对电气系统进行检查；在无荷载情况下，塔身与地面的垂直度偏差值不得超过其名义值的3/1 000。

2. 塔式起重机使用安全技术

塔式起重机的安全防护装置及各种技术参数，必须符合《塔式起重机》(GB/T 5031—2008)中的相关规定。

【参考图文】

(1) 为了确保塔式起重机的安全作业，防止发生意外，按照起重机械设计规定，塔式起重机必须配备各类安全防护装置。

① 起重力矩限制器：为防止塔式起重机由于严重超载而引起倒塌或折臂等恶性事故的发生，塔式起重机必须安装起重力矩限制器。当发生超重或作业半径过大，而导致力矩超过该塔式起重机的技术性能时，力矩限制器即自动切断起升或变幅动力源，并发出报警信号，防止事故发生。

② 起重量限制器(超载限制器)：按照规定，有的塔式起重机机型同时装有超载限制器，用以防止塔式起重机的吊物重量超过额定荷载，避免发生机械损坏事故。

③ 超高、变幅、行走安全限位装置：这三个安全限位装置应动作灵敏。超高限位装置即上升极限位置限制器，当塔式起重机吊钩上升到极限位置时，自动切断起升机构的上升电源。变幅限位器包括以下两种。

(a) 小车变幅：对小车运行位置进行限定。

(b) 动臂变幅：控制起重臂仰角的上下两个极限位置，防止超过仰角造成塔式起重机失稳。塔机行走限位装置是行走式塔机的轨道两端尽头所设的止挡缓冲装置，用于防止脱轨造成的塔机倾覆事故。

④ 两个保险装置：吊钩保险装置是安装在吊钩挂绳处的一种防止起吊千斤绳由于角度过大或挂钩不妥时，造成起吊千斤绳脱钩，吊物坠落事故的装置。

卷筒保险装置主要防止当卷扬机传动机构发生故障时，造成钢丝绳不能够在卷筒上顺排，以致越过卷筒端部凸缘，发生咬绳等事故。

⑤ 爬梯护圈：当爬梯的通道高度大于5m时，从平台以上2m处开始设护圈。当爬梯设于结构内部时，如爬梯与结构间自由通道间距小于1.2m，可不设护圈。

(2) 附墙装置与夹轨钳。自升塔的自由高度应按照说明书要求，当塔式起重机高度超过说明书的规定时，必须与建筑物进行附着，安装附墙装置，以确保塔式起重机的稳定性。需要附着的塔式起重机，使用单位必须按说明书要求做附墙方案。

(3) 轨道运行式塔式起重机露天使用时，应安装防风夹轨钳夹紧钢轨，防止塔机在大风天气情况下被风吹动而行走，造成塔机出轨倾覆的事故。当司机离开塔式起重机时，必须按规定将塔式起重机的夹轨钳夹紧卡牢，使起重机与轨道固定。当风速超过 13m/s 时塔式起重机应停止使用；如遇 8 级大风，应另拉缆风绳与地锚或与建筑物固定。

(4) 塔式起重机司机属特种作业人员，必须经过专门培训，取得操作证。司机学习塔形与实际操纵的塔形应一致。严禁未取得操作证的人员操作塔式起重机。

(5) 指挥人员必须经过专门培训，取得指挥证，严禁无证人员指挥。

(6) 高塔作业应结合现场实际改用旗语或对讲机进行指挥。

(7) 塔式起重机电缆不允许拖地行走，应装设具有张紧装置的电缆卷筒，并设置灵敏可靠的卷线器。

(8) 旋转臂架式起重机的任何部位或被吊物边缘与 10kV 以下的架空线路边线最小水平距离不得小于 2m。塔式起重机活动范围应避开高压供电线路，相距应不小于 6m。当塔式起重机与架空线路之间小于安全距离时，必须采取防护措施，并悬挂醒目的警告标志牌。夜间施工应有 36V 彩泡(或红色灯泡)，当起重机作业半径在架空线路上方经过时，其线路的上方也应有防护措施。

(9) 起重机轨道应进行接地、接零。塔式起重机的重复接地应在轨道的两端各设一组，对较长的轨道，每隔 30m 再加一组接地装置。起重机两条轨道之间应用钢筋或扁铁等作环形电气连接，轨与轨的接头处应用导线跨接形成电气连接。塔式起重机的保护接零和接地线必须分开。

(10) 当施工因场地作业条件的限制，不能满足要求时，应同时采取以下两种措施。

① 组织措施：对塔式起重机作业及行走路线进行规定，由专设的监护人员进行监督执行。

② 技术措施：应设置限位装置缩短臂杆、升高(下降)塔身等措施，防止塔式起重机因误操作而造成的超越规定的作业范围，发生碰撞事故。

(11) 尚未附着的塔式起重机，塔身上不得悬挂标语牌。

(12) 塔式起重机司机必须严格按照操作规程的要求和规定执行，上班前例行保养、检查，一旦发现安全装置不灵敏或失效，必须进行整改，符合安全使用要求后方可作业。

(13) 塔式起重机基础底坑应采取有效的排水措施，并在四周设置固定围栏。

3. 塔机吊索具的使用

(1) 吊索具的使用应符合《建筑施工塔式起重机安装、使用、拆卸安全技术规程》(JGJ 196—2010)的要求。

(2) 吊装前应对起重机械的安全保险装置、钢丝绳、索具、卡扣等进行全面检查，确保完好有效，并按规定试车。

(3) 钢丝绳绳端一般固接，钢丝绳吊索绳夹最小数量见表 10-16。

(4) 设备吊钩保险装置应经常性地进行检查，确保安全有效。

表 10-16　钢丝绳吊索绳夹最少数量

钢丝绳直径/mm	≤18	18～26	26～36	36～44	44～46
绳卡的数量/个	3	4	5	6	7

10.2.5　施工升降机安全技术

1. 施工升降机(图 10.10)的安装、拆卸和使用管理的一般规定

【参考图文】

图 10.10　施工升降机

【参考视频】

(1) 施工升降机的安装、拆卸和使用管理应满足《建筑施工升降机安装、使用、拆卸安全技术规程》(JGJ 215—2010)的要求。

(2) 施工升降机安装拆卸前应编制专项施工方案，并由本单位技术、安全、设备等部门审核，技术负责人审批后经监理单位批准实施。

(3) 施工升降机的安装、拆卸必须由具备建设主管部门颁发的相应资质的安装拆卸单位进行施工，并严格按照施工升降机安拆专项施工方案执行。安装后，安装单位要进行调试和自检，自检合格后委托有资质的检测单位进行检测。检测合格后，总承包单位应经安装、使用、监理、建设等有关单位验收，验收合格按专项施工方案及应急救援预案实施。

(4) 施工升降机的附着、加节要按专项施工方案及应急救援预案实施。

(5) 施工升降机应按有关管理规定履行备案及使用登记的相关规定。

(6) 升降机在安装运行过程中绝对不允许搭乘非安装人员。

(7) 每个吊笼顶平台作业人数不得超过两人，顶部承载总重量不得超过 650kg。

(8) 吊杆额定起重量为 180kg，不允许超载，并且只允许用来安装或拆卸升降机零部件，不得作其他用途。

(9) 遇有雨、雪、雾及风速 13m/s 的恶劣天气不得进行安装和拆卸作业。

(10) 施工升降机使用过程中应注意的事项。

① 启动前，检查地线、电缆应完整无损，控制开关应在零位。电源接通后，检查电压是否正常、机件有无漏电，试验各限位装置、梯笼门、围护门等处的电器联锁装置良好可靠，电器仪器灵敏有效。情况正常，即可进行空车升降试验，测定各传动机构和制动器的效能。

② 应重点检查：主桅标准节应无变形，悬出高度应符合要求；连接螺栓应无松动；附着杆节点应无开焊，装置正位，附壁牢固，站台平整；各部钢丝绳应固定良好，对重钢丝绳卡数≥5；运行范围内应无障碍，弦轨对接处及重轨对接处是否出现阶梯，对重滚轮有否缺损。

2. 施工升降机安全防护装置

(1) 导轨架的高度超过最大独立高度时须设置附着装置，附着墙架金属结构应完好无损、固定可靠，附墙架间距及附着距离应符合设计要求。

(2) 传动系统应设有常闭式制动器，其额定制动力矩对人货两用施工升降机不应低于作业时额定力矩的 1.5 倍。

(3) 防坠安全器的动作速度及制动距离应符合《施工升降机》(GB/T 10054—2005)中5.2.1.9 条的相关要求，应采用渐进式安全器，不允许采用瞬时式安全器。安装时及每过三个月必须检查其有效性。

(4) 上、下限位开关和极限开关。

① 施工升降机必须设置自动复位型的上、下行程限位开关和非自动复位型的上、下极限开关。

② 上、下行程限位开关的安装位置应符合《施工升降机》(GB/T 10054—2005)中的相关要求。

③ 上极限开关的安装位置应保证上极限与上极限开关之间的越程距离：齿轮齿条式施工升降机为 150mm；钢丝绳式施工升降机为 500mm。

④ 下极限开关的安装位置应保证吊笼碰到缓冲器之前，下极限首先动作。

(5) 围栏登机门应装有机械锁止装置及电气安全开关，使吊篮只有位于底部规定位置时，围栏登机门才能开启，而在该门开启后吊篮不能起吊。

(6) 施工升降机的吊篮单行门、双行门、紧急出口(天窗)门等均应设置电气或机械安全联锁开关，当门未完全关闭时，该开关应有效切断控制回路电源，使吊篮停止或无法启动。

(7) 用于悬挂对重的钢丝绳应装有防松绳装置(如非自动复位型的防松绳开关)，在发生松、断绳时，该装置应中断吊篮的任何运动。

(8) 对于齿轮齿条式施工升降机的吊篮，应具有有效的装置使吊篮在导向装置失效时仍能保持在导轨上的安全装置，如安全钩、防脱轨挡块。

(9) 根据《施工升降机安全规程》(GB/T 10055—2007)规定，施工升降机应装有超载保护装置。超载保护装置的调试，应在吊篮静止时进行。超载保护装置应在荷载达到额定载重量的 90%时给出清晰的报警信号，并在载荷达到额定载重量的 110%前中止吊篮启动。

(10) 施工升降机的每个吊篮都有一套电气控制系统。施工升降机的电气控制系统包括电源箱、电控箱、操作台和安全保护系统等。

(11) 上料平台防护门应定型制作，采用的联锁开启装置，可为电气联锁，也可为机械联锁。防护门设置楼层标志。

(12) 外用电梯应具备可靠的楼层联络信号。

(13) 入口应搭设安全防护棚，宽度应大于提升机的最外部尺寸，顶棚应搭设双层防护板。

(14) 基础混凝土标号应不小于 C30，基础板下土壤承载力应大于 0.15MPa，基础找平层平差应≤1/1 000。

10.2.6 起重吊装安全技术

1. 施工方案

起重吊装作业主要是建筑施工中结构安装和设备安装工程(图 10.11 和图 10.12)，其作业属高处危险作业，作业条件多变，专业性强，危险性大，施工技术也比较复杂，施工前必须根据工程情况和作业条件编制专项施工作业方案。作业方案应经上级技术部门审批确认符合要求，并应根据工程状况，作业条件和现场实际，吊装结构和设备的类型，有针对性地采取有效的安全措施，确保安全、顺利吊装。

图 10.11　工业设备吊装

【参考图文】

图 10.12　工业建筑吊装

2. 起重机械

(1) 起重机运到现场重新安装后，应进行试运转试验和验收，确认符合要求并做好记录，有关人员在验收单上签署意见，签字手续齐全后，方可使用。

(2) 起重机应具有市级有关部门定期核发的准用证。

(3) 经检查确认安全装置(包括起重机超高限位器、力矩限制器、臂杆幅度指示器及吊钩保险装置)均应符合要求。当该机说明书中尚有其他安全装置时，应按说明书规定进行检查。

3. 钢丝绳与地锚

(1) 起重机使用的钢丝绳，其结构形式、规格、强度要符合该机型的要求，钢丝绳在卷筒上要连接牢固，按顺序整齐排列，当钢丝绳全部放出时，卷筒上至少要留 3 圈以上。起重钢丝绳磨损、断丝超标，按《起重机械安全规程》(GB 6067—2010)要求检查报废。

(2) 滑轮槽应光洁平滑，不得有损伤钢丝绳的缺陷。滑轮应有防止钢丝绳跳出轮槽的装置。滑轮直径与钢丝绳直径的比值，不应小于《起重机械安全规程》(GB 6067—2010)规定的数值。

(3) 钢丝绳用作缆风绳时的安全系数为 3.5。

(4) 地锚埋设应符合设计要求。

4. 吊点

(1) 吊装构件或设备时的吊点应符合设计规定。重物应垂直起吊，禁止斜吊。当采用几个吊点起吊时，应使各吊点的合力作用点，在重物重心的位置之上。必须正确计算每根吊索的长度，使重物在吊装过程中始终保持稳定位置。

(2) 荷载由多根钢丝绳支承时，应设有使各根钢丝绳受力均衡的装置。

(3) 起升机构和变幅机构，不得使用编结接长的钢丝绳。使用其他方法接长钢丝绳时，必须保证接头连接强度不小于钢丝绳破断拉力的 90%。

(4) 起升高度较大的起重机，宜采用不旋转、无松散倾向的钢丝绳。采用其他钢丝绳代替时，应采用防止钢丝绳和吊具旋转的装置和措施。

(5) 当构件无吊鼻，需用钢丝绳捆绑时，必须对棱角处采取保护措施，防止切断钢丝。

(6) 钢丝绳端部固定连接的安全要求应按《起重机械安全规程》(GB 6067—2010)中的有关技术规定执行。

5. 司机、指挥

(1) 起重机司机属特种作业人员，应经正式专业培训，考试合格取得特种作业人员操作证，持证上岗，严禁无证操作。

(2) 各种起重机械应由本机型的司机操作。各种起重机械的司机均应经专业培训，熟悉本机型的性能及操作方法。

(3) 起重作业指挥也应经专业培训，考试合格取得特种作业人员操作证，持证上岗，严禁无证指挥。

(4) 起重机在地面，吊装作业在高处作业的条件下，必须专门设置信号传递人员，以确保司机清晰准确地看到和听到指挥信号。

6. 地基承载力

(1) 起重机作业区路面应加固处理，地基承载力经测试要满足该机说明书要求，并应对相应的地基承载力报告结果进行审查。

(2) 要求铺垫的材质坚硬，铺垫平稳、均匀、不产生下沉，能保证起重机正常作业。

(3) 作业道路平整坚实，一般情况纵向坡度不大于 3‰，横向坡度不大于 1‰。行驶或停放时，应与沟渠、基坑保持 5m 以上距离，且不得停放在斜坡上。

7. 起重作业

(1) 起重机司机应切实清楚施工作业中所起吊重物的重量，并有交底记录。

(2) 起重机司机必须熟知该机车起吊高度及幅度情况下的实际起吊重量，清楚机车中各装置的正确使用，熟悉操作规程，做到不超载作业，并遵守下列规定。

① 作业面平整坚实，支脚全部伸出垫牢，机车平稳不倾斜。

② 不准斜拉、斜吊。重物启动上升时应动作缓慢逐渐进行，不得突然起吊，形成超载。

③ 不得起吊埋于地下和粘在地面或其他物体上的重物。

④ 采用多机抬吊时，必须随时掌握各起重机起升的同步性，单机负载不得超过该机额定起重量的 80%。

(3) 有下述情况之一时，司机不应进行操作。

① 超载或物体重量不清，如吊拔起重量或拉力不清的埋置物体，及歪拉斜吊的。

② 结构或零部件有影响安全工作的缺陷或损伤，如制动器、安全装置失灵，吊钩螺母防松装置损坏，钢丝绳损伤达到报废标准等。

③ 捆绑、吊挂不牢或不平衡而可能滑动，重物棱角处与钢丝绳之间未加衬垫等。

④ 被吊物体上有人或浮置物。

⑤ 工作场地昏暗，无法看清场地、被吊物情况和指挥信号等。

(4) 起重机在输电线路近旁作业，要采取安全保护措施，起重机与架空输电导线的安全距离不应小于有关规定。

(5) 起重机在吊重自由下降时，因重力的作用对起重机产生大的冲击力，会造成机车的失稳倾翻，所以在非重力下降式起重机中，不能带载自由下降。

(6) 起重机和扒杆首次起吊或重物重量变换后首次起吊时，以及每次作业前都应进行试吊。应先将重物吊离地面 200～300mm 后停住，检查起重机或扒杆的工作状态，功能能否满足要求，做好试吊记录。确认起重机、扒杆稳定，制动可靠，重物吊挂平衡牢固后，方可继续起升。

8. 高处作业

(1) 起重吊装于高处作业时，应按规定设置安全措施防止高处坠落，包括各洞口盖严盖牢，临边作业应搭设防护栏杆、封挂密目网等。结构吊装时，可设置移动式节间安全平网，随节间吊装，平网可平移到下一节间，以防护节间高处作业人员的安全。高处作业规范规定"屋架吊装以前，应预先在下弦挂设安全网，吊装完毕后，即将安全网铺设固定"。

(2) 结构吊装应设置专用铺具，有自紧倾向，无自紧倾向的应有防止滑落的装置和措施。专用铺具及吊挂、捆绑用的钢丝绳或链条，应每 6 个月检查一次；用其允许承载力的 2 倍，悬吊 10m 以后，按规定报废的要求对照检查，确认安全可靠后，方能继续使用。

(3) 高处作业人员应系好安全带，其保险钩应挂在操作人员上方的可靠物件上。安全带应高挂低用，注意防止摆动碰撞。使用 3m 以上长绳应加缓冲器，自锁钩吊绳例外。不准将绳打结使用，也不准将钩直接挂在网上使用，应挂在连接环上使用。

(4) 人员上下应有专用爬梯或斜道，不允许攀爬脚手架或建筑物上下。对爬梯的制作和设置应符合高处作业规范"攀登作业"的有关规定。

9. 作业平台

(1) 悬空作业处应有牢靠的立足处，并必须视具体情况，配置防护栏网、栏杆或其他安全设施。高处作业人员必须站在符合要求的脚手架或平台上作业。

(2) 悬空安装大模板、吊装第一块预制构件、吊装单独的大中型预制构件时，必须站在操作平台上操作。吊装中的大模板和预制构件以及石棉水泥等屋面板上，严禁站人和行走。应根据施工场地情况，为起重吊装人员设置可靠的立足点。

(3) 脚手架或作业平台四周必须按《建筑施工高处作业安全技术规范》(JGJ 80—2011)规定的临边作业要求设置防护栏杆和封挂密目网，并应布置登高扶梯，且应有搭设方案。

(4) 作业平台可采用ϕ(48～51)mm×3.5mm 钢管以扣件连接，也可采用门架式或承插式钢管脚手架部件，按产品使用要求进行组装。平台的次梁，间距不应大于 140cm；台面应满铺 3cm 厚的木板或竹笆。

10. 物件堆放

(1) 构件堆放应平稳，底部按设计位置设置垫木。楼板堆放高度不得超过 1.6m。其他物件临时堆放处离楼层边缘不应小于 1m，堆放高度不得超过 1m。

(2) 楼梯边口、通道口、脚手架边缘等处不得堆放任何物件。

(3) 大型物件堆放的场地应坚实，能承受物件的重量而不下沉、垮塌，大型物件堆放应平稳，并采取支撑、捆绑等稳定措施。

11. 警戒

(1) 起重吊装作业前，应根据施工组织设计要求划定危险作业警戒区域，划定警戒线，悬挂或张贴明显的警戒标志，防止无关人员进入。

(2) 除设置标志外，还应视现场作业环境，专门设置监护人员进行专人警戒，警戒人应有标志，防止高处作业或交叉作业时造成的落物伤人事故。

12. 操作工

(1) 起重吊装人员包括起重工、电焊工等均属于特种作业人员，必须经有关部门专业培训考核，取得地市级劳动行政主管部门签发的《特种作业人员操作证》，持证上岗，严禁无证上岗。

(2) 起重吊装工作属专业性强、危险性大的工作，其工作应由有关部门认证的专业队伍进行，工作时应由有经验的人员担任指挥。

●知●识●链●接●••

起重吊装"十不吊"规定。

(1) 起重臂和吊起的重物下面有人停留或行走不准吊。

(2) 起重指挥应由技术培训合格的专职人员担任，无指挥或信号不清不准吊。

(3) 钢筋、型钢、管材等细长和多根物件应捆扎牢靠，支点起吊。单头"千斤"或捆扎不牢靠不准吊。

(4) 多孔板、积灰斗、手推翻斗车不用四点吊或大模板外挂板不用卸甲不准吊。预制钢筋混凝土楼板不准双拼吊。

(5) 吊砌块应使用安全可靠的砌块夹具，吊砖应使用砖笼，并堆放整齐。木砖、预埋件等零星物件要用盛器堆放稳妥，叠放不齐不准吊。

(6) 楼板、大梁等吊物上站人不准吊。

(7) 埋入地下的板桩、井点管等以及粘连、附着的物件不准吊。

(8) 多机作业，应保证所吊重物距离不小于 3m，在同一轨道上多机作业，无安全措施不准吊。

(9) 6 级以上强风不准吊。

(10) 斜拉重物或超过机械允许荷载不准吊。

 应用案例 10-8

一、事故概况

2002 年 9 月 7 日，在上海某建设总承包公司总包、某安装有限公司分包的厂房工地上，根据项目部施工安排，外借的 QY25A 汽车吊以及司机陆某进行厂房钢柱吊装作业。上午 7 时左右，汽车吊司机陆某吊装完第一根钢柱后准备再起吊第二根钢柱时，因吊点远离吊钩，所以将汽车吊起重臂伸长。当起重臂伸长到 10m 多并继续伸长时，由于副吊钩钢丝绳安全长度已达极限，副吊钩将起重臂顶上钢丝绳保险崩断后，连同钢丝绳一起坠落至汽车吊的右侧。由于钢丝绳的弹性作用，致使副吊钩向右坠下，直接砸在了离汽车吊右侧 1m 多的总包单位吊装辅助工范某头顶的安全帽上，安全帽被砸坏，伤及头部、右腿。事故发生后，工地人员立即将伤者送往医院，经抢救无效死亡。

二、事故原因分析

1. 直接原因

QY25A 汽车吊司机陆某，违反《建筑机械使用安全技术规程》第 4.3.7 条"起重臂伸缩时，应按规定程序进行，在伸臂的同时应相应下降吊钩，当限制器发出警报时，应立即停止伸臂"的操作规程，伸臂过长又未降吊钩，导致副吊钩将起重臂顶上钢丝绳保险崩断后，砸在范某头顶上，是造成本次事故的直接原因。

2. 间接原因

(1) 分包单位通过个人向其他公司租赁起重机械，设备管理混乱。

(2) 分包单位对汽车吊必需的安全装置未作具体要求。

(3) 分包单位在汽车吊进场后，未按规定进行检查验收工作。

(4) 总包单位对分包单位向外租赁起重机械，未进行监督、管理。

3. 主要原因

分包单位向外租赁的汽车吊安全装置不齐全，未按规定设置吊钩高度限位。

(引自孙建平. 建筑施工安全事故警示录[M]. 北京：中国建筑工业出版社，2003)

本章小结

本章按照《建筑施工安全检查标准》(JGJ 59—2011)中的相关内容，系统介绍了施工现场临时用电和施工机械安全管理的一般规定；分别叙述了施工现场临时用电、施工机械使

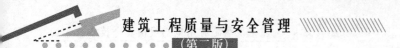

用安全技术。通过学习，使学生了解了施工现场临时用电和施工机械安全管理的内容和安全技术，为今后工作实践奠定了一定的理论基础。

习 题

一、填空题

1．施工中使用手持行灯时，要用（　　）的安全电压。

2．使用电动工具之前要检查外壳、导线绝缘皮，如有破损要（　　）。

3．电工检修电器设备时严禁（　　），必须切断电源并悬挂（　　）警告牌。

4．施工现场临时用电设备在 5 台以下和设备总容量在 50kV 以下者应制定（　　）和（　　）措施。

5．塔式起重机司机属特种作业人员，必须经过（　　），取得（　　），方可上岗操作。

6．要使触电者迅速脱离低压电源的方法可用（　　）、（　　）、（　　）、（　　）和（　　）5个字来概括。

二、简答题

1．建筑工程与不同电压的架空线路的最小距离是多少？当达不到要求时应采取什么措施？

2．架空线路相序排列有什么规定？

3．什么叫做"三级配电两级保护"和"一漏一箱"？

4．对施工机械操作人员上岗前有哪些要求？

5．使用手持电动工具有哪些安全要求？

6．对电焊机一次电源线和焊把线长度的安全要求是什么？

7．龙门架、井架物料提升机安装作业前应做好哪些安全检查？

8．固定卷扬机安装安全技术要求有哪些？

9．龙门架、井架物料提升机应具备哪些安全防护装置？这些安全装置起什么作用？

10．塔式起重机的安全装置有哪些？这些安全装置起什么作用？

第 11 章

施工现场防火与
文明施工

学习目标

通过本章的学习，学生应掌握施工现场防火管理的基本要求，熟悉防火管理的一些环节，掌握文明施工的内容及文明施工的基本要求。

学习要求

知识要点	能力目标	相关知识	权重
施工现场防火	1. 掌握建筑施工现场的防火管理内容 2. 熟悉施工现场平面布置 3. 熟悉高层建筑施工现场防火要求	1. 火灾发展变化规律 2. 防火间距要求	40%
文明施工	1. 熟悉文明施工的概念 2. 掌握文明施工管理的内容 3. 掌握文明施工要求	1. 文明施工策划 2. 施工现场环境保护 3. 施工现场的卫生与防疫	60%

引 例

　　施工现场管理应使场容美观整洁、道路畅通、材料放置有序、施工有条不紊，现场各种活动良好开展，市容整洁，消防安全。工地施工不扰民，应针对施工工艺设置防尘和防噪声设施。按照当地规定，在允许的施工时间之外，若必须施工时，应有主管部门的批准手续，并做好对周围居民的安抚工作。现场应建立不扰民措施，有专人负责管理和检查。

　　思考：

　　(1) 施工现场文明施工应考虑哪些内容？

　　(2) 施工现场总平面应该如何布置？

　　(3) 施工现场有哪些火灾隐患？

11.1　施 工 现 场 防 火

　　建筑工程施工现场火灾事故时有发生，危害着施工生产的正常进行，从火灾发生的规律分析看，首先应具有火灾发生源，其次是诱发火灾发生的诱因，所以施工现场火灾的预防，必须严格管理火灾发生源，并严格控制火灾发生的诱因，坚持预防为主的原则，把火灾事故消灭在萌芽状态之中。

11.1.1　火灾发展变化规律及其防治途径

　　1. 火灾的发展变化规律

　　1) 初起期

　　火灾从无到有，可燃物热解。

　　2) 发展期

　　火势由小到大，满足时间平方规律，即火灾热释放速率随时间的平方非线性发展，是轰燃的发生阶段。

　　3) 最盛期

　　通风控制火灾，火势大小由建筑物的通风情况决定。

　　4) 熄灭期

　　火灾由最盛期开始消减，直至熄灭。

　　2. 火灾的防治途径

　　1) 设计与评估

　　在建筑工程施工前就考虑到火灾，进行安全设计，对已有的建筑和工程可以进行危险性评估，从而确定人员和财产的火灾安全性能。

　　2) 阻燃

　　对建筑材料和结构进行阻燃处理，降低火灾发生的概率和发展的速率。

　　3) 火灾探测

　　一旦火灾发生，要准确、及时地发现它，并克服误报警因素。

4) 灭火

发现火灾之后，要合理配置资源，迅速安全地扑灭火灾。

11.1.2 施工现场防火要求

建筑工程施工现场防火要求应满足《建筑工程施工现场消防安全技术规范》(GB/T 50720—2011)的要求。

1. 建筑施工现场的防火管理内容

(1) 施工单位必须按照已批准的设计图纸和施工方案组织施工，有关防火安全措施不得擅自改动。在工程竣工后，取得建筑消防设施技术测试报告。

(2) 建立健全建筑工地的安全防火责任制度，贯彻执行现行的工地防火规章制度。

(3) 建筑工地要认真执行"三清五好"管理制度。

(4) 临时工、合同工等各类新工人进入施工现场，都要进行防火安全教育和防火知识的学习，经考试合格后方能上岗工作。

(5) 建筑工地都必须制定防火安全措施，并及时向有关人员、作业班组交底落实。做好生产、生活用火的管理。

2. 建筑木工防火安全要求

建筑工地的木工作业场所要严禁动用明火，工人吸烟要到休息室。工作场地和个人工具箱内要严禁存放油料和易燃易爆物品。要经常对工作间内的电气设备及线路进行检查，发现短路、电气打火和线路绝缘老化破损等情况要及时找电工维修。电锯、电刨子等木工设备在作业时，注意勿使刨花、锯末等物将电机盖上。熬水胶使用的炉子，应在单独房间里进行，用后要立即熄灭。

木工作业要严格执行建筑安全操作规程，完工后必须做到现场清理干净，剩下的木料堆放整齐，锯末、刨花要堆放在指定的地点，并且不能在现场存放时间过长，防止自燃起火。

 应用案例 11-1

1980年4月19日凌晨2时许，北京安定门某建筑工程队木工车间用火灶烘烤木料时，由于无人看管，温度过高将木料烤着起火。虽该工程队夜间有值班人员，但只负责巡视车间外边情况，对烘烤木料不进行查看，直到大火蔓延时才被发现。此时，被烘烤的木料与工房被付之一炬，所幸没有造成人员伤亡。

为防止类似事故发生，烘烤木料必须有专人监视查看，不可麻痹大意。还应注意，有的用蒸汽干燥木材，虽没有明火，有时也可起火。运用蒸汽干燥木材有两种形式：一种是干燥窑，专门干燥方木或板材，因为它是在1 000℃以下进行干燥的，所以属于低温干燥设备；另一种是干燥机，用于干燥薄木、单板，温度较高，一般是1 400～1 500℃，最高可达1 600～1 700℃，因此属于高温干燥的设备。而木材的一般着火点在200～300℃范围内。采用这种蒸汽干燥设备，因没有明火，温度也容易控制，所以在一般情况下是不会起火的。但因木材中约含有有机物达99%以上。这些有机物中以纤维质为主，还有一些木材质，其成分都是碳水化合物。所以木材在干燥过程中，即使只有100℃的温度，但由于长时间的加热，也能分解碳化，引起自燃。因此，虽用蒸汽干燥木材，也不可没有

防范火灾之心，千万麻痹不得。作业现场，都应当配备必要的灭火器材，并要有人不断检查作业是否正常，确保安全生产。

(引自徐忠权. 建筑业常见事故防范手册[M]. 北京：中国建材工业出版社，2003)

3. 建筑电工防火安全要求

1) 预防短路造成火灾的措施

建筑工地临时线路都必须使用护套线，导线绝缘必须符合电路电压要求。导线与导线、导线与墙壁和顶棚之间应有符合规定的间距。线路上要安装合适的熔断丝和漏电断路器。

2) 预防过负荷造成火灾的措施

根据负荷合理选用导线截面，不得随意在线路上接入过多负载。

3) 预防电火花和电弧产生的措施

裸导线间或导体与接地体间应保持有足够的距离。防止布线过松。经常检查导线的绝缘电阻，保持绝缘的强度和完整。保险器或开关应装在不燃的基座上，并用不燃箱盒保护。不应带电安装和修理电气设备。

4. 油漆工防火安全要求

油漆作业所使用的材料都是易燃、易爆的化学材料。因此，无论油漆的作业场地或临时存放的库房，都要严禁动用明火。室内作业时，一定要有良好的通风条件，照明电气设备必须使用防爆灯头，禁止穿钉子鞋出入现场，严禁吸烟，周围的动火作业要在 10m 以外。

 应用案例 11-2

1988 年 1 月 6 日上午某建筑公司在解放军 304 医院病房楼施工，当时工程已处于装修、油漆粉刷阶段，油工詹某到油漆间取稀料，当他打开一桶稀料的盖时，大量稀料从桶口喷出，直喷屋顶，詹某全身被喷。当他取完稀料走出油漆间关门时，突然发生了爆炸燃烧，气浪将油漆间窗户冲破，火焰喷向室外，浓烟滚滚窜入走廊。经市消防队扑救，油漆间存放的 60 多千克汽油全部烧光，300 多千克稀料(4 桶)和 150 千克油漆(10 桶)约烧去各半，詹某被当场烧死，另有 8 名工人及 1 名女护士烧伤，均住院治疗。

造成这次稀料着火与爆炸的直接原因，除了詹某开启稀料桶不当外，还因油漆间周边有电气设备火花隐患有关。

为了避免同类事故发生，稀料桶必须存放在阴凉的库房，不能晒太阳，冬天室内不可有暖气，对刚移动的稀料桶不宜马上开盖。因搬动后的稀料桶马上开盖引发喷料事故的，工程上屡有发生，所以开启类似具有易燃易爆危险物料的包装，必须轻手轻脚慢开，并在开启前一定不要将物料桶作剧烈挪动。现场对类似危险物品的存放量必须控制在最低限量，危险物料应存放在周边无电气火花及其他火源、热源的阴凉地方，以确保存放与使用安全。

(引自徐忠权. 建筑业常见事故防范手册[M]. 北京：中国建材工业出版社，2003)

11.1.3　施工现场平面布置

1. 防火间距要求

施工现场临时办公、生活、生产、物料存贮等功能区宜相对独立布置，防火间距应符合下列规定。

(1) 易燃易爆危险品库房与在建工程的防火间距不应小于 15m，可燃材料堆场及其加工场、固定动火作业场与在建工程的防火间距不应小于 10m，其他临时用房、临时设施与在建工程的防火间距不应小于 6m。

(2) 施工现场主要临时用房、临时设施的防火间距不应小于表 11-1 的规定，当办公用房、宿舍成组布置时，其防火间距可适当减小，但应符合下列规定。

① 每组临时用房的栋数不应超过 10 栋，组与组之间的防火间距不应小于 8m。

② 组内临时用房之间的防火间距不应小于 3.5m，当建筑构件燃烧性能等级为 A 级时，其防火间距可减少到 3m。

表 11-1　施工现场主要临时用房、临时设施的防火间距　　　　　　　　单位：m

名称间距名称	办公用房、宿舍	发电机房、变配电房	可燃材料库房	厨房操作间、锅炉房	可燃材料堆场及其加工场	固定动火作业场	易燃易爆危险品库房
办公用房、宿舍	4	4	5	5	7	7	10
发电机房、变配电房	4	4	5	5	7	7	10
可燃材料库房	5	5	5	5	7	7	10
厨房操作间、锅炉房	5	5	5	5	7	7	10
可燃材料堆场及其加工场	7	7	7	7	7	10	10
固定动火作业场	7	7	7	7	10	10	12
易燃易爆危险品库房	10	10	10	10	10	12	12

注：1. 临时用房、临时设施的防火间距应按临时用房外墙外边线或堆场、作业场、作业棚边线间的最小距离计算，当临时用房外墙有突出可燃构件时，应从其突出可燃构件的外缘算起。

2. 两栋临时用房相邻较高一面的外墙为防火墙时，防火间距不限。

3. 本表未规定的，可按同等火灾危险性的临时用房、临时设施的防火间距确定。

2. 现场的道路及消防要求

(1) 施工现场内应设置临时消防车道，临时消防车道与在建工程、临时用房、可燃材料堆场及其加工场的距离不宜小于 5m，且不宜大于 40m；施工现场周边道路满足消防车通行及灭火救援要求时，施工现场内可不设置临时消防车道。

(2) 临时消防车道的设置应符合下列规定。

① 临时消防车道宜为环形，设置环形车道确有困难时，应在消防车道尽端设置尺寸不小于 12m×12m 的回车场。

② 临时消防车道的净宽度和净空高度均不应小于 4m。

③ 临时消防车道的右侧应设置消防车行进路线指示标志。

④ 临时消防车道路基、路面及其下部设施应能承受消防车通行压力及工作荷载。

(3) 下列建筑应设置环形临时消防车道，设置环形临时消防车道确有困难时，除应按本规范第(2)条的规定设置回车场外，尚应按本规范第(4)条的规定设置临时消防救援场地。

① 建筑高度大于 24m 的在建工程。

② 建筑工程单体占地面积大于 3 000m^2 的在建工程。

③ 超过 10 栋，且成组布置的临时用房。

(4) 临时消防救援场地的设置应符合下列规定。

① 临时消防救援场地应在在建工程装饰装修阶段设置。

② 临时消防救援场地应设置在成组布置的临时用房场地的长边一侧及在建工程的长边一侧。

③ 临时救援场地宽度应满足消防车正常操作要求，且不应小于 6m，与在建工程外脚手架的净距不宜小于 2m，且不宜超过 6m。

3. 临时消防设施要求

1) 一般规定

(1) 施工现场应设置灭火器、临时消防给水系统和应急照明等临时消防设施。

(2) 临时消防设施应与在建工程的施工同步设置。房屋建筑工程中，临时消防设施的设置与在建工程主体结构施工进度的差距不应超过 3 层。

(3) 在建工程可利用已具备使用条件的永久性消防设施作为临时消防设施。当永久性消防设施无法满足使用要求时，应增设临时消防设施，并应满足相应设施的设置要求。

(4) 施工现场的消火栓泵应采用专用消防配电线路。专用消防配电线路应自施工现场总配电箱的总断路器上端接入，且应保持不间断供电。

(5) 地下工程的施工作业场所宜配备防毒面具。

(6) 临时消防给水系统的贮水池、消火栓泵、室内消防竖管及水泵接合器等应设置醒目标志。

如图 11.1 所示为施工现场消防台。

图 11.1　施工现场消防台

2) 灭火器

(1) 在建工程及临时用房的下列场所应配置灭火器：

① 易燃易爆危险品存放及使用场所；

② 动火作业场所；

③ 可燃材料存放、加工及使用场所；

④ 厨房操作间、锅炉房、发电机房、变配电房、设备用房、办公用房、宿舍等临时用房；

⑤ 其他具有火灾危险的场所。

(2) 施工现场灭火器配置应符合下列规定：

① 灭火器的类型应与配备场所可能发生的火灾类型相匹配；

② 灭火器的最低配置标准应符合表 11-2 的规定；

③ 灭火器的配置数量应按现行国家标准《建筑灭火器配置设计规范》(GB 50140—2005) 的有关规定经计算确定，且每个场所的灭火器数量不应少于 2 具；

④ 灭火器的最大保护距离应符合表 11-3 的规定。

3) 临时消防给水系统

(1) 施工现场或其附近应设置稳定、可靠的水源，并应能满足施工现场临时消防用水的需要。

消防水源可采用市政给水管网或天然水源。当采用天然水源时，应采取确保冰冻季节、枯水期最低水位时顺利取水的措施，并应满足临时消防用水量的要求。

(2) 临时消防用水量应为临时室外消防用水量与临时室内消防用水量之和。

(3) 临时室外消防用水量应按临时用房和在建工程的临时室外消防用水量的较大者确定，施工现场火灾次数可按同时发生 1 次确定。

(4) 临时用房建筑面积之和大于 1 000m^2 或在建工程单体体积大于 10 000m^3 时，应设置临时室外消防给水系统。当施工现场处于市政消火栓 150m 保护范围内，且市政消火栓的数量满足室外消防用水量要求时，可不设置临时室外消防给水系统。

表 11-2　灭火器的最低配置标准

项目	固体物质火灾		液体或可熔化固体物质火灾、气体火灾	
	单具灭火器最小灭火级别	单位灭火级别最大保护面积/(m^2/A)	单具灭火器最小灭火级别	单位灭火级别最大保护面积/(m^2/B)
易燃易爆危险品存放及使用场所	3A	50	89B	0.5
固定动火作业场	3A	50	89B	0.5
临时动火作业点	2A	50	55B	0.5
可燃材料存放、加工及使用场所	2A	75	55B	1.0
厨房操作间、锅炉房	2A	75	55B	1.0
自备发电机房	2A	75	55B	1.0
变配电房	2A	75	55B	1.0
办公用房、宿舍	1A	100	—	—

表 11-3　灭火器的最大保护距离　　　　　　　　　　　　　　　　单位：m

灭火器配置场所	固体物质火灾	液体或可熔化固体物质火灾、气体火灾
易燃易爆危险品存放及使用场所	15	9
固定动火作业场	15	9
临时动火作业点	10	6
可燃材料存放、加工及使用场所	20	12
厨房操作间、锅炉房	20	12
发电机房、变配电房	20	12
办公用房、宿舍等	25	—

(5) 临时用房的临时室外消防用水量不应小于表 11-4 的规定。

表 11-4　临时用房的临时室外消防用水

临时用房的建筑面积之和	火灾延续时间/h	消火栓用水量/(L/s)	每支水枪最小流量/(L/s)
1 000m² <面积≤5 000m²	1	10	5
面积>5 000m²		15	5

(6) 在建工程的临时室外消防用水量不应小于表 11-5 的规定。

表 11-5　在建工程的临时室外消防用水量

在建工程(单体)体积	火灾延续时间/h	消火栓用水量/(L/s)	每支水枪最小流量/(L/s)
10 000m³ <体积≤30 000m³	1	15	5
体积>30 000m³	2	20	5

(7) 施工现场临时室外消防给水系统的设置应符合下列规定。

① 给水管网宜布置成环状。

② 临时室外消防给水干管的管径，应根据施工现场临时消防用水量和干管内水流计算速度计算确定，且不应小于 $DN100$。

③ 室外消火栓应沿在建工程、临时用房和可燃材料堆场及其加工场均匀布置，与在建工程、临时用房和可燃材料堆场及其加工场的外边线的距离不应小于 5m。

④ 消火栓的间距不应大于 120m。

⑤ 消火栓的最大保护半径不应大于 150m。

(8) 建筑高度大于 24m 或单体体积超过 30 000m³ 的在建工程，应设置临时室内消防给水系统。

(9) 在建工程的临时室内消防用水量不应小于表 11-6 的规定。

表 11-6　在建工程的临时室内消防用水量

建筑高度、在建工程体积(单体)	火灾延续时间/h	消火栓用水量/(L/s)	每支水枪最小流量/(L/s)
24m<建筑高度≤50m 或 30 000m³<体积≤50 000m³	1	10	5
建筑高度>50m 或体积>50 000m³	1	15	5

(10) 在建工程临时室内消防设施也可与建筑永久消防设施联合设置，设置要求应符合《建筑工程施工现场消防安全技术规范》(GB/T 50720—2011)的要求。

4) 应急照明

(1) 施工现场的下列场所应配备临时应急照明：

① 自备发电机房及变配电房；

② 水泵房；

③ 无天然采光的作业场所及疏散通道；

④ 高度超过 100m 的在建工程的室内疏散通道；

⑤ 发生火灾时仍需坚持工作的其他场所。

(2) 作业场所应急照明的照度不应低于正常工作所需照度的 90%，疏散通道的照度值不应小于 0.5 lx。

(3) 临时消防应急照明灯具宜选用自备电源的应急照明灯具，自备电源的连续供电时间不应小于 60min。

11.1.4　建筑防火要求

1. 临时用房防火

(1) 宿舍、办公用房的防火设计应符合下列规定。

① 建筑构件的燃烧性能等级应为 A 级。当采用金属夹芯板材时，其芯材的燃烧性能等级应为 A 级。

② 建筑层数不应超过 3 层，每层建筑面积不应大于 300m²。

③ 层数为 3 层或每层建筑面积大于 200m² 时，应设置不少于 2 部疏散楼梯，房间疏散门至疏散楼梯的最大距离不应大于 25m。

④ 单面布置用房时，疏散走道的净宽度不应小于 1.0m；双面布置用房时，疏散走道的净宽度不应小于 1.5m。

⑤ 疏散楼梯的净宽度不应小于疏散走道的净宽度。

⑥ 宿舍房间的建筑面积不应大于 30m²，其他房间的建筑面积不宜大于 100m²。

⑦ 房间内任一点至最近疏散门的距离不应大于 15m，房门的净宽度不应小于 0.8m，房间建筑面积超过 50m² 时，房门的净宽度不应小于 1.2m。

⑧ 隔墙应从楼地面基层隔断至顶板基层底面。

(2) 发电机房、变配电房、厨房操作间、锅炉房、可燃材料库房及易燃易爆危险品库房的防火设计应符合下列规定。

① 建筑构件的燃烧性能等级应为 A 级。

② 层数应为 1 层，建筑面积不应大于 200m²。

③ 可燃材料库房单个房间的建筑面积不应超过 30m²，易燃易爆危险品库房单个房间的建筑面积不应超过 20m²。

④ 房间内任一点至最近疏散门的距离不应大于 10m，房门的净宽度不应小于 0.8m。

(3) 其他防火设计应符合下列规定。

① 宿舍、办公用房不应与厨房操作间、锅炉房、变配电房等组合建造。

② 会议室、文化娱乐室等人员密集的房间应设置在临时用房的第一层，其疏散门应向疏散方向开启。

2. 在建工程防火

(1) 在建工程作业场所的临时疏散通道应采用不燃、难燃材料建造并与在建工程结构施工同步设置，也可利用在建工程施工完毕的水平结构、楼梯。

(2) 在建工程作业场所临时疏散通道的设置应符合下列规定。

① 耐火极限不应低于 0.5h。

② 设置在地面上的临时疏散通道，其净宽度不应小于 1.5m；利用在建工程施工完毕的水平结构、楼梯作临时疏散通道，其净宽度不应小于 1.0m；用于疏散的爬梯及设置在脚手架上的临时疏散通道，其净宽度不应小于 0.6m。

③ 临时疏散通道为坡道时，且坡度大于 25°时，应修建楼梯或台阶踏步或设置防滑条。

④ 临时疏散通道不宜采用爬梯，确需采用爬梯时，应有可靠的固定措施。

⑤ 临时疏散通道的侧面如为临空面，必须沿临空面设置高度不小于 1.2m 的防护栏杆。

⑥ 临时疏散通道设置在脚手架上时，脚手架应采用不燃材料搭设。

⑦ 临时疏散通道应设置明显的疏散指示标识。

⑧ 临时疏散通道应设置照明设施。

(3) 既有建筑进行扩建、改建施工时，必须明确划分施工区和非施工区。施工区不得营业、使用和居住；非施工区继续营业、使用和居住时，应符合下列要求。

① 施工区和非施工区之间应采用不开设门、窗、洞口的耐火极限不低于 3.0h 的不燃烧体隔墙进行防火分隔。

② 非施工区内的消防设施应完好和有效，疏散通道应保持畅通，并应落实日常值班及消防安全管理制度。

③ 施工区的消防安全应配有专人值守，发生火情应能立即处置。

④ 施工单位应向居住和使用者进行消防宣传教育、告知建筑消防设施、疏散通道的位置及使用方法，同时应组织进行疏散演练。如图 11.2 所示为施工现场消防演练。

图 11.2 施工现场消防演练

⑤ 外脚手架搭设不应影响安全疏散、消防车正常通行及灭火救援操作；外脚手架搭设长度不应超过该建筑物外立面周长的 1/2。

(4) 外脚手架、支模架的架体宜采用不燃或难燃材料搭设，其中，下列工程的外脚手架、支模架的架体应采用不燃材料搭设。

① 高层建筑。

② 既有建筑改造工程。

(5) 下列安全防护网应采用阻燃型安全防护网。

① 高层建筑外脚手架的安全防护网。

② 既有建筑外墙改造时，其外脚手架的安全防护网。

③ 临时疏散通道的安全防护网。

(6) 作业场所应设置明显的疏散指示标志，其指示方向应指向最近的临时疏散通道入口。

(7) 作业层的醒目位置应设置安全疏散示意图。

动火级别管理

严格执行临时动火"三级"审批制度，领取动火作业许可证后，方能动火作业。

(1) 一级动火。即可能发生一般火灾事故的(没有明显危险因素的场所)，由项目部的技术安全部门和保卫部门提出意见，经项目部的防火责任人审批。

(2) 二级动火。即可能发生重大火灾事故的，由项目部的技术安全部门和保卫部门提出意见，项目部防火责任人加具意见，报公司技术安全科会同保卫科共同审核，报公司防火责任人审批，并报市消防部门备案。如有疑难问题，还需邀请市劳动、公安、消防等有关部门的专业人员共同研究审批。

(3) 三级动火。即可能发生特大火灾事故的，由公司技术安全科和保卫科提出意见，公司防火责任人审批，并报市消防部门备案。如有疑难问题，还需邀请市劳动、公安、消防等有关部门的专业人员共同研究审批。

11.1.5 季节防火要求

1. 冬季施工的防火要求

(1) 强化冬季防火安全教育，提高全体员工的防火意识。对施工员工进行冬季施工的防火安全教育是做好冬季施工防火安全工作的关键。只有人人重视防火工作，处处想着防火工作，在做每一件工作时都与防火工作相联系，不断提高全体员工的防火意识，冬季施工防火工作才能有保证。

(2) 供暖锅炉房的防火要求。

① 锅炉房宜建造在施工现场的下风方向，距在建工程、易燃可燃建筑、露天可燃材料堆场、料库等有一定距离。

② 锅炉房应不低于二级耐火等级，锅炉房的门应向外开启，锅炉正面与墙的距离应不小于 3m，锅炉与锅炉之间的距离不小于 1m。

③ 锅炉房应有适当通风和采光，锅炉上的安全设备应有良好照明。

④ 锅炉烟道和烟囱与可燃物应保持一定的距离：金属烟囱距可燃结构不小于 100cm；已做防火保护层的可燃结构不小于 70cm；砖砌的烟囱和烟道其内表面距可燃结构不小于 50cm，其外表面不小于 10cm。未采取消烟除尘措施的锅炉，其烟囱应设防火星帽。

⑤ 严格值班检查制度，锅炉开火以后，司炉人员不准离开工作岗位，值班时间绝不允许睡觉和做无关的事。司炉人员下班时，须向下班做好交接班，并记录锅炉运行情况。

(3) 火炉安装与使用的防火要求。

① 各种金属与砖砌火炉，必须完整良好，不得有裂缝，各种金属火炉与楼板支柱、斜撑、拉杆等可燃物的距离不小于 1m，已做保护层的火炉距可燃物的距离不小于 70cm。各种砖砌火炉壁厚不得小于 30cm。在没有烟囱的火炉上方不得有拉杆、斜撑等可燃物，必要时须架设铁板等非燃材料隔热，其隔热板应比炉顶外围的每一边都多出 15cm 以上。

② 在木地板上安装火炉，必须设置炉盘，有脚的火炉炉盘厚度不得小于 12cm，无脚的火炉盘厚度不得小于 18cm。炉盘应伸出炉门前 50cm，伸出炉后左右各 15cm。各种火炉应根据需要设置高出炉身的火档。

③ 金属烟囱一节插入另一节的尺寸不得小于烟囱的半径，衔接地方要牢固。各种金属烟囱与板壁、支柱、模板等可燃物的距离不得小于 30cm。距已做保护层的可燃物不得小于 15cm。各种小型加热火炉的金属烟囱穿过板壁、窗户、挡风墙、暖棚等必须设铁板，从烟囱周边到铁板的尺寸，不得小于 5cm。

④ 各种火炉的炉身、烟囱出口等部分与电源线和电气设备应保持 50cm 以上的距离。

⑤ 火炉由受过安全消防常识教育的人看守。移动各种加热火炉时，先将火熄灭后方准移动。掏出的炉灰必须随时用水浇灭后倒在指定地点。不准在火炉上熬炼油料、烘烤易燃物品。每层都应配备灭火器材。

 **应用案例 11-3**

1996 年 11 月 29 日，黑龙江省安达市某施工队，在大庆市东丰新村施工工地作业时，由于临时工棚内取暖炉失火发生火灾。死亡 5 人，重伤 1 人。

为了防止冬季施工中各种火炉引发火灾，火炉必须根据规定安装使用。建筑工地上的各种火炉要与周围的模板、支柱、拉杆、床铺等保持安全距离，水平距离不得小于 1m，距已做保护层的可燃墙壁不得小于 40cm。炉火上方有可燃物的，应拆除或用铁板、石棉板遮挡。在木板地板上安装火炉，必须用炉盘。各种火炉的金属烟囱距电线、顶棚、板壁等不可小于 30cm。如属锅炉、茶炉的金属烟筒距可燃物品应大于 1m。工程内的火炉烟囱必须伸出脚手架、暖棚、挡风墙等 1m 以外，并架设防火帽。生产区的烟囱必须伸出屋檐 30cm，如屋面是可燃材料，应加防火帽。工地设置各种炉火，应经保卫消防部门审批。各种炉火要有专人负责防火工作，掏出炉灰应用水熄灭后，倒在指定安全地点。

(引自徐忠权. 建筑业常见事故防范手册[M]. 北京：中国建材工业出版社，2003)

(4) 易燃、可燃材料的防火要求。

① 使用可燃材料进行保温的工程，必须设专人进行监护巡逻检查。

② 合理安排施工工序及网络图，一般是将用火作业安排在前，保温材料安排在后。

③ 保温材料定位后，禁止一切用火、用电作业，特别是下层进行保温作业，上层进行用火、用电作业。

④ 照明线路、照明灯具应远离可燃的保温材料。

⑤ 保温材料使用完以后，要及时进行清理，集中进行存放保管。

(5) 消防器材的保温防冻工作。

① 冬季施工工地，应尽量安装地下消火栓，在入冬前应进行一次试水，加少量润滑油，消火栓用草帘、锯木等覆盖，以防冻结。

② 及时扫除消火栓上的积雪，以免雪化后将消火栓井盖冻住。高层临时消防竖管应进行保温或将水放空，消防水泵内应考虑采暖措施，以免冻结。

③ 做好消防水池的保温防冻工作，随时进行检查，发现冻结时应进行破冻处理。一般方法是在水池上盖上木板，木板上再盖上不小于 40～50cm 厚的稻草、锯末等。

④ 入冬前应将泡沫灭火器、清水灭火器等放入有采暖的地方，并套上保温套。

2. 雨季和夏季施工的防火要求

(1) 雨季施工到来之前，应对每个配电箱、用电设备进行一次检查，并采取相应的防雨措施，防止因短路造成起火事故。

(2) 在雨季要随时检查有树木的地方电线的情况，及时改变线路的方向或砍掉离电线过近的树枝。

(3) 油库、易燃易爆物品库房、塔式起重机、卷扬机架、脚手架、在施工的高层建筑工程等部位及设施都应安装避雷设施。

(4) 防止雷击的方法是安装避雷装置，其基本原理是将雷电引入大地而消失，以达到防雷的目的。安装的避雷装置必须能保护住受保护的部位或设施。避雷装置 3 个组成部分必须符合规定，接地电阻不应大于规定的欧姆数值。

(5) 每年雨季之前，应对避雷装置进行一次全面检查，并用仪器进行摇测，发现问题及时解决，使避雷装置处于良好状态。

(6) 电石、乙炔气瓶、氧气瓶、易燃液体等，禁止露天存放，防止受雷击、日晒发生起火事故。

(7) 生石灰、石灰粉的堆放应远离可燃材料，防止因受潮或雨淋产生高热，引起周围可燃材料起火。

11.1.6 防火检查

1. 防火检查的内容

(1) 检查用火、用电和易燃易爆物品及其他重点部位生产储存、运输过程中的防火安全情况和建筑结构布置、水源、道路是否符合防火要求。

(2) 火险隐患整改情况。

(3) 检查义务和专职消防队组织及活动情况。

(4) 检查各级防火责任制、岗位责任制、八大工种责任书和各项防火安全制度执行情况。

(5) 检查三级动火审批及动火证、操作证、消防设施、器材管理及使用情况。

(6) 检查防火安全宣传教育，外包工管理等情况。

(7) 检查十项标准是否落实，基础管理是否健全，防火档案资料是否齐全，发生事故是否按"三不放过"原则进行处理。

2. 火险隐患整改的要求

(1) 领导重视。火险隐患能不能及时进行整改，关键在于领导。有些重大火险隐患，之所以成了"老检查、老问题、老不改"的"老大难"问题，是与有的领导不够重视防火安全分不开的。事实证明，光检查不整改，势必养患成灾，到时想改也来不及了。一旦发生了火灾事故，与整改隐患比较起来，在人力、物力、财力等各个方面所付出的代价不知要高出多少倍。因此，迟改不如早改。

(2) 边查边改。对检查出来的火险隐患，要求施工单位能立即纠正的，就立即纠正，不要拖延。

(3) 对立即不能解决的火险隐患，检查人员逐件登记、定项、定人、定措施，限期整改，并建立立案、销案制度。

(4) 对重大火险隐患，经施工单位自身的努力仍得不到解决的，公安消防监督机关应该督促他们及时向上级主管机关报告，求得解决，同时采取可靠的临时性措施。对能够整改而又不认真整改的部门、单位，公安消防监督机关要发出重大火险隐患通知书。

(5) 对遗留下来的建筑规划布局、消防通道、水源等方面的问题，一时确实无法解决的，公安消防监督机关应提请有关部门纳入建设规划，逐步加以解决；在没有解决前，要采取临时性的补救措施，以保证安全。

 知 识 链 接

施工现场灭火

1. 灭火方法

1) 窒息灭火方法

窒息灭火方法就是阻止空气流入燃烧区，或用不燃物质(气体)冲淡空气，使燃烧物质断绝氧气的助燃而使火熄灭。这种灭火方法，仅适应于扑救比较密闭的房间、地下室和生产装置设备等部位发生的火灾。

在火场上运用窒息法扑灭火灾时，可采用浸湿的棉被、帆布、海草席等不燃或难燃材料覆盖燃烧物或封闭孔洞；用水蒸气、惰性气体或二氧化碳、氮气充入燃烧区域内；利用建筑物原有的门窗以及生产贮运设备上的部件封闭燃烧区，阻止新鲜空气流入，以降低燃烧区内氧气的含量，从而达到窒息燃烧的目的。此外，在万不得已且条件又允许的情况下，也可采用水淹没(灌注)的方法扑灭火灾。

采取窒息法扑救火灾时，应注意以下几个问题。

(1) 燃烧部位的空间必须较小，又容易堵塞封闭，且在燃烧区域内没有氧化剂物质存在。

(2) 采取水淹方法扑救火灾时，必须考虑到水对可燃物质作用后，不致产生不良的后果。

(3) 采取窒息法灭火后，必须在确认火已熄灭时，方可打开孔洞进行检查，严防因过早打开封闭的房间或生产装置，而使新鲜空气流入燃烧区，引起新的燃烧，导致火势猛烈发展。

(4) 在条件允许的情况下，为阻止火势迅速蔓延，争取灭火战斗的准备时间，可先采取临时性的封闭窒息措施或先不打开门窗，使燃烧速度控制在最低程度，在组织好扑救力量后再打开门窗解除窒息封闭措施。

(5) 采用惰性气体灭火时，必须要保证燃烧区域内的惰性气体的数量，使燃烧区域内氧气的含量控制在 14%以下，以达到灭火的目的。

2) 冷却灭火法

冷却灭火法就是将灭火剂直接喷洒在燃烧物体上，使可燃物质的温度降低到燃点以下，以终止燃烧。在火场上，除了用冷却法扑灭火灾外，在必要的情况下可用冷却剂冷却建筑构件、生产装置、设备容器等，防止建筑结构变形造成更大的损失。

3) 隔离灭火法

隔离灭火法就是将燃烧物体和附近的可燃物质与火源隔离或疏散开，使燃烧失去可燃物质而停止。这种方法适用于扑救各种固体、液体和气体火灾。

采取隔离灭火法的具体措施是：将燃烧区附近的可燃、易燃和助燃物质，转移到安全地点；关闭阀门，阻止气体、液体流入燃烧区；设法阻拦流散的易燃、可燃液体或扩散的可燃气体；拆除与燃烧区相毗连的可燃建筑物，形成防止火势蔓延的间距。

4) 抑制灭火法

抑制灭火法与前 3 种灭火方法不同。它是使灭火剂参与燃烧反应过程，使燃烧过程中产生的游离基消失，从而形成稳定分子或低活性的游离基，使燃烧反应停止。目前抑制法灭火常用的灭火剂有 1211、1202、1301 灭火剂。

2. 消防设施布置要求

1) 消防给水的设置原则

(1) 高度超过 24m 的工程。

(2) 层数超过 10 层的工程。

(3) 重要的及施工面积较大的工程。

2) 消防给水管网

(1) 工程临时竖管不应少于两条，成环状布置，每根竖管的直径应根据要求的水柱股数，按最上层消火栓出水计算，但不小于 100 mm。

(2) 高度小于 50m，每层面积不超过 500m² 的普通塔式住宅及公共建筑，可设一条临时竖管。

3) 临时消火栓布置

(1) 工程内临时消火栓应分设于各层明显且便于使用的地点，并保证消火栓的充实水柱能到达工程任何部位。栓口出水方向宜与墙壁成 90°角，离地面 1.2m。

(2) 消火栓口径应为 65mm，配备的水带每节长度不宜超过 20m，水枪喷嘴口径不小于 19mm。每个消火栓处宜设启动消防水泵的按钮。

(3) 临时消火栓的布置应保证充实水柱能到达工程内任何部位。

4) 施工现场灭火器的配备

(1) 一般临时设施区，每 $100m^2$ 配备两个 10L 灭火器，大型临时设施总面积超过 $1\,200m^2$ 的，应备有专供消防用的太平桶、积水桶(池)、黄沙池等器材设施。

(2) 木工间、油漆间、机具间等每 $25m^2$ 应配置一个合适的灭火器；油库、危险品仓库应配备足够数量、种类的灭火器。

(3) 仓库或堆料场内，应根据灭火对象的特性，分组布置酸碱、泡沫、清水、二氧化碳等灭火器。每组灭火器不少于 4 个，每组灭火器之间的距离不大于 30m。

11.2　施工现场文明施工管理

11.2.1　施工现场文明施工

1. 文明施工的概念

文明施工是保持施工现场良好的作业环境、卫生环境和工作秩序。文明施工主要包括以下几个方面的工作。

(1) 规范施工现场的场容，保持作业环境的整洁卫生。

(2) 科学组织施工，使生产有序进行。

(3) 减少施工对周围居民和环境的影响。

(4) 保证施工人员的安全和身体健康。

2. 现场文明施工的策划

1) 工程项目文明施工管理组织体系

(1) 施工现场文明施工管理组织体系根据项目情况有所不同：以机电安装工程为主、土建为辅的工程项目，机电总承包单位作为现场文明施工管理的主要负责人；以土建施工为主、机电安装为辅的项目，土建施工总承包单位作为现场文明施工管理的主要负责人；机电安装工程各专业分包单位在总承包单位的总体部署下，负责分包工程的文明施工管理系统。

(2) 施工总承包文明施工领导小组，在开工前参照项目经理部编制的"项目管理实施规划"或"施工组织设计"，全面负责对施工现场的规划，制定各项文明施工管理制度，划分责任区，明确责任负责人，对现场文明施工管理具有落实、监督、检查、协调职责，并有处罚、奖励权。

2) 工程项目文明施工策划(管理)的主要内容

(1) 现场管理。

(2) 安全防护。

(3) 临时用电安全。

(4) 机械设备安全。

(5) 消防、保卫管理。

(6) 材料管理。

(7) 环境保护管理。

(8) 环卫卫生管理。

(9) 宣传教育。

3. 组织和制度管理

(1) 施工现场应成立以项目经理为第一责任人的文明施工管理组织。分包单位应服从总包单位的文明施工管理组织的统一管理，并接受监督检查。

(2) 各项施工现场管理制度应有文明施工的规定，包括个人岗位责任制、经济责任制、安全检查制度、持证上岗制度、奖惩制度、竞赛制度和各项专业管理制度等。

(3) 加强和落实现场文明检查、考核及奖惩管理，以促进施工文明管理工作的提高。检查范围和内容应全面周到，包括生产区、生活区、场容场貌、环境文明及制度落实等内容。检查发现的问题应采取整改措施。

(4) 施工组织设计(方案)中应明确对文明施工的管理规定，明确各阶段施工过程中现场文明施工所采取的各项措施。

(5) 收集文明施工的资料，包括上级关于文明施工的标准、规定、法律法规等资料，并建立其相应保存的措施。建立施工现场相应的文明施工管理的资料系统并整理归档。

① 文明施工自检资料。

② 文明施工教育、培训、考核计划的资料。

③ 文明施工活动各项记录资料。

(6) 加强文明施工的宣传和教育。

在坚持岗位练兵基础上，要采取派出去、请进来、短期培训、上技术课、登黑板报、广播、看录像、看电视等方法狠抓教育工作。要特别注意对临时工的岗前教育。专业管理人员应熟悉掌握文明施工的规定。

11.2.2　工程现场文明施工要求

1. 文明施工一般要求

(1) 施工现场必须设置明显的标牌，标明工程项目名称、建设单位、设计单位、施工单位、项目经理和施工现场总代表人的姓名、开竣工日期、施工许可证批准文号等。施工单位负责施工现场标牌的保护工作。

(2) 施工现场的管理人员在施工现场应当佩戴证明其身份的证卡。

(3) 应当按照施工总平面布置图设置各项临时设施。现场堆放的大宗材料、成品、半成品和机具设备不得侵占场内道路及安全防护等设施。

(4) 施工现场的用电线路、用电设施的安装和使用必须符合安装规范和安全操作规程，并按照施工组织设计进行架设，严禁任意拉线接电。施工现场必须设有保证施工安全要求的夜间照明；危险潮湿场所的照明以及手持照明灯具，必须采用符合安全要求的电压。

(5) 施工机械应当按照施工总平面布置图规定的位置和线路设置，不得任意侵占场内道路。施工机械进场须经过安全检查，经检查合格的方能使用。施工机械操作人员必须建立机组责任制，并依照有关规定持证上岗，禁止无证人员操作。

(6) 应保证施工现场道路畅通，排水系统处于良好的使用状态；保持场容场貌的整洁，随时清理建筑垃圾。在车辆、行人通行的地方施工，应当设置施工标志，并对沟井坎穴进行覆盖。

【参考图文】

(7) 施工现场的各种安全设施和劳动保护器具，必须定期进行检查和维护，及时消除隐患，保证其安全有效。

(8) 施工现场应当设置各类必要的员工生活设施，并符合卫生、通风、照明等要求。员工的膳食、饮水供应等应当符合卫生要求。

(9) 应当做好施工现场安全保卫工作，采取必要的防盗措施，在现场周边设立围护设施。

(10) 应当严格依照《中华人民共和国消防条例》的规定，在施工现场建立和执行防火管理制度，设置符合消防要求的消防设施，并保持完好的备用状态。在容易发生火灾的地区施工，或者储存、使用易燃易爆器材时，应当采取特殊的消防安全措施。

(11) 施工现场发生工程建设重大事故的处理，依照《工程建设重大事故报告和调查程序规定》执行。

2. 现场文明施工的措施

1) 现场管理

(1) 工地现场设置大门和连续、密闭的临时围护设施，且牢固、安全、整齐美观；围护外部色彩与周围环境协调。

(2) 严格按照相关文件规定的尺寸和规格制作各类工程标志标牌(图 11.3)，如施工总平面图、工程概况牌、文明施工管理牌、组织网络牌、安全记录牌、防火须知牌等。其中，工程概况牌设置在工地大门入口处，标明项目名称、规模、开竣工日期、施工许可证号、建设单位、设计单位、施工单位、监理单位和联系电话等。

图 11.3 施工现场图牌栏

(3) 场内道路要平整、坚实、畅通，有完善的排水措施；严格按施工组织设计中平面布置图划定的位置整齐堆放原材料和机具、设备。

(4) 施工区和生活、办公区有明确的划分；责任区分片包干，岗位责任制健全，各项管理制度健全并上墙；施工区内废料和垃圾及时清理，成品保护措施健全有效。

2) 安全防护

(1) 安全帽、安全带佩戴符合要求；特殊工种个人防护用品符合要求。

(2) 预留洞口、电梯口防护符合要求，电梯井内每隔两层(不大于 10m)设一安全网。

(3) 脚手架搭设牢固、合理，梯子使用符合要求。

(4) 设备、材料放置安全合理，施工现场无违章作业。

(5) 安全技术交底及安全检查资料齐全，大型设备吊装运输方案有审批手续。

3) 临时用电

(1) 施工区、生活区、办公区的配电线路架设及照明设备、灯具的安装和使用应符合规范要求；特殊施工部位的内外线路按规范要求采取特殊安全防护措施。

(2) 配电箱和开关箱选型、配置合理，安装符合规定，箱体整洁、牢固，具备防潮、防水功能。

(3) 配电系统和施工机具采用可靠的接零或接地保护，配电箱和开关箱设两级漏电保护；值班电工个人防护整齐，持证上岗。

(4) 电动机具电源线压接牢固，绝缘完好，无乱拉、扯、压、砸现象；电焊机一、二次线防护齐全，焊把线双线到位，无破损。

(5) 临时用电有设计方案和管理制度，值班电工有值班、检测、维修记录。

4) 机械设备

(1) 室外设备有防护棚、罩；设备及加工场地整齐、平整，无易燃及障碍物。

(2) 设备的安全防护装置、操作规程、标志、台账、维护保养等齐全并符合要求；操作人员持证上岗。

(3) 起重机械和吊具的使用应符合其性能、参数及施工组织设计(方案)的规定。

5) 消防、保卫

(1) 施工现场有明显防火标志，消防通道畅通，消防设施、工具、器材符合要求；施工现场不准吸烟。

(2) 易燃、易爆、剧毒材料的领退、存放、使用应符合相关规定。

(3) 明火作业符合规定要求，电、气焊工必须持证上岗。

(4) 施工现场有保卫、消防制度和方案、预案，有负责人和组织机构，有检查落实和整改措施。

6) 材料管理

(1) 工地的材料、设备、库房等按平面图规定地点、位置设置；材料、设备分规格存放整齐、有标志、管理制度、资料齐全并有台账。

(2) 料场、库房整齐，易燃、易爆物品单独存放，库房有防火器材。活完料净脚下清，施工垃圾集中存放、回收、清运。

7) 环境保护

(1) 施工中使用易飞撒物料(如矿棉)、熬制沥青、有毒溶剂等，应有防大气污染措施。主要场地应全部实现硬底化，未做硬底化的场地，要定期压实地面和洒水，减少灰尘对周围环境的污染。

(2) 施工及生活废水、污水、废油按规定处理后排放到指定地点。

(3) 强噪声机械设备的使用应有降噪措施，人为活动噪声应有控制措施，防止污染周围居民工作与生活。当施工噪声可能超过施工现场的噪声限值时，应在开工前向建设行政主管部门和环保部门申请，核准后才能开工。

(4) 夜间施工应向有关部门申请，核准后才能施工。

(5) 在施工组织设计中要有针对性的环保措施，建立环保体系并有检查记录。

8) 环卫管理

(1) 建立卫生管理制度，明确卫生责任人，划分责任区，有卫生检查记录。

(2) 施工现场各区域整齐清洁、无积水，运输车辆必须冲洗干净后才能离场上路行驶。

(3) 生活区宿舍整洁，不随意泼污水、倒污物，生活垃圾按指定地点集中，及时清理。

(4) 食堂应符合卫生标准，加工、保管生熟食品要分开，炊事员上岗须穿戴工作服帽，持有效的健康证明。

(5) 卫生间屋顶、墙壁严密，门窗齐全有效，按规定采用水冲洗或加盖措施，每日有专人负责清扫、保洁、灭蝇蛆。

(6) 应设茶水亭和茶水桶，做到有盖、加锁和有标志，夏季施工备有防暑降温措施；配备药箱，购置必要的急救、保健药品。

9) 宣传教育

(1) 现场组织机构健全，动员、落实、总结表彰工作扎实。

(2) 施工现场黑板报、宣传栏、标志标语板、旗帜等规范醒目，内容适时，使施工现场各类员工知法懂法并自觉遵守和维护国家的法律法令，提高员工的防火、防灾及质量、安全意识，防止和杜绝盗窃、斗殴及黄、赌、毒等非法活动的发生。

11.2.3　施工现场环境保护

施工现场环境保护是按照法律法规、各级主管部门和企业的要求，保护和改善作业现场的环境，控制现场的各种粉尘、废水、废气、固体废弃物、噪声、振动等对环境的污染和危害。环境保护也是文明施工的重要内容之一。

1. 环境保护措施的主要内容

1) 现场环境保护措施的制定

(1) 对确定的重要环境因素制定目标、指标及管理方案。

(2) 明确关键岗位人员和管理人员的职责。

(3) 建立施工现场对环境保护的管理制度。

(4) 对噪声、电焊弧光、无损检测等方面可能造成的污染和防治的控制。

(5) 易燃、易爆及其他化学危险品的管理。

(6) 废弃物，特别是有毒有害及危险品包装品等固体或液体的管理和控制。

(7) 节能降耗管理。

(8) 应急准备和响应等方面的管理制度。

(9) 对工程分包方和相关方提出现场保护环境所需的控制措施和要求。

(10) 对物资供应方提出保护环境行为要求，必要时在采购合同中予以明确。

2) 现场环境保护措施的落实

(1) 施工作业前，应对确定的与重要环境因素有关的作业环节，进行操作安全技术交底或指导，落实到作业活动中，并实施监控。

(2) 在施工和管理活动过程中，进行控制检查，并接受上级部门和当地政府或相关方的监督检查，发现问题立即整改。

(3) 进行必要的环境因素监测控制，如施工噪声、污水或废气的排放等，项目经理部自身无条件检测时，可委托当地环境管理部门进行检测。

【参考图文】

(4) 施工现场、生活区和办公区应配备的应急器材、设施应落实并完好，以备应急时使用。

(5) 加强施工人员的环境保护意识教育，组织必要的培训，使制定的环境保护措施得到落实。

2. 施工现场的噪声控制

噪声是影响与危害非常广泛的环境污染问题。噪声环境可以干扰人的睡眠与工作、影响人的心理状态与情绪，造成人的听力损失，甚至引起许多疾病，此外噪声对人们的对话干扰也是相当大的。

噪声控制技术可从声源、传播途径、接收者防护、严格控制人为噪声、控制强噪声作业的时间等方面来考虑。

1) 声源控制

从声源上降低噪声，这是防止噪声污染的最根本的措施。

尽量采用低噪声设备和工艺，代替高噪声设备与加工工艺，如低噪声振捣器、风机、电动空压机、电锯等。

在声源处安装消声器消声，即在通风机、鼓风机、压缩机、燃气机、内燃机及各类排气放空装置等进出风管的适当位置设置消声器。如图 11.4 所示为施工降噪棚。

图 11.4　施工降噪棚

2) 传播途径的控制

在传播途径上控制噪声方法主要有以下几种。

(1) 吸声：利用吸声材料(大多由多孔材料制成)或由吸声结构形成的共振结构(金属或木质薄板钻孔制成的空腔体)吸收声能，降低噪声。

(2) 隔声：应用隔声结构，阻碍噪声向空间传播，将接收者与噪声声源分隔。隔声结构包括隔声室、隔声罩、隔声屏障、隔声墙等。

(3) 消声：利用消声器阻止传播。允许气流通过的消声降噪是防治空气动力性噪声的主要装置，如对空气压缩机、内燃机产生的噪声进行消声等。

(4) 减振降噪：对来自振动引起的噪声，通过降低机械振动减小噪声，如将阻尼材料涂在振动源上，或改变振动源与其他刚性结构的连接方式等。

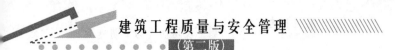
3) 接收者的防护

让处于噪声环境下的人员使用耳塞、耳罩等防护用品，减少相关人员在噪声环境中的暴露时间，以减轻噪声对人体的危害。

4) 严格控制人为噪声

进入施工现场不得高声喊叫、无故甩打模板、乱吹哨，限制高音喇叭的使用，最大限度地减少噪声扰民。

5) 控制强噪声作业的时间

凡在人口稠密区进行强噪声作业时，须严格控制作业时间，一般晚 10 点到次日早 6 点之间停止强噪声作业。施工现场的强噪声设备宜设置在远离居民区的一侧。对因生产工艺要求或其他特殊需要，确需在 22 时至次日 6 时期间进行强噪声工的，施工前建设单位和施工单位应到有关部门提出申请，经批准后方可进行夜间施工，并公告附近居民。

根据国家标准《建筑施工场界环境噪声排放标准》(GB 12523—2011)的要求，建筑施工过程中，场界环境噪声不得超过表 11-7 的排放限值。

表 11-7　建筑施工场界环境噪声排放限值　　　　　　　　　　　　单位：dB(A)

昼间	夜间
70	55

3. 施工现场空气污染的防治措施

施工现场宜采取措施硬化，其中主要道路、料场、生活办公区域必须进行硬化处理，土方应集中堆放。裸露的场地和集中堆放的土方应采取覆盖、固化或绿化等措施，施工现场垃圾渣土要及时清理出现场。

高大建筑物清理施工垃圾时，要使用封闭式的容器或者采取其他措施；处理高空废弃物，严禁凌空随意抛撒。

施工现场道路应指定专人定期洒水清扫，形成制度，防止道路扬尘。如图 11.5 所示为施工现场降尘。

图 11.5　施工现场降尘

对于细颗粒散体材料(如水泥、粉煤灰、白灰等)的运输、储存要注意遮盖、密封，防止和减少飞扬。

车辆开出工地要做到不带泥沙，基本做到不撒土、不扬尘，减少对周围环境的污染。如图 11.6 所示为施工现场洗车槽。施工现场混凝土搅拌场所应采取封闭、降尘措施。

图 11.6　施工现场洗车槽

除设有符合规定的装置外，禁止在施工现场焚烧油毡、橡胶、塑料、皮革、树叶、枯草、各种包装物等废弃物品，以及其他会产生有毒有害烟尘和恶臭气体的物质。

机动车都要安装减少尾气排放的装置，确保符合国家标准。

工地茶炉应尽量采用电热水器，若只能使用烧煤茶炉和锅炉时，应选用消烟除尘型茶炉和锅炉，大灶应选用消烟节能回风炉灶，使烟尘排放降至允许范围为止。

大城市市区的建设工程不允许搅拌混凝土。在容许设置搅拌站的工地，应将搅拌站封闭严密，并在进料仓上方安装除尘装置，采用可靠措施控制工地粉尘污染。

拆除旧建筑物时，应适当洒水，防止扬尘。

4. 建筑工地上常见的固体废物

1) 固体废物的概念

施工工地常见的固体废物如下。

(1) 建筑渣土：包括砖瓦、碎石、渣土、混凝土碎块、废钢铁、碎玻璃、废屑、废弃装饰材料等。废弃的散装建筑材料包括散装水泥、石灰等。

【参考图文】

(2) 生活垃圾：包括炊厨废物、丢弃食品、废纸、生活用具、玻璃、陶瓷碎片、废电池、废旧日用品、废塑料制品、煤灰渣、粪便、废交通工具、设备、材料等的废弃包装材料。

2) 固体废物对环境的危害

固体废物对环境的危害是全方位的，主要表现在以下几个方面。

(1) 侵占土地：由于固体废物的堆放，可直接破坏土地和植被。

(2) 污染土壤：固体废物的堆放中，有害成分易污染土壤，并在土壤中发生积累，给作物生长带来危害。部分有害物质还能杀死土壤中的微生物，使土壤丧失腐解能力。

【参考图文】

(3) 污染水体：固体废物遇水浸泡、溶解后，其有害成分随地表径流或土壤渗流，污染地下水和地表水；此外，固体废物还会随风飘迁进入水体造成污染。

(4) 污染大气：以细颗粒状存在的废渣垃圾和建筑材料在堆放和运输过程中，会随风扩散，使大气中悬浮的灰尘废弃物提高；此外，固体废物在焚烧等处理过程中，可能产生有害气体造成大气污染。

【参考图文】

(5) 影响环境卫生：固体废物的大量堆放，会招致蚊蝇滋生，臭味四溢，严重影响工地以及周围环境卫生，对员工和工地附近居民的健康造成危害。

3) 固体废物的主要处理方法

(1) 回收利用：回收利用是对固体废物进行资源化、减量化的重要手段之一。对建筑渣土可视其情况加以利用。废钢可按需要用做金属原材料。对废电池等废弃物应分散回收，集中处理。

(2) 减量化处理：减量化是对已经产生的固体废物进行分选、破碎、压实浓缩、脱水等，减少其最终处置量，降低处理成本，减少对环境的污染。在减量化处理的过程中，也包括和其他处理技术相关的工艺方法，如焚烧、热解、堆肥等。

(3) 焚烧技术：焚烧用于不适合再利用且不宜直接予以填埋处置的废物，尤其是对于受到病菌、病毒污染的物品，可以用焚烧进行无害化处理。焚烧处理应使用符合环境要求的处理装置，注意避免对大气的二次污染。

(4) 稳定和固化技术：利用水泥、沥青等胶结材料，将松散的废物包裹起来，减小废物的毒性和可迁移性，使得污染减少。

(5) 填埋：填埋是固体废物处理的最终技术，经过无害化、减量化处理的废物残渣集中到填埋场进行处置。填埋场应利用天然或人工屏障，尽量使需处置的废物与周围的生态环境隔离，并注意废物的稳定性和长期安全性。

5. 防治水污染

(1) 施工现场应设置排水沟及沉淀池，现场废水不得直接排入市政污水管网和河流。

(2) 现场存放的油料、化学溶剂等应设有专门的库房，地面应进行防渗漏处理。

(3) 食堂应设置隔油池，并应及时清理。

(4) 厕所的化粪池应进行抗渗处理。

(5) 食堂、盥洗室、淋浴间的下水管线应设置隔离网，并应与市政污水管线连接，保证排水通畅。

11.2.4 施工现场的卫生与防疫

1. 卫生保健

(1) 施工现场应设置保健卫生室，配备保健药箱、常用药及绷带、止血带、颈托、担架等急救器材，小型工程可以用办公用房兼作保健卫生室。

(2) 施工现场应当配备兼职或专职急救人员，处理伤员和员工保健，对生活卫生进行监督和定期检查食堂饮食等卫生情况。

(3) 要利用板报等形式向员工介绍防病的知识和方法，针对季节性流行病、传染病等做好对员工卫生防病的宣传教育工作。

(4) 当施工现场作业人员发生法定传染病、食物中毒、急性职业中毒时，必须在2小时内向事故发生所在地建设行政主管部门和卫生防疫部门报告，并应积极配合调查处理。

(5) 现场施工人员患有法定的传染病或病源携带者时，应及时进行隔离，并由卫生防疫部门进行处置。

2. 保洁

办公区和生活区应设专职或兼职保洁员，负责卫生清扫和保洁，应有灭鼠、蚊、蝇、蟑螂等措施，并应定期投放和喷洒药物。

3. 食堂卫生

(1) 食堂必须有卫生许可证。

(2) 炊事人员必须持有身体健康证,上岗应穿戴洁净的工作服、工作帽和口罩,并应保持个人卫生。

(3) 炊具、餐具和饮水器具必须及时清洗消毒。

(4) 必须加强食品、原料的进货管理,做好进货登记,严禁购买无照、无证商贩经营的食品和原料,施工现场的食堂严禁出售变质食品。

知 识 链 接 ···

施工现场管理的总体要求:文明施工、安全有序、整洁卫生、不扰民、不损害公众利益;现场入口处的醒目位置,公示"五牌""二图"(安全纪律牌、防火须知牌、安全无重大事故计时牌、安全生产牌、文明施工牌,施工总平面图、项目经理部组织构架及主要管理人员名单图);项目经理部应经常巡视检查施工现场,认真听取各方意见和反映,及时抓好整改。

规范场容:对施工平面图设计要科学合理化和物料器具定位标准化,保证施工现场场容规范化。

对施工平面图的设计、布置、使用和管理的要求如下。

(1) 结合施工条件,按施工方案和施工进度计划的要求,按指定用地范围和内容布置。

(2) 按施工阶段进行设计,使用前通过施工协调会确认。

(3) 按已审批的施工平面图和划定的位置进行物料器具的布置。

(4) 根据不同物料器具的特点和性质,规范布置的方式与要求,并进行有关管理。

(5) 在施工现场周边按规定要求设置临时维护设施。

(6) 施工现场设置畅通的排水沟渠系统。

(7) 工地地面应做硬化处理。

环境保护的要求如下。

(1) 工程施工可能对环境造成的影响有大气污染、室内空气污染、水污染、土壤污染、噪声污染、光污染、垃圾污染等,据《环境管理系列标准汇编》(GB/T 24000—ISO 14000)建立环境监控体系。

(2) 未经处理的泥浆和污水不得直接外排。

(3) 不得在施工现场焚烧可能产生的有毒有害烟尘和有恶臭气味的废弃物;禁止将有毒有害废弃物做土方回填。

(4) 妥善处理垃圾、渣土、废弃物和冲洗水。

(5) 在居民和单位密集区进行爆破、打桩要执行有关规定。

(6) 对施工机械的噪声和振动扰民,应采取措施予以控制。

(7) 保护、处置好施工现场的地下管线、文物、古迹、爆炸物、电缆。

(8) 按要求办理停水、停电、封路手续。

(9) 在行人、车辆通行的地方施工,应当设置沟、井、坎、穴覆盖物和标志。

(10) 温暖季节对施工现场进行绿化布置。

综合应用案例 11-1

背景:

某建筑工程,地下2层,地上12层,总建筑面积30 000m²,首层建筑面积2 300m²,建筑红线内占地面积6 000m²。该工程位于闹市中心,现场场地狭小。

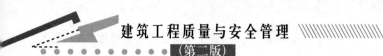

施工单位为了降低成本，现场只设置了一条 3.3m 宽的施工道路兼作消防通道。现场平面呈长方形，在其斜对角布置了两个临时消火栓，两者之间相距 88m。

为了迎接上级单位的检查，施工单位临时在工地大门入口处的临时围墙上悬挂了"五牌""二图"，等检查小组离开后，项目经理立即派人将之拆下运至工地仓库保管，以备再查时用。

问题：

(1) 该工程设置的消防通道是否合理？请说明理由。

(2) 该工程对现场"五牌""二图"的管理是否合理？请说明理由。

【案例分析】

(1) 不合理。尽管场地狭小，消防通道设计宽度应不小于 3.5m。

(2) 不合理。"五牌""二图"应长期固定在施工现场入口处的醒目位置，而不是临时悬挂。

 综合应用案例 11-2

某施工单位现场存放了粉煤灰料堆，春天的大风将粉煤灰吹得满天飞扬，周围 3km 内都覆盖了一层粉煤灰。项目经理说，这是不可抗力所导致，不属于施工单位的责任。你认为他的说法正确吗？

【案例分析】

不正确。

根据《合同法》，不可抗力是指不能预见、不能避免并不能克服的客观情况。本案例中的后果并非不可避免。

《建设工程安全生产管理条例》第 30 条规定：施工单位对因建设工程施工可能造成损害的毗邻建筑物、构筑物和地下管线等，应当采取专项防护措施。

施工单位应当遵守有关环境保护法律、法规的规定，在施工现场采取措施，防止或者减少粉尘、废气、废水、固体废物、噪声、振动和施工照明对人和环境的危害和污染。在城市市区内的建设工程，施工单位应当对施工现场实行封闭围挡。

因此，施工单位未采取措施防止对环境的污染，属于违法行为。

 综合应用案例 11-3

某建筑工程位于市区，建筑面积 22 000 m²，首层平面尺寸为 24m×120m，施工场地较狭小。开工前，施工单位编制了施工组织设计文件，进行了施工平面图设计，其设计步骤如下：布置临时房屋→布置水电管线→布置运输道路→确定起重机的位置→确定仓库、堆场、加工场地的位置→计算技术经济指标。施工单位为降低成本，现场设置了 3m 宽的道路兼作消防通道。现场在建筑物对角方向各设置了 1 个临时消火栓，消火栓距离建筑物 4m，距离道路 3m。

问题：

(1) 该单位工程施工平面图的设计步骤是否合理？正确的设计步骤是什么？

(2) 该工程的消防通道设置是否合理？试说明理由。

(3) 该工程的临时消火栓设置是否合理？试说明理由。

【案例分析】

(1) 不合理。合理的施工平面图设计步骤是：确定起重机的位置→确定仓库、堆场、加工场地的位置→布置运输道路→布置临时房屋→布置水电管线→计算技术经济指标。

(2) 不合理。因为根据规定，消防通道宽度不得小于 4m。

(3) 不合理。根据规定消火栓间距不大于 120m；距离拟建房屋不小于 5m，也不大于 25m；距离路边不大于 2m。

本章小结

　　本章介绍了火灾发展变化规律及其防治途径，施工现场防火管理的基本要求和现场防火管理的一些环节，高层建筑施工现场防火要求；同时介绍了文明施工、环境保护的内容及文明施工的基本要求。

习题

一、填空题

　　1．施工现场必须设立消防车通道，其宽度应不小于(　　)。

　　2．窒息灭火方法就是阻止空气流入(　　)，或用不燃物质冲淡(　　)，使燃烧物质断绝(　　)而使火熄灭。

　　3．文明施工是保持施工现场良好的(　　)、(　　)和(　　)。

　　4．噪声控制可从(　　)、(　　)、(　　)、严格控制(　　)和控制(　　)作业的时间等方面来考虑。

　　5．保护和改善作业现场的环境，控制现场的各种(　　)、(　　)、(　　)、(　　)、(　　)和(　　)等对环境的污染和危害。

二、简答题

　　1．施工现场防火应注意哪些问题？

　　2．高层建筑施工防火应注意哪些事项？

　　3．如何进行文明施工策划？

　　4．工程现场文明施工有哪些基本要求？

　　5．文明施工有哪些措施？

　　6．环境保护是什么概念？与文明施工有何关系？

三、案例分析题

背景：

某省会城市制定一个创建全国文明城市的标准，内容如下。

##市打造"最清洁工地"
创建全国文明城市重点内容标准要求

1. 控制施工扬尘、控制施工噪声

1) 控制施工扬尘

(1) 工地运输渣土、建筑材料车辆必须密闭化，严禁跑冒滴漏，装卸时严禁凌空抛撒。

(2) 生活垃圾应设置垃圾箱或容器，提倡分类收集；弃土、建筑垃圾和材料应归类堆放，并有遮

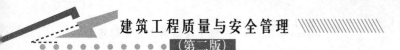

盖或喷洒覆盖剂的措施；建筑垃圾、散件物料必须及时清理，做到工完场清；工地路面必须经常清扫、洒水。

(3) 现场应按规定使用商品混凝土，使用混凝土砂浆拌和机的，应采取水泥桶围挡封闭等措施，控制扬尘。

(4) 建筑工地食堂炉灶一律采用清洁燃料，不得燃用煤、木料和竹片等，并安装油烟净化装置；工地严禁焚烧垃圾和废物料(油毡、塑料等)，防止废气和烟尘污染。

2) 控制施工噪声

施工现场应科学安排作业时间，确因工艺需要，必须办理《夜间作业许可证》。市区建筑工地禁用柴油冲击桩，严禁敲打导管和钻杆及人为的敲打作业，其他机械作业必须采取有效降噪措施。在靠居民较近处，在有条件的情况下，采取设立活动隔声罩(屏)，以减少对居民的影响。

2. 保持工程围挡、施工场地、生活设施清洁整齐

1) 保持现场围挡清洁整齐

建筑工程外侧应采用干净的密目式安全网。建筑工地周围须设置不低于 2.5m 的遮挡围墙。围墙应采用砖砌或彩钢板等硬质材料，采用砖砌筑的围墙应设置压顶，美化墙面或刷写醒目的环保宣传标语。道路围护一律采用彩钢板等硬质材料。市区道路以及主要风景区必须采用高度不低于 2.1m 的彩钢板进行全封闭围护，并设置 10cm 高压顶条。所有工程围护应经常保持整洁、美观。

2) 保持施工场地清洁整齐

(1) 施工现场应实施混凝土硬地坪施工，现场道路做到畅通平坦，无散落物。工地出入口 5m 内应用水泥硬化，出口处硬化路面不小于出口宽度。出入口内侧须安装专用运输车辆轮胎清洗设备及相应排水和泥浆沉淀设施，将车辆槽帮和车轮冲洗干净，并保持出入口通道以及出入口通道两侧 50m 道路的整洁。

(2) 市政工程临时便道硬化平整，道路畅通，保持整洁。

(3) 市区范围内钻孔灌注桩施工，其场地必须先混凝土硬化，后钻孔，并设置泥浆沟排入沉淀池，泥浆必须及时外运。

(4) 施工现场应设置排水系统，做到排水通畅，不积水；严禁泥浆、污水、废水随意排入下水道和河道，导致堵塞和污染。粪水与生活污水须按规定进行处置。

(5) 现场材料必须按施工现场总平面图的要求做到布置合理，分门别类，明确标识，堆放整齐。

(6) 积极美化施工现场环境，根据季节变化，适当进行绿化布置。

(7) 建筑工地扫尾阶段，楼房的清扫必须使用装袋清运；外架拆除必须先用水喷洒后拆除，避免粉尘飞扬。

(8) 建设工地要有醒目的施工标牌和安全警示牌，以营造安全文明的施工氛围。

3. 保持生活设施清洁整齐

(1) 工地"五小设施"(办公室、食堂、宿舍、厕所、浴室)应符合卫生、通风、照明等要求，并建立卫生管理制度，落实专人清扫。

(2) 食堂应符合《食品卫生法》的要求，冷热、生熟食品分开储藏，防蝇、防鼠等设施齐全有效；卫生许可证、炊事人员健康证悬挂上墙。

(3) 厕所应设专人负责冲洗打扫，保持清洁，无异味，无蛆滋生。浴室应设置更衣处，室内照明应设防潮灯具，并做到文明沐浴。

(4) 工地宿舍应采用活动房，凡采取砖砌搭建临时用房的，须内外粉刷，并设吊顶或粉刷平顶。工地宿舍居住条件必须符合以下要求：宿舍内净高不得小于 2.4m，走道宽度不得小于 0.9m；每间居住人员不得超过 16 人；宿舍必须设置可开启式窗户，设置统一的钢质床，床铺不得超过两层，严禁使用通铺；门窗不破损并做到窗明洁净；被褥保持干净且叠放整齐；鞋类、服装等生活用品设置专柜集中存放；毛巾脸盆和漱具要制作脸盆架摆放。室内保持通风、整洁，禁止摆放作业工(用)具。

4. 进城务工人员权益保障

(1) 建立进城务工人员工资监控制度和工资保证金制度，有说明建立进城务工人员工资监控、工资保证金制度的内容和执行情况的材料。

(2) 对进城务工人员执行最低工资保障制度：有说明最低工资保障制度中涉及进城务工人员的主要内容及其执行情况的材料。

(3) 严格执行有关劳务工资发放的法律法规和标准，建立劳动合同、名册、工资标准和工资发放记录的台账，保证民工工资按时发放。

(4) 按照有关规定和要求，建立建设工地民工学校，开展经常性的教学和社区共建活动，保证民工精神文化生活。

5. 保证工程质量安全生产

(1) 严格执行建设工程质量安全生产有关的法律、法规和强制性标准。

(2) 各项建设工程质量安全生产关键技术措施和重要设施落实到位。

(3) 建立健全工程质量安全生产责任制，项目经理、项目监理和项目安全员持证上岗，不缺位。

(4) 现场操作人员培训上岗，特种作业人员持证上岗。

(5) 有完善的工程质量安全生产、文明施工的检查和目标考核制度，无导致伤残的安全责任事故。

问题：

(1) 你认为工程现场文明施工应从哪几个方面着手进行管理？

(2) 如果请你编制一份创建文明工地计划，你会如何编制？

(3) 结合实习或实训工地，草拟一份"文明施工"计划。

第 12 章

施工安全事故处理及应急救援

🎛 学习目标

通过本章的学习，要求学生正确掌握施工安全事故处理的原则和处理程序，熟悉施工安全应急管理的基本环节，并学会编制简单的施工安全事故救援预案。

🎛 学习要求

知识要点	能力目标	相关知识	权重
施工安全事故处理	1. 熟悉施工安全事故的概念 2. 掌握施工安全事故的分类 3. 掌握施工安全事故的处理原则和处理程序	1. 伤亡事故处理应急措施 2. 伤亡事故处理有关规定	55%
施工安全事故的应急救援	1. 掌握安全事故应急管理的基本环节 2. 熟悉安全事故应急救援系统 3. 掌握施工安全事故的应急救援预案的编制	1. 应急救援系统的组织机构 2. 应急救援预案的基本要素	45%

引　例

凡事预则立，不预则废。某市正在建设地铁一号线工程，并出台了一份工程突发事故及灾害应急预案，同时下发给所有的相关单位，在预案中，对万一发生突发事故后该如何应对，做出了详尽的解释，尤其预案后面列出了一份详细的联系人名单、单位和电话，包括各类专家以及抢险设备、物资的直接负责人。从这份预案中可以看到，根据造成的人员伤亡或者直接经济损失，地铁的突发事故及灾害被分为 4 级。

根据预案，一旦发生突发事故，将立即成立应急抢险指挥部，统一协调指挥抢险工作。其中，总指挥是市政府分管副市长，副总指挥包括市政府分管副秘书长、市建委主任、市安监局局长、地铁集团董事长、地铁集团总经理。

当发生特大、重大、较大突发事故时，由市地铁应急指挥部发布应急抢险指令；全面组织协调和指导应急抢险行动；调用抢险物资、设备和人员；按照有关规定及时向上级部门报告事故情况。在这份应急预案的最后，有几份附件，分别是应急技术专家库名单、应急抢险机械设备清单和应急抢险物资清单，上面详细地注明：基坑发生问题了，该找哪些专家；盾构发生问题了，该找哪些专家；起重机问谁可以要到，要找切割机又是该给谁打电话；棉纱没有了可以找谁；编织袋不够了找谁要；等等。此外，在预案中，除了这些需要落实到人的情况外，还对各有关单位的具体职责做出了详细的规定。

思考：

(1) 该工程可能会出现哪些安全事故？

(2) 出现安全事故应急如何进行处理？

(3) 施工现场应急预案应包括哪些基本内容？

12.1　施工安全事故分类及处理

施工安全事故是指工程施工过程中造成人员死亡、伤害、职业病、财产损失或其他损失的意外事件。如果该意外事件的后果是人员死亡、受伤或身体的损害就称为人员伤亡事故，如果没有造成人员伤亡就是非人员伤亡事故。

12.1.1　施工安全事故的分类

1. 按照事故发生的原因分类

事故的分类方法有很多种，我国按照导致事故发生的原因，分为 20 类。

(1) 物体打击：指落物、滚石、锤击、碎裂、崩块、砸伤等造成的人身伤害，不包括因爆炸而引起的物体打击。

(2) 车辆伤害：指被车辆挤、压、撞和车辆倾覆等造成的人身伤害。

(3) 机械伤害：指被机械设备或工具绞、碾、碰、割、戳等造成的人身伤害，不包括车辆、起重设备引起的伤害。

(4) 起重伤害：指从事各种起重作业时发生的机械伤害事故，不包括上下驾驶室时发生的坠落伤害、起重设备引起的触电及检修时制动失灵造成的伤害。

(5) 触电：由于电流经过人体导致的生理伤害，包括雷击伤害。

(6) 淹溺：由于水或液体大量从口、鼻进入肺内，导致呼吸道阻塞，发生急性缺氧而窒息死亡。

(7) 灼烫：指火焰引起的烧伤，高温物体引起的烫伤，强酸或强碱引起的灼伤，放射线引起的皮肤损伤，不包括电烧伤及火灾事故引起的烧伤。

(8) 火灾：在火灾时造成的人体烧伤、窒息、中毒等。

(9) 高处坠落：由于危险势能差引起的伤害，包括从架子、屋架上坠落以及平地坠入坑内等。

(10) 坍塌：指建筑物、堆置物倒塌以及土石塌方等引起的事故伤害。

(11) 冒顶片帮：指矿井作业面、巷道侧壁由于支护不当、压力过大造成的坍塌(片帮)以及顶板垮落(冒顶)事故。

(12) 透水：指从矿山、地下开采或其他坑道作业时，有压地下水意外大量涌入而造成的伤亡事故。

(13) 放炮：指由于放炮作业引起的伤亡事故。

(14) 火药爆炸：指在火药的生产、运输、储藏过程中发生的爆炸事故。

(15) 瓦斯爆炸：指可燃气体、瓦斯、煤粉与空气混合，接触火源时引起的化学性爆炸事故。

(16) 锅炉爆炸：指锅炉由于内部压力超出炉壁的承受能力而引起的物理性爆炸事故。

(17) 容器爆炸：指压力容器内部压力超出容器壁所能承受的压力引起的物理爆炸，容器内部可燃气体泄漏与周围空气混合遇火源而发生的化学爆炸。

(18) 其他爆炸：化学爆炸、炉膛、钢水包爆炸等。

(19) 中毒和窒息：指煤气、油气、沥青、化学、一氧化碳中毒等。

(20) 其他伤害：包括扭伤、跌伤、冻伤、野兽咬伤等。

2. 按事故后果的严重程度分类

(1) 轻伤事故：造成职工肢体或某些器官功能性或器质性轻度损伤，表现为劳动能力轻度或暂时丧失的伤害，一般每个受伤人员休息 1 个工作日以上，105 个工作日以下。

(2) 重伤事故：一般指受伤人员肢体残缺或视觉、听觉等器官受到严重损伤，能引起人体长期存在功能障碍或劳动能力有重大损失的伤害，或者造成每个受伤人损失 105 工作日以上的失能伤害。

(3) 死亡事故：一次事故中死亡职工 1~2 人的事故。

(4) 重大伤亡事故：一次事故中死亡 3 人以上(含 3 人)的事故。

(5) 特大伤亡事故：一次死亡 10 人以上(含 10 人)的事故。

(6) 急性中毒事故：指生产性毒物一次或短期内通过人的呼吸道、皮肤或消化道大量进入人体内，使人体在短时间内发生病变，导致职工立即中断工作，并须进行急救或死亡的事故；急性中毒的特点是发病快，一般不超过一个工作日，有的毒物因毒性有一定的潜伏期，可在下班后数小时发病。

【参考图文】

12.1.2　施工安全事故的处理程序及应急措施

伤亡事故是指劳动者在劳动过程中发生的人身伤害、急性中毒事故。施工活动中发生的工程损害纳入安全事故处理程序。施工现场如发生安全生产事故，负伤人员或最先发现事故的人员应立即报告；施工总承包单位应按照国家有关伤亡事故报告和调查处理的规定，及时如实地向负责安全生产监督管理的部门、建设行政主管部门或其他有关部门报告；特种设备发生事故的，还应当同时向特种设备安全监督管理部门报告。建设工程生产安全事故的调查，对事故责任单位和责任人的处罚与处理，按照有关法律法规的规定执行。

【参考图文】

1. 施工安全事故的处理程序

(1) 报告安全事故。施工现场发生生产安全事故后，事故现场有关人员应当立即报告本单位负责人。

负有安全生产监督管理职责的部门接到事故报告后，应当立即按照国家有关规定上报事故情况。负有安全生产监督管理职责的部门和有关地方人民政府对事故情况不得隐瞒不报、谎报或者拖延不报。

有关地方人民政府和负有安全生产监督管理职责部门的负责人接到重大生产安全事故报告后，应当立即赶到事故现场，组织事故抢救。

(2) 处理安全事故。抢救伤员，排除险情，防止事故蔓延扩大，做好标志，保护好现场等。

(3) 安全事故调查处理。事故调查应当按照实事求是、尊重科学的原则，及时、准确地查清事故原因，查明事故性质和责任，总结事故教训。施工单位发生生产安全事故，经调查确定为责任事故的，除了应当查明事故单位的责任，并依法予以追究外，还应当查明对安全生产的有关事项负有审查批准和监督职责的行政部门的责任，对有失职、渎职行为的，追究法律责任。对施工安全事故的处理应按照"四不放过"原则进行，即按照"事故原因不清楚不放过，事故责任者和员工没有受到教育不放过，事故责任者没有处理不放过和没有指定防范措施不放过"的原则进行处理。

任何单位和个人不得阻挠和干涉对事故的依法调查处理。

编写调查报告并上报，调查报告的内容包括：事故基本情况、事故经过、事故原因分析、事故预防措施建议、事故责任的确认和处理意见、调查组人员名单及签字、附图及附件。

2. 伤亡事故发生时的应急措施

施工现场伤亡事故发生后，项目承包方应立即启动"安全生产事故应急救援预案"，总包和分包单位应根据预案的组织分工立即开始工作。

(1) 施工现场人员要有组织、听指挥，首先抢救伤员和排除险情，采取措施防止事故蔓延扩大。

(2) 保护事故现场。确因抢救伤员和排险要求，而必须移动现场物品时，应当做出标记和书面记录，妥善保管有关证物；现场各种物件的位置、颜色、形状及其物理、化学性质等应尽可能保持事故结束时的原来状态；必须采取一切可能的措施，防止人为或自然因素的破坏。

(3) 事故现场保护时间通常要到事故结案后，当地政府行政管理部门或调查组认定事实原因已清楚时，现场保护方可解除。

12.1.3 施工安全伤亡事故处理的有关规定

事故调查组提出的事故处理意见和防范措施建议，由发生事故的企业及其主管部门负责处理。

因忽视安全生产、违章指挥、违章作业、玩忽职守或者发现事故隐患、危害情况而不采取有效措施以致造成伤亡事故的，由企业主管部门或者企业按照国家有关规定，对企业负责人和直接责任人员给予行政处分；构成犯罪的，由司法机关依法追究刑事责任。

在伤亡事故发生后，隐瞒不报、谎报、故意迟延不报、故意破坏事故现场，或者以不正当理由，拒绝接受调查以及拒绝提供有关情况和资料的，由有关部门按照国家有关规定，对有关单位负责人和直接责任人员给予行政处分；构成犯罪的，由司法机关依法追究刑事责任。

伤亡事故处理工作应当在 90 日内结案，特殊情况不得超过 180 日。伤亡事故处理结案后，应当公开宣布处理结果。

12.2 施工安全事故的应急救援

2014 年 12 月 1 日起施行的最新版的《中华人民共和国安全生产法》第十八条明确规定生产经营单位的主要负责人要组织制定并实施本单位的生产安全事故应急救援预案；第九十九条也要求建筑施工单位应当建立应急救援组织，生产经营规模较小的可以不建立应急救援组织，但应当指定兼职的应急救援人员等。自 2004 年 2 月 1 日起施行的《建设工程安全生产管理条例》也规定施工单位应当根据建设工程施工的特点、范围，对施工现场易发生重大事故的部位、环节进行监控，制定施工现场生产安全事故应急救援预案，建立应急救援组织。建筑施工企业按照有关法规的要求编制事故应急救援预案和建立应急救援组织，使事故发生后，能及时组织抢救，防止事故扩大，减少人员伤亡和财产损失，因此，编制事故应急救援预案和建立应急救援组织，不仅是有关法规的要求，也是企业减少损失和建设和谐社会的要求。

【参考图文】

1. **施工安全事故的应急与救援预案编制步骤**

编制事故应急与救援预案一般分 3 个阶段进行，各阶段主要步骤和内容如下。

(1) 准备阶段。明确任务和组成编制组(人员)—调查研究，收集资料—危害辨识与风险评价—应急救援力量的评估—提出应急救援的需求—协调各级应急救援机构。

(2) 编制阶段。制定目标—划分预案的类别、区域和层次—组织编写—分析汇总—修改完善。

(3) 演练评估阶段。组织演练—全面评估—修改完善—审查批准—定期评审。

2. 施工安全事故应急救援预案的基本要素

施工现场的事故应急预案的编制内容一般应包括如下 8 个方面。

1) 基本原则与方针

制定以下原则和方针：安全第一，安全责任重于泰山；预防为主、自救为主、统一指挥、分工负责；优先保护人和优先保护大多数人，优先保护贵重财产；出现事故或发现事故预兆要反应迅速，科学决策等。

2) 工程项目(企业)的基本情况

(1) 企业及工程项目基本情况简介。介绍项目的工程概况和施工特点和内容；项目所在的地理位置，地形特点，工地外围的环境、居民、交通和安全注意事项等；气象状况等。

(2) 施工现场内外医疗设施及人员状况。要说明医务人员名单，联系电话，有哪些常用医药和抢救设施，附近医疗机构的情况介绍，如位置、距离、联系电话等。

(3) 工地现场内外的消防、救助设施及人员状况。介绍工地消防组成机构和成员，成立义务消防队，有哪些消防、救助设施及其分布，消防通道等情况；附施工消防平面布置图(如各楼层不一样，还应分层绘制)，画出消火栓、灭火器的设置位置，易燃易爆的位置，消防紧急通道，疏散路线等。

3) 危害辨识与风险评价

危害辨识与风险评价即确定可能发生的事故和影响。根据施工特点和任务，分析可能发生的事故类型、地点；事故影响范围(应急区域范围划定)及可能影响的人数；按所需应急反应的级别，划分事故严重度；分析本工程可能发生安全控制设备失灵、特殊气候、突然停电等潜在事故或紧急情况和发生位置、影响范围等。列出工程中常见的事故：建筑质量安全事故、施工毗邻建筑坍塌事故、土方坍塌事故、气体中毒事故、架体倒塌事故、高空坠落事故、掉物伤人事故、触电事故等，对于土方坍塌、气体中毒事故等应分析和预知其可能对周围的不利影响和严重程度。

4) 应急机构的组成、责任和分工

(1) 指挥机构及其成员。具体指挥机构组成可列附表说明。企业或工程项目部应成立重大事故应急救援"指挥领导小组"，由企业负责人或项目经理、有关副经理及生产、安全、设备、保卫等负责人组成，下设应急救援办公室或小组(可设在施工治安部)，日常工作由治安部兼管负责。发生重大事故时，领导小组成员迅速到达指定岗位，因特殊情况不能到岗的，由所在单位按职务排序递补。以指挥领导小组为基础，成立重大事故应急救援指挥部，由经理为总指挥，有关副经理为副总指挥，负责事故的应急救援工作的组织和指挥。

(2) 应急救援专业小组。如义务消防小组、医疗救护应急小组、专业应急救援小组、治安小组、后勤及运输小组，并写出组成人员名单。提醒注意的是，成员应由各专业部门的技术骨干、义务消防人员、急救人员和一些各专业的技术工人等组成。救援队伍必须由经培训合格的人员组成。

(3) 职责和分工。写明各机构的职责：如写明指挥领导小组(部)的职责是负责本单位或项目预案的制订和修订；组建应急救援队伍，组织实施和演练；检查督促做好重大事故的预防措施和应急救援的各项准备工作；组织和实施救援行动；组织事故调查和总结应急救援工作的经验教训。分工指写明各机构组成的分工情况：如总指挥组织指挥整个应急救援工作，安全负责人负责事故的具体处置工作，后勤负责人负责应急人员、受伤人员的生活必需品的供应工作。

5) 报警信号与通信

(1) 写出各救援电话及有关部门、人员的联络电话或方式。如写出消防报警：119，公安：110，医疗：120，交通：××，市县建设局、安监局电话：××，市县应急机构电话：××，工地应急机构办公室：××，各成员联系电话：××，可提供求援协助临近单位电话：××，附近医疗机构电话：××。

(2) 工地报警联系地址及注意事项。报警者有时由于紧张而无法把地址和事故状况说明清楚，因此最好把工地的联系办法事先写明，如：××区××路××街××号(××大厦对面)，如果工地确实是不易找到的，还应派人到主要路口接应，并应把以上的报警信号与联系方式贴出办公室，方便紧急报警与联系。

6) 事故应急与救援

(1) 写明应急响应和解除程序。

① 重大事故首先发现者紧急大声呼救，同时可用手机或对讲机立即报告工地当班负责人—条件许可紧急施救—报告联络有关人员(紧急时立刻报警、打求助电话)—成立指挥部(组)—必要时向社会发出救援请求—实施应急救援、上报有关部门、保护事故现场等—善后处理。

② 一般伤害事故或潜在危害。首先发现者紧急大声呼救—条件许可紧急施救—报告联络有关人员—实施应急救援、保护事故现场等—事故调查处理。

③ 应急救援的解除程序和要求。如写明决定终止应急、恢复正常秩序的负责人；确保不会发生未授权而进入事故现场的措施；应急取消、恢复正常状态的条件。

(2) 事故的应急救援措施基本要求。

① 各有关人员接到报警救援命令后，应迅速到达事故现场；尤其是现场急救人员要在第一时间内到达事故地点，以便能使伤者得到及时、正确的施救。

② 当医生未到达事故现场之前，急救人员要按照有关救护知识，立即救护伤员，在等待医生救治或送往医院抢救过程中，不要停止和放弃施救。

③ 当事故发生后或发现事故预兆时，应立即分析事故的情况及影响范围，积极采取措施；并迅速组织疏散无关人员撤离事故现场，并组织治安队人员建立警戒，不让无关人员进入事故现场，并保证事故现场的救援道路畅通，以便救援的实施。

④ 安全事故的应急和救援措施应根据事故发生的环境、条件、原因、发展状态和严重程度的不同，而采取相应合理的措施。在应急和救援过程中应防止二次事故的发生，而造成救援人员的伤亡。

(3) 事故的应急救援措施。根据本工程项目可能发生的事故或可能出现的潜在危害，写出事故类别、事故原因、现场救援措施、所需应急设备等。具体可列表说明，表 12-1 为某工地如发生易燃易爆气体泄漏应急救援措施。

表 12-1　易燃易爆气体泄漏现场应急救援措施

事故类型	事故原因	现场救援措施	备注
易燃易爆气体泄漏	气瓶保管、使用不当	1. 最早发现者立即大声呼救，并根据情况立即采取正确方法施救，如尝试采取关闭阀门、堵漏洞等措施截断、控制泄漏情况，若一时无法控制，应立即带走所有移动通信工具，切断该部位的电源，迅速撤离，并向有关人员报告或报警，但不得使用手机或电话在气体泄漏区内报警 2. 按照应急程序处置，指挥部门迅速成立 3. 在有气体泄漏区内严禁使用手机、电话、启动电器设备和一切产生明火或火花的行为，并应指派电工切断泄漏区域的电源和电话线路等，同时停止附近的作业 4. 指挥部应根据影响范围，迅速指挥疏散无关人员远离危险区域，治安保卫人员要迅速建立禁区，严禁无关人员进入 5. 在未有安全保障措施的情况下，不要盲目行动，应等待公安、消防队或其他专业救援队伍处理 6. 在未发生爆炸产生火灾时，义务消防人员应做好消防准备，带好防护用品和现场各处配置的消防灭火器材，随时准备爆炸后扑救火灾 7. 当发生爆炸后：消防扑救措施可根据火灾事故现场采取救援措施，配备气体检测仪、通风设备、有供氧的防毒面具、担架、医用氧气瓶等急救用具	演练时间 5 个月

7) 有关规定和要求

要写明有关的纪律，救援训练学习和应急设备的保管和维护，更新和修订应急预案等各种制度和要求。

8) 附有关常见事故自救和急救常识及其他

因建筑施工安全事故的发生具有不确定性和多样性，因此，让全体施工人员掌握或了解常见事故的自救和急救常识是非常必要的。应急救援预案应根据本工程的情况附有常见事故自救和急救常识，以方便大家了解和学习，如附有人工呼吸方法等常见事故急救常识，火灾逃生常识和常见消防器材的使用方法等。

 知 识 链 接

××安全事故应急救援预案

第一条　依据《中华人民共和国安全生产法》第十八条第五款和国家安全生产监督管理局、国家煤矿安全监察局《关于加强国有大型企业安全生产工作的意见》第二条规定，特制定生产安全事故应急救援预案。

第二条　项目部结合本工程特点建立生产安全事故应急救援领导小组。项目部生产安全事故应急救援领导小组组成人员如下：组长由公司××同志担任；副组长由××同志担任；小组成员由××、××等同志组成。

第三条　生产安全事故应急救援领导小组的职责及分工。

(一) 项目部生产安全事故应急救援领导小组负责制定本项目部生产安全事故应急救援预案及避灾措施；负责建设工程四级以下生产安全事故的应急救援工作，并负责全项目安全事故应急救援的统一指挥、调度和协调指导。

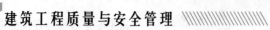

（二）项目部生产安全事故应急救援领导小组应当接受当地人民政府应急救援工作的统一指挥和调度，共同做好应急救援工作。

（三）项目部生产安全事故应急小组分工。

(1) 事故现场抢险组。组长：××；成员：××。

(2) 事故现场救护组。组长：××；成员：××。

(3) 事故现场保护组。组长：××；成员：××。

(4) 事故现场通信组。组长：××；成员：××、××。

第四条 伤亡事故调查报告和处理。

（一）发生伤亡事故应当按《中华人民共和国安全生产法》、国务院《企业职工伤亡事故调查处理办法》等法律法规进行调查、报告和处理。

（二）凡发生死亡事故和多人事故，项目经理必须在 3 天之内向公司作检讨汇报。汇报的内容包括伤亡事故经过，原因分析，采取的措施和对有关人员的处理意见。

第五条 制定本级应急救援演练方案，每季度组织一次对本级生产安全事故应急救援的演练。工程项目开工前，项目负责人应当在组织三级安全生产教育的同时，组织现场所有人员学习生产安全事故应急救援预案，并进行演练。

第六条 本预案具体应用中的问题由项目部工程安全科解释，本预案自发布之日起执行。

第七条 项目部生产安全事故应急救援预案分为两级：第一级是项目部，第二级是工程施工组。由此各工程项目部根据工程特点和有关法律法规、项目部文件制定相应的二级生产安全事故救援预案。

第八条 生产安全事故报告制度。

根据《建筑工程安全生产管理条例》第五十条对建筑工程生产安全事故报告制度的规定，项目部在发生生产安全事故时，应当按照国家有关伤亡事故报告和调查处理的规定，及时、如实地向负责安全生产监督管理的部门、建设行政主管部门或者其他有关部门和公司报告；特种设备发生事故的，还应当同时向特种设备安全监督管理部门报告。接到报告的部门应当按照国家有关规定，如实上报。

根据《特种设备安全监察条例》第六十二条规定："特种设备发生事故，事故发生单位应当迅速采取有效措施，组织抢救，防止事故扩大，减少人员伤亡和财产损失，并按照国家有关规定，及时、如实地向负有安全生产监督管理职责的部门和特种设备安全监督管理部门等有关部门报告。不得隐瞒不报、谎报或者拖延不报。"条例规定在特种设备发生事故时，应当同时向特种设备安全监督管理部门报告。

（一）伤亡事故统计范围为××工程。

（二）项目部在报告期中，无论是否发生伤亡事故，都要填报《建设职工伤亡事故综合统计月(年)报表》。报送给公司安全监督部门，月报表于下月 1 日前、年报表在次年 1 月 5 日前报送，12 月月报免报。

第九条 安全生产事故报告程序。

（一）依据《企业职工伤亡事故报告和处理规定》的规定，生产安全事故报告制度如下。

(1) 伤亡事故发生后，负伤者或者事故现场有关人员应当立即直接或者逐级报告企业负责人。

(2) 公司负责人接到重伤、死亡、重大死亡事故报告后，应当立即报告企业主管部门和事故发生地安全生产监管部门、公安部门、人民检察院、工会。

(3) 企业主管部门和安全生产监管部门接到死亡、重大死亡事故报告后，应当立即按系统逐级向上报；死亡事故报至省、自治区、直辖市企业主管部门和安全生产监管部门；重大死亡事故报至国务院有关主管部门。

(4) 发生死亡、重大死亡事故的企业应当保护事故现场，并迅速采取必要措施抢救人员和财产，防止事故扩大。

（二）依据《工程建设重大事故报告和调查程序规定》的规定，工程建设重大事故的报告制度如下。

（1）重大事故发生后，事故发生单位必须以最快方式，将事故的简要情况向上级主管部门和事故发生地的市、县级安全生产监管部门及检察部门报告；事故发生单位属于国务院部委的，应同时向国务院有关主管部门报告。

（2）事故发生地的市、县级建设行政主管部门接到报告后，应当立即向人民政府和省、自治区、直辖市建设行政主管部门报告；省、自治区、直辖市建设行政主管部门接到报告后，应当立即向人民政府和建设部报告。

（3）重大事故发生后，事故发生单位应当在 24h 内写出书面报告，按程序和部门逐级上报。

（4）重大事故书面报告应当包括以下内容。

——事故发生的时间、地点、工程项目、企业名称。

——事故发生的简要经过、伤亡人数和直接经济损失的初步估计。

——事故发生原因的初步判断。

——事故发生后采取的措施及事故控制情况。

——事故报告单位。

第十条　生产安全事故应急救援制度。

（一）应急救援预案的主要规定。

（1）工程项目部应当根据建设工程施工的特点、范围，对施工现场易发生重大事故的部位、环节进行监控，制定施工现场生产安全事故应急救援预案。实行施工总承包的，由总承包单位统一组织编制建设工程生产安全事故应急救援预案，工程总承包单位和分包单位按照应急救援预案，各自建立应急救援组织或者配备应急救援人员，配备救援器材、设备，并定期组织演练。

（2）工程项目经理部应针对可能发生的事故制定相应的应急救援预案。准备应急救援的物资，并在事故发生时组织实施，防止事故扩大，以减少与之有关的伤害和不利环境影响。

（二）现场应急预案的编制和管理原则。

（1）现场应急预案的编制。

应急预案的编制应与安保计划同步编写。根据对危险源与不利环境因素的识别结果，确定可能发生的事故或紧急情况的控制措施失效时所采取的补充措施和抢救行动，以及针对可能随之引发的伤害和其他影响所采取的措施。

应急预案是规定事故应急救援工作的全过程。应急预案适用于项目部施工现场范围内可能出现的事故或紧急情况的救援和处理，应急预案中应明确以下问题。

——应急救援组织、职责和人员的安排，应急救援器材、设备的准备和平时的维护保养。

——在作业场所发生事故时，如何组织抢救，保护事故现场的安排，其中应明确如何抢救，使用什么器材、设备。

——应明确内部和外部联系的方法、渠道，根据事故性质，制定在多少时间内由谁如何向企业上级、政府主管部门和其他有关部门报告，需要通知有关的近邻及消防、救险、医疗等单位的联系方式。

——工作场所内全体人员如何疏散的要求。

——应急救援的方案（在上级批准以后），项目部还应根据实际情况定期和不定期举行应急救援的演练，检验应急准备工作的能力。

（2）现场应急预案的审核和确认原则：由施工现场项目经理部的上级有关部门对应急预案的适宜性进行审核和确认。

（三）现场应急救援预案。

（1）事故应急救援预案的目的、适用范围。

① 目的：为了加强安全生产工作，提高项目部在施工生产过程中对突发事件的应变能力，尽快

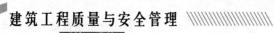

控制事态，尽量减少损失，尽早恢复正常施工秩序，特制定此安全事故应急救援预案。

② 适用范围：项目工程施工生产过程中发生重大安全伤亡事故的紧急救援。

(2) 应急指挥及救援组织机构。

如图 12.1 所示为公司应急指挥及救援组织机构。

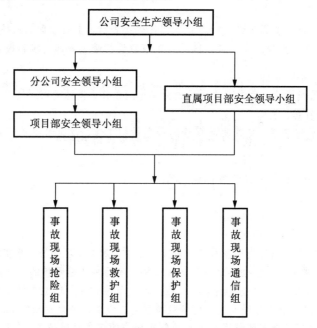

图 12.1　公司应急指挥及救援组织机构

① 公司安全生产领导小组人员：由公司法定代表人、主管安全生产的副总经理、总工程师及公司相关部门人员组成，安全科是公司安全生产领导小组的常设办公机构。

② 分公司安全领导小组人员：由各分公司经理、主管安全的副经理及相关部门人员组成。

③ 项目部安全领导小组机构：由项目部经理、副项目经理、技术负责人、安全员、施工员等相关人员组成，项目部经理任组长，并明确各应急专业组长。

(a) 事故现场抢险组人员：由项目部项目经理任组长，作业队负责人等相关人员组成。

(b) 事故现场救护组人员：由项目部施工工长任组长，相关人员组成。

(c) 事故现场保护组人员：由项目安全员任组长，现场门卫组成。

(d) 事故现场通信组人员：由项目部办公室主任任组长，现场其他应急小组负责人组成。

(3) 公司应急指挥及救援组织职责。

① 公司安全生产领导小组职责。

(a) 负责事故救援的整体指挥。

(b) 负责建立公司网络系统，保证与各分公司、项目部及上级主管部门的联系，并负责向上级主管部门的汇报工作。

(c) 负责成立事故调查处理小组，对事故调查处理工作进行监督。

② 安全领导小组职责。

(a) 负责工程事故救援的全面指挥。

(b) 负责所需救援物资的落实。

(c) 负责与安全生产管理机构的联系及情况汇报。

(d) 负责与相邻可依托力量的联络求救。

③ 项目部安全领导小组职责。

(a) 负责指挥处理紧急情况，保证突发事件按应急救援预案顺利实施。

(b) 负责事故现场的抢险、保护、救护及通信工作。

(c) 负责所需材料、人员的落实。

(d) 负责与上级安全生产管理机构的联系及情况汇报。

(e) 负责与相邻可依托力量的联络求救。

(f) 负责工程项目生产的恢复工作。

④ 项目部应急专业组职责。

(a) 事故现场抢险组职责：负责事故现场的紧急抢险工作，包括受困人员、现场贵重物资及设备的抢救，危险品的转移等。

(b) 事故现场救护组职责：负责事故现场的紧急救护工作，及时组织护送重病伤员到医疗中心救治。

(c) 事故现场保护组职责：负责事故现场的保护、人员的清点及疏散工作。

(d) 事故现场通信组职责：负责收集相关单位部门的通信方式，保证各级通信联系畅通，做好联络工作。

(4) 工作要求。

① 相关人员必须服从统一指挥、整体配合、协同作战、有条不紊、忙而不乱。

② 必须确保应急救援器材及设备数量充足、状态良好，保证遇到突发事件时各项救援工作正常运转。

③ 各应急小组成员必须落实到人，各司其职，熟练掌握防护技能。

④ 项目部安全领导小组必备的资料与设施。

(a) 数量足够的内线和外线电话，或其他通信设备。

(b) 危险品数据库：危险品的名称、数量、存放地点及物理化学特性。

(c) 救援物资数据库：应急救援物资和设备名称、数量、型号大小、状态、使用方法、存放地点、负责人及调动方式。

(d) 现场人员个人防护用品使用情况。

(e) 结合工程特点制定安全事故应急救援实施方案。

(f) 各专业小组人员联络方式、现场员工名单表、各宿舍人员登记表。

(g) 上级安全生产管理机构、应急服务机构的联系方式。

(5) 紧急情况的处理程序和措施。

如图 12.2 所示为项目部应急救援程序。

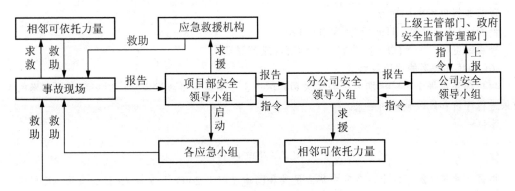

图 12.2　项目部应急救援程序

① 事故发生后，事故现场应急专业组人员应立即开展工作，及时发出报警信号，互相帮助，积极组织自救；在事故现场及存在危险物资的重大危险源内外，采取紧急救援措施，特别是突发事件发生初期能采取的各种紧急措施，如紧急断电、组织撤离、救助伤员、现场保护等；及时向项目部安全领导小组报告，必要时向相邻可依托力量求救，事故现场内外人员应积极参加援救。

② 事故现场由项目部安全领导小组组长任现场指挥，全面负责事故的控制、处理工作。项目部安全领导小组组长接到报警后，应立即赶赴事故现场，不能及时赶赴事故现场的，必须委派一名项目部安全领导小组成员或事故现场管理人员，及时启动应急系统，控制事态发展。

③ 各应急专业组人员，要接受项目部安全领导小组的统一指挥，立即按照各自岗位职责采取措施，开展工作。

(a) 事故现场抢险组，应根据事故特点，采用相应的应急救援物资、设备，开展事故现场的紧急抢险工作，抢险过程中首先要注重人员的救援、事故现场内外易燃易爆等危险品的封存及转移等，其次是贵重物资设备的抢救；随时与项目部安全领导小组、保护组、救护组、通信组保持联络。

(b) 事故现场救护组，应开展事故现场的紧急救护工作，及时组织救治及护送受伤人员到医疗急救中心医治；随时与项目部安全领导小组、抢险组、救护组、通信组保持联络。

(c) 事故现场保护组，应开展事故现场保护、人员的疏散及清点工作。现场保护组人员应指引无关人员撤到安全区，指定专人记录所有到达安全区的人员，并根据现场员工名单表、各宿舍人员登记表，经事发现场人员的证实，确定事发现场人员名单，并与到达安全区人员进行核对，判断是否有被困人员；随时与项目部安全领导小组、抢险组、救护组、通信组保持联络。

(d) 事故现场通信组，应保证现场内与其相关单位及应急救援机构的通信畅通；随时与项目部安全领导小组、抢险组、救护组、通信组保持联络。

④ 项目部安全领导小组接到报告后，应立即向上级安全领导小组报告。对发生的工伤、损失在10 000 元以上的重大机械设备事故，必须及时向公司安全生产领导小组报告，报告内容包括发生事故的单位、时间、地点、伤者人数、姓名、性别、年龄、受伤程度、事故简要过程和发生事故的原因。不得以任何借口隐瞒不报、谎报、拖报，随时接受上级安全领导机构的指令。

⑤ 项目部安全领导小组，应根据事故程度确定，工程施工的停运，对危险源现场实施交通管制，并提防相应事故造成的伤害；根据事故现场的报告，立即判断是否需要应急服务机构帮助，确需应急服务机构的帮助时，应立即与应急服务机构和相邻可依托力量求救，同时在应急服务机构到来前，做好救援准备工作：如道路疏通、现场无关人员撤离、提供必要的照明等。在应急服务机构到来后，积极做好配合工作。

⑥ 事后项目部安全领导小组，要及时组织恢复受事故影响区域的正常秩序，根据有关规定及上级指令，确定是否恢复生产，同时要积极配合上级安全领导小组及政府安全监督管理部门进行事故调查及处理工作。

应急救援机构电话号码。

匪警：110　火警：119　医疗急救：120

项目部电话：××(白天办公室)　××(夜晚或节假日)

(6) 演练和预案的评价及修改。

项目部还应规定平时定期演练的要求和具体项目。演练或事故发生后，对应急救援预案的实际效果进行评价和修改预案的要求。

附件一

意外伤害保险

根据《建筑法》第四十八条和中华人民共和国建设部于 2003 年 5 月 23 日公布的《建设部关于加强建筑意外伤害保险工作的指导意见》(建质[2003]107 号)的规定，为保护建筑业从业人员合法权益，转移公司事故风险，增强公司预防和控制事故能力，对公司建筑意外伤害保险作如下规定。

1. 建筑意外伤害保险的范围

各工程项目部应为施工现场从事施工作业和管理的人员,在施工活动过程中发生的人身意外伤亡事故提供保障,办理建筑意外伤害保险、支付保险费。范围应当覆盖工程项目。已在公司所在地参加工伤保险的人员,从事现场施工时仍可参加建筑意外伤害保险。

2. 建筑意外伤害保险的保险期限

保险期限应涵盖工程项目开工之日到工程竣工验收合格日,因延长工期的,应当办理保险顺延手续。

3. 建筑意外伤害保险的保险金额

公司所属工程项目部在办理建筑意外伤害保险时,投保的保险金额不得低于各地建设行政主管部门结合本地区实际情况所确定的合理的最低保险金额。最低保险金额要能够保障施工伤亡人员得到有效的经济补偿。

4. 建筑意外伤害保险的保险费

建筑意外伤害保险的保险费由各工程项目部支付,工程项目部不得向职工摊派。

5. 告知制度

投保人办理投保手续后,应将投保有关信息以布告形式张贴于施工现场,告知被保险人。

6. 索赔制度

在发生建筑意外伤害事故时,工程项目负责人应及时通知公司和有关部门,并如实准备事故汇报材料。对发生事故隐瞒不报、不索赔的项目负责人,公司将要严肃查处。

7. 保险公司的选择

工程项目负责人在投保时,应当选择能提供建筑安全生产风险管理、事故防范等安全服务和有保险能力的保险公司,以保证事故后能及时补偿与事故前能主动防范。目前还不能提供安全风险管理和事故预防的保险公司,应通过建筑安全服务中介组织要求提供与建筑意外伤害保险相关的安全服务。建筑安全服务中介组织必须拥有一定数量专业配套、具备建筑安全知识和管理经验的专业技术人员。安全服务内容可包括施工现场风险评估、安全技术咨询、人员培训、防灾防损设备配置、安全技术研究等。工程项目负责人在投保时可与保险机构商定具体服务内容。

附件二

伤亡事故统计报告处理

(1) 伤亡事故统计范围为××工程。

(2) 在报告期中,无论是否发生伤亡事故,都要填报《建设职工伤亡事故综合统计月(年)报表》。报送给公司安全监督部门,月报表于下月 1 日前、年报表在次年 1 月 5 日前报送,12 月月报免报。

(3) 重伤、死亡事故报告程序。

① 发生重伤、死亡、重大死亡事故后,企业负责人要用快速办法(包括电话、传真等)最迟不超过 24 小时向有关部门报告,并随即填写死亡、重伤事故快报表,分送有关部门。

② 伤亡事故报告的内容:发生事故的单位、时间、地点、伤亡人员的姓名、年龄、工种等情况,初步分析的事故原因等。

③ 伤亡事故报告的部门针对本企业流动施工的特点和属地管辖的原则,发生伤亡事故后按以下要求报告:在宜宾地区发生伤亡事故时,项目部应立即向公司报告,再由公司向宜宾县安全监察部门、宜宾县总工会、宜宾县建筑行业安全监督站报告;发生死亡事故时,项目部还应向事故发生地公安派出所报告。

④ 伤亡事故调查处理的办法,按公司《关于认真贯彻执行〈四川省企业职工伤亡事故调查处理办法〉的通知》执行。

⑤ 职工发生事故登记与建档。

(a) 发生轻伤事故,由项目部组织调查处理,并填写《职工伤亡事故登记表》存档。

(b) 发生重伤事故，由企业组织调查、分析、处理、批复结案存档，同时将上述材料装订成册，连同负伤人员工伤认可证材料一并报公司，由公司安全监督部门签署意见后，到当地安全监察部门办理工伤认可证。

附件三

生产安全事故报告和调查处理条例
中华人民共和国国务院令第 493 号

《生产安全事故报告和调查处理条例》已经 2007 年 3 月 28 日国务院第 172 次常务会议通过，现予公布，自 2007 年 6 月 1 日起施行。

总理　温家宝
二○○七年四月九日

第一章　总则

第三条　根据生产安全事故(以下简称事故)造成的人员伤亡或者直接经济损失，事故一般分为以下等级。

(一) 特别重大事故，是指造成 30 人以上死亡，或者 100 人以上重伤(包括急性工业中毒，下同)，或者 1 亿元以上直接经济损失的事故。

(二) 重大事故，是指造成 10 人以上 30 人以下死亡，或者 50 人以上 100 人以下重伤，或者 5 000 万元以上 1 亿元以下直接经济损失的事故。

(三) 较大事故，是指造成 3 人以上 10 人以下死亡，或者 10 人以上 50 人以下重伤，或者 1 000 万元以上 5 000 万元以下直接经济损失的事故。

(四) 一般事故，是指造成 3 人以下死亡，或者 10 人以下重伤，或者 1 000 万元以下直接经济损失的事故。

国务院安全生产监督管理部门可以会同国务院有关部门，制定事故等级划分的补充性规定。

本条第一款所称的"以上"包括本数，所称的"以下"不包括本数。

第四条　事故报告应当及时、准确、完整，任何单位和个人对事故不得迟报、漏报、谎报或者瞒报。

事故调查处理应当坚持实事求是、尊重科学的原则，及时、准确地查清事故经过、事故原因和事故损失，查明事故性质，认定事故责任，总结事故教训，提出整改措施，并对事故责任者依法追究责任。

第二章　事故报告

第九条　事故发生后，事故现场有关人员应当立即向本单位负责人报告；单位负责人接到报告后，应当于 1 小时内向事故发生地县级以上人民政府安全生产监督管理部门和负有安全生产监督管理职责的有关部门报告。

情况紧急时，事故现场有关人员可以直接向事故发生地县级以上人民政府安全生产监督管理部门和负有安全生产监督管理职责的有关部门报告。

第十条　安全生产监督管理部门和负有安全生产监督管理职责的有关部门接到事故报告后，应当依照下列规定上报事故情况，并通知公安机关、劳动保障行政部门、工会和人民检察院。

(一) 特别重大事故、重大事故逐级上报至国务院安全生产监督管理部门和负有安全生产监督管理职责的有关部门。

(二) 较大事故逐级上报至省、自治区、直辖市人民政府安全生产监督管理部门和负有安全生产监督管理职责的有关部门。

(三) 一般事故上报至设区的市级人民政府安全生产监督管理部门和负有安全生产监督管理职责的有关部门。

安全生产监督管理部门和负有安全生产监督管理职责的有关部门依照前款规定上报事故情况，

应当同时报告本级人民政府。国务院安全生产监督管理部门和负有安全生产监督管理职责的有关部门以及省级人民政府接到发生特别重大事故、重大事故的报告后，应当立即报告国务院。

必要时，安全生产监督管理部门和负有安全生产监督管理职责的有关部门可以越级上报事故情况。

第十一条　安全生产监督管理部门和负有安全生产监督管理职责的有关部门逐级上报事故情况，每级上报的时间不得超过 2 小时。

第十二条　报告事故应当包括下列内容：

(一) 事故发生单位概况；

(二) 事故发生的时间、地点以及事故现场情况；

(三) 事故的简要经过；

(四) 事故已经造成或者可能造成的伤亡人数(包括下落不明的人数)和初步估计的直接经济损失；

(五) 已经采取的措施；

(六) 其他应当报告的情况。

第十三条　事故报告后出现新情况的，应当及时补报。

自事故发生之日起 30 日内，事故造成的伤亡人数发生变化的，应当及时补报。道路交通事故、火灾事故自发生之日起 7 日内，事故造成的伤亡人数发生变化的，应当及时补报。

第十四条　事故发生单位负责人接到事故报告后，应当立即启动事故相应应急预案，或者采取有效措施，组织抢救，防止事故扩大，减少人员伤亡和财产损失。

第十五条　事故发生地有关地方人民政府、安全生产监督管理部门和负有安全生产监督管理职责的有关部门接到事故报告后，其负责人应当立即赶赴事故现场，组织事故救援。

第十六条　事故发生后，有关单位和人员应当妥善保护事故现场以及相关证据，任何单位和个人不得破坏事故现场、毁灭相关证据。

因抢救人员、防止事故扩大以及疏通交通等原因，需要移动事故现场物件的，应当做出标志，绘制现场简图并做出书面记录，妥善保存现场重要痕迹、物证。

第十七条　事故发生地公安机关根据事故的情况，对涉嫌犯罪的，应当依法立案侦查，采取强制措施和侦查措施。犯罪嫌疑人逃匿的，公安机关应当迅速追捕归案。

第十八条　安全生产监督管理部门和负有安全生产监督管理职责的有关部门应当建立值班制度，并向社会公布值班电话，受理事故报告和举报。

第三章　事故调查

第二十九条　事故调查组应当自事故发生之日起 60 日内提交事故调查报告；特殊情况下，经负责事故调查的人民政府批准，提交事故调查报告的期限可以适当延长，但延长的期限最长不超过 60 日。

第三十条　事故调查报告应当包括下列内容：

(一) 事故发生单位概况；

(二) 事故发生经过和事故救援情况；

(三) 事故造成的人员伤亡和直接经济损失；

(四) 事故发生的原因和事故性质；

(五) 事故责任的认定以及对事故责任者的处理建议；

(六) 事故防范和整改措施。

事故调查报告应当附具有关证据材料。事故调查组成员应当在事故调查报告上签名。

第四十六条　本条例自 2007 年 6 月 1 日起施行。国务院 1989 年 3 月 29 日公布的《特别重大事故调查程序暂行规定》和 1991 年 2 月 22 日公布的《企业职工伤亡事故报告和处理规定》同时废止。

本章小结

本章介绍了施工安全事故的概念及施工安全事故的分类、处理原则和处理程序，同时介绍了应急管理的基本环节、安全事故应急救援系统和施工安全事故的应急救援预案的编制。

习题

一、填空题

1．施工安全事故是指工程施工过程中造成(　　)、(　　)、(　　)、(　　)或其他损失的意外事件。

2．施工现场发生生产安全事故后，事故现场有关人员应当立即报告(　　)。

3．事故调查应当按照实事求是、尊重科学的原则，及时、准确地查清(　　)，查明(　　)和(　　)，总结事故教训。

4．安全事故应急管理的基本环节有(　　)、(　　)、(　　)和(　　)。

5．事故应急救援预案是指政府和生产经营单位为减少事故的后果而预先制定的(　　)，是进行事故救援活动的(　　)。

二、简答题

1．施工安全事故的概念是什么？

2．安全事故按产生原因如何分类？按后果严重程度又是如何分类的？

3．施工安全处理应遵循哪些程序？"四不放过"原则包括哪些内容？

4．应急救援管理有哪些基本环节？

5．安全事故应急救援系统包括哪几个部分？

6．施工安全事故应急救援预案的基本内容有哪些？

7．应急救援预案的基本要素有哪些？

8．施工安全应急救援预案层次是如何划分的？

参 考 文 献

[1] 全国注册安全工程师执业资格考试辅导教材编审委员会. 安全生产技术[M]. 北京：煤炭工业出版社，2005.

[2] 白锋. 建筑工程质量检验与安全管理[M]. 北京：机械工业出版社，2007.

[3] 全国一级建造师执业资格考试用书编写委员会. 建筑工程管理与实务[M]. 北京：中国建筑工业出版社，2007.

[4] 全国一级建造师执业资格考试用书编写委员会. 建筑工程项目管理[M]. 北京：中国建筑工业出版社，2007.

[5] 全国二级建造师执业资格考试用书编写委员会. 机电工程管理与实务管理[M]. 北京：中国建筑工业出版社，2007.

[6] 全国注册安全工程师执业资格考试辅导教材编审委员会. 安全生产管理知识[M]. 北京：煤炭工业出版社，2005.

[7] 缪长江. 建设工程施工管理[M]. 北京：中国建筑工业出版社，2014.

[8] 曾跃飞. 建筑工程质量检验与安全管理[M]. 北京：高等教育出版社，2005.

[9] 廖品槐. 建筑工程质量与安全管理[M]. 北京：中国建筑工业出版社，2005.

[10] 全国建筑业企业项目经理培训教材编写委员会. 工程项目质量与安全管理[M]. 北京：中国建筑工业出版社，2002.

[11] 湖南省住房和城乡建设厅，湖南省建筑业协会. 湖南省建筑施工安全质量标准化图集[M]. 长沙：湖南大学出版社，2011.

[12] 中国建筑工业出版社. 现行建筑施工规范大全[M]. 北京：中国建筑工业出版社，2009.

[13] 陈安生，赵宏旭. 建筑工程质量与安全管理[M]. 长沙：中南大学出版社，2015.

北京大学出版社高职高专土建系列规划教材

序号	书名	书号	编著者	定价	出版时间	印次	配套情况
			基础课程				
1	工程建设法律与制度	978-7-301-14158-8	唐茂华	26.00	2012.7	6	ppt/pdf
2	建设法规及相关知识	978-7-301-22748-0	唐茂华等	34.00	2014.9	2	ppt/pdf
3	建设工程法规(第2版)	978-7-301-24493-7	皇甫婧琪	40.00	2014.12	2	ppt/pdf/答案/素材
4	建筑工程法规实务	978-7-301-19321-1	杨陈慧等	43.00	2012.1	4	ppt/pdf
5	建筑法规	978-7-301-19371-6	董伟等	39.00	2013.1	4	ppt/pdf
6	建设工程法规	978-7-301-20912-7	王先恕	32.00	2012.7	3	ppt/pdf
7	AutoCAD 建筑制图教程(第2版)	978-7-301-21095-6	郭慧	38.00	2014.12	7	ppt/pdf/素材
8	AutoCAD 建筑绘图教程(第2版)	978-7-301-24540-8	唐英敏等	44.00	2014.7	1	ppt/pdf
9	建筑CAD项目教程(2010版)	978-7-301-20979-0	郭慧	38.00	2012.9	2	pdf/素材
10	建筑工程专业英语	978-7-301-15376-5	吴承霞	20.00	2013.8	8	ppt/pdf
11	建筑工程专业英语	978-7-301-20003-2	韩薇等	24.00	2014.7	2	ppt/pdf
12	★建筑工程应用文写作(第2版)	978-7-301-24480-7	赵立等	50.00	2014.7	1	ppt/pdf
13	建筑识图与构造(第2版)	978-7-301-23774-8	郑贵超	40.00	2014.12	2	ppt/pdf/答案
14	建筑构造	978-7-301-21267-7	肖芳	34.00	2014.12	4	ppt/pdf
15	房屋建筑构造	978-7-301-19883-4	李少红	26.00	2012.1	4	ppt/pdf
16	建筑识图	978-7-301-21893-8	邓志勇等	35.00	2013.1	2	ppt/pdf
17	建筑识图与房屋构造	978-7-301-22860-9	贠禄等	54.00	2015.1	2	ppt/pdf/答案
18	建筑构造与设计	978-7-301-23506-5	陈玉萍	38.00	2014.1	1	ppt/pdf/答案
19	房屋建筑构造	978-7-301-23588-1	李元玲等	45.00	2014.1	2	ppt/pdf
20	建筑构造与施工图识读	978-7-301-24470-8	南学平	52.00	2014.8	1	ppt/pdf
21	建筑工程制图与识图(第2版)	978-7-301-24408-1	白丽红	29.00	2014.7	1	ppt/pdf
22	建筑制图习题集(第2版)	978-7-301-24571-2	白丽红	25.00	2014.8	1	pdf
23	建筑制图(第2版)	978-7-301-21146-5	高丽荣	32.00	2015.4	5	ppt/pdf
24	建筑制图习题集(第2版)	978-7-301-21288-2	高丽荣	28.00	2014.12	5	pdf
25	建筑工程制图(第2版)(附习题册)	978-7-301-21120-5	肖明和	48.00	2012.8	3	ppt/pdf
26	建筑制图与识图	978-7-301-18806-2	曹雪梅	36.00	2014.9	1	ppt/pdf
27	建筑制图与识图习题册	978-7-301-18652-7	曹雪梅等	30.00	2012.4	4	pdf
28	建筑制图与识图	978-7-301-20070-4	李元玲	28.00	2012.8	5	ppt/pdf
29	建筑制图与识图习题集	978-7-301-20425-2	李元玲	24.00	2012.3	4	ppt/pdf
30	新编建筑工程制图	978-7-301-21140-3	方筱松	30.00	2014.8	2	ppt/pdf
31	新编建筑工程制图习题集	978-7-301-16834-9	方筱松	22.00	2014.1	2	pdf
			建筑施工类				
1	建筑工程测量	978-7-301-16727-4	赵景利	30.00	2010.2	12	ppt/pdf/答案
2	建筑工程测量(第2版)	978-7-301-22002-3	张敬伟	37.00	2015.4	6	ppt/pdf/答案
3	建筑工程测量实验与实训指导(第2版)	978-7-301-23166-1	张敬伟	27.00	2013.9	2	pdf/答案
4	建筑工程测量	978-7-301-19992-3	潘益民	38.00	2012.2	2	ppt/pdf
5	建筑工程测量	978-7-301-13578-5	王金玲等	26.00	2011.8	3	pdf
6	建筑工程测量实训（第2版）	978-7-301-24833-1	杨凤华	34.00	2015.1	1	pdf/答案
7	建筑工程测量(含实验指导手册)	978-7-301-19364-8	石东等	43.00	2012.6	3	ppt/pdf/答案
8	建筑工程测量	978-7-301-22485-4	景铎等	34.00	2013.6	1	ppt/pdf
9	建筑施工技术	978-7-301-21209-7	陈雄辉	39.00	2013.2	4	ppt/pdf
10	建筑施工技术	978-7-301-12336-2	朱永祥等	38.00	2012.4	7	ppt/pdf
11	建筑施工技术	978-7-301-16726-7	叶雯等	44.00	2013.5	6	ppt/pdf/素材
12	建筑施工技术	978-7-301-19499-7	董伟等	42.00	2011.9	2	ppt/pdf
13	建筑施工技术	978-7-301-19997-8	苏小梅	38.00	2013.5	3	ppt/pdf
14	建筑工程施工技术(第2版)	978-7-301-21093-2	钟汉华等	48.00	2013.8	6	ppt/pdf
15	数字测图技术	978-7-301-22656-8	赵红	36.00	2013.6	1	ppt/pdf
16	数字测图技术实训指导	978-7-301-22679-7	赵红	27.00	2013.6	1	ppt/pdf
17	基础工程施工	978-7-301-20917-2	董伟等	35.00	2012.7	2	ppt/pdf
18	建筑施工技术实训(第2版)	978-7-301-24368-8	周晓龙	30.00	2014.12	2	pdf
19	建筑力学(第2版)	978-7-301-21695-8	石立安	46.00	2014.12	5	ppt/pdf

序号	书名	书号	编著者	定价	出版时间	印次	配套情况
20	★土木工程实用力学(第2版)	978-7-301-24681-8	马景善	47.00	2015.7	1	pdf/ppt/答案
21	土木工程力学	978-7-301-16864-6	吴明军	38.00	2011.11	2	ppt/pdf
22	PKPM软件的应用(第2版)	978-7-301-22625-4	王 娜等	34.00	2013.6	3	Pdf
23	建筑结构(第2版)(上册)	978-7-301-21106-9	徐锡权	41.00	2013.4	3	ppt/pdf/答案
24	建筑结构(第2版)(下册)	978-7-301-22584-4	徐锡权	42.00	2013.6	2	ppt/pdf/答案
25	建筑结构	978-7-301-19171-2	唐春平等	41.00	2012.6	4	ppt/pdf
26	建筑结构基础	978-7-301-21125-0	王中发	36.00	2012.8	2	ppt/pdf
27	建筑结构原理及应用	978-7-301-18732-6	史美东	45.00	2012.8	1	ppt/pdf
28	建筑力学与结构(第2版)	978-7-301-22148-8	吴承霞等	49.00	2014.12	5	ppt/pdf/答案
29	建筑力学与结构(少学时版)	978-7-301-21730-6	吴承霞	34.00	2013.2	4	ppt/pdf/答案
30	建筑力学与结构	978-7-301-20988-2	陈水广	32.00	2012.8	1	pdf/ppt
31	建筑力学与结构	978-7-301-23348-1	杨丽君等	44.00	2014.1	1	ppt/pdf
32	建筑结构与施工图	978-7-301-22188-4	朱希文等	35.00	2013.3	2	ppt/pdf
33	生态建筑材料	978-7-301-19588-2	陈剑峰等	38.00	2013.7	2	ppt/pdf
34	建筑材料(第2版)	978-7-301-24633-7	林祖宏	35.00	2014.8	1	ppt/pdf
35	建筑材料与检测	978-7-301-16728-1	梅 杨等	26.00	2012.11	9	ppt/pdf/答案
36	建筑材料检测试验指导	978-7-301-16729-8	王美芬等	18.00	2014.12	7	pdf
37	建筑材料与检测	978-7-301-19261-0	王 辉	35.00	2012.6	5	ppt/pdf
38	建筑材料与检测试验指导	978-7-301-20045-2	王 辉	20.00	2013.1	3	ppt/pdf
39	建筑材料选择与应用	978-7-301-21948-5	申淑荣等	39.00	2013.3	2	ppt/pdf
40	建筑材料检测实训	978-7-301-22317-8	申淑荣等	24.00	2013.4	1	pdf
41	建筑材料	978-7-301-24208-7	任晓菲	40.00	2014.7	1	ppt/pdf /答案
42	建设工程监理概论(第2版)	978-7-301-20854-0	徐锡权等	43.00	2014.12	5	ppt/pdf /答案
43	★建设工程监理(第2版)	978-7-301-24490-6	斯 庆	35.00	2014.9	1	ppt/pdf /答案
44	建设工程监理概论	978-7-301-15518-9	曾庆军等	24.00	2012.12	5	ppt/pdf
45	工程建设监理案例分析教程	978-7-301-18984-9	刘志麟等	38.00	2013.2	2	ppt/pdf
46	地基与基础(第2版)	978-7-301-23304-7	肖明和等	42.00	2014.12	2	ppt/pdf/答案
47	地基与基础	978-7-301-16130-2	孙平平等	26.00	2013.2	3	ppt/pdf
48	地基与基础实训	978-7-301-23174-6	肖明和等	25.00	2013.10	1	ppt/pdf
49	土力学与地基基础	978-7-301-23675-8	叶火炎等	35.00	2014.1	1	ppt/pdf
50	土力学与基础工程	978-7-301-23590-4	宁培淋等	32.00	2014.1	1	ppt/pdf
51	建筑工程质量事故分析(第2版)	978-7-301-22467-0	郑文新	32.00	2014.12	3	ppt/pdf
52	建筑工程施工组织设计	978-7-301-18512-4	李源清	26.00	2014.12	7	ppt/pdf
53	建筑工程施工组织实训	978-7-301-18961-0	李源清	40.00	2014.12	4	ppt/pdf
54	建筑施工组织与进度控制	978-7-301-21223-3	张廷瑞	36.00	2012.9	3	ppt/pdf
55	建筑施工组织项目式教程	978-7-301-19901-5	杨红玉	44.00	2012.1	2	ppt/pdf/答案
56	钢筋混凝土工程施工与组织	978-7-301-19587-1	高 雁	32.00	2012.5	2	ppt/pdf
57	钢筋混凝土工程施工与组织实训指导 (学生工作页)	978-7-301-21208-0	高 雁	20.00	2012.9	1	ppt
58	建筑材料检测试验指导	978-7-301-24782-2	陈东佐等	20.00	2014.9	1	ppt
59	★建筑节能工程与施工	978-7-301-24274-2	吴明军等	35.00	2014.11	1	ppt/pdf
60	建筑施工工艺	978-7-301-24687-0	李源清等	49.50	2015.1	1	pdf/ppt/答案
61	建筑材料与检测(第2版)	978-7-301-25347-2	梅 杨等	33.00	2015.2	1	pdf/ppt/答案
62	土力学与地基基础	978-7-301-25525-4	陈东佐	45.00	2015.2	1	ppt/ pdf/答案
	工 程 管 理 类						
1	建筑工程经济(第2版)	978-7-301-22736-7	张宁宁等	30.00	2014.12	6	ppt/pdf/答案
2	★建筑工程经济(第2版)	978-7-301-24492-0	胡六星等	41.00	2014.9	2	ppt/pdf/答案
3	建筑工程经济	978-7-301-24346-6	刘晓丽等	38.00	2014.7	1	ppt/pdf/答案
4	施工企业会计(第2版)	978-7-301-24434-0	辛艳红等	36.00	2014.7	1	ppt/pdf/答案
5	建筑工程项目管理	978-7-301-12335-5	范红岩等	30.00	2012.4	9	ppt/pdf
6	建设工程项目管理(第2版)	978-7-301-24683-2	王 辉	36.00	2014.9	2	ppt/pdf/答案
7	建设工程项目管理	978-7-301-19335-8	冯松山等	38.00	2013.11	3	pdf/ppt
8	★建设工程招投标与合同管理(第3版)	978-7-301-24483-8	宋春岩	40.00	2014.12	2	ppt/pdf/答案/试题/教案
9	建筑工程招投标与合同管理	978-7-301-16802-8	程超胜	30.00	2012.9	2	pdf/ppt

序号	书名	书号	编著者	定价	出版时间	印次	配套情况
10	工程招投标与合同管理实务(第2版)	978-7-301-25769-2	杨甲奇等	48.00	2015.7	1	ppt/pdf/答案
11	工程招投标与合同管理实务	978-7-301-19290-0	郑文新等	43.00	2012.4	2	ppt/pdf
12	建设工程招投标与合同管理实务	978-7-301-20404-7	杨云会等	42.00	2012.4	2	ppt/pdf/答案/习题库
13	工程招投标与合同管理	978-7-301-17455-5	文新平	37.00	2012.9	1	ppt/pdf
14	工程项目招投标与合同管理(第2版)	978-7-301-24554-5	李洪军等	42.00	2014.12	2	ppt/pdf/答案
15	工程项目招投标与合同管理(第2版)	978-7-301-22462-5	周艳冬	35.00	2014.12	4	ppt/pdf
16	建筑工程商务标编制实训	978-7-301-20804-5	钟振宇	35.00	2012.7	1	ppt
17	建筑工程安全管理	978-7-301-19455-3	宋　健等	36.00	2013.5	4	ppt/pdf
18	建筑工程质量与安全管理(第二版)	978-7-301-27219-0	郑　伟等	55.00	2016.8	1	ppt/pdf/答案
19	施工项目质量与安全管理	978-7-301-21275-2	钟汉华	45.00	2012.10	2	ppt/pdf/答案
20	工程造价控制(第2版)	978-7-301-24594-1	斯　庆	32.00	2014.8	1	ppt/pdf/答案
21	工程造价管理	978-7-301-20655-3	徐锡权	33.00	2013.8	3	ppt/pdf
22	工程造价控制与管理	978-7-301-19366-2	胡新萍	30.00	2014.12	4	ppt/pdf
23	建筑工程造价管理	978-7-301-20360-6	柴　琦等	27.00	2014.12	4	ppt/pdf
24	建筑工程造价管理	978-7-301-15517-2	李茂英等	24.00	2012.1	4	pdf
25	工程造价案例分析	978-7-301-22985-9	甄　凤	30.00	2013.8	2	pdf/ppt
26	建设工程造价控制与管理	978-7-301-24273-5	胡芳珍等	38.00	2014.6	1	ppt/pdf/答案
27	建筑工程造价	978-7-301-21892-1	孙咏梅	40.00	2013.2	1	ppt/pdf
28	★建筑工程计量与计价(第3版)	978-7-301-25344-1	肖明和等	65.00	2015.7	1	pdf/ppt
29	★建筑工程计量与计价实训(第3版)	978-7-301-25345-8	肖明和等	29.00	2015.7	1	pdf
30	建筑工程计量与计价综合实训	978-7-301-23568-3	龚小兰	28.00	2014.1	2	pdf
31	建筑工程估价	978-7-301-22802-9	张　英	43.00	2013.8	1	ppt/pdf
32	建筑工程计量与计价——透过案例学造价(第2版)	978-7-301-23852-3	张　强	59.00	2014.12	3	ppt/pdf
33	安装工程计量与计价(第3版)	978-7-301-24539-2	冯　钢等	54.00	2014.8	3	pdf/ppt
34	安装工程计量与计价综合实训	978-7-301-23294-1	成春燕	49.00	2014.12	3	pdf/素材
35	安装工程计量与计价实训	978-7-301-19336-5	景巧玲等	36.00	2013.5	4	pdf/素材
36	建筑水电安装工程计量与计价	978-7-301-21198-4	陈连姝	36.00	2013.8	3	ppt/pdf
37	建筑与装饰工程工程量清单(第2版)	978-7-301-25753-1	翟丽旻等	36.00	2015.5	1	ppt
38	建筑工程清单编制	978-7-301-19387-7	叶晓容	24.00	2011.8	2	ppt/pdf
39	建设项目评估	978-7-301-20068-1	高志云等	32.00	2013.6	2	ppt/pdf
40	钢筋工程清单编制	978-7-301-20114-5	贾莲英	36.00	2012.2	2	ppt/pdf
41	混凝土工程清单编制	978-7-301-20384-2	顾　娟	28.00	2012.5	1	ppt/pdf
42	建筑装饰工程预算(第2版)	978-7-301-25801-9	范菊雨	44.00	2015.7	1	pdf/ppt
43	建设工程安全监理	978-7-301-20802-1	沈万岳	28.00	2012.7	1	pdf/ppt
44	建筑工程安全技术与管理实务	978-7-301-21187-8	沈万岳	48.00	2012.9	2	pdf/ppt
45	建筑工程资料管理	978-7-301-17456-2	孙　刚等	36.00	2014.12	5	pdf/ppt
46	建筑施工组织与管理(第2版)	978-7-301-22149-5	翟丽旻等	43.00	2014.12	3	ppt/pdf/答案
47	建设工程合同管理	978-7-301-22612-4	刘庭江	46.00	2013.6	1	ppt/pdf/答案
48	★工程造价概论	978-7-301-24696-2	周艳冬	31.00	2015.1	1	ppt/pdf/答案
49	建筑安装工程计量与计价实训(第2版)	978-7-301-25683-1	景巧玲等	36.00	2015.7	1	pdf
	建 筑 设 计 类						
1	中外建筑史(第2版)	978-7-301-23779-3	袁新华等	38.00	2014.2	2	ppt/pdf
2	建筑室内空间历程	978-7-301-19338-9	张伟孝	53.00	2011.8	1	pdf
3	建筑装饰CAD项目教程	978-7-301-20950-9	郭　慧	35.00	2013.1	2	ppt/素材
4	室内设计基础	978-7-301-15613-1	李书青	32.00	2013.5	3	ppt/pdf
5	建筑装饰构造	978-7-301-15687-2	赵志文等	27.00	2012.11	6	ppt/pdf/答案
6	建筑装饰材料(第2版)	978-7-301-22356-7	焦　涛	34.00	2013.5	2	ppt/pdf
7	★建筑装饰施工技术(第2版)	978-7-301-24482-1	王　军	37.00	2014.7	2	ppt/pdf
8	设计构成	978-7-301-15504-2	戴碧锋	30.00	2012.10	2	ppt/pdf
9	基础色彩	978-7-301-16072-5	张　军	42.00	2011.9	2	pdf
10	设计色彩	978-7-301-21211-0	龙黎黎	46.00	2012.9	1	ppt
11	设计素描	978-7-301-22391-8	司马金桃	29.00	2013.4	2	ppt
12	建筑素描表现与创意	978-7-301-15541-7	于修国	25.00	2012.11	3	Pdf
13	3ds Max效果图制作	978-7-301-22870-8	刘　晗等	45.00	2013.7	1	ppt

序号	书名	书号	编著者	定价	出版时间	印次	配套情况
14	3ds max 室内设计表现方法	978-7-301-17762-4	徐海军	32.00	2010.9	1	pdf
15	Photoshop 效果图后期制作	978-7-301-16073-2	脱忠伟等	52.00	2011.1	2	素材/pdf
16	建筑表现技法	978-7-301-19216-0	张 峰	32.00	2013.1	2	ppt/pdf
17	建筑速写	978-7-301-20441-2	张 峰	30.00	2012.4	1	pdf
18	建筑装饰设计	978-7-301-20022-3	杨丽君	36.00	2012.2	1	ppt/素材
19	装饰施工读图与识图	978-7-301-19991-6	杨丽君	33.00	2012.5	1	ppt
20	建筑装饰工程计量与计价	978-7-301-20055-1	李茂英	42.00	2013.7	3	ppt/pdf
21	3ds Max & V-Ray 建筑设计表现案例教程	978-7-301-25093-8	郑恩峰	40.00	2014.12	1	ppt/pdf
规 划 园 林 类							
1	城市规划原理与设计	978-7-301-21505-0	谭婧婧等	35.00	2013.1	2	ppt/pdf
2	居住区景观设计	978-7-301-20587-7	张群成	47.00	2012.5	1	ppt
3	居住区规划设计	978-7-301-21031-4	张 燕	48.00	2012.8	2	ppt
4	园林植物识别与应用	978-7-301-17485-2	潘利等	34.00	2012.9	1	ppt
5	园林工程施工组织管理	978-7-301-22364-2	潘利等	35.00	2013.4	1	ppt/pdf
6	园林景观计算机辅助设计	978-7-301-24500-2	于化强等	48.00	2014.8	1	ppt/pdf
7	建筑·园林·装饰设计初步	978-7-301-24575-0	王金贵	38.00	2014.10	1	ppt/pdf
房 地 产 类							
1	房地产开发与经营(第2版)	978-7-301-23084-8	张建中等	33.00	2014.8	2	ppt/pdf/答案
2	房地产估价(第2版)	978-7-301-22945-3	张 勇等	35.00	2014.12	2	ppt/pdf/答案
3	房地产估价理论与实务	978-7-301-19327-3	褚菁晶	35.00	2011.8	2	ppt/pdf/答案
4	物业管理理论与实务	978-7-301-19354-9	裴艳慧	52.00	2011.9	1	ppt/pdf
5	房地产测绘	978-7-301-22747-3	唐春平	29.00	2013.7	1	ppt/pdf
6	房地产营销与策划	978-7-301-18731-9	应佐萍	42.00	2012.8	2	ppt/pdf
7	房地产投资分析与实务	978-7-301-24832-4	高志云	35.00	2014.9	1	ppt/pdf
市 政 与 路 桥 类							
1	市政工程计量与计价(第2版)	978-7-301-20564-8	郭良娟等	42.00	2015.1	6	pdf/ppt
2	市政工程计价	978-7-301-22117-4	彭以舟等	39.00	2015.2	1	ppt/pdf
3	市政桥梁工程	978-7-301-16688-8	刘 江等	42.00	2012.10	2	ppt/pdf/素材
4	市政工程材料	978-7-301-22452-6	郑晓国	37.00	2013.5	1	ppt/pdf
5	道桥工程材料	978-7-301-21170-0	刘水林等	43.00	2012.9	1	ppt/pdf
6	路基路面工程	978-7-301-19299-3	偶昌宝等	34.00	2011.8	1	ppt/pdf/素材
7	道路工程技术	978-7-301-19363-1	刘 雨等	33.00	2011.12	1	ppt/pdf
8	城市道路设计与施工	978-7-301-21947-8	吴颖峰	39.00	2013.1	1	ppt/pdf
9	建筑给排水工程技术	978-7-301-25224-6	刘 芳等	46.00	2014.12	1	ppt/pdf
10	建筑给水排水工程	978-7-301-20047-6	叶巧云	38.00	2012.2	1	ppt/pdf
11	市政工程测量(含技能训练手册)	978-7-301-20474-0	刘宗波等	41.00	2012.5	1	ppt/pdf
12	公路工程任务承揽与合同管理	978-7-301-21133-5	邱 兰等	30.00	2012.9	1	ppt/pdf/答案
13	★工程地质与土力学(第2版)	978-7-301-24479-1	杨仲元	41.00	2014.7	1	ppt/pdf
14	数字测图技术应用教程	978-7-301-20334-7	刘宗波	36.00	2012.8	1	ppt
15	水泵与水泵站技术	978-7-301-22510-3	刘振华	40.00	2013.5	1	ppt/pdf
16	道路工程测量(含技能训练手册)	978-7-301-21967-6	田树涛等	45.00	2013.2	1	ppt/pdf
17	桥梁施工与维护	978-7-301-23834-9	梁 斌	50.00	2014.2	1	ppt/pdf
18	铁路轨道施工与维护	978-7-301-23524-9	梁 斌	36.00	2014.1	1	ppt/pdf
19	铁路轨道构造	978-7-301-23153-1	梁 斌	32.00	2013.10	1	ppt/pdf
建 筑 设 备 类							
1	建筑设备基础知识与识图(第2版)	978-7-301-24586-6	靳慧征等	47.00	2014.12	2	ppt/pdf/答案
2	建筑设备识图与施工工艺	978-7-301-19377-8	周业梅	38.00	2011.8	4	ppt/pdf
3	建筑施工机械	978-7-301-19365-5	吴志强	30.00	2014.12	5	pdf/ppt
4	智能建筑环境设备自动化	978-7-301-21090-1	余志强	40.00	2012.8	1	pdf/ppt
5	流体力学及泵与风机	978-7-301-25279-6	王 宁等	35.00	2015.1	1	pdf/ppt/答案

如您需要更多教学资源如电子课件、电子样章、习题答案等，请登录北京大学出版社第六事业部官网 www.pup6.cn 搜索下载。

如您需要浏览更多专业教材，请扫下面的二维码，关注北京大学出版社第六事业部官方微信（微信号：pup6book），随时查询专业教材、浏览教材目录、内容简介等信息，并可在线申请纸质样书用于教学。

感谢您使用我们的教材，欢迎您随时与我们联系，我们将及时做好全方位的服务。联系方式：010-62750667，yangxinglu@126.com，pup_6@163.com，lihu80@163.com，欢迎来电来信。客户服务 QQ 号：1292552107，欢迎随时咨询。